楠溪江
瓯江
温瑞塘河
飞云江
鳌江
U0215188

温州植物志

第一卷

（石杉科—蛇菰科）

主　　编　丁炳扬　金　川
本卷主编　朱圣潮
本卷副主编　张　豪

中国林业出版社

内容简介

本志是近100年来温州植物资源调查和分类研究的系统总结。全书分概论、各论、附录三部分：“概论”简要论述温州的自然环境、植物研究简史、植物区系、植物资源的现状与评价、植物资源保护和利用对策等；“各论”按系统记载温州已知的野生维管束植物（即蕨类植物、裸子植物和被子植物），包括科、属、种的检索表，科、属、种的名称、形态特征、产地与生境及主要用途等，80%以上的种类附有实地拍摄的彩色照片。“各论”记载的野生植物共210科1035属2544种36亚种178变种（不包括存疑种），其中近年发现的新种5个、浙江分布新记录属9个、温州分布新记录属29个、浙江分布新记录种32个、温州分布新记录种192个。全书共分五卷，除索引外，第一卷包含概论、蕨类植物、裸子植物和被子植物木麻黄科至蛇菰科，第二卷包含被子植物蓼科至豆科，第三卷包含被子植物酢浆草科至山矾科，第四卷包含被子植物安息香科至菊科，第五卷包含被子植物香蒲科至兰科、主要参考文献及附录。

本志可作为林业、农业、医药、环保等相关部门科技人员的工具书，农林、生物、医药、环境、生态等专业师生的教学参考书，也是中小学师生和广大植物爱好者的学习资料。

图书在版编目（CIP）数据

温州植物志．第一卷 ／ 丁炳扬，金川主编． -- 北京:中国林业出版社，2016.12
ISBN 978-7-5038-8790-1

Ⅰ．①温… Ⅱ．①丁… ②金… Ⅲ．①植物志－温州 Ⅳ．①Q948.525.53

中国版本图书馆CIP数据核字(2016)第287004号

中国林业出版社·生态保护出版中心
策划编辑：肖静
责任编辑：肖静　何游云

出版发行　中国林业出版社(100009　北京市西城区德内大街刘海胡同7号)
电　　话　(010)83143577
制　　版　北京美光设计制版有限公司
印　　刷　北京中科印刷有限公司
版　　次　2017年5月第1次
印　　次　2017年5月第1次
开　　本　889mm×1194mm　1/16
印　　张　26.5
字　　数　680千字
定　　价　289.00元

《温州植物志》编辑委员会

主任委员： 金　川　吴明江

副主任委员： 丁炳扬　陈余钊　王法格　林　霞

主　　编： 丁炳扬　金　川

副 主 编： 朱圣潮　陶正明　周　庄　陈贤兴　胡仁勇
吴棣飞　陈余钊　王法格　林　霞

编　　委（以姓氏笔画为序）：

丁炳扬　王金旺　王法格　朱圣潮　刘洪见
吴棣飞　张　豪　陈贤兴　陈余钊　陈秋夏
林　霞　金　川　金孝锋　周　庄　郑　坚
胡仁勇　高　末　陶正明　熊先华

《温州植物志》第一卷
作者及其分工

本卷主编： 朱圣潮（温州科技职业学院）

本卷副主编： 张　豪（浙江省乐清中学）

本卷编著者： 金　川（浙江省亚热带作物研究所）
自然环境

陶正明（浙江省亚热带作物研究所）、丁炳扬（温州大学）
植物研究简史

朱圣潮（温州科技职业学院）
植物区系（蕨类植物）、蕨类植物分科检索表、裸子植物分科检索表、金星蕨科、铁角蕨科、球子蕨科、乌毛蕨科、鳞毛蕨科、三叉蕨科、实蕨科、舌蕨科、肾蕨科、骨碎补科、燕尾蕨科、水龙骨科、槲蕨科、禾叶蕨科、剑蕨科、蘋科、槐叶蘋科、满江红科、木麻黄科、三白草科、胡椒科、金粟兰科、蛇菰科

熊先华（杭州师范大学、温州大学）、丁炳扬（温州大学）
植物区系（种子植物）

周　庄（浙江省亚热带作物研究所）
植物资源的现状与评价

陈余钊（温州市林业局）
植物资源的保护与利用对策

张　豪（浙江省乐清中学）
石杉科、石松科、卷柏科、木贼科、松叶蕨科、阴地蕨科、瓶尔小草科、观音座莲科、紫萁科、瘤足蕨科、膜蕨科、碗蕨科、鳞始蕨科、凤尾蕨科、中国蕨科、铁线蕨科、水蕨科、裸子蕨科、书带蕨科、蹄盖蕨科

丁炳扬（温州大学）
被子植物分科检索表、里白科、海金沙科、壳斗科

潘太仲（永嘉县碧莲中学）
蚌壳蕨科、桫椤科、姬蕨科、蕨科

刘益曦（温州科技职业学院）
苏铁科、银杏科、松科、杉科、柏科、罗汉松科、三尖杉科、红豆杉科

康华靖（温州科技职业学院）
杨柳科、杨梅科、胡桃科、桦木科、荨麻科、山龙眼科、铁青树科、檀香科、桑寄生科、马兜铃科

朱圣潮（温州科技职业学院）、叶延龄（温州市龙湾区农林局）
榆科、桑科

序　一

地处浙江东南部的温州，东濒东海，属中亚热带季风气候区，生物、生境、生态系统多样性丰富。优越的自然条件孕育着丰富的植物资源。温州为东南沿海开放城市，民资殷实、市场经济发达，但科技创新动力相对不足，对生物特别是植物资源蕴藏量掌握不甚了然，在一定程度上阻碍着区域社会经济的科学发展。

在浙江省亚热带作物研究所牵头下，联合温州大学等单位，于2010年起历时6载余，对温州市野生植物资源开展了全面系统的调查研究，共采集植物标本37850号，拍摄照片57630余幅，鉴定整理出维管束植物210科1035属2758种（含种下等级），分别占浙江省维管束植物总数的92.92%、81.56%、63.75%，植物种类丰富、区系成分复杂，其中仅药用植物就有171科647属1131种；并在此基础上编撰完成了彩图版《温州植物志》（共5卷）。

《温州植物志》的出版，是地方自然资源研究、保护与利用的前提和基础工作，为本地区植物资源的合理开发与利用、生物多样性保护、生态城市建设提供了基础资料，同时为浙江省乃至全国研究植物区系提供了科学资料，对温州乃至浙江发展绿色生态经济、保护生物和环境、普及科学知识等具有重要意义。

中国科学院院士
中国科学院昆明植物研究所研究员　孙汉董

2016年7月21日

序　二

植物志书作为植物学各相关研究领域必不可少的工具书，是一个地区乃至国家植物学基础研究水平的集中体现。它是植物资源的信息库，可为植物资源合理开发利用、生物多样保护、城乡生态建设等提供科学依据；它也是一种独特的文化产品，蕴含着丰富多样的森林文化和生态文化。

温州地区，由于特有的气候条件，成为浙江植物种质资源丰富的区域和浙、闽、赣交界山地植物区系的重要组成部分，而浙、闽、赣交界山地也是我国 17 个具有全球意义的生物多样性保护关键区域之一。《温州植物志》（共 5 卷）汇聚和记录了温州地区丰富的植物资源和森林文化。它的出版发行，将为浙江现代林业发展，构筑现代生态农业、现代富民林业和现代人文林业提供科学依据，在农村致富、农民增收、城市生态和美丽浙江建设中发挥重要的参考作用。

《温州植物志》编撰过程中，植物科技工作者几度春秋、几多艰辛，先后开展多次野生植物资源普查，采集数万份标本，基本摸清了温州植物资源家底。自 2010 年开始，由浙江省亚热带作物研究所牵头，组织 30 余位在温州的植物学和林业方面的专业技术人员开展编著工作，成就了省内第一部地市级植物志书，并建成“温州野生植物网”信息服务系统，结成硕果。该套志书图文并茂，具有很强的科学性、实用性，色彩鲜明。《温州植物志》的出版，凝聚了编研人员的心血和智慧，反映了温州植物学的研究水平，为从事植物学、农林业、植物资源开发、生态环境保护等领域的研究和教育科技人员提供了准确翔实的资料，必将对区域经济发展、生态文明建设、森林文化传播等发挥独特的作用。

在本套志书出版之际，谨作短序，一则对编写人员的劳动成果表示衷心祝贺；二则希望广大林业工作者，从生态文明建设、现代林业发展的高度，积极进取，凝聚智慧，创造更多的研究和发展成果，为推动“两富”、“两美”浙江建设，促进全省林业走出一条“绿水青山就是金山银山”的现代林业发展路子，实现省委、省政府提出的“五年绿化平原水乡，十年建成森林浙江”的宏伟目标，做出更大的贡献。

浙江省林业厅厅长　林云举

2016年9月1日

前　言

温州位于浙江省东南部，东临东海，南毗福建，西及西北与丽水相连，北及东北与台州相接，全境介于27° 03'~28° 36'N、119° 37'~121° 18'E之间。全市陆域总面积12065km^2，海域面积约11000km^2，辖鹿城、瓯海、龙湾、洞头4区，乐清与瑞安2县级市及永嘉、文成、平阳、苍南、泰顺5县；全市有67个街道、77个镇、15个乡，5405个建制村，152个居委会、229个城市社区。温州市为浙江省人口最多的城市，2015年末户籍人口811.21万人，常住人口911.7万人。境内地势从西南向东北呈梯形倾斜，大致可分为西部中低山地、中部低山丘陵盆地、东部沿海平原、沿海岛屿等类型，绵亘有括苍、洞宫、雁荡诸山脉，泰顺县乌岩岭白云尖海拔1611m，为境内最高峰；主要水系有瓯江、飞云江、鳌江，东部平原河网交错，大小河流150余条。

温州是浙江省植物种类最丰富的地区之一，位于华东和华南植物区系交界处，大部分属华南植物区系范围，在区系上具独特性。我国许多植物学工作者先后在温州开展了植物资源调查与标本采集，如钟观光、胡先骕、秦仁昌、钟补勤、陈诗、贺贤育、耿以礼、佘孟兰、章绍尧、裘佩熹、左大勋、单人骅、邢公侠、张朝芳、林泉、温太辉、郑朝宗等，积累大量标本和资料，发现诸多新类群，丰富了浙江省植物资源内容。但是，绝大部分调查集中于平阳、泰顺、文成和乐清，其他县域鲜有涉及，甚至空白。在《浙江植物志》和《中国植物志》中，虽然记载了不少温州分布的植物种类，但由于调查不系统、不全面，仍有大量种类遗漏或分布点记载不全面，制约了植物资源的开发利用，不利于开展生物多样性保护。

随着社会文明和科技经济的发展，摸清区域植物资源家底，探明野生植物资源的种类与分布、资源现状与利用前景，加强植物资源保护和合理利用，具有重要的现实意义。2010年6月，在温州市委、市政府的重视支持下，“温州野生植物资源调查与植物志编写”项目获财政专项资助并启动实施。项目由浙江省亚热带作物研究所牵头，联合温州大学、温州科技职业学院、温州市林业局、温州市公园管理处、杭州师范大学、乐清中学等单位30多名植物学专家教授、科研教学工作者组成项目组，历时6年，完成项目任务。期间，组织了12次大型考察，历时65天，参加人数达236人次，重点对泰顺（乌岩岭、垟溪等7地）、苍南（莒溪、马站等7地）、永嘉（四海山、龙湾潭等6地）、平阳（顺溪、怀溪等5地）、文成（铜铃山、金星林场等4地）、瑞安（红双林场、大洋坑等4地）进行了详细考察；由各单位和个人自行组织的小型考察230多次，参加人数550人次，对乐清中雁荡山、永嘉巽宅、瓯海泽雅、鹿城临江、瑞安湖岭、文成桂山、平阳青街、苍南玉苍山、泰顺筱村等55地进行了调查，共采集植物标本37850号，拍摄照片57630余幅。此外，还先后组织13次海岛调查，历时46天，参加人数91人次，对乐清大乌岛、洞头大门岛、平阳南麂列岛、苍南星仔岛等47个海岛进行调查。项目组在对温州境内植物资源做全面系统调查研究的基础上，详细记录境内野生维管束植物种类组成、形态特征、分布与生境、利用途径等信息，实地拍摄大量彩色照片，并查阅省内外标本馆中收藏的采集

于温州地区的相关标本，收集、整理了涉及温州市的植物区系、分类和生态调查资料。在此基础上，通过巨量的标本鉴定、特征描述、研究分析后编撰成书，于2016年6月完成书稿。

《温州植物志》共5卷，从“概论”和“各论”两方面论述。“概论”记述了温州的自然环境、植物研究简史、植物区系、植物资源的现状与评价、植物资源保护与利用对策等；“各论”记载了温州地区野生维管束植物（蕨类植物、裸子植物和被子植物）共210科1035属2544种36亚种178变种，包括原生的植物、归化植物以及少量有悠久栽培历史并在野外逸生的植物。其中，通过本项目实施而发现的新种5个、浙江分布新记录属9个、温州分布新记录属29个、浙江分布新记录种32个、温州分布新记录种192个。为方便广大读者使用，蕨类植物科的概念和排列顺序按照秦仁昌系统，裸子植物科的概念和排列顺序按照郑万钧系统，被子植物科的概念和排列顺序按照恩格勒系统，即与《浙江植物志》相同。除列举科、属、种的中文名和学名外，还附有种类的主要别名和异名，以及种类的形态特征和具体分布点（常见种到县级为止，稀见种到乡、镇或山脉），80%以上种类附有野外实地拍摄的植物图片。在项目实施期间发现的浙江或温州分布新记录（其中有些已在期刊作过报道）均注明“浙江分布新记录”或“温州分布新记录”；对于国家或浙江省重点保护的珍稀濒危植物，注明其保护级别；文献记载温州有分布但未见标本且在野外调查中也未见的注明“未见标本”，以便今后考证与补充。书末附有温州的珍稀濒危野生维管束植物和采自温州的模式标本2个附录。

温州市委常委任玉明，原温州市委常委和市人大常委会副主任黄德康，中共洞头区委书记（原温州市委副秘书长）王蛟虎，温州市人民政府副秘书王仁博等领导，温州市财政局、科技局等部门，为项目立项和志书出版，提供了卓有成效的指导和经费支持；浙江农林大学、杭州植物园、浙江大学、浙江自然博物馆、中国科学院植物研究所等植物标本馆为项目组在标本查阅过程中给予了热情帮助；浙江乌岩岭国家级自然保护区、瑞安花岩国家级森林公园、永嘉四海山国家级森林公园及各地林业系统相关部门等在野外调查工作中给予了大力协助；浙江大学郑朝宗教授、浙江农林大学李根有教授、浙江森林资源监测中心陈征海教授级高工、浙江自然博物馆张方钢研究馆员提出了建设性意见；马乃训、王军峰、刘西、叶喜阳、陈立新、周喜乐、李华东、郑方车、刘冰、方本基、李攀、鲍洪华、孙庆美等为志书提供了精美的植物图片。在本书出版之际，向所有为本项目实施提供支持、帮助、指导的单位和个人表示衷心的感谢！

尽管项目组为《温州植物志》的出版付出了很多努力，但由于工作量浩繁，加之作者水平所限，疏漏和错误之处在所难免，敬请广大读者不吝指正！

浙江省亚热带作物研究所所长　金川

2016年11月8日

目　录

概论

INTRODUCTION

自然环境

温州地处中国大陆环太平洋岸线的中段、浙江省东南部，全境介于地理坐标北纬27° 03′ ～28° 36′ 、东经119° 37′ ～121° 18′ 之间，东濒东海，南与福建省宁德地区的福鼎、柘荣、寿宁三县（市）毗邻，西及西北部与丽水市的缙云、青田、景宁三县相连，北和东北部与台州市的仙居、黄岩、温岭、玉环四县（市）接壤。全市陆域面积12065km^2，海域面积11000km^2。温州地处中亚热带南部亚地带南缘，属中亚热带季风气候区，是浙江省水热资源最丰富地区之一。优越的自然环境和广袤的土地孕育了温州丰富的物种资源，使其成为浙江省植物种类最丰富的地区之一。

一、地形地貌

温州三面环山，境内地势从西南向东北呈梯形倾斜，括苍山脉盘亘西北、洞宫山雄踞于西，瓯江、飞云江、鳌江三大河流自西向东贯穿山区、平原入海，东部平原河网密集交错。地貌可分为西部中低山、中部低山丘陵盆地、东部沿海平原和沿海岛屿四大类型。山地面积9212km^2，平原面积2336km^2，岛屿面积177km^2，江河面积340km^2。

西部中低山地由洞宫山脉和括苍山脉构成。括苍山山地为灵江与瓯江的分水岭，自北而南绵亘永嘉县大部分县境，西与青田县相接，东以大楠溪为界与北雁荡山相连，总面积占全市土地面积的16.3%。楠溪江源以西分布有数条雄伟的断块山，代表性的有大青山（海拔1270m）、大柏山（海拔1211m）、四海尖（海拔1093m）等。洞宫山山地是瓯江小溪与飞云江的分水岭，总面积占全市土地面积的24.7%，域内海拔千米以上的山峰153座，其中泰顺境内千米以上山峰有100座，代表性山峰有白云尖（海拔1611m）、敕木山（海拔1519m）等，其中白云尖为温州最高峰。洞宫山山地呈多级剥夷面，夹有大小台地和盆地，其中文成南田台地是第三纪以来保存完整的剥夷面，面积100km^2，是温州最大的台地，而文成桂山台地海拔800m左右，是温州最高的台地。

中部低山丘陵盆地由雁荡山构成。雁荡山脉纵贯温州中部，以瓯江为界分为南雁荡山脉和北雁荡山脉。北雁荡山脉属括苍山脉南支，西北部以抬升为主，为剥蚀中低山区，大部分海拔500m以上，北雁荡山主峰百岗尖（海拔1056m）位于此；东南部以沉降为主，为丘陵平原区。南雁荡山脉是洞宫山余脉，盘踞于泰顺、文成、苍南、平阳、瑞安、瓯海6个县（市、区），为飞云江、鳌江所分割，形成大小山间盆地和河谷盆地，南雁荡山脉山峰主要有泰顺、苍南边境的九峰尖（海拔1237m），平阳、苍南边境的棋盘山（海拔1231m），瑞安、青田边界的奇云山（海拔1165m），灵溪镇西的玉苍山（海拔929m），矾山镇东南的鹤顶山（海拔989m），平阳西南的白云山（海拔965m），瓯海西南的岷岗山（海拔901m），分属龙湾、瓯海、瑞安的大罗山，主峰东大罗尖（海拔706m）。

温州东部沿海地区在经历漫长时间的河流、潮汐作用下，逐步形成"三江"下游及其沿海海积—冲积平原，中游河段洪积冲积河谷平原占全市土地面积的15.8%，地跨乐清、永嘉、鹿城、瓯海、龙湾、瑞安、平阳、苍南8个县（市、区）。平原海拔一般在5~20m，滨海及水网地区海拔仅5m左右，主要平原包括乐清平原、温瑞平原、陶山平原、北港平原、南港平原。此外，苍南县南端的马站蒲城是洪积—海积小平原具有独特的小气候，全年基本无霜，是热带、亚热带物种北移引种驯化的理想基地。

温州境内大陆海岸线从乐清湖雾定头至苍南沿浦虎头鼻，长575.9km。根据2010年全国海岛地名普查结果，温州行政管辖海域范围内分布的岛屿共716.5个（横仔屿为温州市与台州市共有），其中面积大于500m^{2}的岛屿455.5个，有居民的岛屿35个，自北向南划分为8个岛群：乐清湾岛群、瓯江口岛群、洞头列岛、大北列岛、北麂列岛、南麂列岛、南部近海岛群、七星列岛。

二、气　候

温州属中亚热带季风气候区，地处中亚热带南部亚地带，太阳辐射强。海洋水体的调节和西北群山的阻挡减轻了冬季冷空气侵袭的强度，而夏季暖湿气流的活动因山地抬升导致了多云雨，温州因此形成了气候温暖、雨量充沛、光照丰富、四季分明、水热条件优于浙江省其他地区的气候环境。温州年平均气温17.3~19.4℃，1月平均气温4.9~9.9℃，7月平均气温26.7~29.6℃，山区偏低1~2℃，记录的极端低温−10.7℃出现在文成朱雅（2016年1月24日），而极端高温41.8℃出现在永嘉（2013年8月8日）；东部≥10℃年活动积温达5600℃以上，为浙江热量最丰富的地区，海拔500m以上丘陵≥10℃年活动积温为5000℃，分布在仕阳—罗阳—玉壶—泽雅—岩头—大荆16℃等温线上；年平均降水量1404.5（洞头）~2047.5mm（泰顺），山区偏多一至二成，海岛偏少一至三成；年平均无霜期250（泰顺）~322天（洞头），海岛略长，山区稍短；全年日照数1442~2264小时。

三、水　系

温州水系发达，有瓯江、飞云江、鳌江三大河流，此外还有入浙闽水系的苍南矾山溪，泰顺会甲溪、彭溪、仕阳溪、寿泰溪等。瓯江是浙江省第二大河，发源于丽水市庆元县锅帽尖，干流长388km，流域面积17958km^2，流经温州市境内的干流长度为78km，流域面积4066km^2。楠溪江为瓯江下游最大支流，发源于永嘉县西北括苍山南麓罗岭，自北而南，纵贯永嘉县境中部，流经清水埠注入瓯江，干流全长139.92km，流域面积2490km^2。飞云江是浙江省第四大河，温州第二大河，全长198.7km，流域面积3713.9km^2，源头分南北二支：南为仙居溪，发源于泰顺、景宁边界白云尖西北坡；北为里光溪，发源于白云尖东麓，流经泰顺、文成和瑞安入东海。鳌江为浙江省第八大河，温州第三大河，干流长82km，流域面积1542km，有南北二源：北源出文成县珊溪镇吴地山麓桂库，南源出泰顺九峰虎罗山。东部沿海平原有永乐、温瑞、瑞平、南港—江南四大河网区，具有丰富的水资源。永乐平原河网分布于乐清市虹桥、乐成、柳市和永嘉县的乌牛，河网水面面积17.19km^2，河道总长度867km；温瑞塘河水网从鹿城区小南门至瑞安市城关东门，主干河道长约36km，以温瑞塘河为骨干，各级支河纵横交错，水网河道总长度949.12km，流域面积277km^2；瑞平塘河水网主干河道全长17km，两岸与25条小河连接，水网河道总长度722.7km，流域面积218 km^2；

南港—江南河网以横阳支江为主干河道，河网分布于南港、江南两大片平原，河网河道总长度 1083.8km，河道水面面积 20.15km^2。

四、土　壤

根据温州市 1985 年第二次土壤普查结果，全市土壤分红壤、黄壤等 10 个土类，共 19 个亚类 44 个土属 88 个土种。山地丘陵土壤主要有红壤、黄壤等 7 个土类，占全市土壤面积的 71.92%。其中，红壤广布于海拔 700~800m 以下的低山丘陵，占土壤总面积的 41.57%；黄壤分布于海拔 600~800m 以上的山地，占土壤总面积的 11.29%，为亚热带地带性土壤；粗骨土类占土壤总面积的 15.46%，以永嘉面积最大，乐清、平阳次之；紫色土类主要分布在泰顺、文成、苍南等盆地四周的低山丘陵或台地，占土壤面积的 3.09%；石质土类各县（市、区）均有分布，占土壤面积的 0.11%；新积土壤分布河漫滩或卵石堆积滩，占土壤面积的 0.39%；山地草甸土壤分布在泰顺与岩岭、雁荡山雁湖双峰山顶凹地，面积占比不足 0.01%。平原土壤主要包括潮土和水稻土两个土类：潮土母质为河（海）相冲（沉）积物，土层厚，占土壤总面积的 1.61%，水稻土以瑞安、永嘉面积最大，苍南、乐清、平阳次之，占土壤总面积的 20.31%。滨海盐土以潮间带海涂为主，包括部分已经围垦尚未熟化的涂地土壤，该土类呈带状分布在沿海各县（市、区）。

五、植　被

温州属中亚热带常绿阔叶林北部和南部亚地带的过渡区，主要植被类型有中亚热带常绿阔叶林、常绿落叶阔叶混交林、柳杉针阔混交林、马尾松针阔混交林、黄山松林、杉木林、柳杉林、竹林、山地灌草丛等。其中，中亚热带常绿阔叶林为地带性植被，主要分布于海拔 500~1000m 的东西、东北向山地，以栲槠类、樟楠类、山茶类、杜英类等树种组成建群种，林冠整齐，郁闭度高，林地腐殖质含量高，土壤肥沃；常绿落叶阔叶混交林为落叶阔叶林与常绿阔叶林之过渡类型，为亚热带地带性植被之一，主要分布在海拔 700~1200m 的山地西北、东北坡，以壳斗科、漆树科、野茉莉科、桦木科树种为建群种，群落季相变化明显，外貌色彩丰富，林地腐殖质含量高；柳杉针阔混交林自然分布于海拔 1000m 以下的山地东北坡、东坡山坳或山麓，林地土层深厚，腐殖质多；马尾松针阔混交林常分布于海拔 700m 以下的低山、丘陵和河谷滩地；黄山松林以片状、块状形式分布在海拔 700~800m 以上的山地；杉木林主要为人工植被，分布于海拔 1000m 以下的低山、低山山麓、山坳，主要集中在永嘉、文成、泰顺三地的林场；柳杉人工纯林常分布于海拔 600~1000m 的中山和低山山麓、山坳，主要在文成、泰顺、永嘉、乐清等县（市）；竹林以片状、大块状分布于海拔 1000m 以下的中山、低山丘陵的山麓、山坳，以泰顺、永嘉面积最大；山地灌草丛分布于海拔 800~1500m 的低山和中山的山顶、山脊和山麓，常为遭砍伐或火烧后形成的次生植被类型，在泰顺、永嘉、文成分布比较广泛。东部平原植被主要包括水稻等栽培植被、沿海防护林带以及河谷滩涂丛生竹林等人工植被。

植物研究简史

温州位于浙江省东南部，东濒东海，属中亚热带季风气候区，温度适宜，四季分明，光照充足，雨量充沛。温州自然条件优越，植物区系成分复杂，植物资源较为丰富，自古以来就以瓯越文明而享誉中外。

现将温州植物调查研究简史概述如下。

一、近代西方植物学传播和外国人的采集调查

18 世纪初期起，随着杭、甬（宁波的简称）等地通商口岸的开放，大批外国人相继到浙江采集植物标本。随着 1876 年《中英烟台条约》开辟温州为通商口岸以及 1877 年瓯海关设立，温州也成为外国人采集植物标本的地区。

19 世纪 60 年代至 19 世纪末，来浙江考察、采集植物的外国人中以英国人较多，例如：英国外交官埃弗拉德曾在温州、宁波等地采集标本。而其他诸多外国采集和研究者在浙江调查期间，或多或少地涉足温州地区，因文献记载不详而无法一一详列。

二、近代我国植物学家的采集调查和资源研究

18 世纪初期到 21 世纪初，都是外国人来我国采集植物标本，再拿到国外标本室进行研究的。20 世纪 20 年代，钟观光首先在全国各地大量采集标本，建立标本室，创办植物园，为我国现代植物科学奠定了基础。嗣后钱崇澎、胡先骕、秦仁昌、郑万钧等都有出色的成就。但因人力、物力、经费及社会治安所限，在极艰苦的条件下，只能局部开展一些工作，浙江即是当时研究工作的重点省份之一。近代我国植物学研究有不少涉及温州植物的调查研究，这些研究培养了一批人才，主要包括以下几位：

钟观光（K. K. Tsoong, 1869—1940）是我国第一个用科学方法调查采集高等植物的学者，曾任湖南高等师范学校、北京大学和浙江大学副教授，以及北平研究院（现中国科学院的前身）副研究员。1921 年和 1927 年，他曾到温州乐清（北雁荡山）等地考察。他采集的许多标本经人研究后确定为新种，如团花牛奶菜、定心散观音座莲、闽浙圣蕨、二回羽裂南丹参，等等。

胡先骕（H. H. Hu，1894—1968）曾与动物学家秉志一起创办中国科学社生物研究所和静生生物调查所，并创办了庐山植物园，为发展我国动、植物分类学创造了条件。在他任教东南大学期间，于 1919—1920 年曾来浙江乐清（雁荡山）等地考察、采集，采集了秀丽野海棠等新种的模式标本。他曾陆续发表了《浙江植物名录》、《增订浙江植物名录》（1924）等。

秦仁昌（R. C. Ching，1898—1986）历任南京东南大学教师和南京中央研究院自然历史博物馆技师。1921—1927 年，先后到乐清、温州市区、平阳（南雁荡山）、泰顺等地采集了大量标本，其中包括多种珍稀植物和新种及大量的新记录种，例如：硬壳桂、温州冬青、

浙江柿、银钟花和窄叶裸菀等。他是在温州采得模式标本最多的学者。

耿以礼（Y. L. Keng, 1893—1975）是著名的禾本科专家。1926—1928 年，他曾到浙江南部的泰顺以及宁波、天台、庆元、青田和金华等地采集标本，采集到毛枝连蕊茶等植物的模式标本。

钟补勤（P. C. Tsoong）于 1927 年发表《天目山采集旅行记》和《普陀、雁荡采集旅行记》，报道了随钟观光在浙江采集考察的情况。

贺贤育、陈诗（原中国科学社采集员）于 1929—1934 年多次来浙江各地考察植物，包括温州市区、平阳、乐清等地，采集标本 5000 余号。

三、新中国成立后的植物资源调查和区系研究

新中国成立后，国家和政府十分重视科学文化与经济建设，浙江省建立了科学技术委员会及各研究单位，陆续组织力量进行了规模空前的植物资源考察、调查，采集大量植物标本，使得研究资料迅速增加，同时还紧密结合生产，将植物资源直接应用于农业发展。科研、教学机构也得到调整并陆续增设，浙江植物的分类研究和区系调查因此得以全面开展并取得较大的成果。

1. 区域植物资源调查

1954 年，浙江医学院药学系在调查杭州、温州两地区的药用植物时，发现浙江产的姜黄、莪术、郁金 3 种药材源自同一植物——温郁金。

1958—1960 年，在国家商业部的统一部署下，浙江省科学技术委员会组织各有关厅（局）、科研、教学和生产单位以及上海有机化学研究所成立的“浙江省野生资源植物普查队”，邀请南京中山植物园相关专家参加指导，在各地的配合下深入到浙南山区，进行了一次规模较大的调查、采集工作，共采到植物标本 7820 号，6 万余份，已经鉴定出 1940 种及变种、变型，其中有利用价值的达 1430 种，撰写成温州、宁波、金华、台州和杭州等地区的有用野生植物参考资料，最后汇编成《浙江经济植物志》（初稿）。其中温州的调查由杭州植物园的章绍尧带队，调查重点区域是泰顺（司前至乌岩岭一带）和平阳（莒溪至大石一带，现属苍南），调查一般区域是乐清（雁荡山）和瑞安（石垟，现属文成）。这些考察、采集的标本成为日后《浙江植物志》和《中国植物志》记载温州植物的重要依据。考察中，雁荡润楠、矩叶勾儿茶、紫脉过路黄、小花栝楼、四棱卷瓣兰等新种被发现。

1957—1980 年，浙江省卫生厅、浙江省药材公司组织各教学科研单位，并邀请上海第一医学院药学系参加，开展了 3 次全省药用植物资源调查工作：1960 年的天然药物普查、1962 年的药源调查和 70 年代的药用植物调查，共采集到 2 万余号标本。浙江医学科学院（原浙江省人民卫生实验院）药物研究所的馆藏标本（约 3 万份，现保存于浙江自然博物馆）即为几次药用植物资源调查所得。在此基础上，《浙江中药手册》（1960）、《浙江药用植物志》上、下册（1980）等书籍编写出版。这些考察涉及温州的有：1960 年，考察了鹿城（藤桥）、乐清（雁荡山）、平阳（顺溪及南麂列岛）、泰顺（罗阳）等地；1962 年，考察了瓯海（瞿溪）、乐清、泰顺（里光）等地；1972 年，考察了洞头、文成（石垟）等地。1986 年，浙江省卫生厅、医药总公司等又进行了一次中药资源的普查，共采集标本（包括部分动物）1700 余种，计 2.7

万余份，编成《浙江省药用资源名录》，其中收录药物资源 2369 种，包括蕨类植物 110 种，种子植物 1630 种。这次考察也包含了温州地区的药用植物资源。

20 世纪 60 年代杭州植物园的章绍尧先后 2 次带队在泰顺的叶山岭到乌岩岭一带做过植物资源调查，并采集了标本。

1971—1979 年，林泉在瑞安县（现瑞安市）科学技术局情报组工作期间，对温州地区尤其是瑞安县的植物资源进行了多次调查，采集了近 6000 号标本，现保存于浙江省药品检验所标本室；发表了温郁金、菜头肾、温州葡萄、浙南菝葜、仙百草等植物新种；参与了温州地区卫生局组织的《新编浙南本草》编写，主要负责植物标本的鉴定、分类检索表编写、绘图及易混淆种类的辨别。

1979 年，中国科学院植物研究所邢公侠、林尤兴和杭州大学（现浙江大学）张朝芳到浙江沿海一带进行蕨类植物调查，到过温州乐清的雁荡山等地，采集数百号标本，其中包括雁荡马尾杉、乐清毛蕨、雁荡鳞毛蕨等新种。

1977—1980 年，浙江林业科学研究所的温太辉及冯志梅、余颂德等曾几度到平阳、文成等地进行竹子资源调查，采集到大木竹、水桂竹、空心苦、面秆竹等新种的模式标本。

1979—1982 年，杭州大学承担浙江生物资源调查和沿海岛屿植物资源调查时，分别在乐清、文成、平阳、苍南、泰顺等地进行调查，张朝芳、郑朝宗、丁炳扬、陈启瑺等采集到标本 3000 余号，并发现了一些蕨类植物和种子植物新种，部分标本成为该校标本室重要馆藏。郑朝宗根据调查结果于 1983 年编写了《浙江泰顺乌岩岭自然保护区种子植物名录》，并根据这些调查发现了浙江雪胆等新种。

1980—1983 年，温州市科学技术委员会（现温州市科学技术局）牵头，由温州市林业局，泰顺、文成、永嘉、瑞安四县林业科学研究所共同组织开展了“温州地区乔灌木树种资源考察”。永嘉、文成两县科学技术委员会（现科学技术局）、林业局、林业科学研究所于 1982 年共同完成了“文成县木本植物调查”与“永嘉县木本植物调查”。

1981—1982 年，华东师范大学裘佩熹曾在泰顺乌岩岭开展蕨类植物调查，采集了若干新种的模式标本，例如：缩羽复叶耳蕨、雁荡山复叶耳蕨等，并撰写了《乌岩岭蕨类植物区系的初步研究》一文。

1986—1987 年，浙江林学院（现浙江农林大学）楼炉焕、李根有等人先后两次对泰顺县洋溪林场及外围地区做了比较全面、深入的调查，泰顺县林业局的吕正水等人参与调查工作。两次调查共采集标本 1782 号，经鉴定有维管束植物 1093 种（含种下等级），隶属于 166 科 522 属，发现浙江植物区系分布新记录 2 属 15 种，并于 1988 年发表了《泰顺县洋溪林场植物资源调查》论文。

1987—1993 年，泰顺县林业局与浙江林学院（现浙江农林大学）合作，对泰顺县的植物资源进行了全面的调查研究，参加调查研究的有浙江林学院的楼炉焕、李根有、徐耀良等，泰顺县林业局的吕正水、杨才进、董直晓、徐柳杨、周洪青等，之后于 1994 年在浙江林学院学报上发表了《泰县植物资源调查报告》、《泰顺县维管束植物区系特点》和《泰顺县维管束植物名录》，并报道了许多浙江分布新记录种。

1990—1993 年，为实施国家“八五”攻关项目“全国海岛资源综合调查研究及开发试验”的三级课题，由温州市林业局牵头，邀请各县林业局工程师、浙江林学院教师、科技干部参加考察，参加人员主要有陈征海等。本次考察完成了“温州市海岛林业植被资源调查”，发现一些浙江分布新记录植物。

1997—2000 年的“浙江省国家重点保护野生植物资源调查与监测技术研究”等，其中也包括了对温州市范围内的野生保护植物资源调查。在此基础上，《浙江林业自然资源（野生植物卷）》于 2002 年出版。

1998 年，浙江省亚热带作物研究所李林、陶正明等对文成县珊溪水库库区蓄水前进行了木本植物本底调查，采集植物标本 2000 余号，5000 多份，鉴定、编写出含 93 科 291 属 684 种的《文成县珊溪水库库区木本植物名录》。

2002—2003 年，温州市工业科学研究院与温州师范学院（现温州大学）合作，在平阳县科学技术局支持下开展了平阳县梅源乡岭根村生物资源考察和生态规划。参加考察的有温州市工业科学研究院的蔡延骅、温州师范学院的胡仁勇等。

2003—2004 年，乐清中学张豪老师在乐清市科学技术局的资助下开展了乐清北雁荡山野生蕨类植物资源的调查，编写了植物名录，并于 2006 年发表《浙江北雁荡山野生蕨类植物资源》论文。

2005—2007 年，温州师范学院（现温州大学）丁炳扬的课题组，在温州市科技计划项目的资助下，在温州市全境开展了外来入侵植物的调查与研究，搞清了温州境内已经入侵或归化的植物种类与分布，发现了一些浙江或温州分布新记录植物，出版了《温州外来入侵植物的研究》一书。参加野外调查的有丁炳扬、胡仁勇、陈贤兴以及温州师范学院 2004、2005 级生物科学专业的多名学生。

2. 自然保护区和森林公园植物资源考察

1983—1984 年，由温州市科学技术协会和市林业局牵头，邀请有关省、市、县级学会、大专院校、科研单位的专家、教授、工程师、农艺师及科技工作者参加的乌岩岭综合科学考察队，对乌岩岭自然保护区进行多学科综合科学考察，历时 2 年多。其中，参加植物资源考察的单位及专家有华东师范大学胡人亮、杭州植物园章绍尧和毛宗国、浙江林校（现丽水职业技术学院）陈根荣、浙江林学院丁陈森和楼炉焕等。根据考察结果，《乌岩岭自然保护区自然资源综合考察报告》得以编印，其“植物名录”收录种子植物 135 科 580 属 1194 种（含种下等级），蕨类植物 33 科 75 属 179 种（含种下等级），苔藓植物 34 科 51 属约 60 种。

1989 年 8~9 月，浙江省环境保护局组织相关专家对南麂列岛进行多学科的大型科学考察。中国科学院植物所王献溥、杭州大学郑朝宗负责植被和植物资源的调查。1995 年《南麂列岛自然保护区综合考察文集》一书出版，记录种子植物 89 科 253 属 317 种。

1989 年，永嘉县林业局组织浙江林学院、永嘉县林业局、四海山林场等单位的植物学家和科技工作者，进行了永嘉四海山林场植物资源的调查，采集了大量标本，编写了《永嘉四海山林场维管植物名录》，为四海山国家级森林公园的建立提供了基础资料。参加这一考察研究的有丁陈森、周世良等。

1989 年，浙江林学院受瑞安市林业局委托对瑞安红双林场的植物资源进行了调查研究，编写了《瑞安市红双林场维管束植物名录》，包括蕨类植物 32 科 55 属 88 种，种子植物 125 科 432 属 796 种，其中有毛果假奓包叶等新植物，为 1995 年瑞安大洋坑县级自然保护区和 2002 年花岩森林公园的建立提供了基础资料。参加调查的有李根有、钱百胜、金水虎等人。2008 年，为申报省级自然保护区，瑞安市林业局又委托浙江大学、浙江师范大学、温州大学等单位对红双林场进行了自然资源的综合考察，其中参加植物资源考察的有温州大学的丁炳扬、陈贤兴、胡仁勇等。

2012—2013 年，杭州师范大学金孝锋与文成铜铃山国家森林公园合作，对该森林公园开展了植物资源和植被的调查研究。

3. 温州植物区系研究

胡仁勇（1994）对乐清北雁荡山的种子植物区系进行了研究，结果表明：该地区共有种子植物 101 科 211 属 280 种；该区系科、属以单种和寡种为主，特有种贫乏，热带、亚热带特征显著，与华南植物区系有相似性。2000 年，胡仁勇等对瑞安北麂列岛植被类型和植物区系进行了研究，发现该地区共有种子植物 177 种（含种下等级），隶属于 69 科 154 属；植物区系成分复杂多样，热带成分比重大，植被类型以黑松林为主。2001 年，胡仁勇等对温州珊溪水库库区的木本植物区系进行了分析，研究结果表明：该地区共有木本植物 684 种（含种下等级），隶属于 93 科 291 属；该区系以热带成分为主，为华南、华东植物区系的交汇点，属华南植物区系的北缘。2004 年，胡仁勇等对平阳岭根峡谷的种子植物区系进行了研究分析，发现该地区共有种子植物 428 种，隶属于 105 科 299 属；区系成分主要为热带成分和北温带成分，研究还对植物资源开发利用进行了分析。

裘宝林（1995）对浙江南部的森林植物华南、华东两个区系在温州的界线问题进行了研究，选取分布于浙江南部的 116 个华南植物区系成分的代表种，以及浙南温州的 3 个代表区域进行分析，结果认为：以乐清湾的清江为起点，向东越过乐清湾到温岭南部直至东海，向西南则沿北雁荡山东南山麓经永嘉南端至青田东端，再越过瓯江向东南拐弯至瓯海，然后再向西南拐弯穿过文成县直至泰顺并达于福建省边界为止，在此线以东属华南区系范围，在此线以西属于华东区系范围。

陈析丰等（2006）对大罗山种子植物区系进行了初步研究，结果显示：大罗山有种子植物 128 科 413 属 740 种，科、属组成以寡、单种类型为主；区系地理成分以泛热带、北温带、东亚、旧世界热带、热带亚洲和东亚北美成分为主，具有明显的热带、亚热带向温带过渡的性质。

雷祖培等（2009）对乌岩岭种子植物区系进行了研究，结果发现：该地区植物种类丰富，共有野生种子植物 134 科 578 属 1197 种，珍稀植物如南方红豆杉、钟萼木、香果树、福建柏等；区系成分以热带和温带为主。

谢小燕等（2010）对瑞安红双林场种子植物区系进行了分析，研究结果显示：该区共有种子植物 124 科 454 属 909 种（含种下等级）；以泛热带分布为最多，分布类型多样，地理成分复杂。

吴庆玲等（2010）对文成石垟森林公园种子植物区系进行了研究，结果显示：该区共有种子植物 132 科 440 属 726 种（含种下等级），发现温州地理分布新记录 43 种。2012 年，吴庆玲等分析了温州三垟湿地的植物多样性，并通过与杭州西溪湿地、绍兴镜湖湿地的比较对其健康性做了评价，结果表明：温州三垟湿地共有野生维管束植物 259 种，隶属于 187 属 73 科，湿地植物 66 种；相比杭州西溪湿地、绍兴镜湖湿地，温州三垟湿地物种丰富度不高，水生植物比例偏低，外来入侵植物种类多，健康性较差。

郑毅等（2012）对乐清北雁荡山蕨类植物区系进行了研究，结果显示：北雁荡山共有蕨类植物 37 科 71 属 156 种（含种下等级），以单种和寡种分布的科和属所占比例最大；科的分布区类型以世界分布型和泛热带分布型为主，属的分布区类型以泛热带分布型最多，种的分布区类型以东亚分布型最多；北雁荡山蕨类植物具有组成丰富、区系起源古老、地理成分多样、热带区系特征明显及特有种数量匮乏等特点。

4. 高校植物学野外实习

温州师范学院自 1984 年建立生物学系以来，其生物科学专业每年开设植物学野外实习课程，先后组织师生到乐清雁荡山、文成珊溪、永嘉岩头和四海山、文成石垟、苍南玉苍山、泰顺乌岩岭等地开展实习教学，同时也采集标本；自 2002 年设立生物技术专业，开设动植物野外实习课程以来，先后组织师生到洞头本岛、平阳岭根、文成石垟、瑞安湖岭等地实习教学。这些实习采集和制作的 1 万多份标本也为“温州野生植物资源调查与植物志编写”项目积累了第一手资料。自 2005 年以来，温州师范学院对标本的采集、记录和制作过程做了规范，2009 年随着茶山新校区生命科学实验大楼投入使用，学校将原有植物标本室进行扩建和购置组合柜，建成面积达 240m² 的现代化植物标本室。

四、野生植物资源调查暨信息系统开发和《温州植物志》编撰

2010 年 6 月至今，在温州市重大科技计划项目和温州市农业产业发展基金的资助下，温州大学、浙江省亚热带作物研究所、温州科技职业学院、温州市林业局等单位合作，成立了由 30 余人组成的协作组，对全市 11 个县（区、市）的野生植物资源进行了系统的调查研究，共组织了 12 次大规模或较大规模的重点区域考察，调查地点包括永嘉、泰顺、乐清、文成、苍南、平阳和瑞安 7 个县（市），历时 65 天，参加人员达 236 人次；此外，由各单位和个人自行组织的小型考察 230 多次，参加人员 550 人次。考察人员共采集植物标本 37800 号，拍摄照片 57600 余幅。考察人员发现植物新种 5 个，浙江新记录属 9 个，浙江新记录种 32 个，温州新记录属 29 个，温州新记录种 192 个，包括坤俊景天、浙南茜草、雁荡山薹草、细喙薹草、木本牛尾菜等新种，桫椤、笔筒树、金刚大、刺叶栎、全缘冬青、密花梭罗、岩茴香、台闽苣苔等国家和省级重点保护的珍稀植物。

除温州大学植物标本室外，浙江省亚热带作物研究所和温州科技职业学院也相继建立了小型植物标本室，用于收藏项目实施过程中采集的植物标本。作者通过查阅文献记载的温州植物种类、省内外标本馆采自温州的标本登记、温州三个植物标本室标本的分类鉴定，全面掌握了温州野生植物资源的种类与分布现状，参照最新的分类学文献编写了《温州野生维管束植物名录》，共收录 210 科 1054 属 2892 种（含种下等级）；还开展了资源可利用前景的评价和利用与保护对策的研究。

在此基础上，浙江省首个地级市资源植物信息系统（温州野生植物 http://www.wzflora.net）开发成功上线。该系统提供系统浏览、科属检索、分布查询和用途查询四个查询检索方式，并将分布查询扩展到分布区（县和镇两级）和分类群间的交互查询，用途查询扩展到用途类别与分布地间的交互查询，更方便于应用。

“温州野生植物资源调查与植物志编写”项目组最终编写完成收录约 2700 多种（含种下等级）植物、共计约 360 万字的彩色图文版《温州植物志》（共 5 卷）。

植物区系

植物区系，即一定区域内植物分类单位（科、属、种等）的总和，是一定自然地理环境长期综合作用的结果，是自然地理环境的一定反映和环境变迁的鉴证。对一定区域植物区系的研究不仅有助于认识该区域的区系来源及演化，而且也可为植物资源的开发、物种的引种、植物多样性的保护以及农、林、牧的远景规划提供科学依据。

温州地处浙江东南部，属中亚热带季风气候，水热条件优越，地质结构古老，其独特的自然条件和地理位置孕育了丰富的植物资源，成为中国植物区系中华东和华南植物区系分界线的一部分，在中国植物区系区划中占有重要地位。笔者借《温州植物志》编著之际，对温州地区的植物区系进行了较为系统的统计分析，以期更好地了解温州野生植物资源的分布情况，并为相关植物资源的合理开发利用和珍稀濒危植物的保护提供基础资料。

一、蕨类植物

20 世纪 50 年代，秦仁昌先生即对温州的泰顺、平阳、乐清等地进行过标本采集；章绍尧（1959 年）、王景祥（1963 年）、邢公侠（1979 年）、裘佩熹（1981 年）、张朝芳（1982 年）都曾对温州地区的蕨类植物进行了标本采集和研究；浙江林学院自 20 世纪 80 年代起对泰顺、瑞安、永嘉等地多次开展资源调查和标本采集；温州市自 2010 年起启动开展了“温州野生植物资源调查和植物志编写”项目，对温州全市的蕨类植物资源开展了全面调查，并对浙江大学标本室、浙江农林大学标本室、浙江自然博物馆标本馆、杭州植物园标本馆、中国科学院植物所标本馆及项目组各所在单位标本室等的标本进行了查阅，较为全面地掌握了温州蕨类植物的种类与分布。经分析，温州的蕨类植物具有如下区系特点。

1. 蕨类植物种类较为丰富，优势科、属较为明显

温州是浙江省蕨类植物资源最丰富的地区之一。据调查，温州有蕨类植物 275 种（含种下等级，下同），隶属于 44 科 94 属，其科、属、种分别占浙江省蕨类植物 49 科的 89.80%、116 属的 81.03%、499 种的 55.11%；占中国蕨类植物 63 科的 69.84%、231 属的 40.69%、2600 种的 10.58%。在温州蕨类植物中，含种数最多的 6 个科是鳞毛蕨科 Dryopteridaceae（5 属 50 种）、金星蕨科 Thelypteridaceae（10 属 35 种）、蹄盖蕨科 Athyriaceae（9 属 31 种）、水龙骨科 Polypodiaceae（11 属 29 种）、凤尾蕨科 Pteridaceae（2 属 16 种）、铁角蕨科 Aspleniaceae（1 属 14 种），它们所含种数占全部种数的 63.64%，是温州蕨类植物区系的主要组分（表 1）；含 5~14 种的科还有卷柏科 Selaginellaceae（1 属 13 种）、碗蕨科 Dennstaedtiaceae（2 属 8 种）、膜蕨科 Hymenophyllaceae（5 属 7 种）、鳞始蕨科 Lindsaeaceae（2 属 5 种）、中国蕨科 Sinopteridaceae（4 属 5 种）；有 18 科仅含 1 种，它们是松叶蕨科 Psilotaceae、阴地蕨科 Botrychiaceae、瓶尔小草科 Ophioglossaceae、观音座莲科 Angiopteridaceae、蚌壳蕨科 Dicksoniaceae、姬蕨科 Hypolepidaceae、水蕨

科 Parkeriaceae、书带蕨科 Vittariaceae、球子蕨科 Onocleaceae、实蕨科 Bolbitidaceae、舌蕨科 Elaphoglossaceae、肾蕨科 Nephrolepidaceae、燕尾蕨科 Cheiropleuriaceae、槲蕨科 Drynariaceae、禾叶蕨科 Grammitidaceae、蘋科 Marsileaceae、槐叶蘋科 Salviniaceae、满江红科 Azollaceae。这些说明温州蕨类植物科的多样性较高，但优势科也较为典型。

含种数前 6 位的属是：鳞毛蕨属 *Dryopteris*（26 种）、凤尾蕨属 *Pteris*（15 种）、铁角蕨属 *Asplenium*（14 种）、卷柏属 *Selaginella*（13 种）、毛蕨属 *Cyclosorus*（12 种）、复叶耳蕨属 *Arachniodes*（11 种），它们的种数占温州蕨类植物总种数的 33.09%（表 1）；含 5 种以上的属有短肠蕨属 *Allantodia*（10 种）、瓦韦属 *Lepisorus*（6 种）、蹄盖蕨属 *Athyrium*（6 种）、耳蕨属 *Polystichum*（6 种）、金星蕨属 *Parathelypteris*（6 种）、假蹄盖蕨属 *Athyriopsis*（6 种）、鳞盖蕨属 *Microlepia*（5 种），它们的种数占温州蕨类植物总种数的 16.36%；有 43 属仅有 1 种，占总种数的 15.64%，占总属数的 45.75%。这些说明温州蕨类植物属的多样性同样也较高，几个优势属所含种类较多。

表 1　温州蕨类植物优势科与属的统计

优势科	属数	占比(%)	种数	占比(%)	优势属	种数	占比(%)
鳞毛蕨科 Dryopteridaceae	5	5.32	50	18.18	鳞毛蕨属 *Dryopteris*	26	9.45
金星蕨科 Thelypteridaceae	10	10.64	35	12.73	凤尾蕨属 *Pteris*	15	5.45
蹄盖蕨科 Athyriaceae	9	9.57	31	11.27	铁角蕨属 *Asplenium*	14	5.09
水龙骨科 Polypodiaceae	11	11.70	29	10.55	卷柏属 *Selaginella*	13	4.73
凤尾蕨科 Pteridaceae	2	2.13	16	5.82	毛蕨属 *Cyclosorus*	12	4.36
铁角蕨科 Aspleniaceae	1	1.06	14	5.09	复叶耳蕨属 *Arachniodes*	11	4.00
合计	38	40.43	175	63.64	合计	91	33.09

2. 起源古老，孑遗种及濒危种较多

温州的蕨类植物中，厚囊蕨类和原始薄囊蕨类有 12 属（12.77%），占比较高，它们大多起源于古生代，例如：石杉属 *Huperzia*、马尾杉属 *Phlegmariurus*、藤石松属 *Lycopodiastrum*、石松属 *Lycopodium*、灯笼草属 *Palhinhaea*、卷柏属 *Selaginella*、木贼属 *Hippochaete*、松叶蕨属 *Psilotum*、瓶尔小草属 *Ophioglossum*、观音座莲属 *Angiopteris*、紫萁属 *Osmunda* 等。在分布有众多古老属的同时，温州境内也不乏古老、孑遗植物，例如：桫椤 *Alsophila spinulosa*、笔筒树 *Sphaeropteris lepifera*、松叶蕨 *Psilotum nudum*、蛇足石杉 *Huperzia serrata*、华南马尾杉 *Phlegmariurus fordii*、藤石松 *Lycopodiastrum causarinoides*、卷柏 *Selaginella tamariscina*、节节草 *Hippochaete ramosissima*、阴地蕨 *Sceptridium ternatum*、瓶尔小草 *Ophioglossum vulgatum*、福建观音座莲 *Angiopteris fokiensis*、紫萁 *Osmunda japonica*）等。结合以上蕨类植物物种多样性分析，可以发现温州蕨类植物区系含有较多的中国特有种、单种属、少种属、单属科等，说明该地区蕨类植物区系的古老性。但同样在温州境内也分布有较进化的蕨类植物，如金星蕨科、鳞毛蕨科、中国蕨科 Sinopteridaceae 及其所含的属、种，它们构成了该地区蕨类植物区系的主体部分（属占 55.9%，种占 64.98%），以及进化的类型，如水龙骨科、槐叶苹科 Salviniaceae、满江红科 Azollaceae 及其所含的属、种，也占有较大的比重（属占 18.28%，种占 13.72%）。因此，

温州蕨类植物的区系成分在系统发育上既有原始类型，也不乏进化类型，但以较进化类型为主，在系统发育或进化上存在着较为连贯的关系。

3. 区系地理成分复杂，热带、亚热带成分显著

参照吴征镒先生对中国种子植物属的分布区类型的划分办法，分析温州蕨类植物属的地理成分。温州蕨类植物分布区类型统计见表 2，其中比例较高的分布区类型是世界分布的 21 属（22.34%），泛热带分布 30 属（31.91%）和东亚分布 12 属（12.77%）。除世界分布外，其地理成分可分为热带成分、亚热带成分和温带成分。热带成分包括泛热带分布、热带亚洲和热带美洲间断分布、旧大陆热带分布、热带亚洲至大洋洲分布、热带亚洲至热带非洲分布和热带亚洲分布；亚热带成分主要包括东亚分布（含中国—喜马拉雅分布、中国—日本分布）和中国特有分布；温带成分包括北温带分布和温带亚洲分布。

温州蕨类植物种的地理成分中，热带成分 57 种，占 24.00%；温带成分 4 种，占 1.09%；亚热带成分 196 种，占 71.27%。亚热带成分包括东亚分布和中国特有分布，其中有 56 种可延伸分布到热带地区，有 27 种可延伸分布到温带地区。因此，加上北温带分布和温带亚洲分布，温带至亚热带分布种共 30 种，占 10.91%；热带至亚热带分布共 122 种，占 44.36%。种的分布类型表明：温州蕨类植物的分布特点更多地体现出热带、亚热带性质，热带至亚热带成分占绝对优势，间有少量温带成分分布。

表 2　温州蕨类植物分布区类型

分布区类型	属数	占比（%）	种数	占比（%）
1. 世界分布	21	22.34	10	3.64
2. 泛热带分布	30	31.91	13	4.73
3. 热带亚洲和热带美洲间断分布	3	3.19	3	1.09
4. 旧大陆热带分布	9	9.57	1	0.36
5. 热带亚洲至大洋洲分布	3	3.19	14	5.09
6. 热带亚洲至热带非洲分布	6	6.38	1	0.36
7. 热带亚洲分布	6	6.38	34	12.36
8. 北温带分布	4	4.26	1	0.36
9. 温带亚洲分布	0	0	2	0.72
10. 东亚分布	12	12.77	91	33.09
10-1. 中国—喜马拉雅分布			10	3.64
10-2. 中国—日本分布			53	19.27
11. 中国特有分布			42	15.27
合计	94	100.00	275	100.00

通过温州蕨类植物的分布区类型与浙江省其他地区的对比分析，可以发现，具边卷柏 *Selaginella linbata*、金毛狗 *Cibotium barometz*、粗齿桫椤 *Alsophila denticulata*、桫椤 *Alsophila spinulosa*、笔筒树 *Sphaeropteris lepifera*、半边旗 *Pteris sempinnata*、栗蕨 *Histiopteris incisa*、薄叶碎米蕨 *Cheilosoria tenuifolia*、乌毛蕨 *Blechnum orientale*、毛轴铁角蕨 *Asplenium crinicaule*、毛叶轴脉蕨 *Ctenitopsis devexa*、厚叶肋毛蕨 *Ctenitis sinii*、亮鳞肋

毛蕨 *Ctenitis subglandulosa*、华南实蕨 *Bolbitis subcordata* 等 44 种在浙江省内仅见于温州市范围；华南马尾杉 *Phlegmariurus fordii*（延至庆元）、藤石松 *Lycopodiastrum causarinoides*（延至庆元）等 12 种的分布在浙江省内除主要见于温州市范围外，还延伸至温州市周边的个别县。上述 56 种蕨类植物中，热带成分 31 种，亚热带成分 25 种，其中延伸分布到浙西南丽水地区个别县的 10 种，延伸分布到浙中台州地区的 3 种，延伸分布到舟山等海岛的 3 种，而往南分布至福建省的则有 36 种，这也与植被类型和地理特征相一致。位于洞宫山—雁荡山连线之东南的温州市，其植物区系明显区别于浙江省其他地区。属与种的地理成分同样也反映了温州蕨类植物种类分布与周边地区存在一定的关联性，与西部的丽水山地蕨类植物相比主要是一些古老种的延伸，与南部的福建省相比则体现在热带、亚热带成分上的广泛共性。这些种类中，粗齿紫萁、金毛狗、粗齿桫椤、桫椤、笔筒树、华南鳞盖蕨 *Microlepia hancei*、钱氏鳞始蕨 *Lindsaea chienii*、鳞始蕨 *L. odorata*、团叶鳞始蕨 *L. orbiculata*、薄叶碎米蕨、毛叶轴脉蕨、厚叶肋毛蕨、燕尾蕨 *Cheiropleuria bicuspis*、华南实蕨等在温州的分布可以认为是它们在中国分布的北界，也说明温州蕨类植物与热带成分的关联性较高。

从图 1 可见，温州各县（市、区）蕨类植物区系成分中，热带成分和亚热带成分的比例基本保持一致，东南部沿海的瑞安、平阳、苍南的热带成分占比略高；离海岸较远的山区县——泰顺、永嘉的亚热带性质种类略高。

可以认为，温州蕨类植物东亚成分较为丰富，并且中国—日本分布比中国—喜马拉雅成分在数量上要占更大优势，温州蕨类植物区系与日本的区系可能要更密切一些。参照严岳鸿等对中国蕨类植物地理格局划分办法，温州蕨类植物区系属于南方蕨类植物区华东亚区，相对于浙江省其他地区，其与华南亚区有更紧密联系。

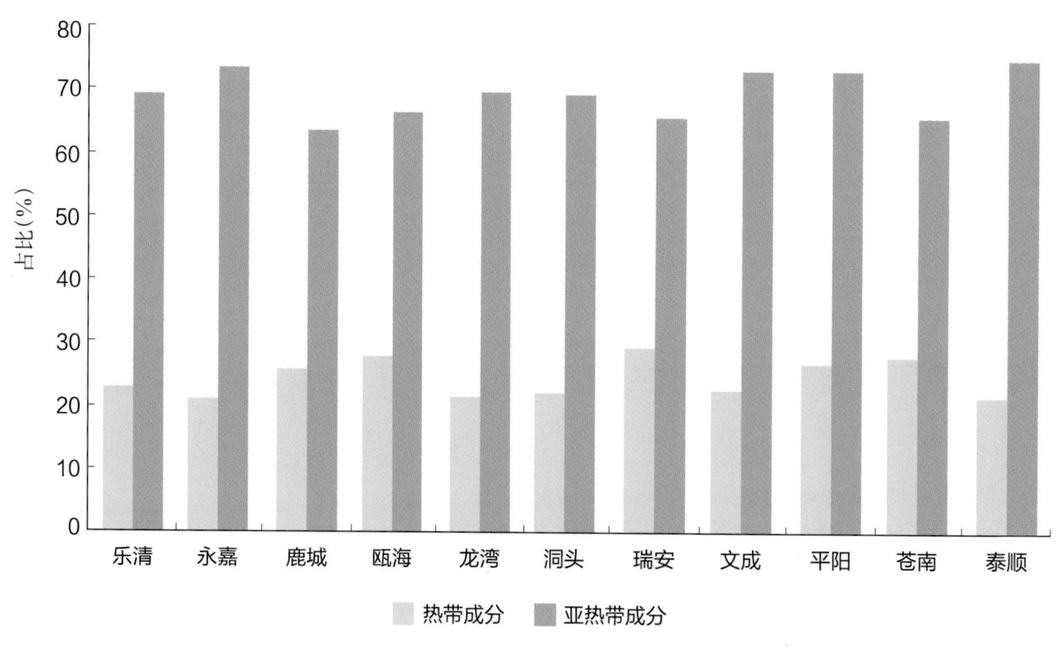

图 1 温州各县蕨类植物地理成分比较

二、种子植物

（一）区系组成

目前已知温州有野生或归化的种子植物共 166 科 958 属 2460 种（包含存疑类群，不含种下分类群，无原种时的种下类群以种计，即使不只一个种下类群也只计一个种），裸子植物 8 科 20 属 25 种，被子植物 158 科 938 属 2435 种（科的概念和范围参照《浙江植物志》，即裸子植物采用郑万钧系统、被子植物采用恩格勒系统）。

1. 科的组成

温州种子植物的 166 个科中既有处于进化顶端的菊科 Compositae、兰科 Orchidaceae、禾本科 Gramineae 等，也有进化水平较低的木兰科 Magnoliaceae、金粟兰科 Chloranthaceae 等，还有被子植物进化中处于分化关键类群的科，如金缕梅科 Hamamelidaceae 和虎耳草科 Saxifragaceae 等。按各科所含种类的多少将 166 科分成大型科、中等科、小型科、寡种科和单种科 5 个等级，各个等级及所含种的比例见表 3。

如表 3 所示，含 50 种以上的大型科有 9 个，如禾本科（89/197，表示"属数 / 种数"，以下同）、菊科（73/160）、莎草科 Cyperaceae（16/129）、蔷薇科 Rosaceae（25/111）、豆科 Leguminosae（52/107）、兰科（40/78）、唇形科 Labiatae（32/69）、茜草科 Rubiaceae（25/51）、百合科 Liliaceae（24/51），含 376 属 953 种，分别占本区总属数和总种数的 39.2% 和 38.7%，加上 20 个含 21~50 种的中等科（含 184 属 634 种），前 29 个科所含的属数和种数分别占本区总属数和总种数的 58.4% 和 64.5%，是温州植物区系的基础。禾本科、菊科、莎草科、唇形科、兰科等是草本层的优势成分，蔷薇科、豆科、马鞭草科 Verbenaceae 等在灌丛中具有重要地位，而樟科 Lauraceae、壳斗科 Fagaceae、冬青科 Aquifoliaceae、山茶科 Theaceae 等在乔木层占优势。含 11~20 种的小型科有 32 个，含 169 属 469 种。单种科和寡种科（2~10 种）分别有 25 个和 80 个，

表 3　温州地区种子植物按科级统计

级别（种数）	科		属		种		科举例
	数目	占比（%）	数目	占比（%）	数目	占比（%）	
单种科（1）	25	15.1	25	2.6	25	1.0	铁青树科 Olacaceae、伯乐树科 Bretschneideraceae、透骨草科 Phrymaceae 等
寡种科（2~10）	80	48.2	204	21.3	379	15.4	木通科 Lardizabalaceae(4 属 /10 种)、防己科 Menispermaceae (7/10)、爵床科 Acanthaceae (6/10) 等
小型科（11~20）	32	19.3	169	17.6	469	19.1	鼠李科 Rhamnaceae(7/20)、紫金牛科 Myrsinaceae (4/20)、茄科 Solanaceae (9/20) 等
中等科（21~50）	20	12.0	184	19.2	634	25.8	玄参科 Scrophulariaceae (21/50)、大戟科 Euphorbiaceae (16/41)、壳斗科 Fagaceae (6/40) 等
大型科（>50）	9	5.4	376	39.2	953	38.7	禾本科 Gramineae (89/197)、菊科 Compositae (73/160)、莎草科 Cyperaceae (16/129) 等
合计	166	100.0	958	100.0	2460	100.0	

两者合计占总科数的63.3%，虽然所含种数不多，仅404种，占总种数的16.4%，但却集中了温州热带类型的科和属以及大部分古老孑遗植物，如银杏科 Ginkgoaceae、杜仲科 Eucommiaceae、钟萼木科 Bretschneideraceae 为我国所特产的单型科（全世界仅1种）。

2. 属的组成

温州种子植物的958个属，按所含种类多少分成大型属（>20种）、中等属（11~20种）、小型属（6~10种）、寡种属（2~5种）和单种属5级，其种类和比例见表4。

表4　温州维管束植物按属级统计

级别（种数）	属		种	
	数目	占比（%）	数目	占比（%）
单种属（1）	516	53.9	516	21.0
寡种属（2~5）	358	37.4	1037	42.2
小型属（6~10）	54	5.6	400	16.3
中等属（11~20）	25	2.6	328	13.3
大型属（>20）	5	0.5	179	7.3
合计	958	100.0	2460	100.0

统计结果显示，种数大于20的大型属有5个，共含179种，其中，最大的是薹草属 *Carex*（68种），其次是悬钩子属 *Rubus*（32种），冬青属 *Ilex*（31种），蓼属 *Polygonum*（26种）和珍珠菜属 *Lysimachia*（22种）；薹草属和蓼属是草本层的常见植物，悬钩子属是林下灌木层的常见植物。含11~20种的中型属有25个，共含328种，多于大型属所含种数。含6~10种的小型属有54个，共含400种。含2~5种的寡种属有358个，在本区全部属中拥有最多的种数，共1037种。单种属有516个，其中许多单型属（全世界仅有1种）是我国特有的珍稀植物，如金钱松属 *Pseudolarix*、青钱柳属 *Cyclocarya*、杜仲属 *Eucommia*、钟萼木属 *Bretschneidera*、明党参属 *Changium*、香果树属 *Emmenopterys* 等。

3. 种的组成

温州独特的自然条件和地理位置孕育了丰富的植物资源，在温州的2460种种子植物中，温州特有的有11种1亚种4变种（附表1）；浙江特有植物（除温州特有的以外）有25种8变种（附表2）；已列入《国家重点保护野生植物名录（第一批）》的有30种1变种（详见第五卷附录一）；列入《浙江省重点保护野生植物名录》的有63种1亚种6变种（详见第五卷附录一）；外来入侵或归化植物有83种。在温州有分布的浙江特有植物中，有些是已发现多年，经多年调查发现分布区狭窄、个体数稀少的珍稀植物，如温州葡萄 *Vitis wenchowensis*、菜头肾 *Strobilanthes sarcorrhiza*、崖壁杜鹃 *Rhododendron saxatile*、泰顺杜鹃 *Rhododendron taishunense* 等；有些则是近年在浙江发现，浙江省外也可能有分布但仍未发现的种类，如浙南薹草 *Carex austrozhejiangensis*、浙南茜草 *Rubia austrozhejiangensis*。在归化和入侵植物中，许多传入我国达上百年，已经成为浙江省植物区系不可分割的组成部分，且大多是危害严重的入侵种，如一年蓬 *Erigeron annuus*、野塘蒿 *Conyza bonariensis*、

阿拉伯婆婆纳 *Veronica persica*、美洲商陆 *Phytolacca americana* 等；有些则是近年传入并成功定居或正暴发性扩散的新归化植物，如阔叶丰花草 *Spermacoce alata*、加拿大一枝黄花 *Solidago canadensis*、北美车前 *Plantago virginica* 等。

（二）区系成分

分布区类型的分析可以从科、属、种三个层次上进行，但在通常情况下，植物区系分布区类型的研究大多是以属为基本单位，它能更好地体现植物的区域分布和地理特征（王荷生，1997）。

根据吴征镒（1991）和吴征镒等（2006）对中国种子植物属分布区类型的划分，将温州野生（含部分归化）种子植物958属划为14个类型24个变型（表5），除13型中亚分布类型外全国种子植物的15个分布区类型在温州都有其代表，这也从一个侧面说明温州植物区系的丰富和多样。从表5可以看出，温州种子植物的14个分布区类型中，所占比例最大的是2型泛热带分布及其变型（共173属，占19.8%）；其次是8型北温带分布及其变型（共150属，占17.0%）和14型东亚分布（共116属，占13.2%）。温州种子植物的14个分布区类型（区系成分）可以归纳为世界分布（1型）、热带分布（2~7型及其变型）、温带分布（8~14型及其变型）和中国特有分布四大类，总体上热带分布（共440属，占50.1%）多于温带分布（共416属，占47.4%），与温州所处地理位置——中亚热带偏南相吻合。下面就四大类进行分析。

表5 温州种子植物属的分布区类型统计

分布区类型	属数	占比[①]（%）	
1. 世界广布	80	—	
2. 泛热带分布	150	17.1	热带地理成分（50.1%）
2-1. 热带亚洲、大洋洲（至新西兰）和中、南美（或墨西哥）间断分布	11	1.3	
2-2. 热带亚洲、非洲和中、南美洲间断分布	12	1.4	
3. 热带亚洲和热带美洲间断分布	32	3.6	
4. 旧世界热带分布	60	6.8	
4-1. 热带亚洲、非洲和大洋洲间断分布	8	0.9	
5. 热带亚洲至热带大洋洲分布	63	7.2	
6. 热带亚洲至热带非洲分布	15	1.7	
6-2. 热带亚洲和东非或马达加斯加间断分布	2	0.2	
7. 热带亚洲（印度—马来西亚）分布	27	3.1	
7-1. 爪哇（或苏门答腊）、喜马拉雅间断或星散分布到华南、西南分布	10	1.1	
7-2. 热带印度至华南（尤其云南南部）分布	5	0.6	
7-3. 缅甸、泰国至华西南分布	2	0.2	
7-4. 越南（或中南半岛）至华南或西南分布	10	1.1	
7a. 西马来西亚，基本上在新华莱斯线以西，北可达中南半岛或印度东北或热带喜马拉雅，南达苏门答腊	15	1.7	
7b. 中马来西亚，爪哇以东，加里曼丹至菲律宾一线以内	2	0.2	
7c. 东马来西亚，即新华莱斯线以东，但不包括新几内亚及东侧岛屿	1	0.1	

（续）

分布区类型	属数	占比①（%）	
7d. 全分布区东达新几内亚	5	0.6	
7e. 全分布区东南达西太平洋诸岛	12	1.1	
8. 北温带分布	74	8.4	温带地理成分（47.4%）
8-4. 北温带和南温带间断分布	66	7.5	
8-5. 欧亚和南美洲温带间断分布	10	1.1	
9. 东亚及北美间断分布	67	7.6	
9-1. 东亚和墨西哥间断分布	5	0.6	
10. 旧世界温带分布	41	4.7	
10-1. 地中海区、西亚（或中亚）和东亚间断分布	12	1.4	
10-2. 地中海区和喜马拉雅间断分布	2	0.2	
10-3. 欧亚和南部非洲（有时也在大洋洲）间断分布	10	1.1	
11. 温带亚洲分布	8	0.9	
12. 地中海区、西亚至中亚分布	1	0.1	
12-1. 地中海区至中亚和南非洲和 / 或大洋洲间断分布	1	0.1	
12-2. 地中海区至西亚或中亚和墨西哥或古巴间断分布	1	0.1	
12-3. 地中海区至温带—热带亚洲、大洋洲和南美洲间断分布	2	0.2	
14. 东亚分布	49	5.6	
14SH. 中国—喜马拉雅分布	9	1.0	
14SJ. 中国—日本分布	58	6.6	
15. 中国特有分布	22	2.5	
合计	958	100.0	

①计算各类型比例时，按惯例将世界分布剔除在外。

1. 世界分布

世界分布是几乎遍布世界而无特殊分布中心，或虽有一或数个分布中心但包含世界分布种的属。其生态适应幅度广，对分析植物区系地理分布特点及区系关系意义不大，故在统计分析各分布类型比例时常扣除不计。

温州属于此类型的有80属，其中悬钩子属、卫矛属 *Euonymus*、鼠李属 *Rhamnus*、金丝桃属 *Hypericum*、铁线莲属 *Clematis* 等木本类群为温州林下灌丛和灌木丛的常见植物；蒿属 *Artemisia*、薹草属、珍珠菜属 *Lysimachia*、堇菜属 *Viola*、鼠尾草属 *Salvia* 等耐阴草本类群为林下草本层或山地灌草丛的重要成员；莎草属 *Cyperus*、苋属 *Amaranthus*、拉拉藤属 *Galium*、鬼针草属 *Bidens*、飞蓬属 *Erigeron* 等喜阳性草本类群为农林用地的常见杂草；而眼子菜属 *Potamogeton*、浮萍属 *Lemna*、金鱼藻属 *Ceratophyllum*、狐尾藻属 *Myriophyllum* 等水生草本广布于各种水域环境中。

2. 热带分布

热带分布（2~7型）共计440属。所含属数从多至少排列为：泛热带分布及其变型 > 热带亚洲分布及其变型 > 旧世界热带分布及其变型 > 热带亚洲至热带大洋洲分布 > 热带亚洲和热带美洲间断分布 > 热带亚洲至热带非洲分布及其变型。

泛热带分布及其变型：泛热带分布类型包含普遍分布于东、西半球的热带以及在全世界热带范围内有一或数个分布中心，但在其他地区亦有一些种类分布的热带属。本类型及其变型在温州共有173属，其中木本的冬青属*Ilex*、柿属*Diospyros*、黄檀属*Dalbergia*中的不少种类是本区山地森林植被乔木层的重要成员；榕属*Ficus*、合欢属*Albizia*、山矾属*Symplocos*等的许多种类则是灌木层的重要成员；藤本植物的南蛇藤属*Celastrus*、菝葜属*Smilax*、薯蓣属*Dioscorea*、鱼藤属*Derris*等是森林群落层间植物的常见成员；草本植物有画眉草属*Eragrostis*、藿香蓟属*Ageratum*等。

热带亚洲和热带美洲间断分布：间断分布于亚洲和美洲温暖地区的热带属，其在旧世界（东半球）从亚洲可能延伸至澳大利亚东北部或西南太平洋岛屿。温州属于此类型的属共有32个，它们均为种数不多于10的小型属、寡种属或单种属，且木本多于草本。草本属有地榆属*Sanguisorba*、过江藤属*Phyla*、裸柱菊属*Soliva*等；木本属中的柃木属*Eurya*是温州山地灌木层非常重要的优势类群，樟属*Cinnamomum*、木姜子属*Litsea*、楠木属*Phoebe*、泡花树属*Meliosma*、猴欢喜属*Sloanea*、安息香属*Styrax*、山柳属*Clethra*的一些种类是温州森林乔木层或灌木层的常见种。

旧世界热带分布及其变型：分布于亚洲、非洲及大洋洲热带地区及其邻近岛屿的类群。本类型及其变型温州共有68属，常见的木本属中野桐属*Mallotus*、八角枫属*Alangium*、蒲桃属*Syzygium*、豆腐柴属*Premna*、扁担杆属*Grewia*等的一些种类是山地森林植被乔木层或灌木层的常见成员；草本属中艾纳香属*Blumea*、乌蔹莓属*Cayratia*、楼梯草属*Elatostema*、荩草属*Arthraxon*、金茅属*Eulalia*等的许多种类则是林下草本层的重要成员。

热带亚洲至热带大洋洲分布：其分布区位于旧世界热带分布区的东翼。本区该类型共有63属，其中木本植物较少，常见的如杜英属*Elaeocarpus*、柘属*Cudrania*、山龙眼属*Helicia*、紫薇属*Lagerstroemia*、新木姜子属*Neolitsea*、野牡丹属*Melastoma*等；草本植物较多，常见的有通泉草属*Mazus*、假俭草属*Eremochloa*、百部属*Stemona*、兰属*Cymbidium*、淡竹叶属*Lophatherum*等；藤本植物有野扁豆属*Dunbaria*、栝楼属*Trichosanthes*、崖爬藤属*Tetrastigma*、链珠藤属*Alyxia*等。本类型中许多属的种类是重要的资源植物，如紫薇属、假俭草属、淡竹叶属、兰属等；有些属则含有濒危的珍稀物种，如天麻属*Gastrodia*、开唇兰属*Anoectochilus*、葱叶兰属*Microtis*、隔距兰属*Cleisostoma*、蛇菰属*Balanophora*等。

热带亚洲至热带非洲分布及其变型：分布于旧世界热带分布区西翼的类群。本类型在温州共有17属，木本类群中的铁仔属*Myrsine*、狗骨柴属*Diplospora*等较常见，而香茶菜属*Isodon*、莠竹属*Microstegium*、芒属*Miscanthus*等则是较普遍的草本类群。

热带亚洲（印度—马来西亚）分布及其变型：分布于亚洲热带（包括南亚次大陆、东南亚及沿海岛屿和西南太平洋岛屿）的类群。本类型在温州共有87属，其中青冈属*Cyclobalanopsis*、润楠属*Machilus*、木荷属*Schima*、木莲属*Manglietia*、交让木属*Daphniphyllum*等是亚热带常绿阔叶林的优势种或重要成分；山茶属*Camellia*、蚊母树属*Distylium*等是常绿阔叶林灌木层的优势种和常见种；蛇根草属*Ophiorrhiza*、马铃苣苔属*Oreocharis*、异药花属*Fordiophyton*、赤车属*Pellionia*、石荠苧属*Mosla*等为林下草本层的常见植物；该类型中还有众多木质藤本植物为森林植被常见的层间植物，如南五味子属*Kadsura*、流苏子属*Coptosapelta*、清风藤属*Sabia*、葛属*Pueraria*、大血藤属*Sargentodoxa*等。此外，还有钟萼木属、香果树属、油杉属*Keteleeria*等珍稀植物。

3. 温带分布

温州温带分布（8~14 型）共计 416 属。所含属数从多至少排列为：北温带分布及其变型 > 东亚分布及其变型 > 东亚及北美间断分布及其变型 > 旧世界温带分布及其变型 > 温带亚洲分布 > 地中海区、西亚至中亚分布及其变型。

北温带分布及其变型：一般指广泛分布于亚洲、欧洲和北美洲温带地区的属。该类型及其变型温州共有 150 属，其中草本类型的常见属有紫菀属 *Aster*、看麦娘属 *Alopecurus*、委陵菜属 *Potentilla*、黄精属 *Polygonatum*、龙牙草属 *Agrimonia* 等；木本类型常见的以落叶树种为多，如槭属 *Acer*、榆属 *Ulmus*、水青冈属 *Fagus*、鹅耳枥属 *Carpinus*、盐肤木属 *Rhus* 等，常绿树种较少，如松属 *Pinus*、杜鹃花属 *Rhododendron* 部分种等；常见的藤本植物有葡萄属 *Vitis*、忍冬属 *Lonicera* 等。另外该类型中包含北温带和南温带间断分布变型 66 属，如景天属 *Sedum*、卷耳属 *Cerastium*、当归属 *Angelica*、婆婆纳属 *Veronica* 等草本属，杨梅属 *Myrica*、稠李属 *Padus* 等木本属。

东亚及北美间断分布及其变型：间断分布于东亚和北美的类群。本类型温州共有 72 属，作为洲际间断分布的著名例子而引人注目。其中木本植物占有很高比例，常见的有栲属 *Castanopsis*、柯属 *Lithocarpus*、山胡椒属 *Lindera*、绣球属 *Hydrangea*、木犀属 *Osmanthus*、枫香属 *Liquidambar*、八角属 *Illicium*、鹅掌楸属 *Liriodendron*、溲疏属 *Deutzia* 等；藤本植物常见的有爬山虎属 *Parthenocissus*、络石属 *Trachelospermum*、蛇葡萄属 *Ampelopsis*、蝙蝠葛属 *Menispermum*、紫藤属 *Wisteria* 等；草本植物常见的有金线草属 *Antenoron*、鸡眼草属 *Kummerowia*、落新妇属 *Astilbe*、腹水草属 *Veronicastrum*、透骨草属 *Phryma* 等。

旧世界温带分布及其变型：指广布于亚洲，欧洲中、高纬度的温带和寒温带，或至多有个别种延伸到亚洲—非洲热带山地甚至澳大利亚的属。该类型温州有 65 属，其中木本植物为主的属不多，如梨属 *Pyrus*、榉树属 *Zelkova*、女贞属 *Ligustrum* 等；草本植物的属较多，如野芝麻属 *Lamium*、菊属 *Chrysanthemum*、重楼属 *Paris*、沙参属 *Adenophora*、益母草属 *Leonurus* 等。

温带亚洲分布：指一些主要局限分布于亚洲温带地区的属。温州共有 8 属，草本植物有黄鹌菜属 *Youngia*、大油芒属 *Spodiopogon*、山牛蒡属 *Synurus* 等；木本植物有枫杨属 *Pterocarya*、杏属 *Armeniaca*、锦鸡儿属 *Caragana* 等，均为落叶乔灌木。

地中海区、西亚至中亚分布及其变型：指以地中海、西亚至中亚为分布中心，少数种类向东延伸至我国东部的属。本类型温州仅有 5 属，其中木本植物有黄连木属 *Pistacia*、石榴属 *Punica*、木犀榄属 *Olea* 等；草本植物有唐菖蒲属 *Gladiolus*；藤本有常春藤属 *Hedera*。

东亚分布及其变型：指从东喜马拉雅一直分布到日本的一些属。本类型及其变型温州有 116 属，其组成有以下两个特点：一是有许多古老属，如山桐子属 *Idesia*、天葵属 *Semiaquilegia*、汉防己属 *Sinomenium*、棣棠花属 *Kerria* 等；二是寡种属和单种属的比例高，占 97.4%。其中，乔、灌木常见的有刚竹属 *Phyllostachys*、三尖杉属 *Cephalotaxus*、油桐属 *Vernicia*、五加属 *Eleutherococcus*、棕榈属 *Trachycarpus*、青荚叶属 *Helwingia*、檵木属 *Loropetalum*、水团花属 *Adina* 等；草本植物常见的有散血丹属 *Physaliastrum*、沿阶草属 *Ophiopogon*、石蒜属 *Lycoris*、紫苏属 *Perilla*、蕺菜属 *Houttuynia* 等；藤本植物有猕猴桃属 *Actinidia*、钻地风属 *Schizophragma*、盒子草属 *Actinostemma* 等。该类型中包含中国—日本分布变型 58 属，如苦竹属 *Pleioblastus*、山桐子属、柳杉属 *Cryptomeria*、蛛网萼属 *Platycrater* 等木本植物；草本植物有香简草属 *Keiskea*、半夏属 *Pinellia*、山麦冬属 *Liriope*、半蒴苣苔属 *Hemiboea*、桔梗属 *Platycodon*、大吴风草属 *Farfugium*、吉祥草属 *Reineckea* 等；藤本植物有木通属 *Akebia*、野木瓜属 *Stauntonia*、萝藦属 *Metaplexis*、汉防己属等。另一个变型中国—喜马拉雅分布有 9 属，如八月瓜属 *Holboellia*、八角莲属 *Dysosma*、粗筒苣苔属 *Briggsia* 等。

4. 中国特有分布

中国种子植物特有属即以中国整体的自然植物区为中心而分布界限不越出国境很远的属。该类型温州共有 22 属，大多数是单种属或寡种属，含有许多国家或省级重点保护野生植物。其中，木本植物有金钱松属、青钱柳属、杜仲属、箬竹属 *Indocalamus* 等；草本植物有血水草属 *Eomecon*、明党参属、四轮香属 *Hanceola* 等。

（三）区系特点

1. 植物种类丰富

综上所述，温州已知种子植物共 166 科 958 属 2460 种。温州市陆地面积 12065km^2，占浙江陆域面积的 11.6%，但却涵盖了浙江种子植物近六成的属和种，在浙江区系中具有重要地位。在属的大小方面，所谓的寡种属（2~5 种）和单种属共 874 属，计 1553 种，分别占属总数和种总数的 91.3% 和 63.2%，反映温州物种具有较高的多样性。

2. 起源古老，孑遗植物多

温州植物区系中含有较多的古老科和属以及孑遗植物。现存松柏类中，罗汉松科 Podocarpaceae 中最原始的罗汉松属 *Podocarpus* 温州有 1 种野生；与罗汉松科有密切亲缘关系的三尖杉科 Cephalotaxaceae 温州有 2 种；红豆杉科 Taxaceae 温州有 2 属 3 种，其中榧属 *Torreya* 是残遗植物；松科 Pinaceae 最原始的油杉属、黄杉属 *Pseudotsuga* 和金钱松属在温州都有其代表。被子植物中的原始类型，即多数学者认为多心皮类的木兰科温州有 8 属 16 种，其中鹅掌楸 *Liriodendron chinense* 和木莲 *Manglietia fordiana* 是第三纪孑遗植物；与木兰科比较接近的原始科还有蜡梅科 Calycanthaceae、睡莲科 Nymphaeaceae、金粟兰科、三白草科 Saururaceae 等，多数是含少型属或单型属的残遗植物。综上所述，温州存在较多的古老或原始的科和属，保存相当多的残遗或孑遗植物，均说明了温州植物区系起源的古老性。

3. 特有和珍稀植物多

温州种子植物区系中包含了 22 个我国的特有属，其中单种特有属就有 17 个，如裸子植物的金钱松属，被子植物的青钱柳属、杜仲属、髯药草属 *Sinopogonanthera* 等。这些特有植物多数被列为国家或省级重点保护野生植物。温州植物区系中还包含 36 种 1 亚种 12 变种浙江特有的植物，其中温州特有的 11 种 1 亚种 4 变种，如泰顺杜鹃 *Phododendron taishunense*、菜头肾 *Strobilanthes sarcorrhiza*、空心苦 *Pseudosasa aeria* 等。南方红豆杉 *Taxus wallichiana* var. *mairei*、莼菜 *Brasenia schreberi*、钟萼木 *Bretschneidera sinensis* 等被列为国家 I 级重点保护野生植物；国家 II 级重点保护野生植物有长叶榧 *Torreya jackii*、蛛

网萼 *Platycrater arguta*、香果树 *Emmenopterys henryi* 等；还有更多的种类被列为省级重点保护野生植物，如竹节人参 *Panax japonicus*、菜头肾 *Strobilanthes sarcorrhizus*、华重楼 *Paris polyphylla* var. *chinensis* 等，这些种类往往个体稀少，且具重要的利用或科学价值。

4. 区系成分复杂，过渡特性明显，具亚热带植物区系性质

温州植物区系地理成分的复杂性主要体现在属的分布区类型的广泛和多样。根据吴征镒等的统计，全国的种子植物可以划分为 15 个分布区类型和 35 个亚型，温州种子植物区系有 14 个类型和 24 个变型。总体上热带分布（共 440 属，占 50.1%）多于温带分布（共 416 属，占 47.4%）。在热带分布（2~7 型）类型中以泛热带分布及其变型为最多，其次是热带亚洲分布及其变型；温带分布（8~14 型）则以北温带分布及其变型和东亚分布及其变型为主，前者略多于后者。与全国种子植物区系分布区类型相比（图 2），温州没有中亚分布（13 型）；热带亚洲（印度—马来西亚）分布（7 型），地中海区、西亚至中亚分布（12 型），热带亚洲至热带非洲分布（6 型）和中国特有分布（15 型）显著低于全国；而泛热带分布型（2 型）、北温带分布型（8 型）和东亚分布型（14 型）明显高于全国。这说明温州植物区系是置于东亚植物区中国—日本森林植物亚区从热带向温带过渡的范围内，体现出亚热带植物区系的特征。

5. 引栽植物日益增多，外来植物入侵风险较大

归化植物是指通过自然和人类活动等无意或有意地传播或引入到异域，能自身建立可繁殖的种群的外来植物；而入侵植物则是那些影响传入地的生物多样性，使其生态环境受到破坏，并造成经济损失的外来植物。外来植物的来源途径主要有：自然传入、无意引入和有意引入，无意引入如随人类交通工具、进口农产品或货物及旅游者带入，有意引入如作为牧草或饲料、观赏物种、药用植物、食物或改善环境植物引入。至今已知温州有归化或入侵植物共 83 种，隶属于 30 科 62 属。

近几十年来，随着人类贸易、旅游等活动日益频繁，尤其是众多的园林、绿化、经济

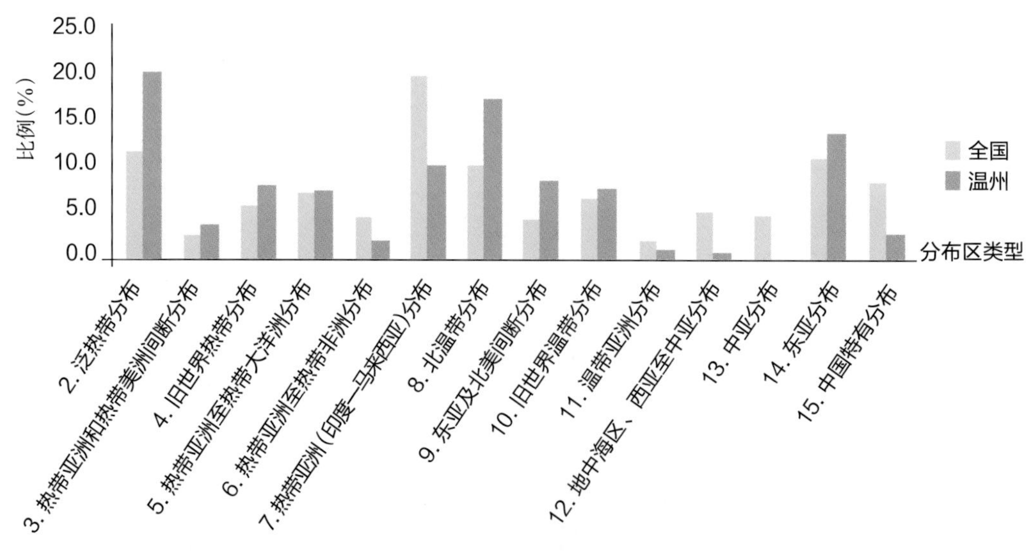

图 2　温州与全国种子植物区系成分比例的比较

植物不断地从国外引入，导致有意引入或无意携入的物种数量正在空前快速地增长着（丁炳扬和胡仁勇，2011）。温州拥有得天独厚的旅游资源，如雁荡山、南麂列岛、楠溪江等，蓬勃发展的旅游业为外来植物的入侵提供了极其便利的通道，物种无意或有意传播的机会大大增加。再加上其优越的自然地理条件和适宜的气候能为外来物种的生长和繁衍提供良好的栖息环境，降低了生物跨越空间障碍的难度，因此温州外来植物的种类可能持续增多，数量可能不断增大。且目前已知种类中有约 1/5 是近 30 年在温州新发现的，说明外来植物的传播和入侵速度有明显加快的趋势，应该引起我们的警惕，提醒我们加强监测和防控工作。

附表 1　温州特有种子植物名录

种名	所属科	种名	所属科
短叶黄山松 *Pinus taiwanensis* var. *brevifolia*	松科	泰顺杜鹃 *Rhododendron taishunense*	杜鹃花科
坤俊景天 *Sedum kuntsunianum*	景天科	紫脉过路黄 *Lysimachia rubinervis*	报春花科
雁荡润楠 *Machilus minutiloba*	樟科	二回羽裂南丹参 *Salvia bowleyana* var. *subbipinnata*	唇形科
毛果假奓苞叶 *Discocleidion ulmifolium* var. *trichocarpum*	大戟科	菜头肾 *Strobilanthes sarcorrhiza*	爵床科
泰顺凤仙花 *Impatiens taishunensis*	凤仙花科	浙南茜草 *Rubia austrozhejiangensis*	
温州葡萄 *Vitis wenchowensis*	葡萄科	空心苦 *Pseudosasa aeria*	禾本科
小叶梵天花 *Urena procumbens* var. *microphylla*	锦葵科	瑞安薹草 *Carex arisanensis* subsp. *ruianensis*	莎草科
崖壁杜鹃 *Rhododendron saxatile*	杜鹃花科	温郁金 *Curcuma wenyujin*	姜科

附表 2　温州有分布的浙江特有种子植物名录

种名	所属科	种名	所属科
舟柄铁线莲 *Clematis dilatata*	毛茛科	浙江蘡薁 *Vitis zhejiang-adstricta*	葡萄科
天台铁线莲 *Clematis patens* var. *tientaiensis*	毛茛科	尖萼紫茎 *Stewartia sinensis* var. *acutisepala*	山茶科
显脉野木瓜 *Stauntonia conspicua*	木通科	红毛过路黄 *Lysimachia rufopilosa*	报春花科
景宁木兰 *Magnolia sinostellata*	木兰科	浙江光叶柿 *Diospyros zhejiangensis*	柿树科
浙江蜡梅 *Chimonanthus zhejiangensis*	蜡梅科	杭州石荠苎 *Mosla hangchowensis*	唇形科
浙江溲疏 *Deutzia faberi*	虎耳草科	两头莲 *Veronicastrum villosulum* var. *parviflorum*	玄参科
浙江虎耳草 *Saxifraga zhejiangensis*	虎耳草科	温州长蒴苣苔 *Didymocarpus cortusifolius*	苦苣苔科
浙江石楠 *Photinia zhejiangensis*	蔷薇科	仙百草 *Aster turbinatus* var. *chekiangensis*	菊科
无毛光果悬钩子 *Rubus glabricarpus* var. *glabratus*	蔷薇科	云和哺鸡竹 *Phyllostachys yunhoensis*	禾本科
温州冬青 *Ilex wenchowensis*	冬青科	仙居苦竹 *Pleioblastus hsienchuensis*	禾本科
平翅三角枫 *Acer buergerianum* var. *ningpoense*	槭树科	华丝竹 *Pleioblastus intermedius*	禾本科
雁荡三角枫 *Acer buergerianum* var. *yentangense*	槭树科	衢县苦竹 *Pleioblastus juxianensis*	禾本科
浙江凤仙花 *Impatiens chekiangensis*	凤仙花科	浙南薹草 *Carex austrozhejiangensis*	莎草科
淡黄绿凤仙花 *Impatiens chloroxantha*	凤仙花科	雁荡山薹草 *Carex yandangshanica*	莎草科
黄岩凤仙花 *Impatiens huangyanensis*	凤仙花科	浙南菝葜 *Smilax austrozhejiangensis*	百合科
天目山凤仙花 *Impatiens tienmushanica*	凤仙花科	大花无柱兰 *Amitostigma pinguiculum*	兰科
两色冻绿 *Rhamnus crenata* var. *discolor*	鼠李科		

植物资源的现状与评价

植物资源是指能为人类活动直接或间接提供原料、食品及其他交易的所有植物的总称，是人类和一切动物的生存之本。合理利用好植物资源，做到经济效益和环境效益的平衡，是资源利用需要注意的主要问题。本研究基于温州地区野生植物资源长期的调查数据和前人的研究结果，对其进行评价，期望较全面而科学地评估温州野生植物资源的现状，根据评估结果，提出利用和保护的优先序列，从而为实现植物资源的可持续利用提供理论参考。

一、温州野生植物资源的现状与特点

（一）温州野生植物资源概况

温州地区的植物区系属于泛北极植物区中国—日本植物亚区，在中国的植物区系中较为特别和复杂，位于华南植物区系和华东植物区系交界之处（浙南山地亚地区和闽北山地亚地区之间），区系成分以热带和亚热带为主，具有明显的南北过渡地带特征。由于丰富的自然地理、地形和气候差异，温州在植被的发育和演替上形成了多样性的植被类型，孕育了丰富的植物资源。温州地区共有野生维管束植物210科1035属2758种(包括种下等级)，分别占浙江省总数的92.92%、81.56%、63.75%；共有野生资源植物190科814属1629种，其中资源比较丰富的科有禾本科Gramineae（45属88种）、菊科Compositae（50属78种）、豆科Leguminosae（39属77种）、蔷薇科Rosaceae（26属62种）、兰科Orchidaceae（26属48种）、百合科Liliaceae（31属41种）、鳞毛蕨科Dryopteridaceae（5属36种）、樟科Lauraceae（10属33种）、唇形科Labiatae（19属30种）。

温州地区的地带性植被为亚热带常绿阔叶林，但因长期人为破坏，绝大部分的原始植被已为次生植被所替代。由于地理、地形和人为干扰，全市各区的植被差异明显，泰顺、文成和永嘉由于山区人为干扰少，总体植被较好，植物资源较为丰富；鹿城、瓯海、龙湾、乐清和瑞安等经济较发达而人为干预较多的地方植被破坏则较为严重，植物资源相对贫乏；而东部沿海一带则由于特殊的气候和环境形成独特的沿海植被，植物资源明显不同。

（二）温州野生植物资源分类

我国对植物资源分类的系统较多，主要有：《中国经济植物志》将植物资源分为十类；吴征镒的分类系统将植物资源分为5大类33小类；董世林将植物资源分为2型6类25个相；哈斯巴根在吴征镒分类系统的基础上，将饲用植物资源分出单列，增设特有和珍稀植物资源和文化利用资源；《中国植物志》根据用途和所含化合物及其性质的不同，将植物资源分为16大类。笔者在这些分类系统的基础上，根据温州野生植物资源的构成、特点和利用现状，结合温州野生植物资源信息系统数据库查询检索的可操作性，将野生植物资源按照用途划分为12大类：食用植物资源（包括果、蔬、粮）、油料植物资源（包括芳香油）、饮料植物资源（含调味和添加剂）、饲用植物资源（含蜜源植物）、药用植物资源（包括中草药）、农药植物资源、有毒植物资源、工业原料植物资源、材用植物资源、观赏植物资源、绿化（防护）植物资源（含净化和防护植物）、珍稀种质植物资源（含保护植物）等。现将温州野生植物资源类型列举如下。

1. 食用植物资源

食用植物资源是一些为人类提供粮食（代粮）、鲜、干果品或蔬菜等各种食品或原料的植物。据调查，温州地区食用植物约有56科116属176种，其中种类比较多的科有禾本科 Gramineae（10属26种）、蔷薇科 Rosaceae（9属17种）、菊科 Compositae（12属14种）、壳斗科 Fagaceae（4属12种）。粮食资源有薏苡 *Coix lacryma-jobi*、野葛 *Pueraria lobata*、板栗 *Castanea mollissima*、苦槠 *Castanopsis sclerophylla*、茅栗 *Castanea seguinii* 等，如利用苦槠果实的淀粉制成苦槠豆腐食用等；水果资源有杨梅 *Myrica rubra*、柿 *Diospyros kaki*、中华猕猴桃 *Actinidia chinensis*、野山楂 *Crataegus cuneata*、掌叶覆盆子 *Rubus chingii* 等；蔬菜资源有蕨 *Pteridium aquilinum* var. *latiusculum*、蕺菜 *Houttuynia cordata*、番杏 *Tetragonia tetragonides*、大青 *Clerodendrum cyrtophyllum*、铜锤玉带草 *Lobelia angulata*、白花败酱 *Patrinia villosa*、野茼蒿 *Crassocephalum crepidioides*、鼠麴草 *Gnaphalium affine*、马兰 *Aster indicus*、马齿苋 *Portulaca oleracea* 等，如以大青和铜锤玉带草煮汤或炒鸡蛋，用鼠麴草制作清明果（米粉团）等。

2. 油料植物资源

油料植物资源是指枝、叶、果实、种子或块根中含有丰富的油脂或挥发性香气物质（芳香油），可食用或供工业用的植物。据调查，温州地区油料植物约有44科82属121种，其中种类比较多的科有樟科 Lauraceae（6属18种）、大戟科 Euphorbiaceae（9属12种）、芸香科 Rutaceae（1属7种）。食用油资源有油茶 *Camellia oleifera*、粗榧 *Cephalotaxus sinensis*、浙江红山茶 *Camellia chekiangoleosa*、野胡萝卜 *Daucus carota* 等；工业用油料资源有油桐 *Vernicia fordii*、乌桕 *Triadica sebifera*、无患子 *Sapindus saponaria*、山桐子 *Idesia polycarpa*、野漆 *Toxicodendron succedaneum* 等；芳香油资源有樟 *Cinnamomum camphora*、枫香 *Liquidambar formosana*、马尾松 *Pinus massoniana*、野蔷薇 *Rosa multiflora*、柏木 *Cupressus funebris* 等。

3. 饮料植物资源

世界范围内，传统植物饮料为茶叶、咖啡和可可三大类，而温州民间具有悠久的凉茶文化，特别是夏天的茯茶，具防暑降火之功效。伴随科学技术的发展，饮料所包含的内容愈来愈丰富，饮料产品出现多元化，而植物饮料符合人们崇尚天然、注重保健、回归自然、养生长寿的需求。由于很多饮料、食品用到调味和添加剂，故将调味和添加剂资源植物列入饮料植物范畴。据调查，温州地区饮料植物约有16科18属25种，其中种类比较多的科有芸香科 *Rutaceae*（1属5种）、鼠李科 *Rhamnaceae*（2属3种）、豆科 *Leguminosae*（1属2种）。直接饮用植物有茶 *Camellia sinensis*、青钱柳 *Cyclocarya paliurus*、大叶冬青 *Ilex latifolia*、夏枯草 *Prunella vulgaris*、茶荚蒾 *Viburnum setigerum*、忍冬 *Lonicera japonica*、野菊 *Chrysanthemum indicum*、爵床 *Justicia procumbens*、白茅 *Imperata cylindrica* var. *major* 等；调味和添加剂植物有野花椒 *Zanthoxylum simulans*、竹叶椒 *Zanthoxylum armatum*、椿叶花椒 *Zanthoxylum ailanthoides*、紫苏 *Perilla frutescens*、香叶树 *Lindera communis* 等。

4. 饲用植物资源

饲用植物是一类富含各种营养成分，用来饲喂家畜的植物资源，而蜜源植物由于同时也是蜂蝶类的食物，因此将其归入其中。据调查，温州地区饲用植物约有 32 科 78 属 98 种，其中种类比较多的科有禾本科 Gramineae（19 属 27 种）、豆科 Leguminosea（11 属 16 种）、山茶科 Theaceae（2 属 7 种）。饲料资源有矮慈菇 *Sagittaria pygmaea*、紫云英 *Astragalus sinicus*、南苜蓿 *Medicago polymorpha*、草木犀 *Melilotus officinalis*、浮萍 *Lemna minor*、黑麦草 *Lolium perenne*、看麦娘 *Alopecurus aequalis*、凤眼莲 *Eichhornia crassipes*、喜旱莲子草 *Alternanthera philoxeroides* 等；蜜源资源有枇杷 *Eriobotrya japonica*、紫云英 *Astragalus sinicus*、乌桕 *Triadica sebifera*、毛花连蕊茶 *Camellia fraterna*、微毛柃 *Eurya hebeclados*、茶 *Camellia sinensis*、油茶 *Camellia oleifera* 等。

5. 药用植物资源

药用植物是指具有特殊化学成分及生理作用，并有医疗用途的植物，包括传统中药、民间草药和以现代技术提取成分制药的资源。据调查，温州地区药用植物约有 171 科 647 属 1131 种，其中种类比较多的科有菊科 Compositae（49 属 73 种）、豆科 Leguminosae（35 属 65 种）、蔷薇科 Rosaceae（19 属 44 种）、兰科 Orchidaceae（22 属 41 种）、百合科 Liliaceae（19 属 31 种）、唇形科 Labiatae（19 属 29 种）。代表性的药用植物有菜头肾 *Strobilanthes sarcorrhiza*、温郁金 *Curcuma wenyujin*、黄精 *Polygonatum sibiricum*、华重楼 *Paris polyphylla* var. *chinensis*、夏枯草 *Prunella vulgaris*、蔓茎葫芦茶 *Tadehagi pseudotriquetrum*、福建观音座莲 *Angiopteris fokiensis*、草珊瑚 *Sarcandra glabra*、沙参 *Adenophora stricta*、细茎石斛 *Dendrobium moniliforme* 等。温州民间著名的补肾验方——七肾汤，主要由红对叶肾（络石 *Trachelospermum jasminoides*）、白对叶肾（扶芳藤 *Euonymus fortunei*）、龙芽肾（龙芽草 *Agrimonia pilosa*）、菜头肾（*Strobilanthes sarcorrhiza*）、荔枝肾（蔓茎鼠尾草 *Salvia substolonifera*）、棉花肾（梵天花 *Urena procumbens*）、花麦肾（野荞麦 *Fagopyrum dibotrys*）等 7 种草药组成。

6. 农药植物资源

农药植物是一些可以防病害、毒杀害虫的植物，由于无残毒，不污染环境，较化学合成的农药安全。据调查，温州地区农药植物约有 30 科 42 属 49 种，其中种类比较多的科有蓼科 Polygonaceae（2 属 8 种）、毛茛科 Ranunculaceae（5 属 5 种）、豆科 Leguminosae（3 属 4 种）、大戟科 Enphorbiaceae（4 属 4 种）。农药植物有蚕茧蓼 *Polygonum japonicum*、茵陈蒿 *Artemisia capillaris*、蒺藜 *Tribulus terrestris*、中南鱼藤 *Derris fordii*、醉鱼草 *Buddleja lindleyana*、马醉木 *Pieris japonica*、商陆 *Phytolacca acinosa*、华东驴蹄草 *Caltha palustris*、厚果崖豆藤 *Millettia pachycarpa* 等。

7. 有毒植物资源

有毒植物是一类毒性较大、不易控制的植物。据调查，温州地区有毒植物约有 16 科 27 属 33 种，其中种类比较多的科有毛茛科 Ranunculaceae（5 属 12 种）、夹竹桃科 Apocynaceae（2 属 2 种）、百合科 Liliaceae（2 属 2 种）、瑞香科 Thymelaeceae（2 属 2 种），如雷公藤 *Tripterygium wilfordii*、羊踯躅 *Rhododendron molle*、乌头 *Aconitum carmichaelii*、茴茴蒜 *Ranunculus chinensis*、芫花 *Daphne genkwa* 等。

8. 工业原料植物资源

工业原料植物包括纤维、染料、鞣质、树脂、硬性橡胶和工业油脂等具有工业用途的种类。据调查，温州地区工业原料植物约有 74 科 154 属 254 种，其中种类比较多的科有豆科 Leguminosae（11 属 15 种）、樟科 Lauraceae（5 属 14 种）、桑科 Moraceae（5 属 14 种）、蔷薇科 Rosaceae（6 属 11 种）。纤维植物有构树 *Broussonetia papyrifera*、桑 *Morus alba*、苎麻 *Boehmeria nivea*、地桃花 *Urena lobata* 等；染料植物有马蓝 *Strobilanthes cusia*、栀子 *Gardenia jasminoides*、尼泊尔鼠李 *Rhamnus napalensis*、冻绿 *Rhamnus utilis*、柃木 *Eurya japonica*、厚壳树 *Ehretia acuminata* 等；鞣质植物有野漆 *Toxicodendron succedaneum*、黑荆 *Acacia mearnsii*、野柿 *Diospyros kaki* var. *silvestris*、厚皮香 *Ternstroemia gymnanthera* 等；树脂和工业油脂类的主要有乌桕 *Triadica sebifera*、野茉莉 *Styrax japonicus*、肥皂荚 *Gymnocladus chinensis* 等。

9. 用材植物资源

用材植物是可供建筑、桥梁、农具、家具、器材、制作工艺品等用材的植物，包括竹类用材。据调查，温州地区用材植物约有 51 科 113 属 202 种。其中种类比较多的科有禾本科 Gramineae（10 属 38 种）、壳斗科 Fagaceae（6 属 19 种）、樟科 Lauraceae（7 属 18 种）、榆科 Ulmaceae（5 属 11 种）、山矾科 Symplocaceae（1 属 10 种），如香樟 *Cinnamomum camphora*、木荷 *Schima superba*、越南安息香 *Styrax tonkinensis*、花榈木 *Ormosia henryi*、毛竹 *Phyllostachys edulis*、杉木 *Cunninghamia lanceolata*、黄杉 *Pseudotsuga sinensis*、黄山松 *Pinus taiwanensis*、马尾松 *Pinus massoniana*、闽楠 *Phoebe bournei* 等。

10. 观赏植物资源

观赏植物是指那些具有观赏价值、能美化环境的植物，包括具有观叶、观茎、观花、观果、奇形异态的各类植物。据调查，温州地区观赏植物约有 99 科 222 属 432 种，其中种类比较多的科有鳞毛蕨科 Dryopteridaceae（5 属 31 种）、蔷薇科 Rosaseae（11 属 24 种）、水龙骨科 Polypodiaceae（8 属 20 种）、蹄盖蕨科 Athyriaceae（3 属 16 种）、兰科 Orchidaceae（9 属 16 种）、百合科 Liliaceae（9 属 15 种）、凤尾蕨科（2 属 15 种）。观花的植物主要有野百合 *Lilium brownii*、黄山木兰 *Magnolia cylindrica*、云锦杜鹃 *Rhododendron fortunei*、紫藤 *Wisteria sinensis*、浙江凤仙花 *Impatiens chekiangensis*、浙江溲疏 *Deutzia faberi*、少花马蓝 *Strobilanthes oligantha*、温州长蒴苣苔 *Didymocarpus cortusifolius*、兔耳兰 *Cymbidium lancifolium*、乌头 *Aconitum carmichaelii*、粉团蔷薇 *Rosa multiflora* var. *cathayensis*、浙江红山茶 *Camellia chekiangoleosa*、换锦花 *Lycoris sprengeri*、秀丽野海棠 *Bredia amoena* 等；观果的植物有铁冬青 *Ilex rotunda*、白棠子树 *Callicarpa dichotoma*、虎刺 *Damnacanthus indicus*、荚蒾 *Viburnum dilatatum*、朱砂根 *Ardisia crenata* 等；观叶的植物有芙蓉菊 *Crossostephium chinense*、美丽秋海棠 *Begonia algaia*、乌毛蕨 *Blechnum orientale*、虎舌红 *Ardisia mamillata* 等；香味植物有木犀 *Osmanthus fragrans*、春兰 *Cymbidium goeringii*、建兰 *Cymbidium ensifolium*、栀子 *Gardenia jasminoides* 等。

11. 绿化（防护）植物资源

绿化（防护）植物指对人类生态环境能起一定保护作用的植物，主要包括绿化、保持水土（地被植物）、防风固沙、护堤和改良土壤与净化环境（空气和水质污染）等方面的资源。据调查，温州地区绿化植物约有 49 科 95 属 129 种，其中种类比较多的科有禾本科 Gramineae（13 属 16 种）、豆科 Leguminosae（8 属 11 种）、樟科 Lauraceae（4 属 7 种）、冬青科 Aquifoliaceae（1 属 6 种）、槭树科 Aceraceae（1 属 6 种）、桑科 Moraceae（1 属 6 种），如木荷 *Schima superba*、樟 *Cinnamomum camphora*、无患子 *Sapindus saponaria*、石楠 *Photinia serratifolia*、异叶爬山虎 *Parthenocissus dalzieli*、小叶蚊母树 *Distylium buxifolium*、狗牙根 *Cynodon dactylon*、黑麦草 *Lolium perenne*、孝顺竹 *Bambusa multiplex*、合欢 *Albizia julibrissin*、秃瓣杜英 *Elaeocarpus glabripetalus* 等。

12. 珍稀种质植物资源

珍稀种质植物资源包括特有种、濒危种和经济植物的近缘种或野生种。据调查，温州地区珍稀种质资源植物约有 50 科 83 属 104 种，其中种类比较多的科有豆科 Leguminosae（8 属 9 种）、樟科 Lauraceae（5 属 9 种）、山茶科 Theaceae（4 属 5 种）、秋海棠科 Begoniaceae（1 属 5 种）、木兰科 Magnoliaceae（3 属 5 种），如桫椤 *Alsophila spinulosa*、香果树 *Emmenopterys henryi*、福建柏 *Fokienia hodginsii*、伯乐树 *Bretschneidera sinensis*、长叶榧 *Torreya jackii*、蛛网萼 *Platycrater arguta*、黄杉 *Pseudotsuga sinensis*、八角莲 *Dysosma versipellis*、金刚大 *Croomia japonica*、泰顺杜鹃 *Rhododendron taishunense*、福建观音座莲 *Angiopteris fokiensis*、菜头肾 *Strobilanthes sarcorrhiza* 等。

二、温州资源植物可利用前景评估

（一）评估系统——要素和等级

人们对于植物资源首先关心的是它们的用途及其经济价值，而在开发利用中则必须从生态学的角度予以考虑。因此，测定植物资源生产量的方法可以不同于资源学中一般的生产量测量方法，只要求获得一定范围内某个时间内存在着的某种群的可利用量。根据温州地区植物资源的存量现状和利用程度，采用经改进的张朝芳评估系统，对温州地区野生的已知用途的 1629 种资源植物进行了可利用前景的评估。需要说明的是，该评估系统提供的不是一种资源植物的可利用数量的绝对值，而仅是提供一种取得相对数量的方法，目的是为广泛意义上资源植物的普查及其利用与保护服务，便于管理工作的开展。

张朝芳教授创建的资源植物可利用前景评估系统，其原理是被评估的每一种资源植物在生境 *H*、再生能力 *R*、频度 *F*、多度 *A* 与利用程度 *U* 等五项要素上有不同程度的表现，将表现划分为 1、2、3 三个等级予以赋值，从而使每一种植物都取得 5 个数值。然后将 5 个数值相加得到该种植物可利用量的估量值，根据估量值的大小，提出不同的利用与保护对策。但 1984 年该评估系统创建时是以浙江省的药用蕨类植物为例的，众所周知，蕨类大多为无地上直立茎的多年生草本植物。现在本研究将之用于全部维管束植物（除蕨植物以外，还有裸子植物和被子植物），其个体大小、繁殖方式、生长速度和生境适应范围都比蕨类植物有更大的变化。为使评估结果更加客观，本研究对评估系统做了两点改进，一是每个要素从 3 个等级增加到 5 个等级（满分从 15 分提高到 25 分）；二是根据估量值的大小，将所有被评估的植物从划分为 3 类增加到 5 类，从而更准确地反映资源植物的可利用前景。具体评估要素和评分标准如下。

①频度 *F*：指在温州范围内分布的普遍程度，广泛分布的 5 分，常见的 4 分，一般的 3 分，偶见的 2 分，极少见的 1 分。②多度 *A*：根据温州范围内估计的个体数量和个体大小程度打分，个体数多且个体大的为 5，个体很少且个体小的为 1 分，其余从多（大）至少（小）为 4~2 分；③再生能力 *R*：从调查过程中观察的繁殖能力和生长速度判断，繁殖容易且生长快的为 5 分，繁殖难且生长慢的为 1 分，其余根据容易和快慢情况为 4~2 分。④生境 *H*：根据温州范围内物种的生态需求打分，无甚要求且适应多种生境的为 5 分，对生境要求严格而仅见于特殊生境的为 1 分，其余根据生态幅度为 4~2 分。⑤利用程度 *U*：根据各物种在温州的利用程度打分，很少利用的为 5 分，大量利用的为 1 分，其余为根据利用程度从低至高打 4~2 分。这五项数据值之和即为一种植物的评分估量值（表 6）。

根据项目组成员的分工，数据取样上采用分级打分，即科负责人员对自己负责的科依据评分系统进行打分；主编和 5 位分卷主编对所有资源进行打分。这样每种植物至少有 6~7 份评估数据，再平均这些数据即为每种植物的评估结果。

表 6　温州资源植物的可利用量估量值（以豆科为例）

序号	种名	生境 *H*	再生能力 *R*	频度 *F*	多度 *A*	利用程度 *U*	可利用估量值 *V*
1	红豆树 *Ormosia hosiei*	1.5	1.2	2.0	1.5	2.3	8.5
2	山皂荚 *Gleditsia japonica*	1.4	1.5	2.5	2.0	4.3	11.7
3	羽叶长柄山蚂蝗 *Hylodesmum oldhamii*	1.4	2.0	2.3	2.0	4.8	12.5
4	华野百合 *Crotalaria chinensis*	1.6	1.8	2.8	1.8	4.8	12.8
5	二叶丁癸草 *Zornia cantoniensis*	1.6	1.6	1.8	2.6	5.0	12.6
6	蔓茎葫芦茶 *Tadehagi pseudotriquetrum*	1.6	1.8	2.6	2.2	4.6	12.8
7	小苜蓿 *Medicago minima*	1.6	1.8	2.6	3.0	3.8	12.8
8	胡豆莲 *Euchresta japonica*	2.2	1.6	2.4	2.4	4.4	13.0
9	皂荚 *Gleditsia sinensis*	1.8	2.0	2.6	2.4	4.2	13.0
10	香槐 *Cladrastis wilsonii*	2.0	2.0	2.4	2.6	4.2	13.2

（续）

序号	种名	生境 H	再生能力 R	频度 F	多度 A	利用程度 U	可利用估量值 V
11	肥皂荚 *Gymnocladus chinensis*	2.0	2.0	2.6	2.2	4.4	13.2
12	天蓝苜蓿 *Medicago lupulina*	2.0	2.2	2.8	3.0	3.2	13.2
13	马鞍树 *Maackia chinensis*	2.4	1.8	2.2	2.2	4.8	13.4
14	南苜蓿 *Medicago polymorpha*	2.2	2.0	2.6	3.0	3.6	13.4
15	饿蚂蝗 *Desmodium multiflorum*	2.0	1.8	2.6	2.6	4.8	13.8
16	厚果崖豆藤 *Millettia pachycarpa*	2.2	1.6	2.2	2.8	5.0	13.8
17	河北木蓝 *Indigofera bungeana*	2.2	2.2	2.8	2.6	4.6	14.4
18	白花油麻藤 *Mucuna birdwoodiana*	2.2	1.8	3.2	2.4	4.8	14.4
19	槐树 *Sophora japonica*	3.0	2.4	3.2	2.8	3.0	14.4
20	多花胡枝子 *Lespedeza floribunda*	1.8	2.0	2.8	3.0	5.0	14.6
21	花榈木 *Ormosia henryi*	3.4	3.0	3.4	2.6	2.6	15.0
22	小叶三点金 *Desmodium microphyllum*	2.6	2.2	2.8	3.0	4.6	15.2
23	藤金合欢 *Acacia vietnamensis*	2.4	2.4	3.0	2.8	4.8	15.4
24	土圞儿 *Apios fortunei*	2.8	2.6	3.2	2.8	4.0	15.4
25	锦鸡儿 *Caragana sinica*	3.2	2.8	3.2	3.2	3.2	15.6
26	苦参 *Sophora flavescens*	3.0	2.8	3.2	3.0	3.6	15.6
27	草木犀 *Melilotus officinalis*	2.8	2.8	3.2	3.0	4.0	15.8
28	亮叶猴耳环 *Archidendron lucidum*	3.0	2.4	3.2	2.8	4.6	16.0
29	合欢 *Albizia julibrissin*	3.4	3.2	3.4	3.0	3.4	16.4
30	三裂叶野葛 *Pueraria phaseoloides*	2.6	2.8	3.4	3.2	4.4	16.4
31	广布野豌豆 *Vicia cracca*	3.0	2.4	3.2	3.4	4.6	16.6
32	长柄山蚂蝗 *Hylodesmum podocarpum*	3.4	2.8	3.0	3.2	4.6	17.0
33	常春油麻藤 *Mucuna sempervirens*	3.6	3.0	3.4	3.2	3.8	17.0
34	中南鱼藤 *Derris fordii*	3.2	2.8	3.4	3.4	4.4	17.2
35	细梗胡枝子 *Lespedeza virgata*	3.0	2.8	3.4	3.0	5.0	17.2
36	短萼鸡眼草 *Kummerowia stipulacea*	3.2	2.4	3.4	3.6	4.8	17.4
37	山合欢 *Albizia kalkora*	3.6	3.4	3.6	3.0	4.2	17.8
38	三籽两型豆 *Amphicarpaea trisperma*	3.4	3.0	3.4	3.4	4.6	17.8
39	野豇豆 *Vigna vexillata*	3.4	2.8	3.4	3.6	4.6	17.8
40	短叶决明 *Cassia leschenaultiana*	3.4	3.0	3.4	3.4	4.8	18.0
41	含羞草决明 *Cassia minmosoides*	3.4	3.2	3.4	3.6	4.6	18.2
42	绒毛胡枝子 *Lespedeza tomentosa*	3.4	2.8	3.8	3.2	5.0	18.2
43	亮叶崖豆藤 *Millettia nitida*	3.4	3.0	3.4	3.8	4.8	18.4
44	四籽野豌豆 *Vicia tetrasperma*	3.8	2.8	3.4	3.8	4.6	18.4
45	尖叶长柄山蚂蟥 *Hylodesmum podocarpum* subsp. *oxyphyllum*	3.3	3.5	3.3	3.5	4.8	18.4
46	宽叶长柄山蚂蝗 *Hylodesmum podocarpum* subsp. *fallax*	3.3	3.5	3.3	3.5	4.8	18.5

（续）

序号	种名	生境 *H*	再生能力 *R*	频度 *F*	多度 *A*	利用程度 *U*	可利用估量值 *V*
47	南岭黄檀 *Dalbergia balansae*	3.6	3.4	3.4	3.6	4.6	18.6
48	大叶胡枝子 *Lespedeza davidii*	3.6	3.2	3.2	3.6	5.0	18.6
49	田菁 *Sesbania cannabina*	3.8	3.6	3.4	3.8	4.0	18.6
50	农吉利 *Crotalaria sessiliflora*	3.6	3.0	3.8	3.6	4.8	18.8
51	合萌 *Aeschynomene indica*	3.8	3.2	3.8	4.0	4.6	19.4
52	黄檀 *Dalbergia hupeana*	4.2	3.4	4.0	3.6	4.2	19.4
53	宁波木蓝 *Indigofera decora* var. *cooperii*	3.8	3.5	3.5	3.8	5.0	19.6
54	云实 *Caesalpinia decapetala*	4.0	3.6	4.2	4.0	3.8	19.6
55	假地蓝 *Crotalaria ferruginea*	4.2	3.2	3.8	3.8	4.6	19.6
56	毛野扁豆 *Dunbaria villosa*	4.2	3.2	3.8	3.8	4.6	19.6
57	庭藤 *Indigofera decora*	4.0	3.6	3.8	4.0	4.6	20.0
58	紫藤 *Wisteria sinensis*	4.6	4.0	4.2	4.4	2.8	20.0
59	鹿藿 *Rhynchosia volubilis*	4.2	3.4	3.8	4.0	4.8	20.2
60	杭子梢 *Campylotropis macrocarpa*	4.2	3.6	4.0	4.8	4.8	20.4
61	野大豆 *Glycine soja*	4.2	3.6	4.0	3.8	4.8	20.4
62	胡枝子 *Lespedeza bicolor*	3.8	3.8	4.0	4.2	4.6	20.4
63	香港黄檀 *Dalbergia millettii*	4.4	4.0	4.0	3.8	4.4	20.6
64	小槐花 *Desmodium caudatum*	4.4	3.4	4.0	4.2	4.6	20.6
65	龙须藤 *Bauhinia championii*	4.2	4.0	4.2	4.0	4.4	20.8
66	铁马鞭 *Lespedeza pilosa*	4.4	3.8	4.0	4.4	4.4	21.0
67	网络崖豆藤 *Millettia reticulate*	4.2	4.4	4.0	4.0	4.6	21.0
68	紫云英 *Astragalus sinicus*	5.0	4.2	4.2	4.8	3.0	21.2
69	大巢菜 *Vicia sativa*	4.6	3.4	4.2	4.6	4.6	21.4
70	藤黄檀 *Dalbergia hancei*	4.6	4.2	4.4	4.2	4.8	22.2
71	假地豆 *Desmodium heterocarpon*	4.6	3.6	4.6	4.6	4.8	22.2
72	鸡眼草 *Kummerowia striata*	4.0	4.4	4.4	4.8	4.6	22.2
73	香花崖豆藤 *Millettia dielsiana*	4.8	4.4	4.6	4.8	4.2	22.8
74	野葛 *Pueraria montana* var. *lobata*	5.0	4.8	4.4	5.0	3.8	23.0
75	小巢菜 *Vicia hirsute*	4.8	4.0	4.6	5.0	4.6	23.0
76	截叶铁扫帚 *Lespedeza cuneata*	4.8	4.4	4.6	4.8	4.6	23.2
77	美丽胡枝子 *Lespedeza thunbergii* subsp. *formosa*	5.0	4.8	4.6	4.8	4.0	23.2

（二）利用与保护优先序列研究

据估量值的大小，提出不同的利用与保护优先序列，分为可大量利用 M（$V \geqslant 21$）、可利用 N（$18 \leqslant V < 21$）、可酌情利用 O（$14 \leqslant V < 18$）、先保护再利用 P（$11 \leqslant V < 14$）和严加保护 Q（$V < 10$）五个级别（表 7）。

表 7　温州资源植物利用与保护优先序列（以豆科为例）

序号	种名	资源用途	可利用估量值	利用前景评价
1	红豆树 *Ormosia hosiei*	用材、药用、观赏、国家Ⅱ级重点保护野生植物	8.5	Q
2	山皂荚 *Gleditsia japonica*	药用、工业原料、用材	11.7	P
3	羽叶长柄山蚂蝗 *Hylodesmum oldhamii*	药用	12.5	P
4	华野百合 *Crotalaria chinensis*	饲用	12.8	P
5	二叶丁癸草 *Zornia cantoniensis*	药用	12.6	P
6	蔓茎葫芦茶 *Desmodium pseudotriquetrum*	药用	12.8	P
7	小苜蓿 *Medicago minima*	饲用	12.8	P
8	胡豆莲 *Euchresta japonica*	药用、国家Ⅱ级重点保护野生植物	13.0	P
9	皂荚 *Gleditsia sinensis*	药用、工业原料、用材	13.0	P
10	香槐 *Cladrastis wilsonii*	药用、用材	13.2	P
11	肥皂荚 *Gymnocladus chinensis*	药用、工业原料、用材、绿化	13.2	P
12	天蓝苜蓿 *Medicago lupulina*	饲用	13.2	P
13	马鞍树 *Maackia chinensis*	用材、观赏	13.4	P
14	南苜蓿 *Medicago polymorpha*	食用、饲用	13.4	P
15	饿蚂蝗 *Desmodium multiflorum*	药用	13.8	P
16	厚果崖豆藤 *Millettia pachycarpa*	工业原料、农药	13.8	P
17	河北木蓝 *Indigofera bungeana*	药用	14.4	O
18	白花油麻藤 *Mucuna birdwoodiana*	药用、工业原料、观赏、有毒	14.4	O
19	槐树 *Sophora japonica*	药用、用材、绿化	14.4	O
20	多花胡枝子 *Lespedeza floribunda*	药用	14.6	O
21	花榈木 *Ormosia henryi*	用材、药用、国家Ⅱ级重点保护野生植物	15.0	O
22	小叶三点金 *Desmodium microphyllum*	药用	15.2	O
23	藤金合欢 *Acacia vietnamensis*	药用、工业原料	15.4	O
24	土圞儿 *Apios fortunei*	药用	15.4	O
25	锦鸡儿 *Caragana sinica*	药用、观赏	15.6	O
26	苦参 *Sophora flavescens*	药用、工业原料	15.6	O
27	草木犀 *Melilotus officinalis*	药用、饲用	15.8	O
28	亮叶猴耳环 *Archidendron lucidum*	药用	16.0	O
29	合欢 *Albizia julibrissin*	绿化	16.4	O
30	三裂叶野葛 *Pueraria phaseoloides*	药用、工业原料、食用、绿化	16.4	O
31	广布野豌豆 *Vicia cracca*	药用、饲用	16.6	O
32	长柄山蚂蝗 *Hylodesmum podocarpum*	药用	17.0	O
33	常春油麻藤 *Mucuna sempervirens*	药用、工业原料、观赏	17.0	O
34	中南鱼藤 *Derris fordii*	药用、农药、省级重点保护野生植物	17.2	O
35	细梗胡枝子 *Lespedeza virgata*	药用	17.2	O
36	短萼鸡眼草 *Kummerowia stipulacea*	药用、饲用	17.4	O
37	山合欢 *Albizia kalkora*	药用、工业原料、绿化	17.8	O
38	三籽两型豆 *Amphicarpaea trisperma*	药用	17.8	O
39	野豇豆 *Vigna vexillata*	药用	17.8	O
40	短叶决明 *Cassia leschenaultiana*	药用、饮料、绿化	18.0	N

续表

序号	种名	资源用途	可利用估量值	利用前景评价
41	含羞草决明 *Cassia minmosoides*	药用、饮料、绿化	18.2	N
42	绒毛胡枝子 *Lespedeza tomentosa*	药用、工业原料	18.2	N
43	亮叶崖豆藤 *Millettia nitida*	工业原料、农药	18.4	N
44	四籽野豌豆 *Vicia tetrasperma*	药用、饲用	18.4	N
45	尖叶长柄山蚂蝗 *Hylodesmum podocarpum* subsp. *oxyphyllum*	药用	18.5	N
46	宽叶长柄山蚂蝗 *Hylodesmum podocarpum* subsp. *fallax*	药用	18.4	N
47	南岭黄檀 *Dalbergia balansae*	用材、绿化	18.6	N
48	大叶胡枝子 *Lespedeza davidii*	药用、观赏	18.6	N
49	田菁 *Sesbania cannabina*	工业原料、饲用、绿化	18.6	N
50	农吉利 *Crotalaria sessiliflora*	药用	18.8	N
51	合萌 *Aeschynomene indica*	药用	19.4	N
52	黄檀 *Dalbergia hupeana*	药用、用材	19.4	N
53	宁波木蓝 *Indigofera decora* var. *cooperii*	观赏、饲用	19.6	N
54	云实 *Caesalpinia decapetala*	药用、工业原料、观赏	19.6	N
55	假地蓝 *Crotalaria ferruginea*	药用	19.6	N
56	毛野扁豆 *Dunbaria villosa*	药用、工业原料	19.6	N
57	庭藤 *Indigofera decora*	观赏	20.0	N
58	紫藤 *Wisteria sinensis*	药用、用材、观赏	20.0	N
59	鹿藿 *Rhynchosia volubilis*	药用、农药	20.2	N
60	杭子梢 *Campylotropis macrocarpa*	药用	20.4	N
61	野大豆 *Glycine soja*	药用、饲用、国家Ⅱ级重点保护野生植物	20.4	N
62	胡枝子 *Lespedeza bicolor*	药用、饲用、观赏	20.4	N
63	香港黄檀 *Dalbergia millettii*	药用、用材	20.6	N
64	小槐花 *Desmodium caudatum*	药用	20.6	N
65	龙须藤 *Bauhinia championii*	药用、省级重点保护野生植物	20.8	N
66	铁马鞭 *Lespedeza pilosa*	药用	21.0	M
67	网络崖豆藤 *Millettia reticulata*	药用、观赏	21.0	M
68	紫云英 *Astragalus sinicus*	药用、饲用	21.2	M
69	大巢菜 *Vicia sativa*	药用、饲用	21.4	M
70	藤黄檀 *Dalbergia hancei*	药用	22.2	M
71	假地豆 *Desmodium heterocarpon*	药用	22.2	M
72	鸡眼草 *Kummerowia striata*	药用、饲料	22.2	M
73	香花崖豆藤 *Millettia dielsiana*	药用	22.8	M
74	野葛 *Pueraria montana* var. *lobata*	药用、工业原料、食用、绿化	23.0	M
75	小巢菜 *Vicia hirsute*	药用、饲用	23.0	M
76	截叶铁扫帚 *Lespedeza cuneata*	药用	23.2	M
77	美丽胡枝子 *Lespedeza thunbergii* subsp. *formosa*	药用、观赏	23.2	M

对温州地区 1629 种野生资源植物进行评估，得出如下结果。

1. 可大量利用 M

估量值≥21 的有 154 种，它们都是生态适应性强、生长快的广布植物，如檵木 *Loropetalum*

chinense、映山红 *Rhododendron simsii*、马尾松 *Pinus massoniana*、广东蛇葡萄 *Ampelopsis cantoniensis*、井栏边草 *Pteris multifida*、梵天花 *Urena procumbens*、积雪草 *Centella asiatica*、爵床 *Justicia procumbens*、蕺菜 *Houttuynia cordata*、杠板归 *Polygonum perfoliatum*、醉鱼草 *Buddleja lindleyana*、大青 *Clerodendrum cyrtophyllum*、芒萁 *Dicranopteris pedata*、山莓 *Rubus corchorifolius*、软条七蔷薇 *Rosa henryi*、野山楂 *Crataegus cuneata*、薜荔 *Ficus pumila*、枫香 *Liquidambar formosana*、络石 *Trachelospermum jasminoides*、蕨 *Pteridium aquilinum* var. latiusculum、野雉尾 *Onychium japonicum*、赤楠 *Syzygium buxifolium*、蔊菜 *Rorippa indica*、美丽胡枝子 *Lespedeza thunbergii* subsp. *formosa*、香花崖豆藤 *Millettia dielsiana*、木荷 *Schima superba* 等，可以大量利用。

2. 可利用 N

估量值在 18~21 的有 273 种，它们大多也是生态适应性较强、生长快或个体数量大、分布较广的常见植物，如何首乌 *Fallopia multiflora*、马醉木 *Pieris japonica*、山姜 *Alpinia japonica*、山木通 *Clematis finetiana*、光亮山矾 *Symplocos lucida*、蜈蚣草 *Pteris vittata*、网脉酸藤子 *Embelia vestita*、庭藤 *Indigofera decora*、甜槠 *Castanopsis eyrei*、野百合 *Lilium brownii*、树参 *Dendropanax dentiger*、山乌桕 *Triadica cochinchinensis*、鹅掌柴 *Schefflera heptaphylla*、麦冬 *Ophiopogon japonicus*、铁冬青 *Ilex rotunda*、石松 *Lycopodium japonicum*、毛野扁豆 *Dunbaria villosa*、云实 *Caesalpinia decapetala*、茶荚蒾 *Viburnum setigerum*、鹿角杜鹃 *Rhododendron latoucheae*、山胡椒 *Lindera glauca*、椿叶花椒 *Zanthoxylum ailanthoides*、冬青 *Ilex chinensis*、光叶石楠 *Photinia glabra*、阔叶箬竹 *Indocalamus latifolius*、秀丽野海棠 *Bredia amoena*、翠云草 *Selaginella uncinata* 等，可以加以利用。

3. 可酌情利用 O

估量值在 14~18 的有 526 种，它们大多也是常见植物，但在生境上或再生能力或个体数量上往往存在某方面的限制，或者是被利用过度，如短柱茶 *Camellia brevistyla*、豆梨 *Pyrus calleryana*、落新妇 *Astilbe chinensis*、刨花楠 *Machilus pauhoi*、秀丽香港四照花 *Cornus hongkongensis* subsp. *elegans*、长叶猕猴桃 *Actinidia hemsleyana*、浙江凤仙花 *Impatiens chekiangensis*、阔叶十大功劳 *Mahonia bealei*、毛枝连蕊茶 *Camellia trichoclada*、金锦香 *Osbeckia chinensis*、枳椇 *Hovenia acerba*、大叶冬青 *Ilex latifolia*、百合 *Lilium brownii* var. *viridulum*、全缘凤尾蕨 *Pteris insignis*、臭椿 *Ailanthus altissima*、草珊瑚 *Sarcandra glabra*、吴茱萸五加 *Gamblea ciliata*、两面针 *Zanthoxylum nitidum*、钩藤 *Uncaria rhynchophylla*、换锦花 *Lycoris sprengeri*、大血藤 *Sargentodoxa cuneata*、红果钓樟 *Lindera erythrocarpa*、长梗黄精 *Polygonatum filipes*、金鸡脚 *Phymatopteris hastata*、三尖杉 *Cephalotaxus fortunei* 等，对于它们要予以控制，可酌情利用。

4. 先保护再利用 P

估量值在 10~14 的有 532 种，它们大多为偶见植物，或者虽然较常见，但个体数少，生境要求严格，或者被过度利用，如蔓九节 *Psychotria serpens*、锦香草 *Phyllagathis cavalerieii*、紫茎 *Stewartia sinensis*、厚果崖豆藤 *Millettia pachycarpa*、宝铎草 *Disporum sessile*、车桑子 *Dodonaea viscosa*、常山 *Dichroa febrifuga*、贵州络石 *Trachelospermum bodinieri*、金毛狗 *Cibotium barometz*、团扇蕨 *Gonocormus minutus*、南方红豆杉 *Taxus wallichiana* var. *mairei*、浆果椴 *Tilia endochrysea*、鸭跖草状凤仙花 *Impatiens commelinoides*、台湾独蒜兰 *Pleione formosana*、华蔓茶藨子 *Ribes fasciculatum* var. *chinense*、玄参 *Scrophularia ningpoensis*、雷公藤 *Tripterygium wilfordii*、胡桃楸 *Juglans mandshurica*、松蒿 *Phtheirospermum japonicum*、黄瓦韦 *Lepisorus asterlepis*、粗齿桫椤 *Alsophila denticulata*、桃金娘 *Rhodomyrtus tomentosa*、芫花 *Daphne genkwa*、全缘贯众 *Cyrtomium falcatum*、细叶石仙桃 *Pholidota cantonensis*、蔓茎葫芦茶 *Tadehagi pseudotriquetrum*、浙江楠 *Phoebe chekiangensis*、蛇足石杉 *Huperzia serrata*、三叶崖爬藤 *Tetrastigma hemsleyanum*、朝鲜淫羊藿 *Epimedium koreanum* 等，对于它们要先加以保护，并开展繁殖方法研究，扩大种群规模后再行利用。

5. 严加保护 Q

估量值 <10 的有 144 种，它们通常都是再生能力弱、生境要求严格、分布区狭窄的稀有植物，如莼菜 *Brasenia schreberi*、华重楼 *Paris polyphylla* var. *chinensis*、所有的兰属植物 *Cymbidium* spp.、深裂竹根七 *Disporopsis pernyi*、金刚大 *Croomia japonica*、短萼黄连 *Coptis chinensis* var. *brevisepala*、点地梅 *Androsace umbellata*、莲座紫金牛 *Ardisia primulaefolia*、红豆树 *Ormosia hosiei*、列当 *Orobanche coerulescens*、二回羽裂南丹参 *Salvia bowleyana* var. *subbipinnata*、延胡索 *Corydalis yanhusuo*、虎舌红 *Ardisia mamillata*、羽叶三七 *Panax japonicum* var. *bipinnatifidus*、桫椤 *Sophila spinulosa*、松叶蕨 *Psilotum nudum*、金线兰 *Anoectochilus roxburghii*、堇叶紫金牛 *Ardisia violacea*、白术 *Atractylodes macrocephala*、玉竹 *Polygonatum odoratum*、八角莲 *Dysosma versipellis*、细茎石斛 *Dendrobium moniliforme*、黄花石斛 *Dendrobium catenatum* 等，对于它们要严禁利用、加强保护。

植物资源的保护与利用对策

温州历来人多地少，粮食紧张、能源匮乏，开荒种地、砍柴取薪、滥采乱挖、采沙取土、围垦造地等活动屡见不鲜，特别是广大农村、山区普遍的砍柴取薪现象，造成广大山区除人口密度较低的西北部海拔较高的区域外，几乎寸草不留；开荒种地更是把树根全部挖除，这些行为，造成温州大部分地方天然植被不断地遭受严重破坏，使生物赖以生存的天然生境不仅面积不断萎缩，同时不断破碎化、岛屿化，甚至于荡然无存，不少植物种类种群数量不断减少而处于濒危或受威胁状态。进入20世纪90年代以后，由于山区种粮减少和农村能源结构的改变，砍柴取薪、开荒种地活动已大幅度减少，山区植被得到较好的恢复，种类结构（如树种结构）得到改善。但是，滨海湿地的大面积围垦、山区的毁林开垦“造地”、河滩山坡的采沙取土以及滥采乱挖等造成野生植物生存环境破坏的情况还比较多，野生植物资源仍然面临着不同程度的威胁。在资源利用方面，长期地存在着诸多不合理开发利用的问题，造成资源的衰竭和浪费，最突出的是：不能正确处理利用与保护的关系，对某些资源采取掠夺式的开发利用，利用程度极不平衡，除用材植物和药用植物利用较多外，其余各类只利用了少数种类，综合加工利用集约化程度低等，植物多样性的维持及植物资源的可持续利用仍然面临严峻的挑战。

今后，我们要紧紧围绕生态文明建设的总目标，切实落实“坚持保护和发展并重，严守森林、湿地、物种三条红线”的要求；按照“加强资源保护、积极驯化繁育、合理开发利用”的方针，在加强野生植物资源保护的基础上，大力开展资源人工培育，强化科技支撑，促进由以利用野生资源为主向以人工繁育资源转变，加快构建现代野生植物资源发展新格局，实现野生植物资源的可持续发展。

（一）加强保护区、保护小区建设，对野生植物资源实施就地保护

温州现有森林类型自然保护区总面积占国土面积的比例仅为2.31%，而全国自然保护区总面积占国土面积的比例为14.93%，说明温州自然保护区占国土面积的比例明显偏低。因此，应该在加强乌岩岭国家级自然保护区、南麂列岛国家级自然保护区、泰顺承天氡泉省级自然保护区、瑞安大洋坑县级自然保护区等现有自然保护区和自然保护小区建设的基础上，新建和扩建一批自然保护区和自然保护小区，加强野生植物原生地和典型森林生态系统、湿地生态系统保护，抢救和保护已列入重点保护名录、稀有植物物种以及面临种群数量急剧减少的重要资源植物的种群和生境。

建议在永嘉北部（四海山、黄南一带）、文成西部（石垟林场、叶胜林场一带）、苍南县西北部（苍南县林场大石林区一带）等天然林保存相对较好的地区新建3个森林生态系统保护区，保护中亚热带南部亚地带常绿阔叶林典型森林生态系统。同时，将瑞安大洋坑县级自然保护区升级为省级。

在乐清湾西门岛一带（已建西门岛海洋特别保护区）、瓯江口至飞云江口之间和鳌江口南侧巴艚沿海滩涂建立3个滩涂湿地生态系统自然保护区。

新建一批列入重点保护名录和稀有、特有植物保护小区。在列入重点保护名录的桫椤 *Alsophila spinulosa*、笔筒树 *Sphaeropteris lepifera*、台湾水青冈 *Fagus hayatae*、江南油杉 *Keteleeria cyclolepis*、毛果青冈 *Cyclobalanopsis pachyloma*、刺叶栎 *Quercus spinosa*、沉水樟 *Cinnamomum micranthum*、泰

顺杜鹃 *Rhododendron taishunense*、鸦头梨 *Melliodendron xylocarpum*、云南木犀榄 *Olea tsoongii*、毛鳞省藤 *Calamus thysanolepis*、莼菜 *Brasenia schreberi* 等植物种群原生地以及估量值<10，必须严禁利用、加强保护的稀有植物如细茎石斛 *Dendrobium moniliforme*、黄石斛 *Dendrobium catenatum*、华重楼 *Paris polyphylla* var. chinensis、深裂竹根七 *Disporopsis pernyi*、金刚大 *Groomia japonica*、羽叶三七 *Panax japonicas* var. *bipinnatifidus*、金线兰 *Anoectochilus roxburghii*、堇叶紫金牛 *Ardisia violacea*、八角莲 *Dysosma versipellis*、兰属 *Cymbidium*（墨兰、寒兰、蕙兰）等的种群原生地，建立一批保护小区。

建立一批湿地自然保护小区，如飞云江中游马屿湿地鸟类和丛生竹滩林保护小区、永嘉县楠溪江中游松类滩林湿地保护小区、鳌江中上游枫杨滩林湿地保护小区、苍南县北关岛野生唐菖蒲保护小区。加强对苍南等地的野生睡莲群落，洞头等地的甜根子草群落，泰顺和文成等地的莼菜群落，沿海沙滩的珊瑚菜、滨当归、单叶蔓荆群落等湿地特殊、稀有生物群落和湿地珍稀濒危物种的保护。

（二）建立植物园或树木园网络，为野生植物就地、迁地保护提供更多场所

1. 建立温州植物园

在温州市区周边建设一座集野生植物迁地保护、科研生产、生态科普教育、观光旅游等功能为一体、功能齐全的综合性植物园。植物园内设植物分类区、重点保护和珍稀濒危植物收集区和茶花园（品种园）、榕树园、棕榈园、丛生竹园、水生沼生植物区等具有温州地域性特色优势的专类园区。

2. 建立一批野生植物园、树木园网络

温州全市现有林场15处，省级以上森林公园18处，城郊森林（湿地）公园100多处，县级以上风景名胜区34处，这些地方一般植物多样性比较丰富，对植被保护也比较重视，是野生植物就地、迁地保护相对比较理想的场所。今后应在森林公园、湿地公园、风景名胜区、国有林（农）场建立一批集重要野生植物就地保护、迁地保护、乡土植物引种驯化、种质资源保存、生态科普教育、观光旅游等功能为一体的野生植物园、树木园。建议近期根据不同地理位置、气候条件、地形地貌类型、植物分布等状况，建立10~20个野生树木园、植物园或引种驯化园，特别是对自然保护区（小区）外分布的重点保护植物资源适当建立保护点或引种保存当地的珍稀濒危植物。

3. 建立植物种质资源库，繁育扩大种群数量

在进一步查清珍稀名贵濒危物种、有较大利用价值且种群数量急剧下降的资源植物、特有种群和地方名优种质资源的代表性种群的基础上，建设一批为原地保护在遗传育种上具有特殊研究和利用价值的极小种群所在区域或集中收集场所的种质资源库（保育点、种质圃），进行种苗采集、引种驯化、人工繁殖，加强培育，逐步扩大种群数量，实现其回归野化，解除濒危状态。

（三）合理开发利用野生植物资源，并有计划地进行资源培育

1. 大力培育发展珍贵植物后备资源

如近年来，浙江省木材需求量大幅上升，但用材特别是珍贵用材供应缺口巨大，主要依赖

进口。浙江省将结合年度造林和森林抚育，大力发展材质优良、市场价值高、培育潜力大的珍贵树种基地。今后5年，温州计划以国有林场和国乡合作造林为重点，以采伐迹地、火烧迹地等立地条件较好的地块为重点实施区域，通过新建或定向培育，发展材质优良、市场价值高、培育潜力大的珍贵树种16万亩，其中包括榧树 *Torreya grandia*、南方红豆杉 *Taxus wallichiana* var. *mairei*、光皮桦 *Betula luminifera*、榉树 *Zelkova schneideriana*、闽楠 *Phoebe bacrnei*、浙江樟 *Cinnamomum chekiangense*、刨花楠 *Machilus pauhoi*、黄檀 *Dalbergla hupeana* 等乡土树种。

2. 扩大珍稀濒危野生植物和具有地方特色的野生观赏植物在环境绿化、美化中的应用

许多野生珍稀濒危和观赏植物种类具有很高或特殊的绿化、美化价值，且生态适应性广，容易繁殖和栽培，但由于未被人们认识，目前在城乡绿化中很少应用，今后要通过引种驯化，加强人工繁殖培育种苗，应用到城市园林、城镇乡村、山体林相改造，建设“彩色森林”，来提高城市绿地的植物多样性，促进珍稀濒危野生植物“以用促保”。另外，野生花卉资源群落常形成优美的自然植物景观，可将保护野生花卉资源与花卉观赏旅游结合起来，进一步推动野生观赏植物产业化开发。

3. 积极倡导植物资源的综合利用

为高效利用药材资源，需要积极倡导药材资源的综合利用，多用途开发药用植物资源和多部位综合开发利用药用生物资源，实现根、茎、叶、花、果实、种子等各器官的利用，提高利用效率。利用组织培养快繁技术实现珍稀濒危药用植物的快速繁殖，全面提高栽培药用植物资源的质量和产量，降低对野生资源的依赖。

4. 寻找新的植物资源，开发和应用野生植物资源可持续利用新途径

一方面要根据社会经济发展对新商品的需求，寻找新的环境绿化、粮食油料、蔬菜果树、花卉牧草、工业医药等资源植物；另一方面，在对现有的成熟技术进行全面系统的分析总结，制定野生植物资源可持续利用技术指南的基础上，根据需要制定新开发可利用植物资源名单并提供相应的可持续利用技术。鼓励开发驯化、栽培野生植物的新技术，对有潜在利用价值的野生植物开展核心化学成分分析，鼓励开展自主创新技术活动。

（四）加强技术研究，为野生植物资源科学保护和合理利用提供科技支撑

1. 开展野生植物资源保护地建设和规划研究

开展濒危物种的保护生物学、生态学，就地、迁地保护技术研究，以及天然林资源保护和古树名木保护的技术研究；研究和编制包括自然保护区、保护小区、植物园或树木园、种质资源库等内容的野生植物就地、迁地保护地建设技术和规划。

2. 开展珍稀濒危物种的繁殖技术研究

对珍稀濒危植物开展人工繁育技术，以及人工繁育种群回归自然的技术研究，开发驯化、栽培野生植物的新技术。

3. 珍贵林木、竹藤植物繁育技术研究与产业化技术开发

对有重大利用价值的物种，采用扦插、组培、体细胞胚胎发生等现代生物技术，开发

建立规模化种苗快速繁殖体系，加强栽培技术研究和示范推广，加速产业化利用。

4. 加强药用植物资源生物技术研究

利用组织培养快繁技术实现珍稀濒危药用植物的快速繁殖；积极培育优良药用植物品种，全面提高栽培药用生物资源的质量和产量，降低对野生药用生物资源的依赖。

5. 利用野生花卉基因资源培育新的花卉品种

选择具特别遗传性状的花卉植物作为亲本材料，利用传统育种技术和分子生物学的手段，培育新的优良品种。

6. 加强有害植物的控制和利用研究

并非所有植物均对人类有益，如滩涂湿地的互花米草，耕地周边的阔叶丰花草、藿香蓟、葎草，低山丘陵的葛藤、落葵薯等就危及其他植物的生存，并对农业等生产活动产生不利影响。对这些植物，除加强开展防治研究外，更应研究对其的开发利用，以达到用治结合、变害为利的目的。

（五）完善温州野生资源植物网络信息系统，加强植物科学普及和宣传教育

1. 完善温州野生资源植物网络信息系统

2014 年，“温州野生资源植物研究及信息系统开发”课题组已研制开发了数据翔实、功能强大的温州野生资源植物网络信息系统，该系统可通过种类名称（中名和学名）、用途类别、分布区（以县和镇 2 级为单位）四种方式，通过系统浏览进行查询，为相关部门及大众提供网络服务和查询平台。在此基础上，进一步完善植物资源保护利用信息平台，收集、处理、分析和传播植物资源保护和可持续利用信息，全面实现野生植物资源保护与管理的数据化和信息共享，促进资源的保护与可持续利用。

2. 加强植物科学知识普及

充分利用温州野生资源植物网络信息系统平台，普及植物科学知识。在自然保护区、森林公园、湿地公园、城市公园、风景名胜区等公众游憩地，通过植物挂牌、设置野生植物标本馆、科普宣传栏等办法，建设和完善植物科普场所。进一步加强公众，特别是青少年学生的植物科学知识普及工作。充分利用每年的“世界湿地日”、“世界森林日”、“世界野生动物日”等宣传平台，通过座谈会、学术报告会、野生植物标本展示、野生植物保护知识竞猜、张挂野生植物挂图、发放科普小册子等形式，开展形式多样的科普活动。

3. 强化相关法律法规宣传

重点提高直接从事物种资源采集和开发活动的基层群众的遵法和守法意识，增强保护与持续利用生物物种资源的自觉性。充分发挥主流媒体在宣传生物物种资源保护方面的作用。培训青年学生志愿者宣传队伍，加强对基层群众的宣传教育。建立并逐步完善动员、引导、支持公众参与生物物种资源保护的有效机制，实行群众举报投诉、信访制度、听证制度、新闻舆论监督制度和公民监督参与制度等。

各
SYSTEMATICS
论

蕨类植物

PTERIDOPHYTA

蕨类植物门 Pteridophyta

蕨类植物既是高等的孢子植物，又是原始的维管植物，大多为土生、石生或附生，少数为水生或湿生。其孢子体大多为多年生草本，具有根、茎、叶器官和维管系统的分化，茎大多为根状茎。蕨类植物无种子形成，而以孢子囊产生孢子进行繁殖。

蕨类植物现有约12000余种，以热带、亚热带最为丰富。我国有63科231属约2600多种［据《中国植物志》（第一卷）］；浙江有49科116属499种（含变种）［据《浙江植物志》（总论）］；温州有44科94属263种1亚种11变种。

蕨类植物分科检索表

1. 叶退化或细小，鳞片形、钻形或披针形，一般不裂；孢子囊不聚成囊群，单一生于叶基部上面或腋间，或生于枝顶的孢子叶球内。
 2. 茎细长，直立，节明显，节间中空；无真正叶；孢子囊多数，生于盾状能育叶下面，在枝顶形成椭圆形孢子囊穗……………… **4. 木贼科 Equisetaceae**
 2. 植株不同上述；孢子囊单生于能育叶基部上面。
  3. 枝三角形，多回等位二歧分枝；叶退化为钻形，几无叶绿素；孢子囊近圆球形……… **5. 松叶蕨科 Psilotaceae**
  3. 枝圆形，一至多回二歧分枝；叶小而正常，鳞片形、钻形、线形或披针形；孢子囊扁肾形。
   4. 茎有背腹之分，常有根托；叶常鳞片形，二型，对生，成4行排列；孢子异型…… **3. 卷柏科 Selaginellaceae**
   4. 茎辐射对称，无根托；叶一型，常钻形或披针形，螺旋状排列，稀交互对生；孢子同型。
    5. 茎直立或斜升，有规则等位二叉分枝；孢子叶与不育叶同色、同形或较小，组成或不组成孢子叶穗……………… **1. 石杉科 Huperziaceae**
    5. 茎匍匐，不等位或单轴式二叉分枝；孢子叶不同于不育叶，干膜质，组成顶生孢子叶穗……………… **2. 石松科 Lycopodiaceae**
1. 叶较茎发达，单叶或复叶；孢子囊生于正常叶下面或边缘，聚生成孢子囊群，或密布叶片下面。
 6. 孢子囊发生于1群细胞，壁厚，具多层细胞。
  7. 幼叶开放时非拳卷式；叶中型或小型，叶片二型，能育叶和不育叶生于共同的叶柄；孢子囊圆球形或卵形，成穗状或复穗状孢子囊序。
   8. 单叶或顶端深裂，叶脉网状；孢子囊序单穗状……………… **7. 瓶尔小草科 Ophioglossaceae**
   8. 复叶，一至三回羽状或掌状分裂，叶脉分离；孢子囊序圆锥状或复穗状……… **6. 阴地蕨科 Botrychiaceae**
  7. 幼叶开放时拳卷式；叶大型，叶片一型；孢子囊船形，腹部纵裂，生于正常叶下面，聚合成线形或圆形的孢子囊群……………… **8. 观音座莲科 Angiopteridaceae**
 6. 孢子囊发生于1个细胞，壁薄，具1层细胞。
  9. 孢子囊圆球形，环带极不发育；植株无真正的毛和鳞片；叶二型；孢子囊不形成囊群，生于无叶绿素的能育叶羽片边缘，形成孢子囊穗……………… **9. 紫萁科 Osmundaceae**
  9. 孢子囊多种形状，环带发育完全；植株大多有真正的毛和鳞片；孢子囊生于正常叶下面或边缘，或生于无叶绿素的能育叶羽片下面。
   10. 陆生或附生，稀水生或湿生，常为中型或大型草本蕨类；孢子同型。
    11. 淡水水生或湿生蕨类；叶多汁，二型，叶片二至三回羽状深裂……………… **23. 水蕨科 Parkeriaceae**
    11. 陆生或附生蕨类，稀湿生。
     12. 植株无鳞片，亦无真正的毛；叶柄基部两侧膨大为托叶状……………… **10. 瘤足蕨科 Plagiogyriaceae**
     12. 植株常有鳞片，或具真正的毛，有时鳞片上具刚毛；叶柄基部两侧不膨大为托叶状。
      13. 叶二型，能育叶的羽片在羽轴两侧内卷成圆桶形或聚合成圆球形…… **29. 球子蕨科 Onocleaceae**

13. 叶一型或二型，如为二型，则能育叶不为上述的内卷或聚合。
14. 孢子囊群凸出于叶缘之外。
15. 攀援植物，中轴无限生长；叶具多层细胞，有气孔；孢子囊椭圆形，横生于短囊柄上……………………………………………………………………………………………… **12. 海金沙科 Lygodiaceae**
15. 非攀援植物，中轴非无限生长；叶具1层细胞，无气孔；孢子囊近球形，无柄……………………………………………………………………………………………… **13. 膜蕨科 Hymenophyllaceae**
14. 孢子囊群生于叶缘、叶缘内或叶下面，不凸出于叶缘外。
16. 植株有腐殖质积聚叶或叶基部扩大成宽耳形以积聚腐殖质……………………… **39. 槲蕨科 Drynariaceae**
16. 植株无腐殖质积聚叶或积聚腐殖质的叶基部。
17. 孢子囊群生于叶缘，具囊群盖，自叶缘向内或向外开，稀无盖。
18. 囊群盖薄膜质，向叶背反折，覆盖孢子囊群，向内开。
19. 孢子囊群生于反折囊群盖的小脉上，羽片或小羽片为对开式或扇形，叶脉为扇形……………………………………………………………………………………………… **22. 铁线蕨科 Adiantaceae**
19. 孢子囊群生于叶缘联结脉或小脉上，反折囊群盖无小脉，羽片或小羽片非对开式或扇形，叶脉非扇形。
20. 孢子囊群生于小脉顶端，幼时为分离的孢子囊群，成熟时常连成线形；囊群盖连续不断或不同程度断裂，有时无盖………………………………………………… **21. 中国蕨科 Sinopteridaceae**
20. 孢子囊群沿叶缘生于小脉的总脉上，形成1条汇合囊群；囊群盖连续不断。
21. 根状茎长而横走，密被锈黄色茸毛；叶片多少被毛；囊群盖有内外2层……………………………………………………………………………………………… **19. 蕨科 Pteridiaceae**
21. 根状茎短而直立，被鳞片；叶片通常无毛；囊群盖1层………… **20. 凤尾蕨科 Pteridaceae**
18. 囊群盖非薄膜质，开向叶缘。
22. 大型蕨类，根状茎密生金黄色长柔毛；囊群盖为内外2瓣的蚌壳形，革质……………………………………………………………………………………………… **14. 蚌壳蕨科 Dicksoniaceae**
22. 中小型蕨类，植株有鳞片及不同类型的毛；囊群盖碗形、杯形、管形或近圆肾形，非革质。
23. 附生，有宽鳞片；叶柄基部有关节……………………………………… **36. 骨碎补科 Davalliaceae**
23. 土生，被灰白色针状毛或红棕色钻形鳞片；叶柄基部无关节。
24. 植株仅根状茎被鳞片；孢子囊群为叶缘生，长形，常汇合成囊群；囊群盖长圆形、线形或杯形……………………………………………………………… **17. 鳞始蕨科 Lindsaeaceae**
24. 植株有灰色针状刚毛；孢子囊群单生于小脉顶端，不汇合；囊群盖碗形或杯形……………………………………………………………………………………………… **16. 碗蕨科 Dennstaedtiaceae**
17. 孢子囊群生于叶背，疏离叶缘，有或无囊群盖，如有囊群盖，则并不自叶缘向内或向外开。
25. 孢子囊群聚生成圆形、椭圆形或线形，分离；叶一型，无不育叶与能育叶之分。
26. 孢子囊群圆形。
27. 孢子囊群通常有盖。
28. 树状蕨类或大型草本蕨类；囊群盖圆球形，着生于隆起的囊托基部……………………………………………………………………………………………… **15. 桫椤科 Cyatheaceae**
28. 囊群盖圆肾形、盾形，稀鳞片状，囊托不隆起。
29. 囊群盖鳞片状，基部略为压在成熟孢子囊群之下……………… **26. 蹄盖蕨科 Atyriaceae**
29. 囊群盖圆肾形或盾形。
30. 叶柄有关节；叶脉分离，密而平行；囊群盖圆肾形……………………………………………………………………………………………… **35. 肾蕨科 Nephrolepidaceae**
30. 羽片不以关节着生于叶轴；叶脉分离或网状；囊群盖圆形或盾形。
31. 羽轴上有灰色针状刚毛，有时叶柄基部鳞片上也有同样毛；叶柄基部断面有扁维管束2条……………………………………………… **27. 金星蕨科 Thelypteridaceae**
31. 植株多少有宽鳞片，无上述针状毛；叶柄基部断面有小圆形维管束多条。
32. 叶脉分离（贯众属为网状，但无内藏小脉），羽片上面小脉凹入（纵沟），无毛……………………………………………… **31. 鳞毛蕨科 Dryopteridaceae**
32. 叶脉分离或偶连合，羽片上面小脉多少隆起（圆形），常密生棕色软毛……………………………………………………………………………………………… **32. 三叉蕨科 Aspidiaceae**

27. 孢子囊群无盖。
33. 树状蕨类或大型草本蕨类；叶大型，多回羽状，生于茎顶，叶柄鳞片厚；孢子囊环带斜生，囊托凸出…………………………………………………………………………………………… **15. 桫椤科 Cyatheaceae**
33. 植株非为上述状；囊托小而不凸出。
34. 叶为一至多回二歧分枝，下面常灰白色；孢子囊群由少数孢子囊组成……………………………………………………………………………………………**11. 里白科 Gleicheniaceae**
34. 叶为单叶或羽状分裂或复叶，下面非灰白色；孢子囊群由多数孢子囊组成。
35. 叶柄基部以关节着生于根茎…………………………………………… **38. 水龙骨科 Polypodiaceae**
35. 叶柄基部无关节。
36. 植株全部或至少羽轴上有针状刚毛。
37. 小型植物；刚毛红棕色；孢子囊群多少下陷于叶肉内… **40. 禾叶蕨科 Grammitidaceae**
37. 中型草本；刚毛淡灰色；孢子囊群叶表面生。
38. 根茎和叶柄基部无鳞片；灰白色刚毛为多细胞；孢子囊群无盖，叶缘多少反折成囊群盖…………………………………………………………………… **18. 姬蕨科 Hypolepidaceae**
38. 根茎和叶柄基部有鳞片；灰白色刚毛为单细胞；孢子囊群有真正的囊群盖，叶缘不反折……………………………………………………………… **27. 金星蕨科 Thelypteridaceae**
36. 植株无针状刚毛；根状茎和叶柄基部有鳞片………………………… **26. 蹄盖蕨科 Atyriaceae**
26. 孢子囊群长形或线形。
39. 孢子囊群有盖。
40. 孢子囊群生于主脉两侧网眼内，贴生于主脉并与之平行；囊群盖开向主脉；叶柄基部断面有小圆形维管束多条…………………………………………………………………… **30. 乌毛蕨科 Blechnaceae**
40. 孢子囊群生于主脉两侧斜出的分离脉上，并与之斜交；囊群盖斜开向主脉；叶柄基部断面有扁维管束 2 或 3 条。
41. 鳞片粗筛孔形，网眼大；叶柄内有维管束 2 条，向叶轴上部联合成“X”形；囊群盖长形或线形，生于小脉向轴一侧…………………………………………………………………… **28. 铁角蕨科 Aspleniaceae**
41. 鳞片细筛孔形，网眼小；叶柄内有维管束 3 条，向叶轴上部联合成“U”形；囊群盖半月形、线形或马蹄形，生于小脉一侧或两侧………………………………………… **26. 蹄盖蕨科 Athyriaceae**
39. 孢子囊群无盖。
42. 孢子囊群沿小脉分布，如为网脉，则沿网眼分布。
43. 孢子囊群有短柄，沿小脉着生；叶纸质………………………………… **24. 裸子蕨科 Hemionitidaceae**
43. 孢子囊群有长柄，密生于小脉中部；叶草质…………………………… **26. 蹄盖蕨科 Athyriaceae**
42. 孢子囊群不沿小脉分布。
44. 孢子囊群生于叶缘和主脉之间，各成 1 条，并与主脉平行，或生于叶缘夹缝中。
45. 叶禾草形，不以关节着生于根茎上；孢子囊群生于叶下面或叶缘夹缝中，有带状或棍棒状隔丝…………………………………………………………………………………… **25. 书带蕨科 Vittariaceae**
45. 叶非禾草形，以关节着生于根茎上；孢子囊群生于叶下面，有具长柄的盾状隔丝…………………………………………………………………………………………… **38. 水龙骨科 Polypodiaceae**
44. 孢子囊群不与主脉平行，为斜交。
46. 叶柄基部不以关节着生于根茎上…………………………………… **38. 水龙骨科 Polypodiaceae**
46. 叶柄基部以关节着生于根茎上。
47. 植株形如苏铁，具直立圆柱形粗主轴………………………………… **30. 乌毛蕨科 Blechnaceae**
47. 小型蕨类，无直立圆柱形粗主轴…………………………………… **41. 剑蕨科 Loxogrammaceae**
25. 孢子囊不聚生成圆形、椭圆形或线形的囊群，密布能育叶下面；叶二型，有不育叶与能育叶之分。
48. 单叶，披针形，稀椭圆形，叶脉分离，平行；叶近二型，能育叶与不育叶近同形，较窄…………………………………………………………………………………………… **34. 舌蕨科 Elaphoglossaceae**
48. 叶一回羽状，如为单叶，则叶脉网状；叶明显二型。
49. 单叶，不育叶常二叉浅裂；根状茎密被锈棕色长柔毛……………… **37. 燕尾蕨科 Cheiropleuriaceae**
49. 一回羽状复叶；根状茎有鳞片………………………………………… **33. 实蕨科 Bolbitidaceae**
10. 为水生或漂浮水面的小型草本蕨类；孢子异型。

50. 浅水生或湿生；根状茎细长横走，叶生于长柄顶端，成"田"字形；孢子果生于叶柄基部，其中大、小孢子囊混生……… **42. 蘋科 Marsileaceae**

50. 漂浮蕨类，无真根或有短须根；单叶，全缘或2深裂，无柄，2~3列；孢子果生于茎的下面，大、小孢子囊非混生。

 51. 植株无真根；3叶轮生于细长茎上，上面2叶为椭圆形，漂浮于水面，下面1叶特化，细裂成须根状，悬垂水中；生孢子果……………………………………………………………………………………… **43. 槐叶蘋科 Salviniaceae**

 51. 植株有丝状真根；叶微小如鳞片，2列互生，每叶有上下2裂片，上裂片漂浮水面，下裂片沉水中；生孢子果………………………………………………………………………………………… **44. 满江红科 Azollaceae**

1. 石杉科 Huperziaceae

附生或土生石松类植物。茎直立或附生种类的茎柔软下垂或略下垂，具原生中柱或星芒状中柱，一至多回二叉分枝。叶为小型叶，仅具中肋，一型或二型，无叶舌，螺旋状排列。孢子囊通常为肾形，具小柄，2瓣开裂，生于全枝或枝上部叶腋，或在枝顶端形成细长线形的孢子囊穗。孢子叶较小，与营养叶同形或异形。孢子球状四面形，具孔穴状纹饰。原叶体地下生，圆柱状或线形，长可达数厘米；精子器和颈卵器生于原叶体背面。

2属约300种，广布于热带与亚热带。我国现知2属48种1变种；浙江2属6种1变种；温州2属4种。

《Flora of China》将石杉科 Huperziaceae 并入石松科 Lycopodiacae。

1. 石杉属 **Huperzia** Bernh.

植株矮小，直立，有二叉分枝，顶端常生有芽胞。叶一般草质，螺旋状排列。孢子叶与营养叶同形。孢子囊分布于茎枝的全部或上部，肾形；孢子球状四面形。

约100种，分布于热带与亚热带。我国约25种1变种；浙江2种1变种；温州1种。

■ 蛇足石杉 图1

Huperzia serrata (Thunb.) Trev.

多年生土生植物。须根系。茎斜生或直立，高5~30cm，二至四回二叉分枝，枝上部习见有芽胞。叶螺旋状排列，疏生，薄革质，基部楔形，下延有柄，先端急尖或渐尖，两面光滑，有光泽；中脉凸出明显。营养叶和孢子叶形态基本相同。孢子囊肾形，生于叶腋；孢子同形，极面观为钝三角形，3裂缝，具穴状纹饰。

见于本市丘陵山区，生于带有一定腐殖质的树林草丛中、竹林下。

全草药用。浙江省重点保护野生植物。

张豪 摄

丁炳扬 摄

图1 蛇足石杉

2. 马尾杉属 Phlegmariurus (Herter) Holub

附生石松类植物。茎短而簇生；成熟枝下垂或近直，多回二叉分枝。叶螺旋状排列，披针形、椭圆形，卵形或鳞片状，革质或近革质，全缘。孢子叶与营养叶明显不同或相似，孢子叶较小，孢子囊生在孢子叶腋；孢子囊穗比不育部分细瘦或为线形。孢子囊肾形，2 瓣开裂；孢子球状四面形，极面观近三角状圆形，赤道面观扇形。

约 200 种，广布于热带与亚热带地区。我国 23 种；浙江 4 种；温州 3 种。

本属与石杉属 *Huperzia* Bernh. 的区别是：本属植株较高大，附生，成熟枝下垂或近直立，孢子叶与营养叶明显不同或相似，但比营养叶略小；而前属植株较小，土生或附生，直立茎。

分种检索表

1. 叶片椭圆披针形，基部下延，无柄，无光泽，全部或部分叶片抱茎，中部叶片宽大于 2.0mm ………………………………………… **2. 华南马尾杉 P. fordii**

1. 叶片披针形，无柄，顶端尖锐，有光泽，中部叶片宽 1.5~2.0mm

  2. 叶片草质，中脉不明显 ……………………………… **3. 闽浙马尾杉 P. mingchegensis**

  2. 叶片薄革质，背部中脉凸出，明显 ……………………… **1. 柳杉叶马尾杉 P. cryptomerianus**

■ 1. 柳杉叶马尾杉 图 2

Phlegmariurus cryptomerianus (Maxim.) Ching ex H. S. Kung et L. B. Zhang

附生植物。茎簇生。成熟枝直立或略下垂，一至四回二叉分枝，长 20~25cm，枝连叶中部宽 2.5~3.0cm。叶螺旋状排列，广开展。营养叶披针形，疏生，长 1.4~2.5cm，宽 1.5~2.5mm，基部楔形，下

丁炳扬 摄

丁炳扬 摄

图 2 柳杉叶马尾杉

图3 华南马尾杉

延，无柄，有光泽，顶端尖锐，背部中脉凸出，明显，薄革质，全缘，孢子囊穗比不育部分细瘦，顶生；孢子叶披针形，长1~2mm，宽约1.5mm，基部楔形，先端尖，全缘，孢子囊生在孢子叶腋，肾形，2瓣开裂，黄色。

见于文成和泰顺。生于林下石壁上。

2. 华南马尾杉 福氏马尾杉 图3

Phlegmariurus fordii (Bak.) Ching [*Phlegmariurus yandongensis* Ching et C. F. Zhang]

附生植物。茎柔软下垂，长20~30cm，多回二叉分枝。叶革质，螺旋状排列，基部扭曲而呈二列状；叶片椭圆形或披针形，长1~1.5cm，宽3~4mm，先端渐尖，基部圆楔形，全缘；主脉明显。孢子囊穗较营养叶部分略细瘦，顶生；孢子叶椭圆形或披针形，长4~6mm，宽约1mm，基部楔形，先端渐尖，全缘，孢子囊生于孢子叶腋，圆肾形，黄色。

见于乐清（北雁荡山）、永嘉（四海山）、瑞安（红双林场）和泰顺（黄桥、左溪），生于山沟石壁、林下。

3. 闽浙马尾杉

Phlegmariurus mingchegensis (Ching) L. B. Zhang

附生植物。茎簇生。成熟枝直立或略下垂，一至多回二叉分枝，长17~33cm，枝连叶中部宽1.5~2.0cm。叶螺旋状排列。营养叶披针形，疏生，长1.1~1.5cm，宽1.5~2.5mm，基部楔形，下延，无柄，有光泽，顶端尖锐，中脉不显，草质，全缘。孢子囊穗比不育部分细瘦，顶生。

见于永嘉（四海山）、泰顺（乌岩岭）等，生于海拔500~1000m的林下阴湿岩石上。

存疑种

四川石杉

Huperzia sutchueniana (Herter) Chingyu

与蛇足石杉 *Huperzia serrata* (Thunb.) Trev. 比较的区别在于：叶披针形，向基部略变阔，无柄，边缘有疏微齿。《泰顺县维管束植物名录》有记载，但未见标本。

2. 石松科 Lycopodiaceae

土生石松类植物。主茎伸长呈匍匐状或攀援状，或短而直立，具原生中柱或中柱为片状。侧枝二叉分枝或近合轴分枝，极少为单轴分枝状。叶为小型单叶，仅具中脉，一型，螺旋状排列，钻形、线形至披针形。孢子叶的形状与大小不同于营养叶，膜质，一型，边缘有锯齿。孢子囊穗圆柱形或柔荑花序状，通常生于孢子枝顶端或侧生；孢子囊无柄，生在孢子叶叶腋，肾形，2瓣开裂；孢子球状四面形，常具网状或拟网状纹饰。

9属约60种，广布于全球。我国6属18种；浙江4属5种1变型；温州3属3种。

分属检索表

1. 主茎匍匐状或直立；孢子囊穗单生或聚生于孢子枝顶端。
  2. 土生植物; 侧枝直立或平伸……………………………………………… **2. 石松属 Lycopodium**
  2. 主茎直立; 孢子囊穗下垂……………………………………………… **3. 垂穗石松属 Palhinhaea**
1. 主茎攀援状; 孢子囊穗每6~26个一组生于多回二叉分枝的孢子枝顶端……………… **1. 藤石松属 Lycopodiastrum**

1. 藤石松属 Lycopodiastrum Holub ex Dixit

地下茎长而匍匐；地上主茎木质藤状，伸长攀援达数米。不育枝柔软，黄绿色，圆柱状，多回不等位二叉分枝；能育枝柔软，红棕色，多回二叉分枝。叶螺旋状排列，中脉不明显，草质。孢子囊穗每6~26个一组生于多回二叉分枝的孢子枝顶端，排列成圆锥形；孢子叶阔卵形，覆瓦状排列；孢子囊生于孢子叶叶腋，圆肾形，黄色。

1种，广布于亚洲热带。中国长江以南多有分布，浙江及温州也有分布。

■ 藤石松 图4

Lycopodiastrum causarinoides (Spring) Holub et Dixit

木质攀援蕨类。长可达4 m以上。主茎下部有叶疏生，叶钻状披针形，以加厚的腹部着生，顶部长渐尖，膜质，灰白色；向上的叶较小，绿色，厚革质，有早落的膜质尖尾。分枝二型，营养枝多回

图4 藤石松

二叉分枝，末回小枝纤细，下垂，扁平，叶 3 列，2 列较大，贴生于小枝的一面，紧密交互并行，三角形，另一列的叶较小，贴生于小枝另一面的中央，刺状；孢子枝从营养枝基部下侧的有密鳞片状叶的芽抽出，多回二叉分枝，末回分枝顶端各生孢子囊穗一个，孢子囊穗圆柱形，多少下垂，孢子叶阔卵圆三角形，孢子囊近圆形。

见于乐清、永嘉、瓯海、瑞安、文成、平阳、苍南和泰顺，生于海拔 400~940 m 的山坡草丛、灌丛中、杂木林树和岩壁上。

全草药用。

2. 石松属 **Lycopodium** Linn.

多年生土生石松类植物。主茎伸长，匍匐于地面。侧枝一至多回二叉分枝；小枝密，直立或斜展。叶螺旋状排列，线形、钻形或狭披针形，基部楔形，下延，无柄，先端渐尖，边缘全缘或具齿，纸质至草质。孢子囊穗单生或聚生于孢子枝顶端，圆柱形；孢子囊生于孢子叶腋，内藏，圆肾形，黄色。

约 14 种，广布于全球。我国 11 种；浙江 2 种 1 变型；温州 1 种。

■ 石松 图 5

Lycopodium japonicum Thunb. ex Murray

多年生土生植物。匍匐茎地上生，细长而横走，二至三回分叉，绿色，被稀疏的叶。侧枝直立，高达40cm，多回二叉分枝。叶螺旋状排列，密集，上斜，披针形或线状披针形，基部楔形，下延，无柄，先端渐尖，具透明发丝，边缘全缘，草质；中脉不明显。孢子囊穗集生于长达 30cm 的总柄，总柄上苞片螺旋状稀疏着生，薄草质，形状如叶片；孢子囊穗直立，圆柱形；孢子叶阔卵形，先端急尖，具芒状长尖头，边缘膜质，啮蚀状，纸质；孢子囊生于孢子叶腋，略外露，圆肾形，黄色。

见于乐清、永嘉、瑞安、文成、平阳、苍南和泰顺，生于海拔 1000 m 以下的山坡林缘。

图 5 石松

3. 垂穗石松属 Palhinhaea Franco et Vase.

中型至大型土生植物。主茎直立，主茎的叶螺旋状排列，钻形至线形。侧枝多回不等位二叉分枝，侧枝及小枝上的叶螺旋状排列。孢子囊穗单生于小枝顶端，短圆柱形，成熟时通常下垂，淡黄色，无柄；孢子叶卵状菱形，覆瓦状排列，先端急尖，尾状，边缘膜质，具不规则锯齿；孢子囊生于孢子叶腋，内藏，圆肾形，黄色。

约15种，广布于热带和亚热带。我国2种2变种；浙江1种，温州也有。

《Flora of China》将本属并入石松属 *Lycopodium* Linn.。

张豪 摄

张豪 摄

张豪 摄

图6 灯笼草

■ 灯笼草 垂穗石松 图6

Palhinhaea cernua (Linn.) Franco et Vasc.

主茎直立(基部有次生匍匐茎)。高30~50cm(有时高大而近攀援状)。叶稀疏，螺旋状排列，通常向下弯弓。侧枝多回二叉，直立或下垂，分枝上的叶密生，条状钻形，长2~3mm，全缘，通常向上弯弓。孢子囊穗小，矩圆形或圆柱形，长8~20mm，常下垂，单生于小枝顶端；孢子叶覆瓦状排列，阔卵圆形，顶部急狭，长渐尖头，边缘有长睫毛；孢子囊圆形；生于叶腋。

见于乐清、永嘉、瓯海、瑞安、文成、平阳、苍南和泰顺，生于海拔100~1000 m的山坡路边、岩石缝和林下。

全草药用。

存疑种

■ 扁枝石松

Diphastrum complanatum (Linn.) Holub

小枝扁平，有背腹之分，叶二型或三型。《泰顺县维管束植物名录》有记载，但未见标本。

3. 卷柏科 Selaginellaceae

陆生植物。茎通常背腹扁平，横走。叶小型，单叶，有中脉，腹面基部有一叶舌，通常在成熟时即脱落。孢子叶穗四棱柱形或扁圆形；孢子囊二型，单生于叶腋之基部，1 室；孢子异型，大孢子通常 4，小孢子多数，均为球状四面形。

单属科，约 700 种，广布于全球。我国 60~70 种；浙江 14 种；温州 13 种。

卷柏属 Selaginella Spring

特征、种数及分布同科。

分种检索表

1. 孢子叶一型，大多为卵形，绝不同于营养叶。
 2. 主茎短粗成干；分枝集生于顶端，排成莲座状，遇干旱时向内卷曲 ……………… **12. 卷柏 S. tamariscina**
 2. 主茎无短粗主干；枝疏生，不排列成莲座状。
  3. 主茎匍匐于地上，凡分枝处几全具根托或生根。
   4. 中叶边缘有细齿。
    5. 主茎上叶排列紧密，中叶先端具芒，边缘有清晰的膜质白边 ……………… **2. 蔓出卷柏 S. davidii**
    5. 主茎上叶排列疏远，中叶先端渐尖，边缘无清晰的膜质白边 ……………… **11. 疏叶卷柏 S. remotifolia**
   4. 中叶全缘。
    6. 中叶基部耳形 ……………… **8. 具边卷柏 S. linbata**
    6. 中叶基部非耳形 ……………… **13. 翠云草 S. uncinata**
  3. 主茎直立或基部匍匐或斜升，仅下部具根托或基部生根。
   7. 茎枝被毛 ……………… **1. 布朗卷柏 S. braunii**
   7. 茎枝无毛。
    8. 分枝以下的主茎部分的叶多少为二型。
     9. 中叶全缘 ……………… **3. 薄叶卷柏 S. delicatula**
     9. 中叶具细齿 ……………… **4. 深绿卷柏 S. doederleinii**
    8. 分枝以下的主茎部分的叶都为一型。
     10. 分枝以下主茎上的叶排列稀疏；中叶不具白边 ……………… **9. 江南卷柏 S. moellendorfii**
     10. 分枝以下主茎上的叶排列紧密而抱茎；中叶具白边 ……………… **6. 兖州卷柏 S. involvens**
1. 能育叶二型，半数为卵形或阔卵形，半数为卵状披针形。
 11. 主茎斜升而后直立。
  12. 中叶基部深心脏形，顶端具芒刺 ……………… **7. 细叶卷柏 S. labordei**
  12. 中叶基部圆楔形，渐尖头 ……………… **5. 异穗卷柏 S. heterostachys**
 11. 植株伏地蔓生，能育叶排列疏松，不形成明显的囊穗 ……………… **10. 伏地卷柏 S. nipponica**

■ 1. 布朗卷柏 图 7

Selaginella braunii Bak.

常绿或夏绿植物。植株直立，具有长的不分枝的主茎，上部羽状，呈复叶状。根托生于匍匐的根状茎或游走茎上。茎通常近四棱柱形或偶呈圆柱形，不具纵沟。叶除主茎上的外全部交互排列，二型，质地较厚，表面光滑，皱缩，不具白边，叶脉不分叉；不分枝的主茎的叶长远离，一型，长圆形，贴生，不呈龙骨状；主茎下部和横走的根状茎及游走茎上的叶盾状着生，边缘撕裂或撕裂并具睫毛；分枝部

分主茎上的中叶不明显大于分枝上的。孢子叶穗紧密，四棱柱形；孢子叶一型，大孢子叶分布于孢子叶穗的下侧，小孢子叶淡黄色；大孢子白色。

见于乐清、永嘉、鹿城、瓯海、瑞安、文成、泰顺，多生于岩石缝隙或带土的岩石上，也成片见于园埂边或林下。

图7 布朗卷柏

2. 蔓出卷柏 图8

Selaginella davidii Franch.

主茎伏地蔓生。多回分枝，各分枝基部生根。营养叶二型，草质，背、腹各2列；腹叶（中叶）指向枝顶，长卵形，锐尖头或渐尖头；背叶（侧叶）向两侧平展，卵状披针形，钝尖头，基部为不对称的心形，边缘膜质，白色，多少有睫毛状齿，连小枝宽3~5mm。孢子囊穗生于小枝顶端；孢子叶卵伏三角形，长渐尖头，边缘有微齿；孢子囊圆形；孢子二型。

见于永嘉和泰顺，生于水边草丛中，以及林下或林缘的阴湿岩石上。

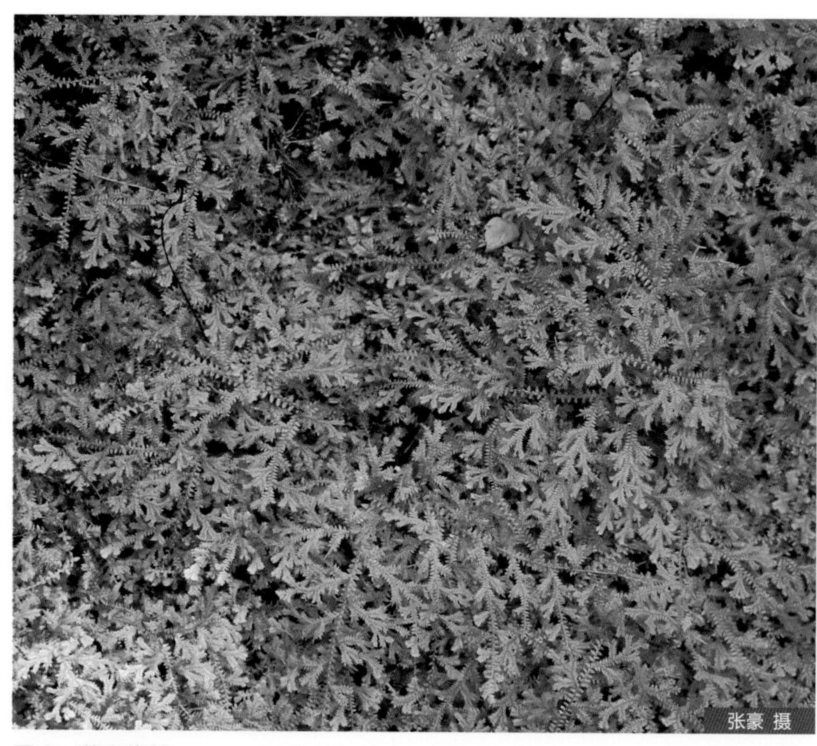

图8 蔓出卷柏

图 9 薄叶卷柏

■ 3. 薄叶卷柏 图 9

Selaginella delicatula (Desv.) Alston

直立或近直立，基部横卧，基部有游走茎。根托只生于主茎的中下部，自主茎分叉处下方生出；根少分叉，被毛。主茎自中下部羽状分枝，茎卵圆柱状或近四棱柱形或具沟槽，维管束 3 条；侧枝 5~8 对，一回羽状分枝，或基部二回。叶交互排列，二型，草质，表面光滑，边缘全缘，具狭窄的白边，不分枝主茎上的叶排列稀疏，不比分枝上的大，一型，绿色，卵形，背、腹压扁，背部不呈龙骨状，边缘全缘。孢子叶穗紧密，四棱柱形，单生于小枝末端，大孢子叶分布于孢子叶穗中部的下侧；大孢子白色或褐色，小孢子橘红色或淡黄色。

见于乐清（北雁荡山）、瑞安（花岩）、文成（百丈 ）和泰顺（氡泉），生于林下阴湿处、林缘岩石上。

■ 4. 深绿卷柏 图 10

Selaginella doederleinii Hieron.

主茎禾秆色，有棱，常在分枝处生出支撑根。侧枝密，多回分枝。营养叶上面深绿色，下面灰绿色，二型，背、腹各 2 列；腹叶（中叶）矩圆形，龙骨状，具短刺头，边缘有细齿，交互并列指向枝顶；背叶（侧叶）卵状矩圆形，钝头，上缘有微齿，下缘全缘，

图 10 深绿卷柏

图 11 异穗卷柏

向枝的两侧斜展，连枝宽 5~7mm。孢子囊穗四棱形，生于枝顶；孢子叶卵状三角形，渐尖头，边缘有细齿，4 列，交互覆瓦状排列；孢子囊卵圆形；孢子二型。

广泛见于本市山区丘陵，生于海拔 30~1000 m 的林下湿地或溪边的阴湿环境中。

5. 异穗卷柏 图 11

Selaginella heterostachys Bak.

茎直立或匍匐。根托只生于直立茎下部，自茎分叉处下方生出；根少分叉，被毛。茎羽状分枝，不呈“之”字形，无关节，禾秆色；茎圆柱状，具沟槽，无毛，维管束 1 条；直立能育茎自下部开始分枝，侧枝 3~5 对，一至二回羽状分枝，背、腹压扁。叶全部交互排列，二型，边缘不为全缘，不具白边，中叶不对称，背部不呈龙骨状，边缘具微齿；侧叶不对称，主茎上的明显大于侧枝上的。孢子叶穗紧密，背、腹压扁，明显二型，倒置，大孢子叶分布于孢子叶穗上下两侧的基部，或相间排列；大孢子和小孢子均橘黄色。

见于本市各地，多生于阴湿的岩石和土壤上。

6. 兖州卷柏 图 12

Selaginella involvens (Sw.) Spring

根托只生于匍匐的根状茎和游走茎，纤细；根少分叉，被毛。主茎自中部向上羽状分枝，无关节，禾秆色；茎圆柱状，背、腹压扁。叶（除不分枝的主茎上的外）交互排列，二型，纸质或多少较厚，表面光滑，边缘略有锯齿，不具白边；主茎上的腋叶不明显大于侧枝上的；中叶多少对称，主茎上的大于分枝上的，覆瓦状排列；侧叶不对称。孢子叶

图 12 兖州卷柏

穗紧密，四棱柱形；孢子叶一型，先端渐尖，锐龙骨状；大、小孢子叶相间排列，或大孢子叶位于中部的下侧；大孢子白色或褐色，小孢子橘黄色。

见于乐清、永嘉、文成、苍南和泰顺等地，多生于岩石缝隙或带土的岩石上。

■ 7．细叶卷柏 图 13

Selaginella labordei Hieron

主茎直立或斜生，有棱，具一横走的地下根状茎和游走茎，主茎基部无块茎。根少分叉。主茎自中下部开始羽状分枝，禾秆色或红色；茎圆柱状，具沟槽，无毛。叶全部交互排列，二型，草质，表面光滑，边缘不为全缘，具白边；不分枝主茎上的叶排列较疏，主茎上的叶大于分枝上的，二型，绿色；地下根状茎和游走茎上的叶褐色，背部不呈龙骨状，边缘具短睫毛；主茎上的腋叶较分枝上的大，卵圆形，基部钝，不对称，卵状披针形。孢子叶二型，4 行；

图 13　细叶卷柏

孢子囊圆肾形；孢子二型。

见于永嘉（四海山），生于海拔 800 m 的溪边林下、林缘。

全草入药，有清热利湿、止血、定喘的功能。

■ 8. 具边卷柏　耳基卷柏　图 14

Selaginella linbata Alston

土生植物。茎匍匐。分枝斜升。根托在主茎上断续着生，自分叉处下方生出；根多分叉。主茎

图 14　具边卷柏

通体分枝，无关节；禾秆色；茎近四棱柱形或具沟槽，无毛，维管束1条。侧枝2~5对，2~3次分叉，分枝稀疏，分枝无毛，背腹压扁，末回分枝连叶宽2.4~5.6mm。叶（主茎上的除外）交互排列，二型，相对肉质，较硬，表面光滑全缘，具白边；主茎上的排列较疏，主茎上的叶一型。孢子叶穗紧密，四棱柱形，单生于小枝末端；孢子叶一型，具白边，龙骨状，大、小孢子叶在孢子叶穗上相间排列，或仅在下侧基部或中部有一枚大孢子叶；大孢子深褐色，小孢子浅黄色。

见于永嘉（大箬岩）、泰顺（垟溪），生于林下和路边岩石旁。

■ 9．江南卷柏 图15

Selaginella moellendorfii Hieron.

具一横走的地下根状茎和游走茎。根托只生于茎的基部。茎圆柱状，主茎中上部羽状分枝，不呈"之"字形。侧枝5~8对，二至三回羽状分枝，排列规则，背、腹压扁。分枝主茎上的叶二型，不分枝主茎上的叶一型，小枝上的叶卵圆形。孢子叶穗紧密，四棱柱形，单生于小枝末端，大孢子叶分布于孢子叶穗中部的下侧，孢子叶一型，卵状三角形，边缘有细齿，具白边，先端渐尖，龙骨状；大孢子浅黄色，小孢子橘黄色。

图15 江南卷柏

图16 伏地卷柏

广泛见于本市各地山区丘陵，广泛分布于海拔900m以下的林下、林缘、岩石、水沟边等。

■ 10．伏地卷柏 日本卷柏 图16

Selaginella nipponica Bak.

匍匐茎，能育枝直立，无游走茎。根托沿匍匐茎和枝断续生长，自茎分叉处下方生出。叶全部交互排列，二型，草质，表面光滑，边缘非全缘，不

图 17　疏叶卷柏

具白边；分枝上的腋叶对称或不对称，边缘有细齿；中叶多少对称，分枝上的中叶长圆状卵形或卵形或卵状披针形或椭圆形，紧接到覆瓦状（在先端部分）排列，背部不呈龙骨状，边缘不明显具细齿；侧叶不对称。孢子叶穗疏松，单生于小枝末端；孢子叶二型或略二型，和营养叶近似，排列一致，不具白边，边缘具细齿，背部不呈龙骨状，先端渐尖；大孢子橘黄色，小孢子橘红色。

见于本市各地，多生于阴湿的岩石表面和腐殖质丰富的土壤表面。

■ 11. 疏叶卷柏　图 17

Selaginella remotifolia Spring

土生植物，匍匐生长。能育枝直立，无横走地下茎。根托沿匍匐茎和枝断续生长，茎卵圆柱状或圆柱状，具沟槽，无毛，维管束 1 条。叶全部交互排列，二型，草质，表面光滑，绿色；中叶基部呈单耳状，边缘具微齿或近全缘，中叶不对称，主茎上的略大于分枝上的，分枝上的中叶椭圆状披针形或卵状披针形；侧叶外展，侧叶不对称，主茎上的较侧枝上的大。孢子叶一型，只有一个大孢子叶位于孢子叶穗基部的下侧，其余均为小孢子叶；孢子叶穗紧密，四棱柱形；大孢子灰白色，小孢子淡黄色。

见于乐清（雁荡山）、平阳（怀溪）、苍南（莒溪）、泰顺（乌岩岭），生于路边、林下阴湿处。

■ 12. 卷柏　还魂草　还阳草　图 18

Selaginella tamariscina (Beauv.) Spring

多年生草本植物，呈垫状。遇干旱时向内拳曲。主茎直立，常单一，茎部着生多数须根；茎上部轮

状丛生，多数分枝，枝上再作数次二叉状分枝。叶鳞状，有中叶与侧叶之分，密集覆瓦状排列；中叶2行，较侧叶略窄小，表面绿色，叶边具无色膜质缘，先端渐尖成无色长芒。孢子囊单生于孢子叶之叶腋，雌雄同株，排列不规则；大孢子囊黄色，内有4黄色大孢子；小孢子囊橘黄色，内含多数橘黄色小孢子。

广泛见于本市山区丘陵，多生于四季旱湿交替、略带薄层腐殖质或岩衣的岩石上。

全草药用。

图18 卷柏

13. 翠云草 图19

Selaginella uncinata (Desv.) Spring

主茎伏地蔓生。长约1m。分枝疏生。主茎自近基部羽状分枝；茎圆柱状，具沟槽，无毛，维管束1条。节处有不定根。营养叶二型，背、腹各2列；腹叶长卵形；背叶矩圆形，全缘，向两侧平展；中叶不对称，主茎上的明显大于侧枝上的，侧枝上的叶卵圆形，接近到覆瓦状排列，背部不呈龙骨状，先端与轴平行或交叉或常向后弯，长渐尖，基部钝，边缘全缘；侧叶不对称，主茎上的明显大于侧枝上的。孢子囊穗四棱形；孢子叶卵状三角形，4列呈覆瓦状排列，大孢子叶分布于孢子叶穗下部的下侧；大孢子灰白色或暗褐色，小孢子淡黄色。

见于乐清、永嘉、鹿城、瓯海、瑞安、平阳、文成、苍南、泰顺，多蔓生于林下、崖下阴湿处。

图19 翠云草

4. 木贼科 Equisetaceae

叶退化或细小。茎细长，圆柱形，直立，有明显的节和节间，单茎或节上有轮生枝，中空，节间表面有纵沟脊。叶退化，下部联合成管状、筒状或漏斗状的鞘，包围在节上；叶鞘顶端裂成狭齿，呈锯齿状。孢子囊顶生多数，一型，着生于盾状鳞片形的孢子叶下面，在枝顶形成单独的椭圆形的孢子囊穗。

2 属约 25 种，广布于全球。中国 2 属约 10 种 3 亚种；浙江 2 属 3 种；温州 1 属 2 种。

《Flora of China》与《中国植物志》将本科分为 1 属。

木贼属 Hippochaete Milde

气生茎坚硬，宿存，能育与不育的同型。鞘齿边缘或上部薄膜质，通常脱落。

约 10 种，广布于全球。我国约 9 种；浙江 2 种，温州也有。

1. 笔管草

Hippochaete debilis (Roxb. ex Vauch.) Holub
[*Equisetum ramosissimum* Desf. subsp. *debile* (Roxb. ex Vauch.) Hauke]

植株高可达 2m。主枝有脊 10~20；鞘齿上部膜质，下部近革质，背部扁平，两侧有明显的棱。

见于永嘉、苍南（北关岛）和泰顺，生于沟旁、路边、湿润草地处。

全草药用。

2. 节节草 图 20

Hippochaete ramosissima (Desf.) Milde ex Bruhin
[*Equisetum ramosissimum* Desf.]

根茎直立，横走或斜升，黑棕色。地上枝多年生，

图 20 节节草

枝一型，主枝多在下部分枝，常形成簇生状；主枝有脊5~14，脊的背部弧形，有1行小瘤或有浅色小横纹；侧枝较硬，圆柱状，有脊5~8，脊上平滑或有1行小瘤或有浅色小横纹；鞘筒狭长达1cm，下部灰绿色，上部灰棕色；鞘齿5~12，三角形，灰白色，黑棕色或淡棕色，边缘(有时上部)为膜质，基部扁平或弧形，早落或宿存，齿上气孔带明显或不明显；鞘齿5~8枚，披针形，革质但边缘膜质，上部棕色，宿存。孢子囊穗短棒状或椭圆形，顶端有小尖凸，无柄。

见于乐清、永嘉、鹿城、瓯海、洞头、泰顺和苍南，生于沟旁路边、湿润草地处。

本种与笔管草 *Hippochaete debilis* (Roxb. ex Vauch.) Holub 的主要区别在于：本种主枝有5~14条脊。

《中国植物志》采用广义的木贼属 *Equisetum* Linn. 概念，并认为我国南方的标本很难确定是节节草还是笔管草，所以将笔管草作为节节草 *Equisetum ramosissimum* Desf. 的亚种 *Equisetum ramosissimum* Desf. subsp. *debile* (Roxb. ex Vauch.) Hauke 处理。

5. 松叶蕨科 Psilotaceae

常绿半腐生植物，附生或生于岩隙及腐殖质土上。无根。茎分化为匍匐横走或略匍匐的根状茎及直立或下垂的气生茎；根状茎棕色，多呈多回二叉分枝，与真菌形成内生菌根；气生茎绿色，呈圆柱状、具棱的柱状或扁平，大多下部不分枝而上部多回二叉分枝。叶为小型单叶，互生，无柄，二型；1 条叶脉；能育叶二叉小鳞片状，各裂片有 1 条叶脉的分枝。孢子囊大，生于叶腋，3 枚聚生呈圆球形或 2 枚纵向联结，貌似 1 枚 3 室或 2 室的孢子囊。

2 属 4 种，广布于热带和亚热带。我国 1 属 1 种，浙江及温州均产。

松叶蕨属 Psilotum Sw.

通常附生。根状茎横走，圆柱形，仅有假根，数回二叉分枝；地上茎直立或下垂，有棱。叶微小，无中脉；孢子叶广二叉分枝。孢子囊腋生，常 3 枚，成为 3 室的蒴果状。

共 2 种，广布于热带及亚热带。我国 1 种，分布于西南至东南，浙江及温州也产。

■ 松叶蕨 图 21

Psilotum nudum (Linn.) Griseb.

小型蕨类，附生于树干上或岩缝中。根茎横行，圆柱形，褐色，仅具假根，二叉分枝，高 15~51cm；地上茎直立，无毛或鳞片，绿色，下部不分枝，上部多回二叉分枝。枝三棱形，绿色，密生白色气孔。叶为小型叶，散生，二型；不育叶鳞片状三角形，无脉，长 2~3mm，宽 1.5~2.5mm，先端尖，草质；孢子叶二叉形，长 2~3mm，宽约 2.5mm。孢子囊单生于孢子叶腋，球形，2 瓣纵裂，常 3 枚融合为三角形的聚囊，直径约 4mm，黄褐色；孢子肾形，极面观矩圆形，赤道面观肾形。

见于乐清（雁荡山、福溪）、永嘉（石桅岩、大箬岩、崖下库）、文成（石垟 新演）和泰顺（乌岩岭），生于岩石缝隙中或附生于树干上。

生境特殊，个体数量极少，孑遗植物，被列为浙江省重点保护野生植物。

图 21 松叶蕨

6. 阴地蕨科 Botrychiaceae

陆生植物。根状茎短，直立，具肉质粗根。叶有营养叶与孢子叶之分，均出自总柄，总柄基部包有褐色鞘状托叶；营养叶一回至多回羽状分裂，具柄或几无柄，大都为三角形或五角形，少为一回羽状的披针状长圆形，叶脉分离；孢子叶无叶绿素，有长柄，或出自总叶柄，或出自营养叶的基部或中轴，聚生成圆锥花序状。孢子囊无柄，沿小穗内侧成 2 行排列，不陷入囊托内，横裂；孢子四面形或球圆四面形。

3 属约 30 余种，广布于温带。我国 3 属约 10 余种；浙江 2 属 4 种；温州 1 属 1 种。

阴地蕨属 **Scepteridium** Lyon

小型或中型的陆生植物。植株有毛或无毛。芽有毛。营养叶片二至三回羽状，宽超过长，具 3cm 以上的长柄，叶基部的鞘状托叶闭合，芽不外露；孢子叶自总柄近基部或基部以上长出。

约 10 余种，广布于温带。我国 8 种；浙江 3 种；温州 1 种。

■ 阴地蕨 图 22

Scepteridium ternatum (Thunb.) Lyon

植株高达 40cm。总柄长 20~30cm。不育叶从总柄近基部或下部生出，草质，无毛，阔三角形，长 8~10cm，宽 10~12cm，具 3~8cm 长的柄，三回羽裂，基部一对羽片最大，阔三角形，长、宽各约 5cm，末回小羽片或裂片边缘有不整齐的细尖锯齿。孢子叶生于总柄顶端，无毛，二至三回羽状，复圆锥形，长 4~10cm。

见于乐清（北雁荡山）、永嘉和文成，生于海拔 400~1000m 的林下灌丛阴湿处。

全草药用。

图 22　阴地蕨

存疑种

■ 华东阴地蕨

Scepteridium japonicum (Rrantl) Lyon

不育叶草质，能育叶自总柄近基部生出；不育叶的叶轴和羽柄上几无毛。《泰顺县维管束植物名录》有记载，但未见标本。

7. 瓶尔小草科 Ophioglossaceae

陆生植物，少为附生。植物一般为小型，直立或少为悬垂。根状茎短而直立，有肉质粗根。叶有营养叶与孢子叶之分，出自总柄；营养叶单一，全缘，1~2，少有更多的，披针形或卵形，叶脉网状，中脉不明显；孢子叶有柄，自总柄或营养叶的基部生出。孢子囊形大，无柄，下陷，沿囊托两侧排列，形成单穗状，横裂；孢子四面形。

4 属约 30 种，广布于全球。我国 2 属 7 种；浙江 1 属 1 种；温州 1 属 1 种。

瓶尔小草属 Ophioglossum Linn.

陆生小型植物，直立。根状茎短。营养叶 1~2，少有更多的，有柄，常为单叶，全缘，披针形或卵形，叶脉网状，网眼内无内藏小脉，中脉不明显。生殖叶自营养叶的基部生出，有长柄。

约 20 余种。我国 6 种；浙江 1 种，温州也产。

■ 瓶尔小草 图 23

Ophioglossum vulgatum Linn.

根状茎短而直立，具 1 簇肉质粗根，如匍匐茎一样向四面横走，生出新植物。叶通常单生，总叶柄长 6~9cm，深埋于土中，下半部为灰白色，较粗大；营养叶为卵状长圆形或狭卵形，长 4~6cm，宽 1.5~2.4cm，先端钝圆或急尖，基部急剧变狭并稍下延，无柄，微肉质到草质，全缘，网状脉明显；孢子叶长 9~18cm 或更长，较粗健，自营养叶基部生出。孢子穗长 2.5~3.5mm，宽约 2mm，先端尖，远超出于营养叶之上。

见于乐清、鹿城、瑞安（花岩）、文成、苍南（玉苍山），生于灌丛下或罐草丛中。

全草药用。

图 23 瓶尔小草

8. 观音座莲科 Angiopteridaceae

根状茎短而直立，肥大肉质，头状。叶柄粗大，基部有肉质托叶状附属物，或长而近于直立，叶柄基部有薄肉质长圆形的托叶；叶片为一至二回羽状，小羽片概为披针形，有短小柄或无柄；叶脉分离，二叉分枝，或单一。孢子囊船形，质厚，顶端有不发育的环带，分离，沿叶脉2行排列，形成线形或长形（有时圆形）的孢囊群，腹面有纵缝开裂；孢子圆球形，透明，表面光滑或粗糙。

3属约200余种，广布于亚洲热带和大洋洲。我国2属近60种；浙江1属1种，温州也产。

观音座莲属 Angiopteris Hoffm.

大型陆生植物。高1~2m或更高。根状茎肉质，肥大，圆球形，辐射对称。叶柄粗长有纵沟或小瘤，基部有肉质托叶状的附属物；叶片多为二回羽状；小羽片披针形。孢子囊沿着叶缘，排列在叶脉上；孢子四面体型。

约100余种。我国约50种；浙江1种，温州也产。

■ 福建观音座莲 福建莲座蕨 图24

Angiopteris fokiensis Hieron. [*Angiopteris officinalis* Ching ; *Angiopteris lingii* Ching]

植株高大。高1.5m以上。根状茎块状，直立，下面簇生有圆柱状的粗根。叶柄粗壮，干后褐色，长约50cm，粗1~2.5cm；叶片宽广，宽卵形，长与宽各60cm以上；羽片5~7对，互生，狭长圆形，基部不变狭，羽柄长约2~4cm，奇数羽状；小羽片35~40对，对生或互生，平展，上部的稍斜向上，具短柄，披针形，渐尖头，基部近截形或几圆形，顶部向上微弯，下部小羽片较短，近基部的小羽片长仅3cm或过之，顶生小羽片分离，有柄，和下面的同形，叶缘全部具有规则的浅三角形锯齿；叶脉开展，在下面明显，相距不到1mm，一般分叉，无倒行假脉；叶为草质，下面淡绿色。孢子囊群棕色，长圆形，长约1mm，距叶缘0.5~1mm，彼此接近，由8~10枚孢子囊组成。

见于乐清（四都、显胜门）、永嘉（牛伦村）、平阳（怀溪）、苍南（桥墩、碗窑）、文成（石垟）和泰顺（垟溪），生于林下。浙江省重点保护野生植物。

丁炳扬 摄

丁炳扬 摄

图24 福建观音座莲

9. 紫萁科 Osmundaceae

根状茎粗大，直立或横卧。外围布满宿存的叶柄基部往往成树干状；叶簇生于顶部，二型或在同一叶上的羽片有能育和不育之分，成年的能育叶（或能育羽片）不具叶绿素，强度狭缩，下表面布满孢子囊。孢子囊不聚生成一定形状的孢子囊群，但它的孢子囊壁仅由1层细胞构成。

3属，2属产于南半球，1属产于北半球温带及热带，共约20种。我国1属9种；浙江1属3种2变种；温州1属2种1变种。

紫萁属 Osmunda Linn.

根状茎粗大，直立或斜升。外围布满宿存的叶柄基部往往成树干状；叶簇生顶部，二型或在同一叶上的羽片有能育和不育之分，一至二回羽状；营养叶绿色，生殖叶棕色。孢子球圆四面形。

约15种，分布于北温带至热带。我国9种；浙江3种2变种；温州2种1变种。

分种检索表

1. 叶一型而羽片二型，即能育叶与不育叶生于同一叶片上，叶为一回羽状；羽片边缘有粗大锯齿 ………… **1. 粗齿紫萁 O. banksiifolia**
1. 叶二型，即能育叶与不育叶分开；不育叶为二回羽状或二回深羽裂。
    2. 不育叶（营养叶）为二回羽状 ………… **3. 紫萁 O. japonica**
    2. 不育叶（营养叶）二回深羽裂 ………… **2. 福建紫萁 O. cinnamomea** var. **fokiense**

■ 1. 粗齿紫萁 图25

Osmunda banksiifolia (Presl) Kuhn

植株高大。高达1.5m。叶簇生于顶端，形如苏铁；叶为一型，但羽片为二型；柄长30~50cm，坚硬，淡棕禾秆色，稍有光泽；叶片长40~100cm，宽22~35cm，长圆形，一回羽状；羽片15~30对，近对生或近互生，斜向上，有短柄，以关节着生于叶轴上，顶生小羽片有长柄，边缘有粗大的三角形尖锯齿，高可达4~5mm，基部稍宽，斜向前；叶脉粗壮，三至四回分歧，小脉平行，达于加厚的叶边；叶为坚革质或厚纸质，两面光滑，下部数对(3~5)羽片为能育的，生孢子囊，强度紧缩；中肋两侧的裂片为长圆形，背面满生孢子囊群。

图25 粗齿紫萁

见于乐清、永嘉、鹿城、瑞安、平阳、文成、泰顺、苍南，生于林下、溪边林缘。

■ 2. 福建紫萁 图26

Osmunda cinnamomea Linn. var. **fokiense** Cop.

根状茎短粗，直立，或成粗肥圆柱状的主轴，顶端有叶丛簇生。叶二型；不育叶的柄长30~40cm，坚硬；叶片长圆形或狭长圆形，渐尖头，二回羽状深裂；羽片20对或更多，下部的对生，平展，上部的互生，向上斜，披针形，渐尖头，基部截形，无柄，羽状深裂几达羽轴；裂片约15对；中脉明显，

张豪 摄

丁炳扬 摄

图 26　福建紫萁

图 27　紫萁

侧脉羽状，斜向上，每脉二叉分枝，纤细，在两面可见，但并不很明显；叶为薄纸质；孢子叶比营养叶短而瘦弱，遍体密被灰棕色绒毛，叶片强度紧缩，羽片长约 2~3cm，裂片缩成线形，背面满布暗棕色的孢子囊。

见于乐清（西门岛）、永嘉（四海山）、鹿城、文成（石垟）、泰顺（黄桥），生于林缘或林下湿润地及沼泽。

《Flora of China》把本变种并入桂皮紫萁 *Osmunda cinnamomea* Linn.，鉴于本种与桂皮紫萁区别明显，本志仍做变种处理。

■ 3. 紫萁　图 27

Osmunda japonica Thunb.

植株高 50~80cm 或更高。根状茎短粗，或成短树干状而稍弯。叶簇生，直立；叶片为三角广卵形，长 30~50cm，宽 25~40cm，顶部一回羽状，其下为二回羽状；羽片 3~5 对，对生，长圆形，奇数羽状；小羽片 5~9 对，有柄，基部往往有 1~2 合生圆裂片，或阔披形的短裂片，边缘有均匀的细锯齿；叶脉在两面明显，自中肋斜向上，二回分枝，小脉平行，达于锯齿；叶为纸质；孢子叶（能育叶）同营养叶等高，或经常稍高，羽片和小羽片均短缩，小羽片变成线形，长 1.5~2cm，沿中肋两侧背面密生孢子囊。

见于本市山地丘陵，生于林缘及林下湿润处。

根状茎药用，味苦、涩，性微寒。

存疑种

■ 华南紫萁

Osmunda vachettii Hook.

叶片一回羽状；羽片二型，不育羽片披针形，羽片全缘。《泰顺县维管束植物名录》有记载，但未见标本。

10. 瘤足蕨科 Plagiogyriaceae

多为陆生中型蕨类植物。根状茎短粗，直立，圆柱状，辐射对称式，不具鳞片或真正的毛。叶簇生于顶端，二型；叶柄长，基部膨大，三角形，呈托叶状，腹部扁平，背面中部隆起，两侧面各有 1~2 或成 1 纵列的几枚疣状凸起的气囊体；羽片多对，分离或合生；叶脉分离，从中肋两侧达于叶边或锯齿，单脉或分叉，通常在两面明显。孢子囊为水龙骨型但有完整而斜生的环带。

单属科。《Flora of China》记载全世界 10 种。我国西南为其分布中心，8 种；《浙江植物志》原记载 9 种，依据《Flora of China》归并为 4 种，温州均产。

瘤足蕨属 Plagiogyria Mett.

特征、种类和分布同科。

分种检索表

1. 不育叶片一回羽状，或下部一回羽状，上部一回羽裂；叶柄坚硬，上部及叶轴下部圆柱形或近四棱形。
  2. 叶片奇数羽状，既具有 1 分离的顶生羽片；羽片具柄 ······ **2. 华中瘤足蕨 P. euphlebia**
  2. 叶片顶部羽状分裂，渐尖，或具 1 和侧生羽片合生的长裂片；羽片近无柄，其基本至少上侧上延于叶轴。
    3. 叶片顶端羽裂，渐尖头 ······ **1. 瘤足蕨 P. adnata**
    3. 叶片顶端生一特长的顶生羽（裂）片，与其下的较短的侧生羽（裂）片合生 ······ **4. 华东瘤足蕨 P. japonica**
1. 不育叶片羽状深裂几达叶轴；叶柄草纸，不坚硬，全部连同叶轴为锐三角形 ······ **3. 镰羽瘤足蕨 P. falcata**

■ 1. 瘤足蕨　镰叶瘤足蕨　图 28

Plagiogyria adnata (Bl.) Bedd. [*Plagiogyria distinctissima* Ching]

植株高达近 100cm。叶二型；叶柄基部有 1 对瘤状气囊体；不育叶片矩圆披针形，长 17~25cm，基部宽 7~11cm，顶部浅羽裂，尾头，下部羽裂几

图 28　瘤足蕨

达叶轴，下部有数对彼此分离的羽片，羽片互生，向上弯弓，宽 9~13mm，镰状披针形，渐尖头，基部上侧呈锐角上延，达到上一羽片的基部，边缘仅向顶部有锯齿。侧脉 2 叉，到达叶边；能育叶片远较叶柄为短，羽片强度收缩，条形，宽 2~3mm，侧脉通常 2 叉，伸到距叶边 1/2 处。孢子囊生于小脉的顶部，成熟时布满羽片下面。

见于永嘉（四海山）、瑞安（红双、坑口）、文成（石垟、铜铃山）、平阳（怀溪）、泰顺（垟溪、黄桥、乌岩岭）。生于海拔 300m 以上的林下。

■ 2. 华中瘤足蕨　武夷瘤足蕨　尾叶瘤足蕨 图 29

Plagiogyria euphlebia (Kunze) Mett. [*Plagiogyria chinensis* Ching; *Plagiogyria grandis* Cop.]

根状茎斜升。叶二型；不育叶较短，叶柄长约 30cm，基部两侧有 1~2 对瘤状气囊体，叶片矩圆形，长 32~45cm，宽 13~18cm，单数羽状，顶生羽片和侧生羽片同形，侧生羽片有柄（顶部 1~2 枚略和叶轴合生），长 9~11cm，宽 1~1.3cm，披针形，略向上弯弓，渐尖头，边缘有矮细锯齿或下部近全缘，叶脉 2 叉，直达叶边；能育叶同形，较高出不育叶，柄长达 50cm，叶片长 30~40cm，羽片长 8~10cm，条形，有较长柄，侧脉分叉，伸达距叶边 1/2 处。孢子囊生于小脉顶部，成熟时布满羽片下面。

见于文成（石垟）、平阳（怀溪）、泰顺（垟溪），生于海拔 500m 以上的林下。

张豪 摄

图 29　华中瘤足蕨

■ 3. 镰羽瘤足蕨　倒叶瘤足蕨 图 30

Plagiogyria falcata Cop. [*Plagiogyria dunnii* Cop. ; *Plagiogyria dentimarginata* J. F. Cheng]

根状茎短粗，弯生。叶多数簇生；不育叶的柄较长，锐三角形，叶片长 35~45cm，宽 9~10cm，长披针形，渐尖头，下部渐变狭，羽状深裂几达叶轴，羽片约 50~55 对，平展，接近，互生，相距约 1cm，缺刻狭而略向上弯，狭披针形，微向上弯，渐尖头，基部不对称，下侧略圆，上侧阔而上延，或以狭翅沿叶轴汇合，基部数对稍缩短，并强度斜向下，边缘下部全缘，向上略有低钝锯齿，先端有粗锯齿，叶脉斜出，由基部以上分叉，小脉纤细而明显，直达叶边，顶端微向上弯；能育叶较高，柄长 30~35cm，羽片线形，长 3~4cm，无柄。

见于乐清、瑞安、泰顺、文成和苍南，生于海拔 300m 以上的林下或林缘。

观赏植物。

张豪 摄

图 30 镰羽瘤足蕨

■ 4. 华东瘤足蕨 图 31

Plagiogyria japonica Nakai

根状茎短粗，直立或为高达 7cm 的圆柱状的主轴。叶簇生；不育叶的柄长，横切面为近四方形，暗褐色，叶片长圆形，羽状，羽片 13~16 对，互生，近开展，披针形，或通常为近镰刀形，基部的不缩短或略短，无柄，短渐尖头，基部近圆楔形，略上延，基部几对羽片的基部为短楔形，但顶生羽片特长，与其下的较短羽片合生，叶边有疏钝的锯齿，向顶端锯齿较粗，中脉隆起，两侧小脉明显，二叉分枝，叶为纸质，干后黄绿色；能育叶羽片紧缩成线形，有短柄，能育叶高与不育叶相等或过之，柄远较长，羽片紧缩成线形，有短柄，顶端急尖。

见于永嘉、文成和泰顺，生于常绿阔叶林下。

根状茎入药，有清热解毒、消肿止痛的功能。

图 31 华东瘤足蕨

11. 里白科 Gleicheniaceae

多年生草本。根状茎细长，横走。叶远生，有圆柱形长柄；叶柄顶端有 1 顶芽，连续数年可长出新的叶轴和成对羽片；叶片一回羽状；末回裂片或小羽片线形。孢子囊群小，圆形，着生于叶下面小脉上；无囊群盖；孢子囊陀螺形；孢子同形。

共 6 属 150 种，分布于热带和亚热带地区。我国 3 属 16 种；浙江 2 属 4 种，温州均产。

1. 芒萁属 Dicranopteris Bernh.

多年生草本。根状茎横走，被红棕色多细胞长毛。叶远生；叶柄圆柱形；叶轴数回二叉分枝，分叉处有 1 对篦齿状托叶，末回叶轴顶端有 1 对一回羽状的羽片；裂片线形，全缘；叶脉分离，二至三回分叉。孢子囊群生于小脉背上；孢子具单裂缝。

共 10 种，主产于热带和亚热带。我国 6 种；浙江仅 1 种，温州也产。

■ 芒萁 图 32

Dicranopteris pedata (Houtt.) Nakaike

多年生草本。根状茎横走，被红棕色长毛。无地上茎。叶远生；叶柄圆柱形；叶轴数回二叉分枝。孢子囊群生于叶下面脉上，孢子囊群圆形；无囊群盖；孢子同形。

见于本市各地，生于海拔 1500m 的山坡针叶林、针阔叶混交林下或灌草丛中。

全草和根状茎药用；叶可供观赏。

图 32 芒萁

2. 里白属 Diplopterygium Nakai

多年生草本。根状茎横走，被红棕色披针形鳞片。叶远生；叶柄圆柱形，坚硬；叶轴单一，仅由叶轴顶芽生出 1 对二叉的二回羽状羽片；叶脉一回分叉。孢子囊群生于每组脉的上侧一脉背；孢子四面体形，具 3 裂缝。

共约 20 种，广布于热带和亚热带。我国 9 种；浙江 3 种，温州均产。

本属与芒萁属 *Dicranopteris* Bernh. 的区别在于：前者根状茎被披针形鳞片，叶轴单一，不分枝，叶脉一回分叉；后者根状茎被多细胞毛，叶轴一至多回二叉分枝，叶脉多回分叉。

分种检索表

1. 小羽片、裂片与羽轴，小羽轴几成直角；叶下面被星状毛；裂片先端钝。
   2. 叶柄密被鳞片；羽轴、中脉和裂片下面均被星状毛 ······ **1. 中华里白 D. chinense**
   2. 叶柄无鳞片；仅小羽轴和中脉下面被星状毛，后变无毛 ······ **2. 里白 D. glaucum**
1. 小羽片、裂片与羽轴，小羽轴成一锐角；叶下面无毛；裂片先端尖 ······ **3. 光里白 D. laevissimum**

1. 中华里白 图 33

Diplopterygium chinense (Rosenst.) De Vol

多年生草本。高可达 3m。根状茎横走，密被红棕色披针状鳞片。无地上茎。叶片巨大；叶柄圆柱形，密被与根状茎同样的鳞片；叶轴顶端具顶芽，可多次生出 1 对二叉的二回羽状羽片；裂片与羽轴几成直角。孢子囊群生于每组脉的上侧脉背，孢子囊群圆形；无囊群盖。

见于瓯海（雄岙）、瑞安（花岩）、平阳、苍南和泰顺等地，生于海拔 600m 以下的阔叶林或针阔叶混交林下。

丁炳扬 摄

丁炳扬 摄

丁炳扬 摄

丁炳扬 摄

图 33 中华里白

■ 2. 里白 图 34

Diplopterygium glaucum (Thunb. ex Houtt.) Nakai

多年生草本。根状茎横走，被红棕色披针形鳞片。无地上茎。叶远生；叶柄圆柱形，无毛；叶轴数回二叉分枝；裂片与羽轴几成直角，背面灰白色。孢子囊群生于每组脉的上侧一脉背。孢子囊群圆形；

丁炳扬 摄

图 34 里白

丁炳扬 摄

无囊群盖；孢子同形。

见于除洞头以外的山区和半山区各地，生于海拔 1000m 以下的山坡阔叶林、针叶林、针阔叶混交林下或灌丛中。

根状茎药用；叶可供观赏。

■ 3. 光里白 图 35

Diplopterygium laevissimum (Christ) Nakai

多年生草本。高可达 1.5m。根状茎横走，密被红棕色披针状鳞片。无地上茎。叶片光亮；叶柄圆柱形，无毛；叶轴顶端具顶芽，可多次生出 1 对二叉的二回羽状羽片；裂片与小羽轴斜交成锐角。孢子囊群生于每组脉的上侧一脉。孢子囊群圆形；无囊群盖；孢子同形。

图 35　光里白

见于永嘉（岩龙和岩坦）、文成（凤狮、叶胜和石垟）、苍南（莒溪）、泰顺（乌岩岭），生于海拔 100~900m 的较阴湿的山谷林下。

叶美观，可栽培作地被植物或制作干叶供观赏。

12. 海金沙科 Lygodiaceae

多年生草本，攀援状。根状茎横走，有毛而无鳞片。叶轴细长，可无限生长，似缠绕茎，沿叶轴相隔一定距离向左右两侧生出羽片；叶脉通常分离。能育羽片边缘并生 2 行孢子囊，组成流苏状的孢子囊穗伸出叶边外；孢子同形，四面体形，具 3 裂缝。

仅 1 属约 45 种，分布于热带和亚热带。我国 10 种；浙江 2 种，温州均产。

海金沙属 Lygodium Sw.

形态特征及分布同科。

■ 1. 海金沙　狭叶海金沙　图 36

Lygodium japonicum (Thunb.) Sw. [*Lygodium microstachyum* Desv.]

多年生草本。根状茎横走。叶轴无限生长，形似攀援茎；叶片三回羽状；羽片多数，对生于叶轴的短枝上，不育羽片长 8~18cm。孢子囊 2 行并生于羽片边缘，组成流苏状的孢子囊穗，孢子囊大，横生于短柄上；孢子同形。

见于本市各地，生于海拔 1200m 的平原至山区的田头地角、房前屋后、灌草丛、林缘或疏林下。

全草或孢子可药用。

丁炳扬 摄

丁炳扬 摄

丁炳扬 摄

图 36　海金沙

陈贤兴 摄

■ 2. 小叶海金沙 图 37

Lygodium microphyllum (Cav.) R. Br.

多年生草本。根状茎横走。叶轴纤细，无限生长，形似攀援茎；叶片二回羽状；羽片多数，对生于叶轴的短枝上，不育羽片的末回小羽片柄端具关节，能育羽片长圆形，通常奇数羽状，小羽片顶端具关节。孢子囊2行并生于羽片边缘，组成流苏状的孢子囊穗，孢子囊大，横生于短柄上；孢子同形。

见于瓯海（景山），生于海拔100m以下的山坡林缘。浙江分布新记录种。

本种与海金沙 *Lygodium japonicum* (Thunb.) Sw. 的区别在于：植株较细弱，不育羽片较小，长4~8cm，末回小羽片柄端具关节。

图 37 小叶海金沙

13. 膜蕨科 Hymenophyllaceae

附生或少为陆生植物。根状茎通常横走。叶通常很小，有多种形式，由全缘的单叶至扇形分裂，或为多回二歧分叉至多回羽裂，直立或有时下垂；叶片膜质，几乎都是只由1层细胞组成，不具气孔；叶脉分离，二叉分枝或羽状分枝，每个末回裂片有1条小脉，有时沿叶缘有连续不断的近边生的假脉，叶肉内有时也有断续的假脉。囊苞坛状、管状或两唇瓣状；孢子囊着生于由叶脉延伸到叶边以外而成的往往凸出于囊苞外的圆柱形的囊群托周围。

约34属700种，以泛热带为其分布中心。我国14属约80种；浙江5属16种；温州产5属7种。

本科属的分类争议较大，《Flora of China》对一些属做了归并处理。为方便使用，本志仍采用秦仁昌的分属系统。

分属检索表

1. 囊苞管状、漏斗状或倒圆锥状，即使口部裂成两唇瓣形，分裂也不达基部。
  2. 叶片沿叶边或叶边以内的薄壁组织内有假脉……………… **1. 假脉蕨属 Crepidomanes**
  2. 叶片无假脉。
    3. 叶片扇形深裂或近羽裂，囊苞一般不凸出于叶边之外……………… **2. 团扇蕨属 Gonocormus**
    3. 叶为羽状复叶；囊苞凸出于叶边之外……………… **5. 瓶蕨属 Trichomanes**
1. 囊苞两唇瓣形，分裂至基部或接近基部。
  4. 叶缘和囊苞的唇瓣全缘……………… **4. 蕗蕨属 Mecodium**
  4. 叶缘和囊苞的唇瓣有锯齿……………… **3. 膜蕨属 Hymenophyllum**

1. 假脉蕨属 Crepidomanes Presl

根状茎细长。末回裂片有1条叶脉，沿叶缘有或无1条连续不断的边内假脉，这假脉与叶缘之间通常有1~3行细胞相隔，边内假脉和叶脉之间还有断续的假脉不整齐地分散于叶肉中；叶轴全部有翅。孢子囊群生于裂片的腋间或着生于向轴的短裂片顶端；囊苞先端圆或尖头，口部浅裂为两唇瓣，圆形或三角形，下部为漏斗形，两侧有翅。

约30种，分布于旧大陆热带与亚热带。我国约16种；浙江3种；温州1种。

■ 长柄假脉蕨　多脉假脉蕨　天童假脉蕨

Crepidomanes latealatum (Bosch) Cop.
[*Crepidomanes insignis* (Bosch) Fu;*Crepidomanes tiendongense* Ching et C. F. Zhang;*Crepidomanes racemulosum* (Bosch) Ching]

植株高3~5cm。根状茎有密的黑褐色分枝短毛。叶片长1.5~3.5cm，披针形至矩圆形，二回羽裂；末回裂片狭条形，宽0.6~0.8mm，钝头，全缘，在叶边和叶脉之间有和叶脉近并行的断续假脉；沿羽轴及叶轴直达叶柄基部都有翅，叶柄翅的边缘有易落的黑褐色毛，其余无毛。孢子囊群生于叶片中部以上的短裂片顶端；囊苞倒矩圆锥形，长1.5mm，宽约1mm，两侧有翅，口部浅裂为两唇瓣；囊群托凸出口外。

见于乐清、文成、泰顺(垟溪)，生于阴湿岩石上。

《Flora of China》将多脉假脉蕨 *Crepidomanes insignis* (Bosch) Fu、天童假脉蕨 *Crepidomanes tiendongenes* Ching et C. F. Zhang 和长柄假脉蕨 *Crepidomanes latealatum* (Bosch) Cop. 归并重组为长柄假脉蕨。

2. 团扇蕨属 Gonocormus Bosch

通常为小型附生植物。根状茎纤细，丝状，横走，被短毛，分枝。根状茎、叶柄和叶轴不易区别，三者都是多育的（都能生出叶片）。叶片很小，光滑无毛，扇状深裂或有时近羽裂，细胞壁薄，不成洼点状；叶脉扇状分枝。囊苞通常顶生于短裂片上，往往不露于不育裂片之外，口部膨大，全缘；囊群托凸出。

约 10 种。我国 5 种；浙江 1 种，温州也有。

《Flora of China》将团扇蕨属并到假脉蕨属 *Crepidomanes* Presl，考虑到使用的连贯性，本志仍保留团扇蕨属。

■ 团扇蕨 图 38

Gonocormus minutus (Bl.) Bosch [*Crepidomanes minutum* (Bl.) K. Iwatsuki]

根状茎纤细，丝状，互相交强，横走，黑褐色，密被暗褐色短毛。叶远生，具细柄；叶柄长 6~10mm，下部被暗褐色短毛；叶片团扇形至圆状肾形，直径 5~12mm，基部心形、截形或短楔形，掌状分裂；裂片线形，钝头或有缺刻，生囊苞的裂片通常较不育裂片短或近等长；叶脉多回分叉，每小裂片有小脉各 1 条；叶质薄，半透明，干后暗绿色，两面光滑无毛。孢子囊群生于短裂片顶端；囊苞瓶状，两侧有翅，口部膨大而外翻，成熟时囊托凸出于囊苞口外。

见于本市各地，生于林下阴湿的岩石或树干上。各类盆景的表面覆盖植物。

张豪 摄

张豪 摄

图 38 团扇蕨

3. 膜蕨属 **Hymenophyllum** J. Smith

小型附生或石生膜质植物。根状茎纤细，丝状，横走。叶小型，羽状分裂，半透明，细胞壁不加厚，边缘有小锯齿或尖齿牙；叶轴上面通常有红棕色的细长毛疏生，少为无毛。囊苞深裂或几达基部为两唇瓣状，瓣顶也有锯齿；囊群托内藏或稍凸出；孢子囊大，无柄。

约 30 种，主要分布于南半球。我国约 12 种；浙江 2 种；温州 1 种。

图 39 华东膜蕨

■ 华东膜蕨 图 39

Hymenophyllum barbatum (Bosch) Bak. [*Hymenophyllum oxydon* Bak.;*Hymenophyllum whangshanense* Ching et Chiu ;*Hymenophyllum khasyanum* Hook.]

小型石生或附生蕨类植物。植株高 2~3cm。根茎纤细如丝，暗褐色，疏生淡褐色绒毛，下面疏生纤维状根。叶远生；叶柄丝状，全部或大部分具狭翅，疏被淡褐色柔毛；叶片薄膜质，半透明，干后褐色或鲜绿色，卵形，先端钝圆，基部近心形，二回羽裂；羽片 3~5 对，长圆形，互生，羽裂几达有宽翅的羽轴；末回裂线形，4~6 对，边缘有小尖齿；叶脉叉状分枝，暗褐色，与叶轴及羽轴上面均被褐色柔毛，末回裂片有小脉 1~2 条。孢子囊群生于叶片顶部，位于短裂片上；囊苞两唇瓣状，通常为卵形，圆头，先端有少数小尖齿；囊群托内藏，不伸出囊苞之外。

见于乐清、永嘉、瓯海、瑞安、文成和泰顺，生于林下湿润岩石上。

全草药用。

4. 蕗蕨属 **Mecodium** Presl

附生植物。根状茎丝状，长而横走。叶远生，中型或较大，多回羽裂，全缘，细胞壁薄。孢子囊群生于可从各小脉伸出的囊群托的顶端；囊苞两唇瓣状，卵状三角形或圆形，深裂或直裂到基部；囊群托不凸出于囊苞之外。

约 120 种，广布于泛热带及南半球；我国约 21 种；浙江 7 种；温州 2 种。

《Flora of China》将本属并入膜蕨属 *Hymenophyllum* J. Smith，本志依秦仁昌系统保留蕗蕨属。

■ 1. 蕗蕨 图 40

Mecodium badium (Hook. et Grev.) Cop. [*Hymenophyllum badium* Hook. et Grev.]

植株高 15~25cm。根状茎铁丝状，长而横走，褐色，下面疏生粗纤维状的根。叶脉叉状分枝，在两面明显隆起，褐色，光滑无毛，末回裂片有小脉 1 条；叶为薄膜质；叶轴及各回羽轴均全部有阔翅，稍曲折。孢子囊群大，多数，位于全部羽片上，着

张豪 摄

生于向轴的短裂片顶端；囊苞近于圆形或扁圆形，唇瓣深裂达到基部，全缘或上边缘有微齿牙。

见于乐清（雁荡山）、永嘉（四海山）、瑞安（花岩）、文成（铜铃山）、苍南和泰顺（垟溪、黄桥、乌岩岭），生于林下湿润岩石上。

图 40 蕗蕨

2. 长柄蕗蕨 庐山蕗蕨

Mecodium polyanthos (Sw.) Sw. [*Mecodium lushanense* Ching et Chiu; *Mecodium osmundoides* (Bosch) Ching]

附生植物。植株高 15~18cm。根茎褐色，纤细如丝，长而横走，下面疏生纤维状根。叶远生；叶柄深褐色，上部有下延易脱落的狭翅；叶片薄膜质，半透明，三回羽裂；羽片 10~15 对，互生，有短柄，三角状卵形至长圆形；小羽片 4~6 对，互生，无柄；末回裂片 2~6 枚，互生，线形至长圆状线形，先端钝头或有浅缺刻，全缘，单一或分叉；叶脉叉状分枝，末回裂片有小脉 1 条；叶轴及羽轴褐色，均有翅。孢子囊群多数，各裂片均能育，位于叶片上部 1/3~1/2 处；囊苞为等边三角状卵形。

见于永嘉（石染、双溪）、文成（铜铃山）、瑞安（红双林场）、泰顺（黄桥），生于林下湿润岩石上。

全草药用。

本种与蕗蕨 *Mecodium badium* (Hook. et Grev.) Cop. 的区别在于：本种叶柄不具翅，或具狭翅，连柄宽不超过 1mm，成熟囊苞多少尖头，而前种叶柄具阔翅，连柄宽达 2mm 以上，翅平直或略呈波状。

5. 瓶蕨属 Trichomanes Linn.

大多数为附生植物。根状茎粗壮，通常很长，横走，常被褐色多细胞的节状毛。叶为二列生，羽状复叶，全缘，细胞壁薄而均匀一致，叶边不增厚；叶脉一般多回叉状分枝，叶片上无假脉。孢子囊群可从各脉先端生出；囊苞长管状至杯状，口部全缘，凸出于叶边之外；囊群托凸出，长而纤细；孢子囊细小。配子体为丝状。

约 40 种，分布于热带、亚热带。我国 12 种；浙江 3 种；温州 2 种。

■ 1. 瓶蕨

Trichomanes auriculata Bl. [*Vandenboschia auriculata* (Bl.) Cop.]

植株高 15~30cm。根状茎长而横走，被黑褐色有光泽的多细胞的节状毛。叶柄腋间有 1 枚密被节状毛的芽。叶远生，沿根状茎在同一平面上排成 2 行；叶柄短，灰褐色，基部被节状毛；叶片披针形，一回羽状；羽片 18~25 对，互生，无柄，边缘为不整齐的羽裂达 1/2；不育裂片狭长圆形，先端有钝圆齿，每齿有小脉 1 条；能育裂片通常缩狭或仅有 1 条单脉；叶脉多回二叉分歧；叶为厚膜质；叶轴灰褐色，上面有浅沟。孢子囊群顶生于向轴的短裂片上，每个羽片约有 10~14 枚；囊苞狭管状，长 2~2.5mm，口部截形；囊群托凸出，长约 4mm。

见于乐清（雁荡山）、平阳（怀溪）、泰顺（垟溪、田坪），生于林下、林缘岩石上。

全草药用。

■ 2. 华东瓶蕨　管苞瓶蕨　图 41

Trichomanes orientale C. Chr.[*Vandenboschia birmanica* (Bedd.) Ching; *Vandenboschia orientalis* (C. Chr.) Ching]

植株高 10~25cm。根状茎长，横走，粗 1~1.5mm，暗褐色，密被黑褐色多细胞的节状毛。叶远生；叶

图 41　华东瓶蕨

柄长 3~5cm，粗不及 1mm，淡褐色，上面有浅沟，两侧有阔翅几达基部，基部被节状毛；叶片卵状长圆形；羽片 8~12 对，互生，几无柄或具有翅的短柄，下部的开展，上部的斜向上，最下部的 3 对最大，三角状长圆形至斜卵形；叶脉叉状分枝，暗绿褐色，在两面明显隆起，无毛；叶薄膜质，光滑无毛；叶轴全部有平坦的翅，无毛，上面有浅沟。孢子囊群通常生于小羽片下半部向轴的短裂片顶端；囊苞管状，两侧有狭翅，口部稍膨大；囊群托细长凸出，稍弯。

见于乐清，瑞安，文成，苍南，泰顺，生于溪边阴湿的岩石上或于树干上附生。

全草入药；可供制作微型盆景。

本种与瓶蕨 *Trichomanes auriculata* Bl. 的区别在于：叶柄有长柄，长柄两侧有阔翅，而瓶蕨的叶具短柄或无柄。

本志沿用《浙江植物志》的学名，但《中国植物志》采用 *Vandenboschia orientalis* (C. Chr.) Ching，《Flora of China》认为是南海瓶蕨 *Vandenboschia striata* (D. Don) Ebihara 的误定。

存疑种

■ 1. 华南膜蕨　毛膜蕨

Hymenophyllum austrosinicum Ching
[*Hymenophyllum exsertum* Wall. ex Hook.]

叶片三回羽裂，叶柄有狭翅几达基部；囊苞圆形或扁圆形。《泰顺县维管束植物名录》有记载，但未见标本。

■ 2. 漏斗瓶蕨　南海瓶蕨

Trichomanes striata Don [*Trichomanes naseanum* Christ; *Vandenboschia striata* (D. Don) Ebihara]

植株较大。叶轴及各回羽轴下面有黑褐色节状毛。囊群托丝状伸出囊苞口外。《浙江植物志》记载产于泰顺。《Flora of China》称其为南海瓶蕨 *Vandenboschia striata* (D. Don) Ebihara，未记载分布于浙江，暂存疑。

14. 蚌壳蕨科 Dicksoniaceae

树型蕨类，常有粗大而高耸的主干或（产中国种）主干短而平卧，有复杂的网状中柱，密被垫状长柔茸毛，不具鳞片，顶端生出冠状叶丛。叶有粗健的长柄；叶片大型，长、宽能达数米，三至四回羽状复叶，革质；叶脉分离。孢子囊群边缘生，顶生于叶脉顶端；群囊盖分内外2瓣，形如蚌壳，内凹，革质，外瓣为叶边锯齿变成，较大，内瓣自叶之下面生出，同形而较小；孢子囊梨形，有柄，环带稍斜生，完整，侧裂；孢子四面形，不具周壁，每囊48~64枚。

5属约30~40种，分布于泛热带。中国1属1种，浙江及温州也产。

金毛狗属 Cibotium Kaulf.

形似树蕨。根状茎平卧，粗大，端部上翘，露出地面部分密被金黄色长茸毛，状似伏地的金毛狗头，故称金毛狗。叶簇生于茎顶端，形成冠状；叶片大，三回羽裂，幼叶刚长出时呈拳状，也密被金色茸毛，极为美观。孢子囊群生于小脉顶端；囊群盖坚硬2瓣，成熟时张开，形如蚌壳。

约20种，分布于东南亚热带、夏威夷及中美洲。我国1种，浙江及温州也产。

■ 金毛狗 图42

Cibotium barometz（Linn.）J. Smith

多年生蕨类。根状茎卧生，粗大，顶端生出一丛大叶，基部被有一大丛垫状的金黄色茸毛，有光泽。叶片大，长达180cm，三回羽状分裂；中脉在两面凸出，侧脉在两面隆起，斜出，单一，但在不育羽片上分为2叉；叶几为革质或厚纸质，或小羽轴上下两面略有短褐毛疏生。孢子囊群在每一末回能育裂片上1~5对，生于下部的小脉顶端；囊群盖坚硬，棕褐色，成熟时张开如蚌壳，露出孢子囊群；孢子为三角状的四面形，透明。

见于乐清（龙西显圣门）、瑞安（花岩）、平阳（南雁荡山）、苍南（莒溪）、泰顺（垟溪、竹里），生于溪边、林下阴湿处。

全草药用。国家Ⅱ级重点保护野生植物。

图42 金毛狗

15. 桫椤科 Cyatheaceae

树状，乔木状或灌木状。茎粗壮，圆柱形，直立，通常不分枝，被鳞片。叶大型，多数，簇生于茎干顶端，成对称的树冠；叶柄两侧具有淡白色气囊体，排成1~2行；叶片通常为二至三回羽状，或四回羽状；叶脉通常分离，单一或分叉。孢子囊群圆形，生于隆起的囊托上，生于小脉背上；囊群盖形状不一；孢子囊卵形，具有一个完整而斜生的环带（即不被囊柄隔断）；孢子囊柄细瘦，长短不一，有4（或更多）行细胞。

6属约500种，分布于热带、亚热带山地。我国2属14种2变种，分布于西南和华南；浙江2属4种，温州均产。

桫椤科植物全部被列为国家重点保护野生植物。

1. 桫椤属 Alsophila R. Br.

叶大型；叶柄平滑或有刺及疣突，通常乌木色、深禾秆色或红棕色，中部棕色或黑棕色，由长形厚壁细胞组成，边缘淡棕色，由较短的薄壁细胞组成，这些细胞以扇形向外开展，并具有较长的、不整齐的、左右曲折的厚细胞壁刚毛，老时脱落。孢子囊群背生于叶脉上；无囊群盖，或囊群盖圆球形，全部或部分包被着孢子囊群；隔丝丝状。

约230种，分布于热带及亚热带。我国11种；浙江3种，温州也有。

分种检索表

1. 叶柄具刺；具囊群盖，成熟后开裂反折向中脉……………………………… **3. 桫椤 A. spinulosa**
1. 叶柄不具刺；无囊群盖。
  2. 叶片基部鳞片金黄色；小羽片主脉及裂片中脉背面被泡状鳞片……………… **1. 粗齿桫椤 A. denticulata**
  2. 叶片基部鳞片暗棕色，有较宽的浅色薄边；小羽片主脉背面被勺状鳞片，沿主脉远端变为针状长毛 ……………………………… **2. 小黑桫椤 A. metteniana**

■ 1. 粗齿桫椤

Alsophila denticulata Bak.

半阴性树种，喜温暖潮湿气候。主茎短而横卧。叶簇生；叶柄红褐色，稍有疣状凸起，基部生鳞片，向上光滑；鳞片线形，边缘有疏长刚毛；叶片披针形，二回羽状至三回羽状；羽片12~16对，互生，斜向上，有短柄，长圆形，基部一对羽片稍缩短；小羽片先端短渐尖，无柄，深羽裂近达小羽轴，基部1或2对裂片分离；基部下侧一小脉出自主脉；羽轴红棕色；小羽轴及主脉密生鳞片；鳞片顶部深棕色，基部淡棕色并为泡状，边缘有黑棕色刚毛。孢子囊群圆形，生于小脉中部或分叉上；囊群盖缺；隔丝多，稍短于孢子囊。

见于乐清、平阳、苍南和泰顺，喜生于冲积土中或山谷溪边林下。国家Ⅱ级重点保护野生植物。

■ 2. 小黑桫椤　光叶小黑桫椤　图43

Alsophila metteniana Hance [*Alsophila metteniana* Hance var. *subglabra* China et Q. Xia]

株高115~145cm。根状茎粗壮，木质被鳞片；鳞片暗棕色，边缘近全缘少有刚毛。叶簇生；叶柄栗棕色，疣状凸起有浅纵沟，沟中密被毛；叶片长卵形，三回羽裂；羽片9~11对，互生，二回羽裂；小羽片13~15对，先端短渐尖，基部近平截，基部无分离裂片；裂片长圆形，先端圆钝，边缘具小锯齿；叶脉羽状，分离，有侧脉4~5对，基部1对侧脉着

图43 小黑桫椤

生于中脉的基部以上，不靠近小羽轴；叶纸质，除下面中脉具勺状鳞片且向远端演化为针状长毛外，两面均无毛。孢子囊群圆形，着生于侧脉中部隆起的囊托上；无囊群盖而有隔丝。

见于平阳（顺溪、南雁荡山）和苍南，生于常绿阔叶林下。国家Ⅱ级重点保护野生植物。

3. 桫椤 图44

Alsophila spinulosa (Wall. ex Hook.) R. M. Tryon

树型蕨类。叶螺旋状排列于茎顶端；茎前端和拳卷叶以及叶柄的基部密被鳞片和糠秕状鳞毛；鳞片暗棕色，有光泽，狭披针形，先端呈褐棕色刚毛状，两侧有窄而色淡的啮蚀状薄边；鳞片通常棕色或上面较淡，连同叶轴和羽轴有刺状凸起，背面两侧各有1条不连续的皮孔线，向上延至叶轴；叶片大，长矩圆形，三回羽状深裂；羽片17~20对，二回羽状深裂；小羽片18~20对；羽状深裂；裂片18~20对；叶纸质，干后绿色。孢子囊群孢生于侧脉分叉处，靠近中脉，有隔丝；囊托凸起；囊群盖球形，膜质，成熟时反折覆盖于主脉上面。

见于龙湾（瑶溪）、平阳（怀溪）和苍南（赤溪），生于山地溪旁或疏林中。浙江分布新记录种。国家Ⅱ级重点保护野生植物。

张豪 摄

图 44　桫椤

2. 白桫椤属 Sphaeropteris Bernh.

树状。茎干粗壮，直立。叶大型；叶柄平滑、有疣突或有皮刺，有时被毛；基部鳞片的细胞一式，即鳞片质薄，淡棕色，除边生刚毛外，由大小大致相同和形状、颜色以及排列方向相同的细胞组成；叶下面灰白色，羽轴上面通常被柔毛；叶脉分离，2~3 叉。无囊群盖。

全世界约 120 种。我国 2 种；浙江 1 种，仅见于温州。浙江分布新记录属。

本属与桫椤属 *Alsophila* R. Br 的区别在于：本属叶柄、叶轴及羽轴常被白粉，叶下面通常灰白色，鳞片颜色较桫椤属白，裂片的侧脉 2~3 叉。

■ 笔筒树 图45

Sphaeropteris lepifera (Hook.) R. M. Tryon

茎干高可达5m，胸径约达到13cm。叶柄上面绿色，下面有疣突；鳞片苍白色，质薄；叶轴和羽轴禾秆色，密被显著的疣突，突头亮黑色；主脉具间隔，侧脉2~3叉；裂片纸质，全缘或近于全缘，下面灰白色；羽轴下面多少被鳞片，灰白色，边缘具棕色刚毛，上部的鳞片较小，具灰白色边毛，均平坦贴伏，至少在羽轴顶部具有灰白色硬毛；小羽轴及主脉下面除具有灰白色平坦的卵形至长卵形的边缘具短毛的小鳞片之外，还被有很多灰白色开展的粗长毛，小羽轴上面无毛。孢子囊群近主脉着生，无囊群盖；隔丝长过于孢子囊。

见于龙湾（瑶溪）、苍南（金乡）和泰顺（雅阳），生于水沟边缘、溪流边缘山坡地及路边。浙江分布新记录种。国家Ⅱ级重点保护野生植物。

张豪 摄

图45 笔筒树

16. 碗蕨科 Dennstaedtiaceae

陆生中型植物。根状茎多横走，具管状中柱，被多细胞的灰白色刚毛。叶一至四回羽状细裂，叶轴上面有1纵沟，叶片两侧与叶轴也被刚毛，叶脉分离，羽状分枝；叶片草质或厚纸质。孢子囊群圆形，顶生于小脉，靠近叶缘；囊群或为碗状，或为半杯形或为小口袋形。孢子囊梨形，常有线状的多细胞隔丝混生。孢子四面形。

10属约170种，主要分布于热带及亚热带。我国4属60余种；浙江2属10种3变种；温州2属7种1变种。

1. 碗蕨属 Dennstaedtia Bernh.

陆生中型植物。根状茎横走，颇粗壮。叶同型；有柄，基部不以关节着生，上面有1纵沟，幼时有毛，老则脱落，多少变为粗糙；叶片为三角形至长圆形，多回羽状细裂，通体多少有毛；叶脉分离，先端有水囊。孢子囊群顶生于每条小脉，分离；囊群盖为碗形，由2层（1内瓣及1外瓣）融合而成；孢子囊有细长柄，囊托短。

约80种，主要分布于热带。我国约8种；浙江3种1变种；温州2种1变种。

1. 细毛碗蕨 图46

Dennstaedtia hirsuta (Sw.) Mett. ex Miq. [*Dennstaedtia pilosella* (Hook.) Ching]

根状茎横走或斜升，密被灰棕色节状长毛。叶近簇生；叶柄基部淡禾秆色，密被灰棕色多细胞长毛；叶片长圆披针形，先端长渐尖并为羽裂，基部不缩狭，中部以下的为二回羽状；羽片15~18对，卵状披针形，下部的较大，长2~4cm，宽约1.2cm，羽状至羽状深裂；小羽片4~6对，长圆形，长约为宽的2倍，基部上侧1枚较长且与叶轴并行，下侧近楔形，下延于羽轴，边缘浅裂；裂片倒卵形，先端有2~3小尖齿；叶脉羽状，顶端水囊体不明显；叶草质，密被灰棕色多细胞长毛。孢子囊群顶生于小脉上，沿叶缘着生；囊群盖浅碗形，有毛。

见于本市各地，生于林缘或石缝中。

张豪 摄

张豪 摄

图46 细毛碗蕨

图 47 碗蕨

2. 碗蕨 图 47

Dennstaedtia scabra (Wall. ex Hook.) Moore

根状茎长而横走，红棕色，密被棕色透明的节状毛。叶疏生；叶柄红棕色或淡栗色，稍有光泽，下面圆形，上面有沟，和叶轴密被与根状茎同样的长毛；叶片三角状披针形或长圆形，下部三至四回羽状深裂，中部以上三回羽状深裂；羽片10~20对，二至三回羽状深裂；一回小羽片14~16对，具有狭翅的短柄，基部上方一片几与叶轴并行或覆盖叶轴，二回羽状深裂；二回小羽片羽状深裂达中肋1/2~2/3处；叶脉羽状分叉，小脉不达到叶边，每个小裂片有小脉1条，先端有纺锤形水囊。孢子囊群圆形，位于裂片的小脉顶端；囊群盖碗形，灰绿色。

见于瑞安（高楼），生于竹林下。

全草入药，有清热发表的功能；适于栽培供观赏，也可作地被植物。

本种与细毛碗蕨 *Dennstaedtia hirsuta* (Sw.) Mett. ex Miq. 的区别在于：本种植株高 50cm 以上，叶片三至四回羽裂，羽片远大于细毛碗蕨。而细毛碗蕨植株高度及羽片均比碗蕨小，叶片有灰色多细胞的长毛密生。

2a. 光叶碗蕨 图 48

Dennstaedtia scabra var. **glabrescens** (Ching) C. Chr.

本变种与原种的区别在于：叶片光滑，无毛或略有疏毛。

见于乐清、永嘉、鹿城、瑞安、文成、平阳、苍南和泰顺，生于林下、林缘湿润地。

功用同碗蕨。

图 48 光叶碗蕨

2. 鳞盖蕨属 Microlepia Presl

陆生中型植物。根状茎横走。叶中等大小至大型；叶柄基部不以关节着生，有毛，上面有纵的浅沟；叶片从长圆形至长圆状卵形，一至四回羽状复叶，通常被淡灰色刚毛或软毛，尤以叶轴和羽轴为多；叶脉分离。孢子囊群圆形，边内（即离叶边稍远）着生于1条小脉的顶端，常接近裂片间的缺刻；囊群盖为半杯形，仅以基部着生；囊托短。

约70种，主要分布于东半球及亚热带。我国约50种，为本属的分布中心；浙江7种2变种；温州5种。

本属与碗蕨属 *Dennstaedtia* Bernh. 的区别在于：本属囊群盖半杯形，而碗蕨属孢子囊群盖碗形，由内外两瓣融合而成，常向下翻卷如斗。

分种检索表

1. 叶为一回羽状，羽片不分裂或仅为羽状深裂。
  2. 羽片边缘除先端有锯齿外余具波状圆齿，叶脉2叉；孢子囊沿叶边整齐排列 ………… **2. 虎克鳞盖蕨 M. hookeriana**
  2. 羽片浅裂或深裂，或至少有粗大圆齿，叶脉3叉或羽状，叶下面有毛或无毛；囊群盖有毛 ………… **3. 边缘磷盖蕨 M. marginata**
1. 叶为二回羽状，或三回羽状深裂。
  3. 叶二回羽状，小羽片长圆形或近菱形，基部通常不等。
    4. 羽轴两侧有狭翅，小羽片长圆形 ………… **4. 皖南鳞盖蕨 M. modesta**
    4. 羽轴两侧无翅，小羽片长近菱形；囊群盖杯形，被棕色短毛 ………… **5. 粗毛鳞盖蕨 M. strigosa**
  3. 叶三回羽状深裂，一回小羽片阔披针形，基部近对称 ………… **1. 华南鳞盖蕨 M. hancei**

■ 1. 华南鳞盖蕨 图49

Microlepia hancei Prantl

根状茎横走，灰棕色，密被透明节状长茸毛。叶远生，除基部外无毛，略粗糙，稍有光泽；叶片三回羽状深裂；羽片10~16对，互生，柄短(长3mm)，两侧有狭翅；叶脉在上面不太明显，在下面稍隆起，侧脉纤细，羽状分枝，不达叶边；叶草质，干后绿色或黄绿色，两面沿叶脉有刚毛疏生；叶轴、羽轴和叶柄同色，粗糙，略有灰色细毛(羽轴上较多)。孢子囊群圆形，生于小裂片基部上侧近缺刻处；囊群盖近肾形，膜质，灰棕色，偶有毛。

见于平阳、苍南、泰顺(垟溪)，生于林下灌丛中。

全草药用。

图49 华南鳞盖蕨

■ 2. 虎克鳞盖蕨 波缘鳞盖蕨 图50

Microlepia hookeriana (Wall.ex Hook.) Presl

植株高达80cm。根状茎长而横走，密被红棕色或棕色钻状的长毛。叶远生；叶柄全部被灰棕色长软毛；叶片广披针形，一回羽状；羽片23~28对，对生或上部互生，或上部的无柄，披针形，近镰刀状，先端渐尖，基部圆截形，或为不对称的戟形，上下两侧多少为耳形，上侧的耳片较大，边缘有波状圆齿，但先端为锯齿状；叶脉自中肋斜出，一回二叉分枝，每齿有小脉1条；叶草质；叶轴被与叶柄相同的毛。孢子囊群生于细脉顶端，近边缘着生；囊群盖杯形，长与宽相等或略宽，坚实，光滑，上边截形或波形，近于叶边，排成有规则的1行，宿存。

见于平阳（南雁荡山、顺溪），生于水边岩石下阴湿处。

可栽培供观赏。

■ 3. 边缘磷盖蕨 图51

Microlepia marginata (Houtt.) C.Chr.

植株高约60cm。根状茎长而横走，密被锈色长柔毛。叶远生；叶柄上面有纵沟，几光滑；叶片长圆三角形，先端渐尖，羽状深裂，基部不变狭，一回羽状；羽片20~25对，基部对生，远离，上部

张豪 摄

图50　虎克鳞盖蕨

图 51　边缘鳞盖蕨

互生，接近，平展，有短柄，披针形，近镰刀状，上侧钝耳状，下侧楔形，边缘缺裂至浅裂，小裂片三角形；侧脉明显，在裂片上为羽状，2~3 对，上先出，斜出，到达边缘以内；叶纸质，干后绿色，叶下面灰绿色；叶轴密被锈色开展的硬毛。孢子囊群圆形，每小裂片上 1~6 枚，向边缘着生；囊群盖杯形，多少被短硬毛，距叶缘较远。

广泛分布于全市山地丘陵，广生于林下、林缘、溪边和路边。

■ 4. 皖南鳞盖蕨　图 52

Microlepia modesta Ching

植株高达 60cm 左右。根状茎横走，密被灰褐色针状毛。叶近生；叶柄上面有沟棱，疏被灰色针状毛；叶片长圆形，先端渐尖，二回羽状；羽片 8~12 对，互生，平展，有短柄 (长 1mm)，远离，基部的稍缩短，略向下，披针形，渐尖头，基部近截形；小羽片 11 对，下侧楔形，上侧为截形，略

图 52　皖南鳞盖蕨

呈耳状，几无柄，两边浅裂达 1/3~1/2 处，小裂片阔，顶端有小钝齿；叶脉在下面明显，在上面可见，小脉单一；叶草质。孢子囊群小，每小羽片上边 3~5 枚，下边 2~4 枚，位于缺刻的基部；囊群盖极小，圆形，也有与叶片上同样的毛疏生。

见于平阳，生于山涧边灌丛中。

■ 5. 粗毛鳞盖蕨 图 53

Microlepia strigosa (Thunb.) Presl

植株高达 1m 以上。根状茎长而横走，密被灰棕色长针状毛。叶远生；叶柄下部被灰棕色长针状毛，易脱落，有粗糙的斑痕；叶片长圆形，长达 80cm，二回羽状；羽片 25~35 对，近互生，斜展，有柄 (长 2~3mm)，线状披针形；小羽片 25~28 对，接近，无柄，开展，近菱形，边缘有粗而不整齐的锯齿；叶脉在下面隆起，在上面明显，在上侧基部 1~2 组为羽状，其余各脉二叉分枝；叶纸质，干后绿色或褐棕色；叶轴及羽轴下面密被褐色短毛，上面光滑；叶片上面光滑，下面沿各细脉疏被灰棕色短硬毛。孢子囊群小型，每小羽片上 8~9 枚，位于裂片基部；囊群盖杯形，棕色，被棕色短毛。

见于乐清、永嘉、鹿城、瓯海、瑞安、文成、平阳、泰顺，生于林下或近水边灌丛中。

全草药用。

存疑种

■ 1. 二回边缘鳞盖蕨

Microlepia marginata（Houtt.）C. Chr. var. **bipinnata** Makino

与原种的区别在于：叶为二回羽状。见于永嘉和泰顺，《浙江植物志》记载泰顺有分布。分类地位尚有争议。

■ 2. 毛叶边缘鳞盖蕨

Microlepia marginata（Houtt.）C. Chr. var. **villosa** (Presl) Wu

与原种的区别在于：叶为长圆形或卵状披针形，羽片羽裂浅深不等，两边被毛。《浙江植物志》记载温州、泰顺有分布。分类地位尚有争议。

图 53　粗毛鳞盖蕨

17. 鳞始蕨科 Lindsaeaceae

根状茎短而横走，或长而蔓生，具原始中柱，有陵齿蕨型的“鳞片”（即仅由2~4行大而有厚壁的细胞组成，或基部为鳞片状，上面变为长针毛状）。叶多同型，草质，光滑；叶脉多分离。孢子囊群为叶缘生的汇生囊群，着生在2至多条细脉的结合线上，或单独生于脉顶，位于叶边或边内；囊群盖为2层；孢子囊为水龙骨型，柄长而细，有3行细胞；孢子四面形或两面形，不具周壁。

6属约200种，分布于热带及亚热带。我国3属20余种；浙江2属6种；温州2属5种。

1. 鳞始蕨属 Lindsaea Dry.

中型陆生或附生植物。根状茎有原始中柱。叶近生或远生；叶柄基部不具关节；叶为一回或二回羽状，不具主脉（实际主脉靠近下缘）；叶脉分离或少有稀疏联结。孢子囊群沿上缘及外缘着生，联结2至多条细脉顶端而为线形，或少有顶生1条细脉上而为圆形；孢子囊有细柄，环带直立，有12~15增厚细胞；孢子为长圆形或四面形。

约150种，分布于泛热带。我国约20种；浙江4种；温州3种。

分种检索表

1. 能育叶始终为一回羽状；叶片为对开式，斜三角……………………………… 2. 鳞始蕨 L. odorata
1. 能育叶片二回或上部一回，下部二回羽状；羽片或小羽片近长方形或团扇形。
   2. 能育复叶呈三角形，向上部羽片逐渐变小，顶部羽裂渐尖；能育羽片上缘及外缘有短阔小裂片；囊群盖长圆形……………………………… 1. 钱氏鳞始蕨 L. chienii
   2. 能育复叶呈线状披针形，上部羽片略变小，顶部具1菱形羽片；能育羽片圆形、近圆形或扇状圆形；囊群盖条形……………………………… 3. 团叶鳞始蕨 L. orbiculata

■ 1. 钱氏鳞始蕨 图54

Lindsaea chienii Ching

叶几近生；叶柄圆形，栗红色，有光泽；叶片三角形，二回羽状，上部1/4~1/2为一回羽片；基部羽片近对生，向上为互生，斜上，接近，几无柄，下部羽片4~6对，一回羽状，顶部羽状浅裂，渐尖头，小羽片7~8对，几无柄，对开式，下缘及内缘平直，上缘及外缘圆弧形，边缘有宽短、截形的小裂片，着生孢子囊；上部羽片4~8对，几无柄，近长方形，有浅缺刻；叶脉细，二叉分枝；叶薄草质，干后呈棕绿色；叶轴下面圆，上面有浅沟，栗色。孢子囊群长圆线形，生于1~2条细脉顶端；囊群盖膜质，灰绿色，离边缘近。

见于泰顺（垟溪），生于海拔300m的林下。温州为本种分布北界。

微型盆景树种。

图54 钱氏鳞始蕨

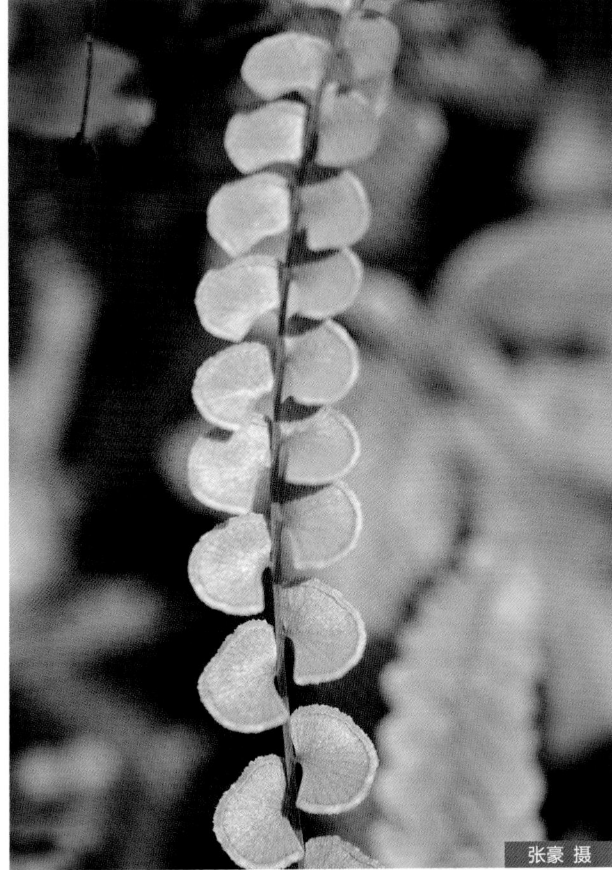

图 55 团叶鳞始蕨

■ 2. 鳞始蕨

Lindsaea odorata Roxb.

株高 9~13cm。根状茎长而横走，密被栗红色线状钻形鳞片。叶近生或疏生；叶柄长 2~4cm 或更长，基部栗色，被鳞片，向上为禾秆色，光滑；叶片线状披针形，一回羽状；羽片 14~17 对，互生，有短柄，斜三角形；叶脉 2 叉；叶草质。孢子囊群沿着羽片上缘着生，每缺刻 1 枚；囊群盖长方形或横线形，边缘啮蚀状。

见于苍南（莒溪），生于瀑布旁岩石上。

■ 3. 团叶鳞始蕨 海岛鳞始蕨 卵叶鳞 始蕨

图 55

Lindsaea orbiculata（Lam.）Mett. [*Lindsaea orbiculata* var. *commixta* (Tagawa) K. U. Kramer; *Lindsaea intertexta* (Ching) Ching]

植株高达 30cm。根状茎短，横走，密生红棕色狭小少细胞的鳞片。叶近生，草质，无毛；叶柄长 5~11cm，基部以上栗色；叶片条状披针形，长 15~20cm，宽 1.8~2cm，一回羽状（有时下部二回羽状，即羽片伸长并为羽状，其小羽片和中部羽片同形，但较小）；羽片有短柄，团扇形或近扇形，基部内缘凹入，下缘平直，外缘圆而有不整齐的尖牙齿；叶脉多回二叉，扇形。孢子囊群生于小脉顶端的联结脉上，靠近叶缘，连续分布，或偶被缺刻中断；囊群盖条形，膜质，有细齿，向外开。

见于乐清、永嘉、鹿城、瓯海、瑞安、文成、平阳、苍南、泰顺，生于海拔 500~1100m 的疏林灌草丛中或岩石缝隙中。

全草药用。

2. 乌蕨属 Sphenomeris Maxon

根状茎短而横走，密被深褐色的钻状鳞片，维管束同鳞始蕨属 *Lindsaea* Dry.，为原始中柱。叶近生，光滑，三至五回羽状，末回小羽片楔形或线形；叶脉分离。孢子囊群近叶缘着生，顶生于脉端，每个囊群下有 1 条细脉，或有时融合 2~3 条细脉；囊群盖卵形，以基部及两侧的下部着生，向叶缘开口，通常不达于叶的边缘；孢子囊有细柄，环带宽，有 14~18 加厚的细胞；孢子长圆形或球状长圆形，少有为球状四面形的。

11 种，泛热带分布；我国产 3 种；浙江 2 种；温州 2 种。

本属与鳞始蕨属 *Lindsaea* Dry. 的区别在于：本属叶为三至五回羽状细裂，末回小羽片细而短，对称，楔形或线形，孢子囊群杯形纵生于 1 条叶脉的顶端，而前属叶为一至二回羽状粗裂，羽片或小羽片为对开式，基部不对称，孢子囊群和盖为线形，横生于 2 条或多条叶脉的顶端。

《Flora of China》采用属名 *Odontosoria* Fée Mém.，《中国植物志》用 *Stenoloma* Fée，本志采用《浙江植物志》属名 *Sphenomeris* Maxon。

■ 1. 阔片乌蕨 图 56

Sphenomeris biflora (Kaulf.) Tagawa [*Stenoloma biflora* (Kaulf.) Ching; *Odontosoria biflora* (Kaulf.) C. Chr.]

根状茎粗壮，短而横走，密被赤褐色的钻状鳞片。叶近生；叶柄禾秆色，有光泽，直径 2mm，下面圆，上面有纵沟，除基部外通体光滑；叶片三角状卵圆形，先端渐尖，基部不变狭，三回羽状；下部二回羽状；羽片 10 对；小羽片近菱状长圆形，先端钝，基部楔形，下部羽状分裂成 1~2 对裂片；裂片近扇形，先端有齿牙，基部楔形；叶脉不明显，每裂片上 4~6 条，二叉分枝，干后棕褐色。孢子囊群杯形，边缘着生，顶生于 1~2 条细脉上，每裂片上有 1~2 枚；囊群盖圆形。

见于洞头、瑞安(铜盘山岛)和平阳(南麂列岛)，生于海岛岩石下、海边园地边。温州分布新记录种。

图 56 阔片乌蕨

2. 乌蕨 图57

Sphenomeris chinensis (Linn.) Maxon [*Stenoloma chusanum* Ching]

根状茎短而横走，粗壮，密被赤褐色的钻状鳞片。叶近生；叶柄禾秆色至褐禾杆色，有光泽，圆，上面有沟，除基部外，通体光滑；叶片披针形，四回羽状；羽片15~20对，互生，密接；一回小羽片在一回羽状的顶部下有10~15对，连接，有短柄，近菱形，一回羽状或基部二回羽状；二回（或末回）小羽片小，倒披针形，先端截形，有齿牙，基部楔形，下延，其下部小羽片常再分裂成具有1~2条细脉的短而同形的裂片；叶脉在下面明显，在小裂片上为二叉分枝。孢子囊群边缘着生，每裂片上1枚或2枚，顶生于1~2条细脉上；囊群盖灰棕色，近全缘或多少啮蚀状，宿存。

见于本市山地丘陵，生于林下或灌丛中阴湿地。

全草药用。

本种与阔片乌蕨 *Sphenomeris biflora* (Kaulf.) Tagawa 的区别在于：本种为四回羽状，每裂片常有1孢子囊，常位于1~2条脉的顶端；阔片乌蕨为三回羽状，末回裂片为扇形，通常每孢子囊连接2条叶脉。

图57 乌蕨

18. 姬蕨科 Hypolepidaceae

陆生中型直立，少为蔓性植物。根状茎横走。叶同型；叶柄基部不以关节着生；叶片一至四回羽状细裂；叶轴上面有1纵沟，两侧为圆形；小羽片或末回裂片偏斜，基部不对称，下侧楔形，上侧截形，多少为耳形凸出；叶脉分离，羽状分枝；叶有粗糙感觉。孢子囊群圆形；囊群盖或为叶缘生的碗状，或为多少变质的向下反折的叶边的锯齿（或小裂片），或为不齐叶边生的半杯形或小口袋形；孢子囊为梨形；孢子四面形或少为两面形。

单属科约50种，广布于热带和亚热带。我国6种；浙江1种，温州也产。

姬蕨属 Hypolepis Bernh

形态特征和分布同科。

■ 姬蕨 图58

Hypolepis punctata (Thunb.) Mett.

植株高达1m。根状茎长而横走，密布棕色有节的长毛。叶疏生，坚草质，粗糙，两面沿叶脉有短刚毛；叶柄长22~25cm，棕禾秆色，也有毛；叶片长卵状三角形，长35~70cm，宽20~28cm，顶部一回羽状，中部以下三至四回羽状深裂；羽片卵状披针形，有柄，一回小羽片上先出，无柄，或具有狭翅的短柄；末回裂片长约5mm，矩圆形，钝头，边缘有钝锯齿。孢子囊群生于末回裂片基部两侧或上侧的近缺刻处，多少被不变质的叶边锯齿反卷覆盖。

见于本市各地山地丘陵，生于潮湿草地或灌丛中，有嗜肥习性，农村房前屋后常见。

全草药用。

图58 姬蕨

19. 蕨科 Pteridiaceae

陆生大中型植物。根状茎长而横走，有穿孔的双轮管状中柱，密被锈黄色或有节长柔毛，无鳞片。叶远生，三回羽状；叶脉分离，侧脉通常2叉；叶片革质或纸质，上面无毛，下面多被柔毛。孢子囊群线形，沿叶缘生于联结小脉顶端的1条边脉上；囊群盖内外2层，内层为薄而不明显的真盖，外层为由反折变质的膜质叶边形成的假盖；孢子四面形或两面形，光滑或有细微的乳头状凸起。

共2属近30种，分布于泛热带。我国2属7种；浙江1种1变种，温州也有。

蕨属 Pteridium Scop.

大型植物。根状茎长而横走，外密被锈黄色柔毛，无鳞片。叶疏生，有长柄，二至三回羽状；叶脉羽状，侧脉多为2叉；叶上面光滑，背面有茸毛。囊群盖内外2层，内层薄而不明显，外层为膜质假盖；孢子囊的环带由13增厚细胞组成；孢子辐射对称，具3裂缝，周壁表面具颗粒与小刺状纹饰。

本属约有15种，分布于全球各地，以泛热带为中心。我国6种，产于全国各地；浙江1种1变种，温州也产。

■ 1. 蕨 图59

Pteridium aquilinum (Linn.) Kuh var. **latiusculum** (Desv.) Unherw.

植株高可达1m。根状茎长而横走，有黑褐色茸毛。叶远生；柄长40~70cm，深禾杆色，基部常呈黑褐色；叶片卵状三角形，基部圆楔形，三回羽状；羽片10~15对，先端渐尖，基部近截形；小羽片10~15对，互生，斜展；叶脉羽状，近革质。孢

图59 蕨

子囊沿羽片边缘着生在边脉上；囊群盖线形，外盖厚膜质，近全缘，内盖薄膜质，边缘不齐。

见于本市丘陵山地，广泛分布于各种生境。

根状茎富含淀粉，嫩叶可加工食用，生食有致癌可能，但煮沸后，可安全食用；全草药用。

2. 密毛蕨 图60

Pteridium revolutum (Bl.) Nakai

株高达 1m 以上。根状茎长而横走，有锈黄色细长毛。叶远生；叶柄禾秆色，长 25~50cm，基部有锈黄色细长毛，向上光滑，连同叶轴及羽轴有纵沟，均被毛，老时渐疏；叶脉上凹下隆；叶片三角形，渐尖头，三回深羽裂；叶片顶部二回羽状，披针形；羽片 4~6 对，先端渐尖，基部几平截，下部略呈三角形，二回羽状；小羽片 12~18 对，羽裂深；裂片约 20 对，先端钝或急尖，向基部渐宽，通常全缘，裂片下面被密毛，干后近革质，边缘常反卷。孢子囊沿羽片边缘着生在边脉上；囊群盖线形，外盖厚膜质，边缘有齿，内盖薄膜质，边缘撕裂状。

见于文成和泰顺，生于海拔 1000m 的林缘。

十分优美的观赏蕨；根状茎可入药，有祛风湿、利尿的功效。

本种与蕨*Pteridium aquilinum* (Linn.) Kuh var. *latiusculum* (Desv.) Unherw.的区别在于：各回羽轴有毛，蕨无毛；本种叶片为三回深羽裂，蕨为三回羽状。

图60 密毛蕨

20. 凤尾蕨科 Pteridaceae

陆生大、中型植物。叶二型或近二型，疏生（如栗蕨属）或簇生（如凤尾蕨属），有柄；叶柄通常为禾秆色；叶片多长圆形或卵状三角形，一回羽状或二至三回羽裂，或罕为掌状，偶为单叶或三叉，从不细裂；草质、纸质或革质，光滑，罕被毛；叶脉分离或罕为网状，网眼内不具内藏小脉。孢子囊群线形，沿叶缘生于联结小脉顶端的一条边脉上，有由反折变质的叶边所形成的线形、膜质的宿存假盖，不具内盖；孢子为四面形，或罕为两面形（如栗蕨属）。

约 10 属 300 余种，分布于热带和亚热带。我国 2 属约 70 种；浙江 2 属 19 种 1 变种；温州 2 属 16 种。

1. 栗蕨属 Histiopteris J. Smith

陆生大型蔓性植物。叶疏生，无限生长；羽轴与叶柄同色，上面略有 1 浅纵沟；叶片三角形，二至三回羽状；羽片对生，通常无柄，且基部有托叶状的小羽片 1 对，小羽片也同样对生；叶脉网状，不具内藏小脉。孢子囊群沿叶边成线形分布，有隔丝；孢子囊有长柄和大约由 18 枚加厚细胞组成的环带；孢子为两面形，长圆形到肾形。

约 7 种，广布于泛热带。我国 1 种，浙江及温州也产。

■ 栗蕨 图 61

Histiopteris incisa (Thunb.) J. Smith

植株高约 2m。根状茎长而横走，粗壮，粗达 5mm，密被栗褐色鳞片；鳞片质厚，有光泽，披针形，先端往往扭曲。叶大，疏生；柄长约 1m，圆形，栗红色，有光泽；叶片三角形或长圆状三角形，二至三回羽状；羽片对生，平展或斜展，或上部的呈镰刀形而斜向上，无柄，基部有托叶状的小羽片 1 对，基部一对羽片通常较大，一回羽状或二回深羽裂；小羽片多数，对生，平展，无柄，披针形或长圆披针形，长尾头（尾长 2.5~4cm），基部圆截形至阔楔形，一回羽状或深羽裂达小羽轴；裂片对生，平展或略斜展；叶脉网状，网眼长五角形或六角形。

见于瓯海（仙岩）、平阳（南雁）和苍南（矾山），生于渗水的岩石壁上、疏林林缘及山路边。

张豪 摄

张豪 摄

图 61 栗蕨

2. 凤尾蕨属 Pteris Linn.

多年生常绿草本。株高30~70cm。根状茎直立，顶端具钻形叶片。叶簇生，分为不育叶和孢子叶两种类型；叶柄细，具三棱，黄褐色；叶片椭圆形至卵形，一回羽状复叶；羽片常4~6对，仅基部有1对叶柄，羽片条形，宽3~7cm，顶端尖，有细锯齿；孢子叶较高，全缘。孢子囊群沿叶边呈线形排列。

约300种，分布于热带和亚热带。我国约66种；浙江18种1变种；温州15种。

与栗蕨属 *Histiopteris* J. Smith 的区别在于：栗蕨属根状茎长而横卧，羽片基部具1对托叶状的小羽片，叶脉全为网状，而本属根状茎多短而直立或斜升，羽片基部无托叶状的小羽片，叶脉分离或联结。

分种检索表

1. 叶通常为二型或近二型，三出或一回羽状；羽片通常不分裂，或下部1至数对分叉，但不为篦齿状羽裂；不育叶或不育羽片边缘常有锐尖锯齿，沿着羽轴或主脉上面沟边不具刺，也不呈啮蚀状。
  2. 叶常为三叉或复三叉。
    3. 不育叶侧生羽片线状披针形，长10~11cm，宽约2cm ······ **13. 栗柄凤尾蕨 P. plumbea**
    3. 不育叶侧生羽片多形，通常宽7~14mm，最宽不达2cm ······ **8. 城户氏凤尾蕨 P. kidoi**
  2. 叶为一回羽状或下部1至数对分叉，偶二回羽状。
    4. 叶为一回羽状。
      5. 下部1至数对不分叉。
        6. 侧生羽片宽0.5~1cm，先端不育部分边缘有锯齿 ······ **15. 蜈蚣草 P. vittata**
        6. 侧生羽片宽2~3.5cm，先端不育部分全缘 ······ **7. 全缘凤尾蕨 P. insignis**
      5. 下部1至数对分叉。
        7. 上部的侧生羽片及顶生羽片的基部下延；叶轴上有翅 ······ **10. 井栏边草 P. multifida**
        7. 上部的侧生羽片及顶生羽片的基部不下延；叶轴上无翅 ······ **1. 欧洲凤尾蕨 P. cretica**
    4. 叶为二回羽状 ······ **3. 剑叶凤尾蕨 P. ensiformis**
1. 叶通常为一型或二型，二回羽状深裂，基部往往三回羽状深裂；羽片和小羽片披针形，多为篦齿状羽裂几达羽轴；沿着羽轴或主脉上面沟边具刺，或沟边呈啮蚀状。
  8. 叶二回羽状深裂。
    9. 侧生羽片仅下侧为篦齿状深裂，上侧浅裂或近全缘，至少上侧裂片比下侧的为短。
      10. 沿着羽轴上面沟边无刺，呈啮蚀状 ······ **2. 刺齿凤尾蕨 P. dispar**
      10. 沿着羽轴上面沟边有刺 ······ **6. 变异凤尾蕨 P. inaequalis**
    9. 侧生羽片上侧全缘 ······ **14. 半边旗 P. sempinnata**
  8. 叶三回羽状深裂。
    11. 侧生羽片仅下侧为篦齿状深裂，上侧浅裂或近全缘，至少上侧裂片比下侧的为短。
      12. 沿着羽轴上面沟边无刺，呈啮蚀状 ······ **2. 刺齿凤尾蕨 P. dispar**
      12. 沿着羽轴上面沟边有刺 ······ **6. 变异凤尾蕨 P. inaequalis**
    11. 侧生羽片两侧为篦齿状深裂。
      13. 植株粗壮，高可达120~160cm；基部羽片下侧的基部小羽片上侧全缘或深裂，下侧篦齿状深裂，裂片短而少 ······ **4. 溪边凤尾蕨 P. excelsa**
      13. 植株纤细，高通常在115cm以下；基部羽片下侧的基部小羽片上、下两侧相似，均为篦齿状深裂，裂片长而多。
        14. 叶柄长度比叶片短。
          15. 叶脉在羽轴两侧各联结成一行分隔排列的三角形网眼 ······ **9. 两广凤尾蕨 P. maclurei**
          15. 叶脉在羽轴两侧不联结成一行分隔排列的三角形网眼 ······ **12. 斜羽凤尾蕨 P. oshimensis**
        14. 叶柄长度比叶片长。
          16. 羽片宽1.8~2.6cm；叶草质 ······ **11. 江西凤尾蕨 P. obtusiloba**
          16. 羽片宽3~4cm；叶纸质 ······ **5. 傅氏凤尾蕨 P. fauriei**

图 62 欧洲凤尾蕨

1. 欧洲凤尾蕨 凤尾蕨 图 62

Pteris cretica Linn. [*Pteris cretica* Linn. var. *nervosa* (Thunb.) Ching et S. H. Wu]

植株高 40~80cm。根状茎短，斜升，先端被棕褐色鳞片。叶近簇生，二型，一回羽状；不育叶卵形，羽片 4~6 对，基部边缘有尖刺锯齿，基部一对有短柄并为二叉；能育叶的羽片 3~5（8）对，对生或向上渐为互生，斜向上，基部一对有短柄并为二叉，向上的无柄，线形，长 12~25cm，宽 5~12mm，先端渐尖并有锐锯齿，基部阔楔形，顶生三叉羽片的基部不下延或下延；叶脉羽状，主脉在下面强度隆起，禾秆色，光滑，侧脉两面均明显，稀疏，斜展，单一或从基部分叉；叶轴禾秆色，表面平滑。囊群盖线形。

见于乐清、文成、苍南，生于海拔 100~1200m 的林下、林缘和岩石缝中。

2. 刺齿凤尾蕨 图 63

Pteris dispar Kunze

植株高 30~80cm。根状茎斜向上，粗 7~10mm，先端及叶柄基部被黑褐色鳞片；鳞片先端纤毛状并稍卷曲。叶簇生，近二型；叶柄与叶轴均为栗色，有光泽；叶片二回深羽裂或二回半边深羽裂；顶生羽片披针形，篦齿状深羽裂几达叶轴；裂片 12~ 15 对，对生，开展，彼此接近，阔披针形或线状披针形，略呈镰刀状，不育叶缘有长尖刺状的锯齿；羽轴下面隆起，基部栗色，上部禾秆色，上面有浅栗色的纵沟，纵沟两旁有啮蚀状的浅灰色狭边；侧脉明显，斜向上，2 叉，小脉直达锯齿的软骨质刺尖头；叶干后草质。孢子囊群和囊群盖线形。

见于本市各地，生于岩石缝隙中、林缘、林下。

3. 剑叶凤尾蕨 图 64

Pteris ensiformis Burm.

多年生常绿植物。植株高 30~50cm。根状茎细长，斜升或横卧，粗 4~5mm，被黑褐色鳞片。叶密生，二型；叶柄和叶轴同为禾秆色，稍有光泽，光滑；叶片长圆状卵形（不育叶远比能育叶短），二回羽状；羽片 3~6 对，对生，稍斜向上，上部的无柄，下部的有短柄；不育叶的下部羽片三角形，尖头，常为羽状，小羽片 2~3 对；能育叶顶生羽片基部不下延，基部下侧下延，先端不育的叶缘有密尖齿，余均全缘；主脉禾秆色，在下面隆起，侧脉密接，通常分叉；叶干后草质。孢子囊群和囊群盖线形。

见于乐清、永嘉、鹿城、瑞安、文成、苍南和泰顺，

图 63 刺齿凤尾蕨

图64　剑叶凤尾蕨

生于林下、路边和旧墙的石缝中。

全草药用；优良的盆景山石伴生植物。

4. 溪边凤尾蕨　图65

Pteris excelsa Gaud.

植株高达160cm。根状茎短而直立，木质，粗健，先端被黑褐色鳞片。叶簇生；叶柄长，坚硬，粗壮；叶片阔三角形，二回深羽裂；顶生羽片长圆状阔披针形，向上渐狭，先端渐尖并为尾状，篦齿状深羽裂几达羽轴；裂片20~25对，互生，几平展，镰刀状长披针形，先端渐尖，基部稍扩大，顶部不育叶缘有浅锯齿；侧生羽片5~10对，互生或近对生，有短柄；羽轴下面隆起，上面有浅纵沟，沟两旁具粗刺；侧脉仅在下面可见，稀疏，斜展，通常2叉；叶干后草质；叶轴上面有纵沟。孢子囊群和囊群盖

图65　溪边凤尾蕨

线形。

见于文成、泰顺（左溪），生于海拔 300m 的林下或林缘湿润处。

可栽培观赏。

■ 5. 傅氏凤尾蕨 金钗凤尾蕨 图 66

Pteris fauriei Hieron.[*Pteris guizhouensis* Ching et S. H. Wu]

多年生草本。植株高 50~60cm。根状茎斜升，顶端和叶柄基部有条状披针形鳞片。叶一型；羽轴上面两侧隆起，在靠近裂片主脉处形成软尖刺，主脉上面也有少数针状细刺；叶柄禾秆色；叶片纸质，卵状三角形，长 30~45cm，宽 30~40cm，二回羽裂达羽轴两侧的狭翅，基部一对羽片二叉；羽片深羽裂；裂片阔披针形，斜上，稍弯弓，下部的略较短，长 2.5~4cm，宽 5~7mm，钝头，全缘；侧脉 2 叉，通常裂片基部下侧叶脉出自羽轴，上侧出自主脉基部，其分叉后的小脉都伸到缺刻以上的叶边，不形成网眼。孢子囊群沿裂片顶部以下的边缘连续分布；囊群盖膜质。

图 66 傅氏凤尾蕨

见于乐清（北雁荡山）、瑞安（湖岭、花岩）、平阳（南雁荡山）和泰顺（黄桥、洋溪和龟湖），生于海拔 100~800m 的林下沟边酸性土上。

有学者研究表明傅氏凤尾蕨是一个复合体。

■ 6. 变异凤尾蕨

Pteris inaequalis Bak. [*Pteris excelsa* Gaud. var. *inaequalis* (Bak.) S. H. Wu]

植株高 80~100cm。侧生羽片的分裂度变化颇大，从近二叉、羽轴下侧深羽裂（裂片披针形或阔披针形）至羽轴两侧均为篦齿形羽裂；裂片阔披针形，通常长 2.5~4 (~5) cm。

见于文成，生于林下或林缘湿润地。

吴兆洪将此种列为溪边凤尾蕨 *Pteris excelsa* Gaud. 的变种，本志暂保留此种。

■ 7. 全缘凤尾蕨 图 67

Pteris insignis Mett. ex Kuhn

植株高大。根状茎斜升粗壮，先端被黑褐色鳞片。叶簇生；柄长 60~90cm，深禾秆色，近基部栗褐色；叶片一回羽状，长 50~80cm，宽 20~30cm；羽片 6~14 对，对生或有时近互生，向上斜出，线状披针形，先端渐尖，基部楔形，全缘，稍呈波状，长 16~20cm，下部的羽片不育，基中部以上的羽片能育，有柄；叶脉明显。孢子囊群线形着生于能育羽片的中上部，羽片的下部及先端不育；囊群盖线形，灰白色或灰棕色，全缘。

见于瓯海（茶山）、瑞安（红岩林场）、文成（西坑）、平阳（怀溪）和泰顺（垟溪、黄桥），生于

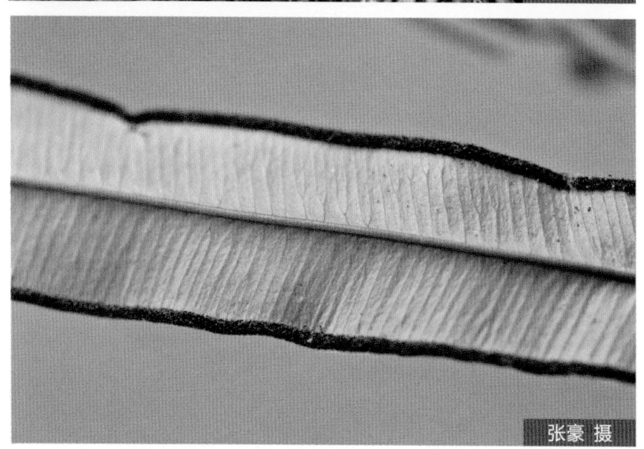

图 67　全缘凤尾蕨

林下或溪沟边。

全草入药，有清热解毒、活血祛瘀的功能；可供栽培观赏，适于盆栽和地栽。

8. 城户氏凤尾蕨

Pteris kidoi Crata

植株矮小，四季常绿。根状茎上升，短，被鳞片；鳞片小，深褐色。叶，簇生，二型；叶片奇数羽状，侧羽片对数（0~）1 或 2（或 3），长和宽（4～）7~17cm ×0.1~1.4cm，边缘具牙齿，顶端羽片长和宽 7~20cm × 0.7~1.4cm，假细脉分明，相当密集；营养叶更长，叶柄长 8~22cm，叶片长 7~20cm，外侧羽片 1~3 对，最低羽片经常为叉状，长和宽 15cm × 0.4~0.7cm，在叶片真脉之间有假脉。孢子囊群线形，沿着叶缘着生；囊群盖线形，膜质。

见于乐清（北雁荡山），生于林下或阴凉干燥的石壁上。

《Flora of China》记载产于台湾，质疑本种在浙江的存在。观察北雁荡山标本，假脉确实存在，但数量少，而栗柄凤尾蕨 *Pteris plumbea* Christ 似无假脉特点，但观察叶脉序分布特点，又跟栗柄凤尾蕨类似。从地理分布看，日本有分布，台湾有分布，浙江沿海也有存在的可能。

9. 两广凤尾蕨　图 68

Pteris maclurei Ching [*Pteris nakasime* Tagawa]

植株高50~70cm。根状茎斜升，先端密被褐色鳞片。叶近生；叶柄深栗色并被鳞片，叶轴为浅栗

图 68　两广凤尾蕨

色；叶片阔卵形，二回深羽裂（或下部为三回深羽裂）；侧生羽片5~7对，斜向上，对生，基部楔形；羽轴下面隆起，下部为亮栗色，上部1/3为禾秆色，上面禾秆色并有浅纵沟；叶脉沿羽轴两侧各联结成1列狭长的且与羽轴平行的三角形网眼；网眼的弧形脉上端出自裂片主脉基部以下的羽轴，网眼外的小脉分离，裂片上的小脉除顶部2~3对外均为2叉；叶干后薄草质。孢子囊群线形，不达裂片的基部与顶部；囊群盖线形。

见于苍南（莒溪）和泰顺（氡泉），生于海拔100~600m 的路边林下。

《浙江植物志》第 1 卷记载产于苍南（莒溪），《中国植物志》第 3(1) 卷没有浙江分布记录，《Flora of China》对浙江的分布有疑问。但在野外考察中，采集到该种标本，证明该种确实在本市有分布。

■ 10. 井栏边草 图 69

Pteris multifida Poir.

植株高 30~45cm。根状茎短而直立，先端被黑褐色鳞片。叶多数，密而簇生，明显二型；不育叶柄禾秆色或暗褐色而有禾秆色的边，叶片卵状长圆形，一回羽状，羽片通常 3 对，对生，斜向上，无柄，线状披针形，先端渐尖，叶缘有不整齐的尖锯齿并有软骨质的边，在叶轴两侧形成狭翅（翅的下部渐狭）；能育叶有较长的柄，羽片 4~6 对，仅不育部分具锯齿，基部一对有时近羽状，上部几对的基部长下延，在叶轴两侧形成翅；主脉在两面均隆起，侧脉明显；叶干后草质；叶轴禾秆色，稍有光泽。孢子囊群线形；囊群盖线形，膜质，全缘。

图 69 井栏边草

广泛见于本市各地，生于林下、路边和旧墙的石缝中。

全草药用；株型漂亮，可做地被植物或盆栽植物。

■ 11. 江西凤尾蕨

Pteris obtusiloba Ching et S. H. Wu

根状茎横走，被披针形鳞片。叶柄长约 40cm，浅禾秆色或下面栗色，有光泽，上面有浅纵沟，基部被鳞片（鳞片披针形，长约 1mm，褐色，边缘棕色），向上光滑；叶片长圆状卵形，长约 30cm，中部宽约 20cm，二回羽状深裂或基部三回羽状深裂；侧生羽片 6~7 对，对生，斜展，基部一对有短柄；裂片互生或近对生，斜展，线形，略呈镰刀状；羽轴及主脉下面隆起，浅禾秆色，无毛，羽轴上面有浅纵沟，沟两旁有针状长刺，裂片主脉上面也有少数针状刺，侧脉 2 叉，斜展，裂片基部下侧一脉出自羽轴，连同上侧一脉伸达缺刻上面的边缘；叶干后草质。孢子囊群线形，沿裂片边缘延伸，顶部 1/4 不育；囊群盖线形。

见于文成，生于海拔 600m 的林下。

■ 12. 斜羽凤尾蕨 图 70

Pteris oshimensis Hieron.

植株高 50~80cm。根状茎短而直立，先端及叶柄基部被褐色鳞片。叶簇生；有柄，向上连同叶轴及羽轴为禾秆色，光滑；叶片长圆形，二回深羽裂或基部三回深羽裂；侧生羽片 7~9 对，对生，篦齿状深羽裂几达羽轴，顶生羽片的形状、大小及分裂

图 70 斜羽凤尾蕨

度与中部的侧生羽片相同；裂片 22~30 对，互生或近对生，间隔宽约 1mm，斜展或略斜向上，披针形；羽轴光滑，上面有纵沟，沟旁的狭边上有针状长刺，主脉上面有少数针状刺或无刺；叶脉明显，自基部以上2叉，斜展，裂片基部一对小脉伸达缺刻以上的边缘；叶草质，干后暗绿色或棕绿色，无毛。孢子囊线形。

见于文成（百丈）、平阳（南麂列岛）、苍南（玉苍山、北关岛）和泰顺（黄桥），生于山沟林下、路边草丛和岩石壁下。

13．栗柄凤尾蕨 图 71

Pteris plumbea Christ

植株高 25~35cm。根状茎直立或稍偏斜，先端被黑褐色鳞片。叶簇生；叶柄四棱，连同叶轴为栗色（幼时有时为禾秆色），边缘有时呈禾秆色；叶片（成长叶）近一型，长圆形或卵状长圆形，长 20~25cm，宽 10~15cm，一回羽状；羽片通常 2 对，对生，斜向上，基部羽片有栗色的短柄，通常 2~3 叉，顶生小羽片线状披针形，长 10~15cm，宽 8~10mm，先端渐尖，基部阔楔形，稍偏斜，两侧的小羽片远短于顶生小羽片，能育部分全缘，不育

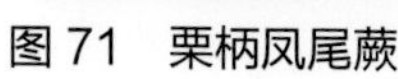

图 71 栗柄凤尾蕨

部分有锐锯齿；主脉在两面均隆起；叶干后草质。

见于乐清（雁荡山），生于林下或阴凉干燥的石壁上。

全草用于治疗痢疾、刀伤出血及跌打；可供栽培观赏。

■ 14．半边旗 图72

Pteris sempinnata Linn.

植株较高大，常绿。根状茎长而横走。叶簇生，近一型；叶柄长，连同叶轴均为栗红色，有光泽，光滑；叶片二回半边深羽裂，顶生羽片阔披针形至长三角形，篦齿状深羽裂几达叶轴，裂片6~12对，对生，开展；侧生羽片4~7对，对生或近对生，每对两侧极不对称，上侧仅有1阔翅，几乎不分裂，下侧篦齿状深羽裂几达羽轴，裂片3~6或较多；羽轴下面隆起，下部栗色，向上禾秆色，上面有纵沟；侧脉明显，斜上，二叉或二回二叉。孢子囊群线形；囊群盖线形。

见于鹿城（松台山）、平阳（顺溪、怀溪）和苍南（莒溪），生于林下、林缘和路边。

株型漂亮的观赏植物。

■ 15．蜈蚣草 图73

Pteris vittata Linn.

植株高20~150cm。根状茎直立，密被蓬松的黄褐色鳞片。叶簇生；柄坚硬，长10~30cm或更长，基部粗3~4mm，深禾秆色至浅褐色，幼时密被与根状茎上同样的鳞片，以后渐变稀疏；叶片倒披针状长圆形，一回羽状；顶生羽片与侧生羽片同形，侧生羽片可达40对，不与叶轴合生，基部羽片仅为耳形，先端渐尖，基部扩大并为浅心脏形，其两侧稍呈耳形，上侧耳片较大并常覆盖叶轴；不育的叶缘有微细而均匀的密锯齿，不为软骨质；主脉下面隆起并为浅禾秆色，侧脉纤细；叶干后薄革质，暗绿色。

广泛见于本市各地，多生于石灰岩的山地。

全草药用；观赏蕨类，可配置于石山盆景和假山。

图72 半边旗

图 73　蜈蚣草

存疑种

1. 红秆凤尾蕨

Pteris amoena Bl.

叶片卵形，二回深羽裂，或基部为三回深羽裂；基部一对羽片的基部下侧分叉，有 1 篦齿状羽裂的小羽片，羽片基部的裂片稍缩短并较疏，基部下延于羽柄；羽轴光泽，光滑，上面有狭纵沟，沟两旁具刺，生于主脉基部之下。

《Flora of China》记载于浙江苍南有产，但笔者未见标本。故暂录于此，留待进一步考证。

2. 泰顺凤尾蕨

Pteris natiensis Tagawa

叶脉分离；叶片三回羽状深裂；侧生羽片篦齿状深裂；叶柄比叶片长；羽片尖端长尾状渐尖，羽片 3~4 对；叶草质；羽轴和主脉上有针状长刺。

《浙江植物志》第 1 卷记载产于泰顺，是中国新记录种；《中国植物志》第 3(1) 卷和《Flora of China》未记载该种（日本学者认为是日本特有）。故有待进一步研究。

21. 中国蕨科 Sinopteridaceae

中生或旱生中小型植物。根状茎多短而直立或斜升，少为横卧或细长而横走（如金粉蕨属 *Onychium* Kaulf.）。叶多簇生，有柄；叶柄为圆柱形或腹面有纵沟，多光滑；叶多一型，卵状三角形至五角形或长圆形；叶下往往被白色或黄色蜡质粉末；叶脉分离或偶为网状（网眼内不具内藏小脉）。孢子囊群小，球形，沿叶缘着生于小脉顶端或顶部的一段，或罕有着生于叶缘的小脉顶端的联结脉上而成线形（如金粉蕨属 *Onychium* Kaulf、黑心蕨属 *Doryopteris* J. Smith.）；有盖（隐囊蕨属 *Notholaena* R. Br. 无盖）。

14 属 217~218 种，分布于热带及亚热带。我国 9 属 68 种；浙江 4 属 7 种；温州 4 属 5 种。

分属检索表

1. 叶柄和叶轴禾杆色（偶为栗棕色），叶片三至五回羽状细裂，着生孢子囊的末回裂片形如荚果；孢子囊群着生于连接小脉顶端的边脉上 ………… **3. 金粉蕨属 Onychium**

1. 叶柄栗色、乌木色或红棕色，叶片二至三回羽裂，着生孢子囊群的末回裂片不成荚果状；孢子囊群生于小脉顶端，成熟时彼此汇合。
    2. 叶下面具白色、金黄色或黄色的蜡质粉末 ………… **1. 粉背蕨属 Aleuritopteris**
    2. 叶下面不具蜡质粉末。
        3. 旱生常绿植物；叶柄圆柱形，叶缘全缘；囊群盖连续 ………… **4. 旱蕨属 Pellaea**
        3. 多夏绿植物；叶柄上面有纵沟，叶缘齿蚀状或有齿；囊群盖断裂或多少连续 ………… **2. 碎米蕨属 Cheilosoria**

---

1. 粉背蕨属 Aleuritopteris Fée

根状茎短而直立或斜升，密被鳞片；鳞片披针形。叶簇生，多数；叶片五角形、三角状卵圆形或三角状长圆形，二至三回羽状分裂；羽片无柄或几无柄，基部一对较大，下面通常具腺体，分泌黄色、白色或金黄色的蜡质粉状物，偶光滑；叶脉分离；叶轴上面有浅纵沟，下面圆。孢子囊群近边生；囊群盖干膜质；孢子囊具短柄或几无柄。

约 40 种，主要分布于亚洲。我国 20 余种，分布以西南为主；浙江 3 种；温州 1 种。

■ 粉背蕨　多鳞粉背蕨　图 74

Aleuritopteris anceps（Bl.）Panigrahi [*Aleuritopteris pseudofarinosa* Ching et S. H. Wu]

株高 18~50cm。短直根状茎，密被鳞片；鳞片披针形，具淡棕色狭边。叶柄直达叶轴，具鳞片；叶片长圆状披针形，基部三回羽状深裂，中部二回羽状深裂，顶端羽裂渐尖；羽片 4~6 对，彼此以无翅叶轴远分开，基部下侧一小羽片最长，披针形，一回羽裂，有裂片 4~6 对，长圆形或镰刀形，第 2 对羽片较基部一对羽片短而狭，第 3 对以上羽片披针形，钝尖头；叶干后纸质，上面褐绿色，光滑，叶脉不显，下面被白色粉末；羽轴、小羽轴与叶轴同色，羽轴上偶具鳞片。孢子囊群密接，由多枚孢子囊组成；囊群盖膜质，棕色，宽几达羽轴，边缘撕裂状。

见于乐清（北雁荡山、金鸡垄、济头）、永嘉、瑞安（花岩）、泰顺，生于海拔 100~1000m 的疏林下灌草丛中或石灰质岩石上。

图 74 粉背蕨

2. 碎米蕨属 Cheilosoria Trev.

中小型植物。根状茎短而直立或少有斜升，具全缘鳞片。叶簇生，高 30cm 左右；叶柄通常腹面有 1 平阔（少有狭的）纵沟；叶片小，披针形至长圆披针形，或卵状五角形，二至三回羽状细裂；叶脉分离，在裂片上单一或分叉；叶草质，通常无毛或有短节状毛或腺毛。孢子囊群小，圆形，生于小脉顶端；囊群盖由多少变质的叶边反折而成。

约 10 种，分布于亚洲热带和亚热带。我国 7 种；浙江 2 种，温州均产。

■ 1. 毛轴碎米蕨 图 75

Cheilosoria chunsana (Hook.) Ching

株高 15~45cm。短直根状茎，被栗黑色鳞片。叶簇生，柄短，亮栗色，密被鳞片，有纵沟，两侧有短毛锐边；叶片较长，披针形，短渐尖头，二回羽状全裂；羽片 10~20 对，斜展，几无柄，中部羽片最大，三角状披针形，先端短尖或钝，深羽裂，下部羽片略渐缩短，彼此疏离，有阔的间隔；裂片

图 75 毛轴碎米蕨

图 76 薄叶碎米蕨

长圆形，无柄，钝头，边缘有圆齿；叶脉在裂片上羽状，单一或分叉，极斜向上，在两面不显；叶干后草质，绿色或棕绿色，两面无毛。孢子囊群圆形，生于小脉顶端，位于裂片的圆齿上，每齿 1~2 枚；囊群盖椭圆肾形或圆肾形，黄绿色，宿存，彼此分离。

见于乐清、永嘉、瑞安、文成和泰顺，多数生于阴湿的岩石墙缝中、或岩壁上，也有生于林下。

全草药用。

■ 2. 薄叶碎米蕨 图 76

Cheilosoria tenuifolia (Burm.) Trev.

株高 10~40cm。短直根状茎，茎和叶柄基部密被鳞片。叶簇生；栗色长柄，下圆略有鳞片，向上光滑；叶片远较叶柄短，五角状卵形，三回羽状；羽片 6~8 对，披针形，先端渐尖，基部上侧与叶轴并行，下侧斜出，二回羽状；小羽片 5~6 对，具有狭翅的短柄，下侧的较上侧的为长，下侧基部一小羽片最大，长 1~3cm，一回羽状，末回小羽片以极狭翅相连，羽状半裂；裂片椭圆形；小脉单一或分叉；叶干后薄草质，褐绿色，上面略有 1~2 短毛；叶轴及各回羽轴下面圆形，上面有纵沟。孢子囊群生于裂片上半部的叶脉顶端；囊群盖连续或断裂。

见于永嘉、瑞安（高楼）、平阳和苍南（碗窑），生于旧墙上、农田草地、岩石壁上。

素雅纤细，有极好的观赏效果；全草药用。

本种与毛轴碎米蕨 *Cheilosoria chunsana* (Hook.) Ching 的区别在于：叶几具长柄，叶片较短，而毛轴碎米蕨叶柄较短，叶片较长；本种叶片为三角形或近五角形，而毛轴碎米蕨叶片为狭卵形或披针形、倒披针形。

3. 金粉蕨属 Onychium Kaulf.

根状茎多横走，细长，被披针形或阔披针形的全缘鳞片。叶远生或近生，一型或近二型；叶柄光滑，横断面有一条“U”字形维管束；叶片通常为卵状三角形或少为狭长披针形，三至四回或五回羽状细裂；末回裂片狭小，披针形，尖头，基部楔形下延。孢子囊群生于小脉顶端的联结边脉上，线形；囊群盖膜质，形如荚果，成熟时为孢子囊群撑开。

约 10 种，分布于亚洲、非洲热带及亚热带。我国约 8 种；浙江 2 种；温州 1 种。

■ **野雉尾** 金粉蕨 图 77

Onychium japonicum (Thunb.) Kunze

株高 60cm。根状茎长而横走，疏被鳞片，筛孔明显。叶散生；柄长，基部褐棕色，略有鳞片，光滑；叶片卵状三角形或卵状披针形，四回羽状细裂；羽片 12~15 对，互生，披针形，先端渐尖，并具羽裂尾头，三回羽裂；各回小羽片彼此接近，均为上先出，末回能育小羽片或裂片线状披针形；末回不育裂片狭短，有中脉 1 条，线形或短披针形；叶轴和各回羽轴上面有浅沟；能育裂片有斜上侧脉和叶缘的边脉汇合；叶干后草质或纸质，灰绿色或绿色，遍体无毛。孢子囊群长（3~）5~6mm；囊群盖线形或短长圆形，膜质，灰白色，全缘。

图 77 野雉尾

见于本市山地丘陵，多生于林缘、路边等。

4. 旱蕨属 Pellaea Link.

根状茎短而直立或斜升，被鳞片；鳞片栗黑色，有极狭的棕色边（少为一色，棕色或栗色），狭披针形或钻状披针形，全缘。叶簇生，一型；叶形为长圆披针形，一至三回奇数羽状；叶脉分离，小脉 2~3 叉；叶往往有腺毛或刚毛。孢子囊群小，成熟时往往向两侧扩展，汇合成线形，不具夹丝（毛）；囊群盖线形。

约 80 种，主要分布于南美洲及非洲南部。我国约 10 种，主要分布在西部及西南；浙江 1 种，温州也有。

■ 旱蕨 图 78

Pellaea nitidula (Wall. ex Hook.) Bak.

植株高 12~30cm。根状茎直立，有密的黑色狭披针形鳞片。叶簇生，革质，无毛；叶柄暗栗色，基部有红棕色钻形鳞片，向上到叶轴有同色的短刚毛；叶片三角状披针形，长 5~11cm，基部宽 3~6cm，二回深羽裂，但通常基部羽片的下侧基部有 1 特大的羽裂小羽片；末回裂片全缘；叶脉羽状分叉。孢子囊群生于小脉顶部；囊群盖沿叶边连续着生，边缘有不整齐的小牙齿。

见于泰顺（黄桥），生于疏林下阴湿的石头上。

存疑种

■ 1. 银粉背蕨

Aleuritopteris argentea (Gmel.) Fée

叶片五角形，长、宽几相等。囊群盖连续分布于叶缘。《泰顺县维管束植物名录》有记载，但未见标本。

■ 2. 栗柄金粉蕨

Onychium lucidum (Don.) Spring (=*Onychium japonicum* var. *lucidum* (D. Don) Christ)

本种植株较高大、粗壮。叶柄栗红色。囊群盖棕色。《泰顺县维管束植物名录》有记载，但未见标本。

周喜乐 摄

图 78　旱蕨

22. 铁线蕨科 Adiantaceae

多年陆生中小型草本蕨类。根状茎或短而直立或细长而横走。叶一型，螺旋状簇生、2列散生或聚生；叶柄黑色或红棕色，有光泽，通常细圆，坚硬如铁丝，内有1条或基部为2条而向上合为1条的维管束；叶片多为一至三回以上的羽状复叶或一至三回二叉掌状分枝；叶脉分离；叶缘具圆锯齿，长孢子叶的叶片边缘或羽片顶部边缘的叶脉处反卷成假囊群盖。假囊群盖的形状变化很大；孢子囊为球圆形。

单属科，约200种，广布于温带、亚热带和热带。我国40余种，大都分布于西南；浙江9种1变种；温州3种。

铁线蕨属 Adiantum Linn.

特征、种类和分布同科。

分种检索表

1. 叶轴二叉分枝，或2~3次不对称的二叉分枝；羽片排列成掌状。
  2. 叶轴二叉分枝；羽片着生于分枝羽轴上方，各条羽片几并行；小羽片平直，叶背面灰白色 ………… **3. 灰背铁线蕨 A. myriosorum**
  2. 叶轴2~3次不对称的二叉分枝；羽片指向各方 ………… **2. 扇叶铁线蕨 A. flabellulatum**
1. 叶片多二回羽状；羽片不排列成掌状 ………… **1. 铁线蕨 A. capillus-veneris**

■ 1. 铁线蕨 图79

Adiantum capillus-veneris Linn.

多年生草本。植株高15~40cm。根状茎细长横走，密被棕色披针形鳞片。叶远生或近生；叶柄长5~20cm，粗约1mm，纤细，栗黑色，有光泽，基部被与根状茎上同样的鳞片，向上光滑；叶片卵状三角形，基部楔形，中部以下多为二回羽状，中部

张豪 摄　张豪 摄

图79　铁线蕨

以上为一回奇数羽状；羽片3~5对，一回（少二回）奇数羽状；不育裂片先端钝圆形，具阔三角形的小锯齿或具啮蚀状的小齿，能育裂片先端截形、直或略下陷；叶脉多回二歧分叉，直达边缘，在两面均明显。孢子囊群每羽片3~10枚，横生于能育的末回小羽片的上缘；囊群盖长形、圆肾形，膜质，宿存。

见于乐清（福溪），生于溪边山谷湿度很大的风化岩石上，喜湿润和半阴环境。

常见的观赏蕨类。

■ 2. 扇叶铁线蕨 图80

Adiantum flabellulatum Linn.

植株高20~70cm。根状茎短而直立，密被棕色、有光泽的钻状披针形鳞片。叶簇生；叶柄长10~30cm，粗2.5mm，紫黑色，有光泽，基部被有和根状茎上同样的鳞片，向上光滑，上面有1纵沟，沟内有棕色短硬毛；叶片扇形，二至三回不对称的二叉分枝；通常中央的羽片较长，两侧的与中央羽片同形而略短，中央羽片线状披针形，奇数一回羽

图80 扇叶铁线蕨

状；小羽片8~15对；叶脉多回二歧分叉，直达边缘；羽轴、羽柄均为紫黑色，上面均密被红棕色短刚毛。孢子囊群每羽片2~5枚，横生于裂片上缘和外缘，以缺刻分开；囊群盖半圆形或长圆形，上缘平直。

见于乐清、永嘉、鹿城、瑞安、平阳、文成、苍南、泰顺，生于疏林下或林缘灌丛中。

较好的观赏植物。

3. 灰背铁线蕨 图81

Adiantum myriosorum Bak.[*Adiantum myriosorum* var. *recurvatum* Ching et Y. X. Lin]

株高45~50cm。根状茎短而直立，被鳞片。叶簇生；叶柄长12~25cm，粗壮，黑色，极光亮；叶柄顶端以锐角二叉分枝平分为左右两侧枝，每边侧枝上侧分别生出3~6对羽片，每支羽片上具小羽片20~45对，篦齿状；叶片掌状，下面灰白色；叶脉细而明显，到达每一齿牙的顶端。孢子囊群圆形或横生呈肾形；囊群盖同形，淡棕色，膜质，全缘；孢子具明显的网状纹饰。

见于文成（石垟），生于石灰岩上及树林下阴处。温州分布新记录种。

全草入药，有清热通淋、行气活血的功能；可作观赏植物。

图81 灰背铁线蕨

23. 水蕨科 Parkeriaceae

一年或多年生挺水植物、沉水植物或漂浮植物。高15~40cm。茎节直立。叶二型；营养叶为一回至三回羽状复叶，网状脉；孢子叶则更细裂，叶缘反卷形成假孢子囊膜。孢子囊群生于特殊的孢子叶上，沿叶的边缘生长成排，具有假膜；孢子囊为球形，具有短柄及厚环壁；孢子为四面形。

单属科，约6~7种，广布于热带和亚热带。我国2种；浙江1种，温州也产。

水蕨属 Ceratopteris Brongn.

特征、种类和分布同科。

■ 水蕨 图82

Ceratopteris thalictroides (Linn.) Brongn.

一年生水生植物。高30~80cm，绿色，多汁。根状茎短而直立，以须根固着于淤泥中。叶二型，无毛；不育叶直立或幼时漂浮，狭矩圆形，长10~30cm，宽5~15cm，二至四回羽裂，末回裂片披针形或矩圆披针形，宽约6mm；能育叶较大，矩圆形或卵状三角形，长15~40cm，宽10~22cm，二至三回羽状深裂，末回裂片条形，角果状，宽不过2mm，叶脉网状，无内藏小脉。孢子囊沿网脉疏生，幼时为反卷的叶边覆盖，成熟后多少张开。

见于乐清（大荆）、鹿城、瑞安（花岩），生于池塘、水沟、阡陌、农田等处。

治疮、伤草药，可散血拔毒；嫩叶作蔬菜。国家Ⅱ级重点保护野生植物。

图82 水蕨

24. 裸子蕨科 Hemionitidaceae

陆生中、小型植物。根状茎有网状或管状中柱，被鳞片或毛。叶远生、近生或簇生，有柄；叶柄为禾秆色或栗色，有“U”形或圆形维管束；叶片一至三回羽状（罕为单叶而基部为心脏形或戟形），多少被毛或鳞片（罕为光滑），草质（罕为软革质），绿色，罕有下面被白粉（如粉叶蕨属）；叶脉分离，罕为网状（如泽泻蕨属）、不完全网状（如凤丫蕨属部分种）或仅近叶边联结（金毛裸蕨的部分种）。孢子囊群沿叶脉着生；无盖；孢子四面形或球状四面形。

约17属，主要分布于热带和亚热带。我国5属约48种；浙江1属10种；温州1属1种。

凤了蕨属（凤丫蕨属）Coniogramme Fée

中等大的陆生耐阴植物。鳞片有格子形网眼，全缘，基部着生。叶远生或近生，有长柄；叶片多为一至二回奇数羽状；侧生羽片对生或互生，小羽片（或单一羽片）大，有锯齿或全缘；主脉明显，在上面有纵沟，在下面圆形，侧脉一至二回分叉，分离，少有在主脉两侧形成1~3行六角形网眼（罕有仅具1~2不连续网眼），网眼以外的小脉分离，小脉的顶端有水囊；叶草质至纸质。孢子囊群沿侧脉着生；孢子囊为水龙骨型，有短柄；孢子四面形。

40余种，分布于亚洲东部和东南部。我国约38种；浙江10种；温州1种。

《Flora of China》依据朱维明教授的研究考据，采用“凤了蕨”名称，本志采用其更正建议。

■ 凤了蕨　凤丫蕨　南岳凤了蕨　图83

Coniogramme japonica (Thunb.) Diels

[*Coniogramme centrochinensis* Ching]

植株高60~120cm。叶柄禾秆色或栗褐色，基部以上光滑；叶片和叶柄等长或稍长，长圆三角形，二回羽状；羽片通常5对，基部1对最大，卵圆三角形，有柄，羽状，侧生小羽片1~3对，披针形，有柄或向上的无柄，顶生小羽片远较侧生的为大，第2对羽片三出、二叉或从这对起向上均为单一，顶羽片较其下的为大，有长柄，羽片和小羽片边缘有向前伸的疏矮齿；叶脉网状，在羽轴两侧形成2~3行狭长网眼，小脉顶端有纺锤形水囊，不到锯齿基部；叶干后纸质，上面暗绿色，下面淡绿色。孢子囊群沿叶脉分布，几达叶边。

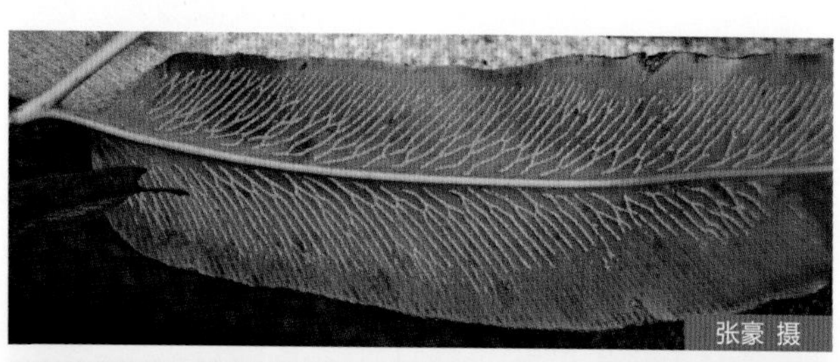

图83　凤了蕨

见于本市山地丘陵，多生于近水阴湿处。

根状茎或全草入药，味甘，性凉，有清热解毒、消肿凉血、活血止痛、祛风除湿、止咳、强筋骨的功能。

存疑种

■ 普通凤了蕨

Coniogramme intermedia Hieron.

羽片的侧脉分离，不联结成网眼；羽片仅下部有毛；叶片中部的羽片披针形。《泰顺县维管束植物名录》有记载，但未见标本。

25. 书带蕨科 Vittariaceae

附生植物。根状茎横走，密被具黄褐色绒毛的须根和鳞片；鳞片粗筛孔状，透明，基部着生。叶近生；叶一型，单叶，禾草状；叶柄较短，无关节；叶片线形至长带形，通常宽不足 1cm，具中肋；侧脉羽状，单一，在近叶缘处顶端彼此联结，形成狭长的网眼，无内藏小脉，或仅具中脉而无侧脉；叶草质或革质，较厚，表皮有骨针状细胞。孢子囊形成汇生囊群，线形，表面生或生于沟槽中，具隔丝；孢子椭圆形，或圆钝三角形，单裂缝或三裂缝。

约 30 种，分布于热带及亚热带。我国 3 属约 18 种，分布于华南至西南；浙江 1 属 3 种；温州产 1 属 1 种。

书带蕨属 **Vittaria** J. Smith

附生禾草型。根状茎横走或近直立，密被须根及鳞片；鳞片以基部着生，粗筛孔状，褐色或深褐色，常有虹色光泽。叶近生；单叶，具柄或近无柄；叶片狭线形，表皮有骨针状细胞；中脉明显。孢子囊群为线形的汇生囊群，无盖，着生于叶下面中肋两侧叶缘内或生于叶缘双唇状夹缝中，混杂有隔丝多数；隔丝顶端膨大，具细长分节的柄。

约 30 种，分布于热带及亚热带。我国约 18 种，分布于华南至西南；浙江 3 种；温州 1 种。

■ 书带蕨　细柄书带蕨　小叶书带蕨　图 84

Vittaria flexuosa Fée [*Vittaria filipes* Christ;*Vittaria modesta* Hand.-Mazz.]

植株高 20~40cm。根状茎横走，连同叶柄基部密生鳞片；鳞片钻状披针形，顶部纤维状，黑褐色有虹色光彩。叶近生，革质，无毛；叶柄极短或几无柄；叶片条形，长 30~40cm，宽 4~8mm，渐尖头，基部渐变狭，下延几达叶柄的基部；主脉在上面略下凹，在下面稍隆起，侧脉稀疏，斜上和并行于主脉的边脉相连，组成斜长网眼。孢子囊群生于边脉上，远离中脉，露出叶肉，幼时为反卷的叶边覆盖。

见于乐清（雁荡山、白龙山）、泰顺、平阳，附生于海拔 520~1200m 的林下林缘岩石，或阴坡潮湿的岩石上。

全草药用。

《Flora of China》将细柄书带蕨 *Vittaria filipes* Christ、小叶书带蕨 *Vittaria modesta* Hand.-Mazz. 归并于本种，本志从之。

存疑种

■ 平肋书带蕨

Vittaria fudzinoi Makino

孢子囊群满布在叶边至中脉之间，见不到叶肉；无囊群盖；有具长柄的杯状隔丝。《泰顺县维管束植物名录》有记载，但未见标本。

张豪 摄

图 84　书带蕨

26. 蹄盖蕨科 Athyriaceae

土生植物，通常中、小型，少有大型。根状茎细长，横走，或粗长横卧，或粗短斜升至直立，被鳞片；内鳞片披针形、卵状披针形、卵形、心形，或为狭长披针形及先端毛发状的细线形，全缘或边缘有细齿，细胞狭长，孔细密，不透明，基部着生或近中盾状着生。叶簇生、近生或远生；叶柄上面有 1~2 纵沟，下面圆。孢子囊群圆形、椭圆形、线形、新月形，或上端向后弯曲越过叶脉呈不同程度的弯钩形乃至马蹄形或圆肾形，通常生于叶脉背部或上侧，有时新月形或线形孢子囊群成对双生于一脉上下两侧（双盖蕨型），有或无囊群盖；囊群盖多形状。

约 20 属 500 种，主产于温带和热带、亚热带山区。我国 20 属约 300 种；浙江 15 属 53 种 6 变种；温州 9 属 28 种 3 变种。

《Flora of China》将中国产蹄盖蕨科划分为安蕨属 *Anisocampium* Presl、蹄盖蕨属 *Athyrium* Roth、角蕨属 *Cornopteris* Nakai、对囊蕨属 *Deparia* Hook. et Grev. 和双盖蕨属 *Diplazium* Sw.，并进行较多的归并和重新组合。本志采用秦仁昌分类系统，对与《Flora of China》不同的分类处理做出了具体的说明。

分属检索表

1. 叶脉分离。
  2. 叶片和叶轴多少被多细胞的透明节状毛或由 1~4 列六角形或四角形组成的鳞毛。
    3. 叶片和叶轴被多细胞的透明节状毛。
      4. 叶片一回羽状，羽片基部不对称，上侧耳状凸出 ………… **9. 毛轴线盖蕨属 Monomelangium**
      4. 叶片二回羽裂，羽片基部对称；根状茎长而横走；叶远生，叶柄基部圆形；孢子囊群线形或椭圆形 ………… **3. 假蹄盖蕨属 Athyriopsis**
    3. 叶片和叶轴被 1~4 列六角形或四角形组成的蠕虫状鳞毛 ………… **8. 介蕨属 Dryoathyrium**
  2. 叶片和叶轴无毛或仅有单细胞柔毛或腺毛。
    5. 孢子囊群无盖；羽轴和小羽轴及中脉交叉处有 1 角状的肉质扁刺 ………… **5. 角蕨属 Cornopteris**
    5. 孢子囊群有盖；羽轴和小羽轴或中脉交叉处无肉质扁刺（体盖蕨属有时有针状刺）。
      6. 孢子囊群圆形，盖圆肾形，叶片一回羽状 ………… **2. 安蕨属 Anisocampium**
      6. 孢子囊群圆形、长圆形、卵形、线形、新月形、弯钩形、马蹄形，盖多形；叶片为单页至四回羽裂。
        7. 叶片为披针形单叶、三出复叶或奇数一回羽状复叶 ………… **7. 双盖蕨属 Diplazium**
        7. 叶片为一回羽状至四回羽状，顶部羽裂渐尖。
          8. 孢子囊群通直而不弯曲，往往在裂片基部上侧小脉上双生 ………… **1. 短肠蕨属 Allantodia**
          8. 孢子囊群从不成对双生于一条小脉，多形，不紧靠小羽轴或中脉 ………… **4. 蹄盖蕨属 Athyrium**
1. 叶脉部分联结成网状 ………… **6. 菜蕨属 Callipteris**

1. 短肠蕨属 Allantodia R. Br. emend. Ching

中型至大型陆生植物。根状茎粗大，直立（有时成树干状）、斜升、横卧或横走，褐色或近黑色；鳞片多种形状，并常有一线形黑边。在斜升或直立的根状茎上叶簇生，若根状茎横走或横卧者，则叶远生或近生；叶柄基部常为褐色或黑色；孢子囊群大多单生于小脉上侧，在每组小脉基部上出一脉往往双生。

约 200 余种，产于热带及亚热带。我国约 100 种，广布于长江以南及西南的低山及中山山地；浙江 12 种 3 变种；温州 9 种 1 变种。

《中国石松类和蕨类植物》和《Flora of China》将本属并入双盖蕨属 *Diplazium* Sw.。

分种检索表

1. 孢子囊群通常粗短矩圆形、椭圆形或短柱状；囊群盖明显膨胀或极膨胀，成熟时从外侧张开后易破损。
  2. 孢子囊群生于小脉上部或近顶部，靠近小羽片或裂片边缘，成熟时囊群盖呈极其膨胀的椭圆形或柱状……………………………………………………………………………………………… **2. 边生短肠蕨 A. contermina**
  2. 孢子囊群生于小脉中部或下部，成熟时囊群盖呈稍微膨胀的短矩圆形………………… **7. 淡绿短肠蕨 A.virescens**
1. 孢子囊群及囊群盖短线形至长线形；囊群盖不膨胀，成熟时从外侧张开，往往被压于孢子囊群下面。
  3. 叶片一回羽状；植株中小型。
    4. 叶片阔披针形；羽片镰状披针形，边缘有重锯齿，羽片基部不对称，上侧有耳状凸起……………………………………………………………………………………………… **9. 耳羽短肠蕨 A. wichurae**
    4. 叶片矩圆形；羽片矩圆披针形，边缘大多羽状浅裂至深裂，羽片基部基本对称或近对称，上侧无耳状凸起……………………………………………………………………………………………… **6. 江南短肠蕨 A. metteniana**
  3. 在充分成长的植株上，叶片二回羽状或基部近三回羽状；植株高大。
    5. 叶纸质，有光泽；小羽片浅裂至半裂，或边缘仅有浅锯齿乃至全缘，少有羽状深半裂……………………………………………………………………………………………… **3. 膨大短肠蕨 A. dilatata**
    5. 叶多为草纸，无光泽；在充分成长的植株上，小羽片大多羽状半裂至深裂，裂片大多密接呈篦齿状。
      6. 根状茎先端及叶柄基部被伏贴的鳞片或叶柄几无鳞片………………………… **5. 异裂短肠蕨 A. laxifrons**
      6. 根状茎先端及叶柄基部被松展的鳞片。
        7. 叶片基部近三回羽状；鳞片披针形，膜质；孢子囊群细短线形………………… **1. 中华短肠蕨 A. chinensis**
        7. 叶片二回羽状；小羽片半裂至深裂；鳞片厚膜质；孢子囊群粗短线形。
          8. 叶厚草质；鳞片披针形；小羽片羽状浅裂至深半裂；裂片先端斜截形或圆截形，向上弯……………………………………………………………………………………………… **4. 薄盖短肠蕨 A. hachijoensis**
          8. 叶草质；鳞片线状披针形；小羽片羽状半裂至深裂；裂片先端圆形或圆截形，不向上弯……………………………………………………………………………………………… **8. 短果短肠蕨 A. wheeleri**

■ 1. 中华短肠蕨　中华双盖蕨

Allantodia chinensis (Bak.) Ching [*Diplazium chinensis* (Bak.) C. Chr.]

夏绿中型植物。根状茎横走，黑褐色，先端密被鳞片；鳞片褐色至黑褐色，膜质。叶近生，能育叶长达 1m 左右；叶柄上面有浅沟；叶片三角形，二回羽状；侧生羽片达 13 对，基部 1 对最大，侧生小羽片约达 13 对，小羽片的裂片达 15 对；叶脉羽状，在下面可见，在小羽片的裂片上小脉 6~8 对；叶草质；叶轴及羽轴禾秆色，光滑，上面有浅沟。孢子囊群细短线形，生于小脉中部或接近主脉，多数单生于小脉上侧，部分双生，其长多数超过小脉长度的 1/2~2/3；囊群盖成熟时浅褐色，膜质，从一侧张开，宿存或部分残留；孢子近肾形。

见于乐清（北雁荡山）、泰顺（乌岩岭），生于山谷林下、墙基下、石缝中。

全草药用；可供观赏。

■ 2. 边生短肠蕨　无柄短肠蕨　边生双盖蕨

图 85

Allantodia contermina (Christ) Ching [*Allantodia allantodioidea* (Ching) Ching ; *Diplazium conterminum* Christ]

常绿中大型林下植物。根状茎横走至横卧或斜升被鳞片；鳞片线状披针形，长达 1cm 以上，边缘有稀疏的细齿。叶远生至近生或簇生；叶柄上面有浅沟槽；叶片三角形，羽裂渐尖的顶部以下二回羽状；侧生羽片 5~10 对，侧生小羽片约 13 对，小羽片的裂片达 15 对左右，略斜向上，矩圆形，圆钝头，边缘有浅钝齿或近于全缘；叶脉在两面不明显或在下面略可见，羽状，在小羽片的裂片上小脉可达 7 对，通常单一或偶有分叉，斜向上。孢子囊群椭圆形，多数生于小脉中部以上，较近边缘；囊群盖薄，成熟时呈极膨胀的椭圆形或柱状，由外侧张开，易破碎。

见于乐清、永嘉、瑞安、文成、平阳、苍南、泰顺，生于林下、林缘和溪边。

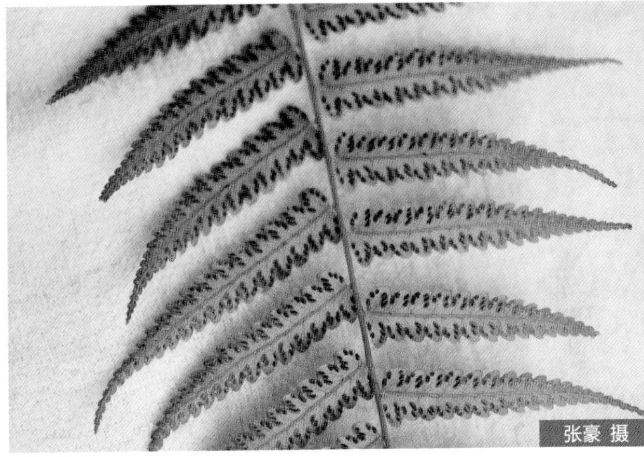

图 85 边生短肠蕨

图 86 膨大短肠蕨

■ 3. 膨大短肠蕨 毛柄短肠蕨 毛柄双盖蕨

图 86

Allantodia dilatata (Bl.) Ching [*Diplazium dilatatum* Bl.]

常绿大型林下植物。根状茎横走、横卧至斜升或直立，先端密被鳞片；鳞片边缘黑色并有小牙齿。叶疏生至簇生；能育叶长可达 3m；叶柄粗壮，基部黑褐色，密被与根状茎上相同的鳞片；叶片三角形，二回羽状或二回羽状小羽片羽状半裂；侧生羽片达 14 对，小羽片达 15 对，基部浅心形或阔楔形，两侧羽状浅裂至半裂，或近似缺刻状，小羽片的裂片达

15对，基部下侧的1片常显著较大；叶脉羽状，在小羽片的裂片上小脉可达8对；叶干后纸质；叶轴和羽轴绿禾秆色，光滑。孢子囊群线形，在小羽片的裂片上可达7对；囊群盖褐色，膜质，边缘睫毛状。

见于平阳、泰顺（左溪），生于阴湿阔叶林下。

■ 4. 薄盖短肠蕨　薄盖双盖蕨

Allantodia hachijoensis (Nakai) Ching [*Diplazium hachijoense* Nakai]

常绿中型至大型林下植物。根状茎横走，被鳞片；鳞片褐色至黑褐色。叶通常近生；能育叶长达70cm，上面有浅纵沟；叶片三角形或卵状三角形，长达80cm，二回羽状；侧生羽片约10对，侧生小羽片约10对，基部阔楔形或近平截，两侧羽状浅裂至深半裂，小羽片的裂片可达10对以上，全缘或有疏浅锯齿；叶脉羽状，在下面明显，在小羽片的裂片上小脉约达7~8对；叶干后厚草质，上面有浅纵沟，纵沟中生长甚多细小腺体，下面有易脱落的多细胞短腺毛，并疏生。孢子囊群粗线形或矩圆形，生于小脉中部，在基部上侧一条小脉上的常为双生；囊群盖浅褐色。

见于乐清（北雁荡山）、泰顺，生于林下。

■ 5. 异裂短肠蕨　异裂双盖蕨

Allantodia laxifrons (Rosent.) Ching [*Diplazium laxifrons* Rosent.]

常绿中型至大型蕨类。根状茎兼有横走、横卧、斜升至直立各种形态，有时长成树干状，直径达10cm，先端略被紧贴的褐色薄鳞片。叶远生至簇生；叶柄可长达1m，上面有2浅纵沟；叶片三角形或卵状三角形，羽裂渐尖的顶部以下二回羽状，小羽片羽状浅裂至深裂；侧生羽片达20对；叶脉在上面不明显，在下面可见，羽状，在小羽片的裂片中小脉可达9对，通常2叉至羽状，少数单一，斜向上；叶厚草质；叶轴及羽轴绿禾秆色或浅褐色，羽轴和中肋下面略被短细毛及小鳞片。孢子囊群线形，在小羽片的裂片上可达7对，接近主脉，长可达小脉长度的2/3；囊群盖成熟时褐色，膜质，宿存。

见于永嘉、苍南，生于林下。浙江分布新记录种。

■ 6. 江南短肠蕨　江南双盖蕨　图87

Allantodia metteniana (Miq.) Ching [*Asplenium menttenianum* Miq. ;*Diplazium menttenianum* (Miq.) C. Chr.]

根状茎横走，顶部密生披针形有小齿的鳞片。叶疏生，纸质，无毛；叶柄长30~40cm，青禾秆

图87　江南短肠蕨

色，仅基部有鳞片；叶片三角状阔披针形，顶部渐尖并为羽裂，基部宽 15~17cm，一回羽状；羽片长 8~11cm，中部宽 1.5~2cm，镰状披针形，基部稍狭，近截形，边缘波状至羽裂达 1/2~2/3；裂片有浅钝齿，每裂片有小脉 5~7 对，单一（基部偶有 2 叉）。孢子囊群条形，生于小脉中部，在基部上侧小脉上的通常双生，其余单一；囊群盖同形，薄膜质。

见于乐清、永嘉、文成、平阳、苍南和泰顺，生于林下或岩石上。

6a. 小叶短肠蕨　小叶双盖蕨

Allantodia metteniana var. **fauriei** (Christ) Ching [*Diplazium metteniana* (Miq.) Ching var. *fauriei* (Christ) Tagawa]

与原种的区别在于：叶较小，叶片长 15~20cm，宽 7~10cm；羽片通常长 4~7cm，宽约 1~1.5cm，边缘呈锯齿状或浅波状；每组小脉有 2~3 对；通常有孢子囊群 1 条，偶有 2~3 条，大多单生，偶有双生。

见于文成、苍南、泰顺（乌岩岭），生于林下溪边阴湿处岩石上。

7. 淡绿短肠蕨　淡绿双盖蕨

Allantodia virescens (Kunze) Ching [*Diplazium virescens* Kunze]

常绿中型林下植物。根状茎短而直立，黑褐色，先端略被鳞片；鳞片深褐色。叶柄短于叶片，基部黑褐色并疏被与根状茎上相同的鳞片，上部与叶轴上面有浅纵沟；叶片卵状三角形，二回羽状，小羽片羽状分裂；羽片达 10 对以上，小羽片达 10 对左右，平展，互生，通常披针形，偶为长卵圆形，对称或几对称，先端渐尖或钝圆，无柄或下部的有短柄，小羽片的裂片约达 10 对；叶脉在下面明显，在小羽片的裂片上约达 7 对。叶干后薄纸质或纸质。孢子囊群通常线形，生于小脉中部或略接近主脉，长可达小脉长度的 3/4，单生或在基部上侧小脉上的常为双生。

见于乐清（雁荡山）、瑞安（湖岭）、泰顺（竹里），生于山区林下。

8. 短果短肠蕨　短果双盖蕨

Allantodia wheeleri (Bak.) Ching [*Diplazium wheeler* (Bak.) Diels]

常绿中型植物。根状茎横走，直径约 1cm，先端和叶柄基部密被鳞片；鳞片线状披针形。叶近生；能育叶长达 1m 左右；叶柄长 40~50cm，疏被鳞片，上面有浅纵沟；叶片三角状卵形，顶部以下二回羽状；羽片约 8 对，基部 1 对最大，小羽片 10~12 对，基部截形，有短柄，两侧羽状半裂至深裂，小羽片的裂片 8~10 对；叶脉在下面清晰可见，在小羽片的裂片上羽状，每裂片有小脉约 6 对；叶为草质，上面有浅纵沟。孢子囊群粗短线形，每裂片有 4~5 对，生于小脉中部，在基部上侧一条小脉上的偶为双生；囊群盖线形，褐色，膜质，宿存。

《浙江植物志》记载产于乐清，但仅据文献报道，未见标本。

9. 耳羽短肠蕨　耳羽双盖蕨　图 88

Allantodia wichurae (Mett.) Ching [*Diplazium wichurae* (Mett.) Diels]

常绿中小型林下植物。根状茎细长横走，被鳞

丁炳扬 摄

丁炳扬 摄

图 88　耳羽短肠蕨

片；鳞片披针形。叶远生；能育叶长达60cm；叶柄上面有1狭纵沟；叶片阔披针形，羽裂尾状长渐尖的顶部以下一回羽状；羽片可达18对，镰状披针形，两侧不对称，下侧楔形，上侧有三角形的耳状凸起，边缘有重锯齿；叶脉羽状，在下面隆起，在上面凹入，每组侧脉有不分叉的小脉3~5条，上先出，极斜向上；叶坚纸质或近革质；叶轴绿禾秆色，上面有狭纵沟。孢子囊群粗线形，在一羽片上可达16对，各成1行排列于中肋两侧；与囊群同形的囊群盖浅褐色，膜质，全缘，宿存。

见于乐清、文成，生于海拔40~600m的山地林下溪边岩石旁或岩洞中。

2. 安蕨属 Anisocampium Presl

陆生中小型植物。根状茎长而横走或短而直立，被褐色披针形鳞片。叶远生或簇生；叶柄长，腹面有1纵沟，直通叶轴；叶片卵状长圆形或三角状卵形，一回羽状；羽片2~7对；叶脉在裂片上为羽状，侧脉3~5对；叶干后纸质。孢子囊群圆形，背生于小脉中部，在主脉两侧各排列成1行或仅有3~5枚；囊群盖边缘具睫毛。

4种，分布于东南亚热带和亚热带。我国3种；浙江1种，温州也产。

■ 华东安蕨 图89

Anisocampium sheareri (Bak.) Ching

根状茎长而横走，疏被浅褐色披针形鳞片。叶近生或远生；叶长25~60cm；叶柄疏被与根状茎上同样的鳞片；叶片卵状长圆形或卵状三角形，基部近截形或圆楔形，一回羽状，顶部羽裂；侧生羽片2~7对，镰刀状披针形，长渐尖头，基部圆形，唯基部1~2对羽片的基部下侧往往呈斜楔形，下部边缘浅裂至全裂；裂片卵圆形或长圆形，有长锯齿，向上的裂片逐渐缩小，终成倒伏状的尖锯齿；叶脉分离，在裂片上为羽状，侧脉3~4对，单一或偶有2叉。孢子囊群圆形，每裂片3~4对，在主脉两侧各排成1行，唯在羽片顶部的排列不规则；囊群盖圆肾形。

见于乐清（北雁荡山、淡溪）、永嘉（牛轮村）、瑞安（花岩）、平阳（南雁），生于林下。

张豪 摄

张豪 摄

张豪 摄

图89 华东安蕨

3. 假蹄盖蕨属 Athyriopsis Ching

中、小型土生常绿或夏绿植物。根状茎细长横走或短而斜升至直立，膜质鳞片各型。叶远生至近生，或簇生；叶近二型，不育叶的柄常显著较短；叶柄基部圆形，具与根状茎上相同的鳞片；叶片长三角形、椭圆形或披针形，顶部以下一回羽状；叶脉在裂片上羽状，侧脉 10 对以下，单一或 2 叉。孢子囊群线形或椭圆形，为双盖蕨型。

约 15 种，分布于亚洲的亚热带。我国约 10 种，主要分布于长江以南；浙江 5 种 1 变种，温州均产。

《Flora of China》将本属归入对囊蕨属 *Deparia* Hook. et Grev.。

分种检索表

1. 叶片狭披针形、披针形、阔披针形或长三角形；羽片先端钝圆或急尖。
  2. 叶片薄草质或近膜质，叶两面疏生节毛；侧生分离羽片通常 5 对以上，罕为 2~3 对。
    3. 叶片狭披针形、披针形、阔披针形，长为宽的 3~5 倍；囊群盖边缘齿蚀状，少见撕裂 ……………… **1. 钝羽假蹄盖蕨 A. conilli**
    3. 叶片长三角形，长为宽的 2~3 倍；囊群盖边缘撕裂状，有睫毛，在囊群成熟前平展 ……………… **5. 阔基假蹄盖蕨 A. pseudoconilii**
  2. 叶片草质，叶片两面（尤其叶轴及羽片中肋下面）通常有甚多卷曲的长节毛；侧生分离羽片 1~2（~3）对；囊群盖背面有短节毛或无毛，边缘撕裂状，有睫毛 ……………… **4. 毛轴假蹄盖蕨 A. petersenii**
1. 叶片卵形、矩圆形、三角形、阔披针形或矩圆阔披针形；羽片先端通常渐尖至长渐尖，少见急尖。
  4. 侧生分离羽片大多以 60° 的夹角向上斜展，其基部阔楔形至楔形，裂片也明显向上斜展；叶两面节毛稀少；囊群盖背面无毛 ……………… **3. 假蹄盖蕨 A. japonica**
  4. 侧生分离羽片平展或通常以大于 70° 的夹角略向上斜展，裂片也近平展，或以大于 50° （通常 60°~70°）的夹囊群角略向上斜展；叶下面（尤其叶轴和羽片中肋）通常有显著的较粗短而长的节毛，羽片上面均有细而尖的短节毛；盖背面有毛 ……………… **2. 二型叶假蹄盖蕨 A.dimorphophylla**

1. 钝羽假蹄盖蕨　钝羽对囊蕨　图 90

Athyriopsis conilli (Franch. et Sav.) Ching [*Deparia conilii* (Franch. et Sav.) M. Kato]

夏绿植物。根状茎细长横走，黑褐色，先端疏被浅褐色卵形至卵状披针形的膜质鳞片。叶明显近二型；不育叶的柄显著较短，能育叶长达 50cm；叶柄疏被与根状茎上相同的鳞片；叶片狭披针形至披针形、阔披针形，一回羽状；侧生羽片 12~15 对，上侧略呈耳状凸起，下侧圆楔形；裂片 4~8 对；叶脉羽状；叶薄草质，干后绿色或浅褐绿色。孢子囊

图 90　钝羽假蹄盖蕨

群短线形，在侧生羽片的裂片上 1~3 对，单生或在基部上出一脉双生；囊群盖褐色，膜质，边缘通常啮蚀状，有时呈撕裂状，孢子囊群成熟前大多不内弯，少见内弯。

见于乐清、永嘉、文成和泰顺，生于阴湿的地方。

图 91　二型叶假蹄盖蕨

■ 2. 二型叶假蹄盖蕨　二型叶对囊蕨　图 91

Athyriopsis dimorphophylla (Koidz.) Ching ex W. M. Chu [*Deparia dimorphophyllum* (Koidz.) M. Kato]

株高 50cm 以上。根状茎长而横走，深入土表以下，先端密被浅褐色、披针形及阔披针形、薄膜质的鳞片。叶明显近二型，能育叶较大或叶柄显著较长；叶柄禾秆色，长 25~40cm，基部密生与根状茎上同样的鳞片，向上疏生多细胞节状毛，上部近光滑；能育叶长达 50cm 以上，不育叶一般不超过 30cm；不育叶顶部羽裂渐尖，侧生分离羽片 8 对以下。裂片上羽状脉的小脉 11 对以下；叶草质，干后绿色，上面色较深；叶轴和中脉疏被小鳞片及节状毛或近光滑。孢子囊群线形；囊群盖膜质，黄褐色，背面有毛。

见于乐清、泰顺，生于林中湿润地。

■ 3. 假蹄盖蕨　东洋对囊蕨　图 92

Athyriopsis japonica (Thunb.) Ching [*Deparia japonica* (Thunb.) M. Kato]

植株高 30~50cm。根状茎长而横走，有疏的阔披针形鳞片。叶远生；叶柄长 12~25cm，禾秆色，疏生红棕色卷曲的短毛和披针形小鳞片；叶片革质，长 20~30cm，中部宽 6~10cm，仅沿叶轴和羽轴下面疏生棕色多细胞的短毛，二回深羽裂；羽片开展，

图 92　假蹄盖蕨

图 93 斜羽假蹄盖蕨

披针形，中部宽 1~2(~3)cm，渐尖头，羽裂达羽轴两侧的阔翅；裂片开展，圆头并有浅圆齿，两侧几全缘。孢子囊群条形，通常单生一脉；囊群盖同形，膜质，全缘或稍啮断状。

见于乐清（雁荡山）、永嘉（溪下、岩龙、翼宅）、泰顺（冬泉、乌岩岭）和苍南（马站），生于平原、山谷溪边或林下湿地。

全草药用。

3a. 斜羽假蹄盖蕨 图 93

Athyriopsis japonica var. **oshimensis** (Christ) Ching

与原种的区别在于：侧生羽片的裂片以约 30° 的夹角极斜向上，近尖头，羽片通常也显著斜向上方；囊群盖边缘在囊群成熟前平展，不内弯。

见于乐清（雁荡山），生于很潮湿的环境。

全草药用。

分类地位有争议，有学者建议并入假蹄盖蕨 *Athyriopsis japonica* (Thunb.) Ching。

4. 毛轴假蹄盖蕨 毛叶对囊蕨 图 94

Athyriopsis petersenii (Kunze) Ching [*Deparia petersenii* (Kunze) M. Kato]

根状茎细长，横走。能育叶形态多种多样，叶柄禾秆色，具狭披针形的鳞片及节状短毛；一回羽状复叶，羽片平展或略向上斜展，羽状半裂至深裂；侧生分离羽片的裂片可达 15 对，裂片上羽状脉的小脉 7 对以下，斜向上，单一二叉，两面可见。叶草质，干后绿色或灰绿色至浅黄绿色，上面色较深，通常下面沿叶轴、羽片中肋及叶脉通常具长节毛，脉间无毛或有灰白色细短节毛。孢子囊群短线形或线状矩圆形，在基部处，一脉常为双生囊群，其余

图 94 毛轴假蹄盖蕨

图 95 阔基假蹄盖蕨

多单生于小脉上侧，偶有双生，成熟时常布满裂片下面；囊群盖膜质，背面无毛或有短节毛。

见于乐清（北雁荡山）、平阳和泰顺，生于海拔 100~900m 的竹林下或灌丛中。

5. 阔基假蹄盖蕨　阔基对囊蕨　图 95

Athyriopsis pseudoconilii (Serizawa) W. M. Chu
[*Deparia pseudoconilii* (Serizawa) Serizawa]

夏绿植物。根状茎细长，横走，先端密被褐色披针形薄鳞片。叶近二型；叶柄基部疏被与根状茎上相同的鳞片；能育叶片披针形或狭长三角形；侧生分离羽片达 7(~10) 对，基部不对称，上侧较宽，两侧羽状半裂至深裂；裂片上的叶脉大多羽状，小脉单一，达 4(~6) 对；叶干后薄草质，浅绿色，上面色较深；叶轴两面常被相当多的浅褐色卷曲节毛，羽片两面中脉及侧脉上疏生短节毛。孢子囊群线形，通直或略向后弯，单生于小脉上侧，或在裂片基部上出小脉，囊群双生于上出小脉两侧，囊群盖黄褐色，背面略有细短节毛，边缘撕裂状，在囊群成熟前平展。

见于鹿城（雪山），生于林下。

4. 蹄盖蕨属 Athyrium Roth

陆生中型草本植物。根状茎短，多为直立，少有横走或斜升。叶多簇生；叶柄长，背面隆起，腹面凹陷，两侧边缘有瘤状气囊体各 1 行，叶柄上面有 1 纵沟，沟内往往被短腺毛；叶片卵形、长圆形或阔披针形，一回至三回羽状。孢子囊群多形，背生、侧生或横跨于小脉上；囊群盖多种形态。

约 260 种，主产于温带和亚热带高山。我国约 180 多种，以西南山地为其分布中心；浙江约 17 种 1 变种；温州 5 种 1 变种。

分种检索表

1. 根状茎细长，横走或短横卧；叶远生或近生，或近直立；孢子周壁表面有明显的褶皱，或无褶皱；羽片无柄，基部上侧不呈耳状 ………………………………………………………… **4. 华东蹄盖蕨 A. niponicum**
1. 根状茎直立或斜生；叶簇生；孢子周壁表面无褶皱，或有明显的褶皱。
   2. 囊群盖呈弯钩形、马蹄形、圆肾形、椭圆形、短线形等多种形状，侧生、横跨或背生于叶脉上；叶柄基部鳞片常为黄褐色、褐色或深色。

3. 叶中部以上之小羽片或羽裂片上先出，偶下先出或近对生；叶轴及羽轴禾杆色，偶有带淡紫红色，下面无毛或具极疏毛；羽轴两侧狭翅边缘或羽裂片间缺刻处无毛。
4. 羽片（尤其叶片顶部）或小羽片斜向下反折 …… **2. 湿生蹄盖蕨 A. devolii**
4. 羽片（尤其叶片顶部）或小羽片斜向上伸展或至多近平伸 …… **1. 溪边蹄盖蕨 A. deltoidofrons**
3. 叶中部以上之小羽片或羽裂片下先出或近对生；叶轴及羽轴淡紫红色，偶有带禾杆色，下面无毛或有毛；羽轴两侧狭翅边缘或羽裂片间缺刻处无毛 …… **5. 尖头蹄盖蕨 A. vidalii**
2. 囊群盖通常为短线形或长圆形，通直，侧生于叶脉上，常靠近中肋，至多在叶片顶部或小羽片基部上侧偶有弯弓；叶柄基部常为黑色或黑褐色 …… **3. 长江蹄盖蕨 A. iseanum**

■ 1. 溪边蹄盖蕨　修株蹄盖蕨　九龙山蹄盖蕨

Athyrium deltoidofrons Makino [*Athyrium giganteum* De Vol]

根状茎短，直立，先端密被浅褐色、钻状披针形的鳞片。叶簇生；叶柄被与根状茎上同样的鳞片，向上禾秆色，略带淡紫红色；能育叶片阔卵形或卵状长圆形，二回羽状，小羽片深羽裂；羽片15~20对，基部上侧截形并与叶轴并行，下侧斜楔形，二回深羽裂；小羽片约14对，基部近对称，阔楔形，深羽裂；裂片约10对，两侧边缘有短尖齿；叶脉在下面明显，在裂片上为羽状，小脉单一或分叉；叶干后草质。孢子囊群马蹄形、长圆形或弯钩形，每裂片1~5枚（基部上侧裂片通常有7枚）；囊群盖同形，灰褐色，膜质，边缘啮蚀状，宿存。

见于文成（石垟、黄田、叶胜）和泰顺（黄桥、岭水），生于林下阴湿处。

全草药用。

■ 2. 湿生蹄盖蕨　福建蹄盖蕨

Athyrium devolii Ching [*Athyrium fukienense* Ching]

根状茎短，近直立，先端被浅褐色、卵状披针形的鳞片。叶簇生；能育叶长45~85cm；叶柄疏被与根状茎上同样的鳞片；叶片狭长圆形，二回羽状，小羽片深羽裂；羽片12~15对，一回羽状，小羽片深羽裂；小羽片约12对，羽裂深达小羽轴，两侧有阔翅；裂片6~9对，上侧通常较下侧大，长圆形，钝头，边缘有不整齐的尖锯齿；叶脉在下面明显，在裂片上为羽状，侧脉2~3对，单一，伸达于锯齿顶。孢子囊群近圆形或马蹄形，每裂片1~3枚（基部裂片上常有2~3对）；囊群盖马蹄形，褐灰色，厚膜质，边缘有睫毛，宿存。

见于泰顺（乌岩岭），生于潮湿处。

■ 3. 长江蹄盖蕨　图96

Athyrium iseanum Rosenst. [*Athyrium dissectifolium* Ching]

株高30~70cm。根状茎短，直立，先端和叶柄基部密被鳞片。叶簇生；叶柄基部黑褐色，向上淡绿禾秆色，光滑；二回羽状复叶，叶片长圆形，小羽片深羽裂；羽片10~20对，互生，斜展，有柄，基部一对略缩短，第2对羽片披针形，一回羽状，小羽片羽裂至二回羽状；叶脉在下面较明显，在下部裂片上为羽状，侧脉2~3(~5)对，向上的2叉；叶干后草质，浅褐绿色，两面无毛；叶轴和羽轴下面禾秆色，交汇处密被短腺毛，上面连同主脉有贴伏的针状软刺。孢子囊群长圆形、弯钩形、马蹄形或圆肾形，每裂片1枚，但基部上侧的2~3枚；囊群盖同形，黄褐色，膜质。

见于文成、泰顺，生于50~1500m的林下湿地。

■ 4. 华东蹄盖蕨　日本蹄盖蕨　图97

Athyrium niponicum (Mett.) Hance

根状茎横卧，斜升，先端和叶柄基部密被浅褐色、狭披针形的鳞片。叶簇生；叶柄长，黑褐色，向上禾秆色，疏被较小的鳞片；叶片卵状长圆形，小羽片(8~)12~15对，叶轴和羽轴下面带淡紫红色，略被浅褐色线形小鳞片，小羽片上侧近截形，成耳状凸起，与羽轴并行，下侧楔形，两侧有粗锯齿或羽裂几达小羽轴两侧的阔翅。孢子囊群长圆形、弯钩形或马蹄形，每末回裂片4~12对；囊群盖同形，

图 96　长江蹄盖蕨

图 97　华东蹄盖蕨

褐色，膜质，边缘略呈啮蚀状，宿存或部分脱落。

见于瓯海，生于海拔 400m 的林下。

■ 5. 尖头蹄盖蕨

Athyrium vidalii (Franch. et Sav.) Nakai

根状茎短，直立，先端密被深褐色、线状披针形、先端纤维状的鳞片。叶簇生；能育叶长 50~65cm；叶柄密被与根状茎上同样的鳞片；叶片长卵形或三角状卵形，二回羽状；羽片约 12 对，一回羽状；小羽片约 16 对，上侧截形，并有钝圆的耳状凸起，下侧楔形；叶脉在下面可见，在小羽片上为羽状，侧脉 7 对左右，耳片和裂片上的为羽状；叶干后纸质；叶轴禾秆色，羽轴下面通常淡紫红色，无毛或有毛，上面有贴伏的短硬刺。孢子囊群长圆形或短线形，每小羽片 6~7 对，在主脉两侧各排成 1 行，稍近主脉，叶耳上有 1~2 枚；囊群盖长圆形。

见于泰顺（乌岩岭）和文成，生于海拔 900~1400m 的林下。

■ 5a. 松谷蹄盖蕨

Athyrium vidalii var. **amabile** (Ching) Z. R. Wang [*Athyrium amabile* Ching]

叶柄光滑；叶片阔卵形，二回羽状；急狭缩顶部以下的羽片 9 对，一回羽状；小羽片约 15 对，两侧浅羽裂；裂片 4~6 对；其余的裂片较小，先端也有尖齿牙；第 2 至第 3 对羽片比基部一对略长，向上各对羽片略缩短，但基部较阔；侧脉 2~4 对；叶轴和羽轴下面褐禾秆色，密被褐色短腺毛。孢子囊群每小羽片 3~4(~6) 对，略离主脉。

见于泰顺，生于海拔 500~1500m 的林下。

5. 角蕨属 Cornopteris Nakai

湿生常绿或夏绿植物。根状茎大多粗而横卧、斜升或直立，顶部及叶柄基部有披针形、卵状披针形或卵形的鳞片。叶多近生或簇生；叶轴和各回羽轴上面有阔纵深沟，两侧有隆起的狭边，相交处有 1 肉质角状扁粗刺；叶脉分离，在裂片上羽状，小脉单一或 2 叉至羽状，不达叶边；各回羽轴下面被多细胞的短节毛及稀疏的披针形褐色小鳞片。

约 12 种，主要分布于亚洲热带及亚热带。我国约 12 种；浙江 2 种 1 变种；温州 1 变种。

■ 毛叶角蕨 图 98

Cornopteris decurrenti-alata (Hook.) Nakai var. **pilosella** H. Itô [*Cornopteris decurrenti-alata* f. *pillosella* (H. Itô) W. M. Chu]

根状茎短而直立，密被鳞片；鳞片披针形，先端纤维状。叶轴、羽轴及中脉下面密生多细胞短节毛；叶簇生；叶柄和叶轴通体密被红棕色薄鳞片；叶片披针形，一回羽状；羽片 10~15 对；裂片 2~4 对，极斜向上；叶脉在两面均明显，隆起呈沟脊状，呈现特殊的“角”；叶革质。孢子囊群狭线形，长 3~8mm，深棕色，极斜向上，彼此密接，生于小脉中部，在羽片上部的沿主脉两侧各成 1 行，并紧靠主脉，几与主脉平行，生于裂片上的则为不甚整齐的扇形排列，每裂片有 2~5 枚；囊群盖狭线形，灰白色，后变灰黄色，厚膜质，全缘，开向主脉，少数开向叶边，宿存。

见于泰顺，生于林下湿地。

图 98 毛叶角蕨

6. 菜蕨属 Callipteris Bory

陆生大型常绿喜湿植物。根状茎粗壮，直立或斜升，常成柱状主轴，被鳞片；鳞片褐色，边缘有睫毛状小齿。叶族生，一至二回羽状，顶部羽裂渐尖；主脉及侧脉明显，下部几对小脉斜向上，先端联结成斜长方形的网孔。孢子囊群椭圆形至线形，几着生于全部小脉上；囊群盖厚膜质，线形，黄褐色，全缘，宿存或最后消失。

约 5 种，分布于太平洋岛屿及亚洲东南部热带、亚热带。我国 3 种；浙江 1 种，温州也有。

《Flora of China》将本属归并到双盖蕨属 *Diplazium* Sw.

■ 菜蕨 食用双盖蕨 图 99

Callipteris esculenta (Retz) J. Smith ex Moore et Houlst [*Diplazium esculentum* (Retz.) Sw.]

植株高 30~140cm。根状茎直立或斜升，有密鳞片；鳞片狭披针形，边缘有细齿。叶簇生，厚草质，无毛或叶轴和羽轴下面有锈黄色绒毛；叶柄长 50~60cm，棕禾秆色，仅基部有疏鳞片；叶片宽 30~60cm，矩圆形，二回(少有一回)羽状；羽片开展，有柄；小羽片长 4~6cm，宽 6~10mm，披针形，渐尖头，基部近截形，两侧稍呈耳状，边缘有齿或浅裂；裂片有小锯齿；叶脉在裂片上为羽状，下部 2~3 对联结。孢子囊群条形，生于小脉上，伸达叶边；囊群盖同形，膜质，全缘。

见于乐清（雁荡山）、永嘉（岩龙）、文成（铜铃山）和平阳（青街），生于海拔 10~750m 的水边。

嫩叶可作蔬菜。

张豪 摄

张豪 摄

张豪 摄

图 99 菜蕨

7. 双盖蕨属 Diplazium Sw.

中型陆生常绿植物。根状茎直立或斜升，先端被鳞片。叶通常簇生或近生；叶柄长，基部近黑色；叶片椭圆形，奇数一回羽状或间为三出复叶或披针形的单叶，或有时同一种兼有三种形态的能育叶；羽片通常 3~8 对；主脉明显，上面近圆形或略具浅纵沟，小脉分叉，纤细，每组 3~5(~7) 条。孢子囊为水龙骨型，有长柄。

约 40 种，广布于亚洲和美洲的热带和亚热带。我国 23 种；浙江 3 种，温州也有。

《浙江植物志》设假双盖蕨属 *Triblemma* Ching,《中国植物志》将其归并到双盖蕨属 *Diplazium* Sw.,《Flora of China》将本属归入对囊蕨属 *Deparia* Hook. et Grev.。本志采用《中国植物志》的处理意见。

分种检索表

1. 一回复叶 ………………………………………………………… **1. 厚叶双盖蕨 D. crassiusculim**

1. 单叶，叶片披针形或狭长线状披针形。

  2. 叶片两侧自上而下羽状浅裂至深裂 …………………………… **3. 羽裂叶双盖蕨 D. tomitaroanum**

  2. 叶片两侧边缘全缘或稍呈波状 ………………………………… **2. 单叶双盖蕨 D. subsinuatum**

■ 1. 厚叶双盖蕨 图 100

Diplazium crassiusculim Ching

根状茎直立或斜升，木质，先端密被鳞片；鳞片披针形，边缘有小齿。叶簇生；叶柄密被与根状茎上相同的鳞片，上面有浅纵沟；叶片椭圆形，奇数一回羽状；侧生羽片通常 2~4 对，同大，互生或下部的近对生，斜向上，通常边缘下部近全缘或略呈浅波状，自中部以上向先端有细锯齿；顶生羽片与其下的侧生羽片同大或略大；中脉明显，下部圆而隆起，上面有浅纵沟，侧生小脉在两面均明显，每组有小脉 3~4 条，纤细，直达叶边；叶坚草质，干后褐绿色。孢子囊群与囊群盖长线形，通常单生于小脉上侧，自中脉向外行，每组叶脉有 1 条，生

图 100 厚叶双盖蕨

于基部上出一脉。

见于泰顺（司前），生于溪边密林下。

■ 2. 单叶双盖蕨 假双盖蕨 单叶对囊蕨 图 101

Diplazium subsinuatum (Wall. ex Hook. et Grev.) Tagawa [*Triblemma lancea* (Thunb.) Ching; *Deparia lancea* (Thunb.) Fraser-Jenk.]

根状茎细长，横走，被黑色或褐色披针形鳞片。叶远生；能育叶长达 40cm；叶柄长 8~15cm，淡灰色，基部被褐色鳞片；叶片披针形或线状披针形，长 10~25cm，宽 2~3cm，两端渐狭，边缘全缘或稍呈波状；中脉在两面均明显，小脉斜展，每组 3~4 条，通直，平行，直达叶边；叶干后纸质或近革质。孢子囊群线形，通常多分布于叶片上半部，沿小脉斜展，在每组小脉上通常有 1 条，生于基部上出小脉，距主脉较远，多单生；囊群盖成熟时膜质，浅褐色；孢子赤道面观圆肾形，周壁薄而透明，凸起顶部具稀少而小的尖刺。

见于本市丘陵山地，生于林下、石边。

全草入药，有利尿通淋、清热解毒、排石健脾、止血镇痛的功能。

图 101 单叶双盖蕨

■ 3. 羽裂叶双盖蕨 裂叶双盖蕨 羽裂叶对囊蕨

Diplazium tomitaroanum Masam. [*Triblemma zeylanica* auct. non. (Hook.) Ching; *Deparia tomitaroana* (Masam.) R. Sano]

根状茎细长，横走，先端密被鳞片；鳞片披针形，边缘有稀疏小齿或近全缘。叶疏生；叶柄幼嫩时通体被与根状茎上相同的鳞片，其后中部以上的鳞片渐脱落而变稀疏或光滑，上面有浅纵沟；叶片披针形或狭长线状披针形，两侧自上而下羽状浅裂至深裂，基部常裂达中肋，形成 1~4 对基部贴生的分离裂片；裂片可达 30 对；叶脉在两面明显或略可见，在裂片上羽状，小脉单一或 2 叉，每裂片 3~13 对；叶草质。孢子囊群短线形，单生于小脉上侧或双生于一条小脉上下两侧，在裂片上最多达 13 对；囊群盖与孢子囊群同形。

见于苍南，生于路边阔叶林下溪旁石头缝隙中。

全草入药，有清热凉血、利尿通淋的功能。

8. 介蕨属 Dryoathyrium Ching

陆生中型植物。根状茎粗壮，长而横走、斜升或近直立。叶远生或近生；叶柄长，基部被鳞片，内具维管束 2 条，相对排列，向上连合呈“U”字形；叶片长圆形或卵状长圆形，渐尖头，一回羽状至二回羽状，末小羽片羽状深裂；叶轴、羽轴和小羽轴上面有 1 纵沟；羽轴、小羽轴和主脉上通常被蠕虫状的腺毛。孢子囊群背生于小脉中部。

约 20 种，分布于东半球的温带和亚热带。我国 12 种；浙江 5 种；温州 2 种。

《中国石松类和蕨类植物》和《Flora of China》将本属归入对囊蕨属 *Deparia* Hook. et Grev.。

图 102　华中介蕨

1. 华中介蕨　大久保对囊蕨　图 102

Dryoathyrium okuboanum (Makino) Ching [*Athyrium okuboanum* Makino; *Deparia okuboana* (Makino) M. Kato]

根状茎横走，先端斜升。叶近簇生；能育叶长达 1.2m；叶柄疏被褐色披针形鳞片；叶片阔卵形或卵状长圆形，二回羽状，小羽片羽状半裂至深裂；羽片 10~14 对，互生，一回羽状；小羽片 12~16 对，基部的近对生，向上的互生，无柄，平展，基部一对较小，长圆形，阔楔形并下延成狭翅，边缘浅裂至并裂；裂片长圆形，钝圆头，全缘；叶脉在裂片上为羽状，侧脉 2~4 对，单一。孢子囊群圆形，背生于小脉上，通常每裂片 1 枚，偶有 2~4 枚；囊群盖圆肾形或略呈马蹄形。

见于文成（铜铃山）和泰顺（乌岩岭），生于灌丛中、林下、林缘水边。

全草药用。

2. 绿叶介蕨　绿叶对囊蕨

Dryoathyrium viridifrons (Makino) Ching [*Deparia viridifrons* (Makino) M. Kato]

根状茎横走，粗壮。叶近生；能育叶长达 1.2m；叶柄疏被浅褐色阔披针形鳞片；叶片长圆形，二回羽状，小羽片深羽裂，羽片 8~10 对，一回羽状，小羽片 12~14 对，渐尖头，基部略呈楔形，边缘深羽裂；裂片 10~12 对，互生，斜展，长方形，钝圆头，边缘锐裂成粗锯齿；叶脉在裂片上为羽状，侧脉单一或 2 叉；叶干后草质，绿色；叶轴、羽轴和小羽轴上疏被浅褐色披针形小鳞片和 2~3 列细胞组成的蠕虫状腺毛。孢子囊群小，圆形或近圆形，背生于小脉上，每裂片 1~3 对；囊群盖圆肾形，深褐色，膜质，近全缘，宿存。

见于文成，生于林下。

本种与华中介蕨 *Dryoathyrium okuboanum* (Makino) Ching 的区别在于：本种叶薄草纸，小羽片基部阔（圆）楔形，羽裂深达 2/3 以上，孢子囊群圆形或近圆形，而华中介蕨叶厚草纸，小羽片基部近方形，羽裂深达 1/2，孢子囊群圆形。

9. 毛轴线盖蕨属（毛子蕨属）Monomelangium Hayata

常绿中型林下阴生植物。根状茎短，直立或斜升。叶少数簇生；叶轴下面圆，上面有纵沟，两边钝圆；羽片中脉在两面隆起，侧脉明显，向上斜展，大多 2~3 叉。全株多处被节状长绒毛。孢子囊群大多为铁角蕨型，长线形或短线形，较长的孢子囊群沿小脉上侧自中脉向上达小脉长度的 2/3 或与小脉等长；囊群盖与孢子囊群同形。

2 种，分布于我国热带，越南和马来西亚也有。浙江 1 种，温州也产。

《中国石松类和蕨类植物》和《Flora of China》将本属并入双盖蕨属 *Diplazium* Sw.。

■ 毛轴线盖蕨　毛子蕨　图 103

Monomelangium pullingeri (Bak.) Tagawa
[*Diplazium pullingeri* (Bak.) J. Smith]

植株高 35~60cm。根状茎短而斜升，近光滑。叶簇生，近草质，干后褐色；叶柄长 12~20cm，褐色，连同叶轴和羽轴下面密被暗棕色有节的粗毛；叶片阔披针形，一回羽状，向顶端羽裂，渐尖头；羽片 17~25 对，平展，披针形，略呈镰形，下部的几不缩短，长 5~7cm，宽 1cm，渐尖头或锐尖头，基部上侧耳状凸起，边缘全缘或呈波状；叶脉羽状，侧脉 2~3 叉（基部的羽状）。孢子囊群条形，每组叶脉有 1 条，生于上侧一脉，不达叶边；囊群盖条形，开向上方，膜质，宿存。

见于平阳（南雁荡山），生于海拔 40m 的林缘水沟边岩石下、密林下阴湿处。

周喜乐 摄

图 103　毛轴线盖蕨

存疑种

《泰顺县维管植物名录》记载下列物种在泰顺有分布，因未见确切的标本而暂作存疑种处理。

■ 1. 亮毛蕨

Acystopteris japonica (Luerss.) Nakai

叶片一回羽状或羽裂；两面沿叶脉和各回羽轴、叶轴以及叶柄均疏被透明节状长毛。孢子囊群小，圆形，着生于裂片基部上侧小脉背部，在主脉两侧各排成整齐的1列；囊群盖小。

■ 2. 光脚短肠蕨

Allantodia doederleinii (Luerss.) Ching

叶片三回羽裂或三回羽状；下部羽片的小羽片羽裂达两侧的阔翅。孢子囊群短，单生于叶脉基部；囊群盖圆柱状长圆形，成熟时由背面不规则破裂。

■ 3. 有鳞短肠蕨　鳞柄短肠蕨

Allantodia squamigera (Mett.) Ching

叶片二回羽状；小脉分叉，下部羽片的裂片上的叶脉大都2叉；叶柄和叶轴被线状披针形鳞片。孢子囊群线形，弯弓状。

■ 4. 光蹄盖蕨

Athyrium otophorum (Miq.) Koidz.

叶片长卵形或三角状卵形，二回羽状；小羽片分离；叶轴和羽轴下面无腺毛，叶轴和羽轴下面淡紫红色，光滑，上面沿沟两侧边上有贴伏的钻状短硬刺，疏生。孢子囊群长圆形或短线形，每小羽片3~5对，生于叶边与主脉中间，稍近主脉。

■ 5. 华中蹄盖蕨

Athyrium wardii (Hook.) Makino

叶片二回羽状；小羽片不分裂；叶轴和羽轴下面有腺毛。孢子囊群长圆形，约5对，不靠近主脉。

■ 6. 角蕨

Cornopteris decurrenti-alata (Hook.) Nakai

叶片披针形，一回羽状；鳞片披针形，先端纤维状；叶脉在两面均明显，隆起呈沟脊状，呈现特殊的“角”（肉质扁刺）；叶轴和叶片下面少被毛或无毛。

■ 7. 介蕨

Dryoathyrium boryanum (Willd.) Ching

叶片和叶轴被1~4列六角形细胞组成的蠕虫状鳞毛；叶片二回羽状或三回羽裂；小羽片具柄，即基部多少与羽轴分离。孢子囊群圆形，着生于小脉分叉处。

27. 金星蕨科 Thelypteridaceae

根状茎直立或横走，常疏被具刚毛的厚鳞片，并有单细胞的针状毛或分叉毛。叶柄略被鳞片，向上或多或少被与根状茎同样的毛，有时毛的先端呈钩状；叶片大都为长圆状披针形或倒披针形，常为二回深羽裂，罕一回羽状或单叶，遍体或至少叶轴和羽轴下面有同样的针状毛；叶脉分离，或各邻近裂片上相对的1至多对小脉联结。孢子囊群圆形或长圆形，背生于小脉中部或近顶部，分离或很少汇合；有盖或无盖。

世界性大科，约20属1000余种，主产于热带及亚热带。我国18属约200种，主产于长江以南；浙江12属55种3变种；温州10属33种2变种。

分属检索表

1. 叶脉分离。
  2. 孢子囊群无盖（或盖小而不易见，如针毛蕨属）。
    3. 孢子囊群圆形。
      4. 叶片阔卵状三角形，三回羽状或四回羽裂，遍体被多细胞的长毛；羽片基部下面叶轴上无疣状凸起的褐色气囊体；小脉不达叶边；孢子囊顶部无毛 …………………… **5. 针毛蕨属 Macrothelypteris**
      4. 叶片为长圆形或阔披针形，二回羽状深裂，遍体被单细胞短毛；羽片基部下面叶轴上有疣状凸起的褐色气囊体；小脉伸达叶边；孢子囊顶部有钩状毛 …………………… **1. 钩毛蕨属 Cyclogramma**
    3. 孢子囊群为长形或长圆形。
      5. 孢子囊群为长形，沿小脉着生，稍短于小脉；小脉单一，裂片全缘 …………………… **4. 茯蕨属 Leptogramma**
      5. 孢子囊群为长圆形或近圆形，通常生于小脉上部，靠近叶边；小脉多少分叉，裂片或小羽片通常羽裂或有锯齿。
        6. 叶柄通常为淡禾秆色，无光泽；侧生羽片基部沿叶轴两侧下延，偶为下部1~3对分离；叶脉伸达叶边 …………………… **8. 卵果蕨属 Phegopteris**
        6. 叶柄红棕色或禾秆色而基部棕色，有光泽；侧生羽片（至少下部的）彼此分离，基部也不沿叶轴两侧下延，叶脉不达叶边 …………………… **10. 紫柄蕨属 Pseudophegopteris**
  2. 孢子囊群有盖。
    7. 沼泽地或溪边生植物 …………………… **9. 假毛蕨属 Pseudocyclosorus**
    7. 陆生植物。
      8. 羽轴上面圆形隆起；叶脉顶端不伸达叶边；叶草质，下面无橙黄色腺体 …………………… **6. 凸轴蕨属 Metathelypteris**
      8. 羽轴上面陷成1条纵沟；叶脉顶端伸达叶边；叶常为纸质，下面通常有橙黄色腺体 …………………… **7. 金星蕨属 Parathelypteris**
1. 叶脉基部1~4对联结或新月蕨型或为网状。
  9. 叶脉基部几对联结；孢子囊群圆形 …………………… **2. 毛蕨属 Cyclosorus**
  9. 叶脉网状；孢子囊沿网脉散生 …………………… **3. 圣蕨属 Dictyocline**

1. 钩毛蕨属 Cyclogramma Tagawa

根状茎粗而直立或长而横生。叶片长圆形或阔披针形，草质或纸质，干后褐绿色或褐色，两面多少被灰白色短毛和少数钩状针毛，二回羽状深裂，羽片下部数对有时缩短，基部与叶轴着生处的下面具1黑褐色气囊体；羽状叶脉，均伸达缺刻以上的叶边。孢子囊群小而圆形，背生于侧脉的中部以上，在主脉两侧各成1行；无盖。

约10种，主产于我国热带、亚热带地区，向西经缅甸至喜马拉雅地区，向东至日本南部。我国9种；浙江1种，温州也有。

■ 狭基钩毛蕨

Cyclogramma leveillei (Christ) Ching

中型蕨类。根状茎长而横走，顶端密被灰白色短毛和淡棕色鳞片。叶柄长20~30cm，灰禾秆色，基部密被短毛，向上近光滑；叶片长圆形，长25~40cm，宽10~18cm，先端渐尖并为羽裂，基部略缩狭，二回深羽裂；羽片11~14对，下部1~2对近对生，向上的互生，无柄，长圆形，中部的较大，基部1对急缩短，长约1.5cm；叶草质，上面除中脉有少数针状毛外，其余均无毛，下面被顶端呈钩状的长针状毛；叶轴和羽轴上面密生短毛和针状毛。孢子囊群圆形；无盖。

见于文成、泰顺，生于海拔600~900m的林下或林下岩石上。

2. 毛蕨属 Cyclosorus Link

根状茎横走。叶柄禾秆色或淡绿色，被毛；叶片先端渐尖，二回羽裂或一回羽状；下部羽片往往缩短或变成耳形；叶脉在裂片上单一，明显，斜上，相邻裂片间的基部1对侧脉顶端彼此交结，以羽轴为底边形成三角形网眼；叶草质至厚纸质，干后淡绿色至黄绿色，两面多少被毛。孢子囊群圆形，背生于侧脉中部；囊群盖宿存。

约250种，广布于热带及亚热带，大多分布在亚洲。我国约40种；《浙江植物志》记载浙江产23种1变种，《Flora of China》承认11种1变种（另有3种疑似杂交种而未正式记载），温州均产。

分种检索表

1. 中部羽片上的裂片缺刻底部以下仅有由基部1对侧脉交结而成的1三角形网眼。
  2. 下部羽片逐渐缩短、变形或不变形。
    3. 羽片8~10对，下部2~3对缩短 ……………… **11. 短尖毛蕨 C. subacutus**
    3. 羽片约28对，下部多对缩短并反折 ……………… **8. 华南毛蕨 C. parasiticus**
  2. 下部羽片不缩短或基部1对略缩短。
    4. 叶下面无腺体，羽片对生，两面及囊群盖有伏生的长针状毛 ……………… **10. 矮毛蕨 C. pygmaeus**
    4. 叶下面叶脉上有腺体，羽片互生。
      5. 根状茎直立，植株矮小；羽片6~16对，下面密生柔毛 ……………… **9. 小叶毛蕨 C. parvifolius**
      5. 根状茎横走，植株中等大；羽片14~22对，下面密生针状毛 ……………… **8. 华南毛蕨 C. parasiticus**
1. 中部羽片上的裂片缺刻底部以下有基部1对及其余侧脉交结成1三角形和1至多数长方形网眼。
  6. 中部羽片上的裂片缺刻底部以下有2对侧脉。
    7. 下部羽片不缩短或基部1对略缩短。
      8. 羽片下面沿叶脉密生橙红色腺体 ……………… **8. 华南毛蕨 C. parasiticus**
      8. 羽片下面沿叶脉无腺体 ……………… **1. 渐尖毛蕨 C. acuminatus**
    7. 下部羽片有2~6对缩短变形或不变形。
      9. 下部羽片有1~3对逐渐缩短而不变形，叶片先端长渐尖 ……………… **3. 齿牙毛蕨 C.dentatus**
      9. 下部羽片有2~6对缩短而变形，叶片先端突然缩狭成一顶生羽片。
        10. 侧生羽片4~6对，下部2~3对略缩短，基部1对变成三角形耳片 ……………… **6. 宽羽毛蕨 C. latipinnus**
        10. 侧生羽片13~18对，下部4~6对突然缩短变成蝶形 ……………… **7. 缩羽毛蕨 C. papilio**
  6. 中部羽片上的裂片缺刻底部以下有2对半以上的侧脉.
    11. 下部羽片有1~3对略缩短 ……………… **4. 福建毛蕨 C. fukienensis**
    11. 下部羽片逐渐缩短，基部1对变成蝶形或瘤状。
      12. 叶近革质；羽片基部不对称，上侧一片裂片最长，呈耳形；囊群盖无毛 ……………… **2. 干旱毛蕨 C. aridus**
      12. 叶纸质；羽片基部近对称；囊群盖有毛 ……………… **5. 闽台毛蕨 C. jaculosus**

1. 渐尖毛蕨 图 104

Cyclosorus acuminatus (Houtt.) Nakai ex Thunb. [*Cyclosorus cangnanensis* Shing et C. F. Zhang; *Cyclosorus subacuminatus* Ching ex Shing]

植株高 75~140cm。根状茎长而横走，疏被棕色鳞片。叶远生；叶柄深禾秆色；叶片披针形，先端尾状渐尖，基部略缩狭，二回羽裂；羽片互生，下部数对不缩短或略缩短，常反折；叶脉羽状，基部 1 对交结，第 2 对伸达缺刻底部的透明膜，第 3 对以上伸达缺刻以上的叶边；叶近纸质。孢子囊群圆形，着生于侧脉中部稍上处；囊群盖大，圆肾形，密生柔毛。

本市各地分布，生于海拔 50~1000m 的丘陵山地、草丛中。

1a. 牯岭毛蕨 鼓岭渐尖毛蕨 图 105

Cyclosorus acuminatus var. **kuliangensis** Ching [*Cyclosorus kuliangensis* (Ching) Shing]

与原种的区别在于：植株较矮小，高不足 30cm；侧生羽片 5~7 对，长圆形，长约 3cm，先端钝圆，边缘有粗齿。

本市各地分布，生于海拔 50~800m 的林缘、路边及沟边。

图 105 牯岭毛蕨

图 104 渐尖毛蕨

2. 干旱毛蕨 图 106

Cyclosorus aridus (D. Don) Ching

植株高 80~120cm。根状茎长而横走，黑褐色。叶远生；叶柄基部黑褐色，向上禾秆色、光滑；叶片阔披针形，先端短渐尖，基部渐缩狭，二回羽裂；下部多对羽片逐渐缩短成耳形，中部羽片基部截形，不对称，上侧一片裂片最长，呈耳形；叶脉羽状，下部 2 对交结；叶近革质，干后淡褐色，上面近光滑。孢子囊群圆形，着生于侧脉中部；囊群盖小，圆肾形，无毛。

见于文成、平阳、苍南、泰顺，生于海拔 800m 以下的沟边、林下。

3. 齿牙毛蕨 图 107

Cyclosorus dentatus (Frosk.) Ching[*Cyclosorus proximus* Ching]

植株高 30~70cm。根状茎短而直立，顶部密被

图 106 干旱毛蕨

图 107 齿牙毛蕨

棕色鳞片。叶近生或簇生；叶柄灰禾秆色，密被灰白色硬毛；叶片披针形至长圆状披针形，先端长渐尖，基部略缩狭，二回羽裂；羽片 12~18 对，互生，下部 1~3 对略缩短，但不变形；叶脉羽状，基部 1 对交结，第 2 对上侧 1 条脉伸达缺刻底部，并与第 1 对交结点的外行小脉相连。孢子囊群圆形，着生于侧脉中部；囊群盖圆肾形，密被毛。

见于乐清、永嘉、瓯海、洞头、瑞安、平阳、苍南、泰顺，生于海拔 50~650m 的田边、水边。

4. 福建毛蕨 图 108

Cyclosorus fukienensis Ching [*Cyclosorus dehuaensis* Ching et Shing;*Cyclosorus fraxinifolius* Ching et Shing;*Cyclosorus luoqingensis* Ching et C. F. Zhang; *Cyclosorus nanlingensis* Ching ex Shing et J. F. Cheng; *Cyclosorus paucipinnus* Ching et C. F. Zhang

植株高 40~90cm。根状茎长而横走，褐色，顶部密被短针毛和少数深棕色鳞片。叶远生；叶柄基部被毛和鳞片，向上近光滑；叶片长圆状披针形，

图 108　福建毛蕨

先端长渐尖并为羽裂，基部略缩狭；羽片 7~11 对，下部 1~3 对略缩短，但不变形，先端短渐尖；叶脉羽状，明显，侧脉每裂片 6~8 对，基部 1 对出自中脉基部稍上处，下部 2 对或 2 对半交结；叶纸质。孢子囊群圆形，着生于侧脉中部；囊群盖圆肾形，密生柔毛。

见于乐清、平阳、苍南、泰顺，生于林下、林缘、溪边、荒地等。

■ 5. 闽台毛蕨

Cyclosorus jaculosus (Christ.) H.Itô [*Cyclosorus aureoglandulifer* Ching ex Shing]

植株高达 1m。根状茎长而横走，疏被褐色鳞片。叶远生；叶柄棕禾秆色；叶片披针形，先端长渐尖，基部缩狭，二回羽裂，基部对称，近截形，羽裂达 1/3~1/2；下部 3~4 对羽片缩短成蝶形；叶脉羽状，基部 1 对出自中脉基部，下部 2 对（有时 1 对半）交结，第 3 对侧脉伸达缺刻底部，第 4 对以上伸到缺刻以上的叶边；叶纸质，干后褐绿色。孢子囊群圆形，着生于侧脉中部；囊群盖圆形，被短柔毛。

见于乐清、瓯海、龙湾、文成、平阳、苍南、泰顺，生于海拔 700m 以下的草丛中或林缘。

■ 6. 宽羽毛蕨　图 109

Cyclosorus latipinnus (Benth.) Tard. [*Cyclosorus papilionaceus* Shing et C. F. Zhang]

植株高 20~25cm。根状茎短而直立。叶柄淡禾秆色；叶片披针形，先端尾状渐尖，基部渐缩狭，二回浅羽裂；羽片 4~6 对，近对生，顶生羽片最大，下部 2~3 对羽片略缩短，基部 1 对成三角形耳状；叶脉明显；叶纸质，上面光滑。孢子囊群圆形，着生于侧脉近顶端；囊群盖小，被短柔毛。

图 109　宽羽毛蕨

图 110 华南毛蕨

见于永嘉、平阳、苍南、泰顺，生于海拔 700m 以下的林下水沟边。

7. 缩羽毛蕨 蝶状毛蕨

Cyclosorus papilio (C. Hope) Ching

植株高达 1m。根状茎直立。叶簇生；叶柄褐禾秆色，基部有鳞片，向上近光滑；叶片长圆状披针形，先端突缩狭成一顶生羽片，基部突缩狭，二回羽状浅裂；羽片互生，斜展，近无柄，线状披针形，下部 4~6 对突然缩短变成蝶形；中叶脉羽状，在两面隆起；叶薄草质，干后褐绿色。孢子囊群圆形，背生于小脉中部，每裂片 2~4 对；囊群盖圆肾形，膜质。

见于平阳、苍南(莒溪)，生于海拔 50~800m 的林下、林缘及水沟边。

8. 华南毛蕨 图 110

Cyclosorus parasiticus (Linn.) Farwell[*Cyclosorus aureoglandulosus* Ching et Shing;*Cyclosorus excelsior* Ching; *Cyclosorus hainanensis* Ching;*Cyclosorus pauciserratus* Ching et C. F. Zhang;*Cyclosorus yangdongensis* Ching et Shing]

植株高达 1m。根状茎横走，顶部被深棕色鳞片。叶近生；叶柄棕禾秆色；叶片长圆状披针形，先端渐尖并为羽裂，二回羽裂；羽片 14~22 对，互生，无柄，线状披针形，下部 1~2 对有时略缩短，羽裂达 1/2 或更深；叶纸质或草质，两面均被毛，下面沿叶脉密生橙红色腺体。孢子囊群圆形，着生于侧脉中部；囊群盖小，圆肾形，密生针状毛。

见于乐清、瓯海、龙湾、洞头、瑞安、文成、平阳、苍南、泰顺，生于海拔 700m 以下的林下、林缘。

9. 小叶毛蕨

Cyclosorus parvifolius Ching

植株高 25~40cm。根状茎直立。叶簇生；叶柄禾秆色；叶片阔披针形，先端渐尖并为羽裂，基部几不缩狭，二回羽状浅裂；羽片 6~16 对，互生，无柄，长圆形或阔披针形，羽裂达 1/2；叶脉羽状，在下面明显；叶草质。孢子囊群小，圆形，着生于基部 1 对侧脉的上侧一条脉的中部以上，通常每裂片只有1个，沿羽轴两侧各排成1~2行；囊群盖小，棕色，膜质，被短柔毛，宿存。

《浙江植物志》记载，其见于洞头、泰顺，生于海拔400m以下的沟边、林缘，但未见标本。

■ 10. 矮毛蕨

Cyclosorus pygmaeus Ching et C. F. Zhang

植株高35cm。根状茎直立。叶簇生；叶柄淡禾秆色，光滑；叶片长圆形，尾状渐尖，二回羽状半裂；羽片约15对，对生，无柄，基部1对与其上各对同形同大；叶脉4~6对；叶干后草质，绿色，上下两面有同样的伏生长针状毛。孢子囊群小，每裂片2~3对，近边生；囊群盖棕色。

见于乐清、永嘉、鹿城、瓯海、洞头、苍南、泰顺，生于海拔300m以下的路边、石缝中。模式标本采自乐清雁荡山。

■ 11. 短尖毛蕨 图111

Cyclosorus subacutus Ching

植株高15~40cm。根状茎短，直立，顶部密被深棕色鳞片。叶簇生；叶柄灰禾秆色；叶片披针形，先端渐尖，基部略缩狭，二回羽裂；下部2~3对羽片略缩短，但不变形；叶脉在两面明显，侧脉每裂片4~5对；叶草质。孢子囊群小而密，圆形，着生于侧脉中部；囊群盖小，灰棕色，密生白色短柔毛，宿存。

图111 短尖毛蕨

见于乐清、瑞安、平阳、苍南、泰顺，生于沟边及草丛中。

3. 圣蕨属 Dictyocline Moore

根状茎短而直立。叶簇生；叶柄上面有浅纵沟；叶片一回羽状或羽裂或为单叶，基部心形；羽轴两面隆起；侧脉斜向上，伸达叶边，侧脉之间的小脉网状，粗而明显，网眼3~4行，略呈四角形或五角形，无内藏小脉或有单一或分叉的内藏小脉；叶纸质，粗糙，两面被顶端呈钩状的粗毛。孢子囊群线形，着生于网脉上，联结成网状；无囊群盖。

约4种，主产于中国长江以南各地区，东至日本，西至印度，南达越南。我国4种；浙江2种，温州均产。

■ 1. 闽浙圣蕨 图112

Dictyocline mingchegensis Ching

植株高约50cm。根状茎短而斜升，密被红棕色鳞片和灰白色针状长毛。叶簇生；叶柄淡禾秆色；叶片长圆形，先端渐尖，基部不缩狭，一回羽状；羽片4~6对，对生，顶生羽片较大，3叉，中央裂片较基部裂片为大，披针形，边缘波状，基部裂片与侧生羽片同形而较小；侧脉斜向上，伸达近叶边，明显，侧脉内的小脉网状，网眼2~3行，近四方形，无内藏小脉；叶为纸质，粗糙。孢子囊群线形，沿网脉着生，无盖。

见于文成、平阳、苍南、泰顺，生于海拔300~700m的林下湿地。模式标本采自于平阳南雁荡山。

■ 2. 羽裂圣蕨 图113

Dictyocline wilfordii (Hook.) J. Smith

植株高30~50cm。根状茎短而斜升，密被黑褐色具毛鳞片。叶簇生；叶柄禾秆色；叶片三角形，先端短尖，基部心形，一回深羽裂几达叶轴；基部1对裂片最大，全缘或波状，略向上弯弓，向上的裂片渐短；叶脉网状，侧脉间的小脉联成2~3行斜

图 112 闽浙圣蕨

图 113 羽裂圣蕨

方形或五角形网眼，网眼内有内藏小脉；叶纸质，粗糙，上面密生短刚毛。孢子囊群线形，沿网脉着生，无盖。

见于平阳、苍南、泰顺，生于海拔 150~800m 的林下或林缘湿地。

本种与闽浙圣蕨 *Dictyocline mingchegensis* Ching 的区别在于：本种为一回深羽裂；而闽浙圣蕨为一回羽状，有羽片 4~6 对。

4. 茯蕨属 Leptogramma J. Smith

根状茎短而直立或斜升，疏被鳞片。叶簇生；叶片长圆形、戟形或披针形，二回羽裂；上部的多少与叶轴合生，基部 1 对不缩短或略缩短，羽轴上面凹陷成 1 纵沟，裂片长圆形，全缘；叶脉分离；叶草质或纸质，干后褐棕色，两面常有针状毛或短刚毛。孢子囊群长形，沿侧脉着生；无盖。

约 15 种，主产于亚洲热带、亚热带。我国 9 种；浙江 2 种，温州也有。

■ 1. 峨眉茯蕨 图 114

Leptogramma scalianii (Christ) Ching

中型蕨类。根状茎短而直立，连同叶柄基部密被红棕色鳞片和针状毛。叶簇生；叶柄禾秆色；叶片长圆形，羽裂渐尖头，基部不缩狭，二回羽裂；羽片 10~14 对，互生，下部 1~2 对略有短柄，向上各对无柄，多少与叶轴合生，长圆形或长圆状披针形，基部 1 对羽片与其上的同大；叶脉羽状，分离；叶薄纸质。孢子囊群线形，沿小脉着生；无盖。

见于永嘉、龙湾、文成、泰顺，生于海拔 300~800m 的林下湿地。

■ 2. 小叶茯蕨

Leptogramma tottoides H. Itô

中型蕨类。根状茎短而直立，顶部被红棕色鳞片。叶簇生；叶柄深禾秆色，被灰白色针状长毛或

图 114　峨眉茯蕨

短刚毛，基部被与根状茎上同样的鳞片；叶片戟形，先端长渐尖并为羽裂，基部不缩狭，二回羽裂；上部的羽片与叶轴相连，长圆形，基部1对羽片远较大，先端锐尖，基部截形；叶脉羽状，分离，小脉单一，伸达叶边；叶薄草质，干后褐绿色，两面被灰白色毛，叶轴和羽轴更密。孢子囊群线形，生于小脉下部；无盖。

见于乐清、永嘉、瑞安、文成、泰顺，生于海拔60~1100m的林下湿地或石缝中。

本种与峨眉茯蕨 *Leptogramma scalianii* (Christ) Ching 的区别在于：本种叶片戟形，基部1对羽片较其上的大；而峨眉茯蕨叶片为长圆形，基部1对羽片和其上的等长。

5. 针毛蕨属 Macrothelypteris Ching

根状茎直立或短而横卧。叶簇生；叶柄禾秆色或棕色，光滑或有披针形的厚鳞片；叶片阔卵状三角形，三回羽状或四回羽裂，末回羽片沿羽轴两侧以狭翅相连，各回羽轴上面圆而隆起；叶纸质或草质，干后黄绿色，两面沿各回羽轴多少被毛；叶轴上具毛和鳞片，脱落后留下凸痕；叶脉羽状，侧脉单一，不达叶边。孢子囊群小，圆形，生于小脉近顶端。

约10种，产于亚洲的热带及亚热带。我国7种1变种；浙江4种1变种；温州2种1变种。

分种检索表

1. 叶下面被多数白色的多细胞针状长毛。
    2. 叶三回羽状深裂，草质或薄草质；小羽片基部略偏斜，阔楔形 ………………… **2. 普通针毛蕨 M. toressiana**
    2. 叶四回深羽裂，薄草质；小羽片基部近平截，略呈心形 ………………… **3. 翠绿针毛蕨 M. viridifrons**
1. 叶下面通常无毛，或偶有几根多细胞长毛，沿一回及二回小羽轴上面有短针毛 ………………… **1. 雅致针毛蕨 M. oligophlebia var. elegans**

■ 1. 雅致针毛蕨　图 115

Macrothelypteris oligophlebia (Bak.) Ching var. **elegans** (Koidz.) Ching

植株高达1m。根状茎短。叶簇生；叶柄长40~70cm，禾秆色，基部疏被鳞片，向上光滑；叶片三角状卵形，长35~50cm，宽20~25cm，先端渐尖并为羽裂，基部不缩狭，三回羽状；羽片约15对，互生或下部的近对生，基部1对较大或与其上的2~3对近同大，长15~20cm，宽6~8cm，先端渐尖，基部截形；末回小羽片或裂片狭长圆形，先端钝，基部彼此以狭翅相连，全缘或偶有圆齿；叶脉羽状，分离，小脉不达叶边；叶草质，两面近无毛；叶轴和羽轴有时稍带红色，上面疏被短针毛。孢子囊群小，圆形，着生于小脉近顶端。

图 115　雅致针毛蕨

图 116　普通针毛蕨

见于本市各地，生于海拔 500~1300m 的林下或林缘。

与原种针毛蕨 *Macrothelypteris oligophlebia* (Bak.) Ching 的区别仅在于叶轴和羽轴上面疏被短毛。

根状茎药用；可供观赏。

■ 2. 普通针毛蕨 图 116

Macrothelypteris toressiana (Gaud.) Ching

植株中型。根状茎粗短直立，顶部密被黄褐色鳞片。叶簇生；叶柄长 30~55cm，深禾秆色，基部稍膨大，暗棕色，密被鳞片，下部疏生黑色小疣状凸起；叶片三角状卵形或三角状披针形，长 40~70cm，下部宽 25~60cm，先端尾状长渐尖，基部不缩狭，三回深羽裂；羽片 12~15 对，下部的近对生，具短柄，上部的互生，斜向上，无柄，基部羽片最大，长 17~30cm；叶脉羽状；叶草质或薄草质，下面被多数白色长针状毛；羽轴两面疏被针状长毛，叶轴及一回羽轴上面密被刚毛；下面无毛。孢子囊群小，圆形，着生在小脉近顶端；囊群盖微小或无。

见于瓯海、龙湾、平阳、苍南、泰顺，生于海拔 800m 以下的林下或林缘。

3. 翠绿针毛蕨 图 117

Macrothelypteris viridifrons (Takawa) Ching

植株高达 150cm。根状茎短，直立，顶端密被褐色鳞片。叶簇生；叶柄长 25~70cm，深禾秆色，基部密被鳞片，下部有黑色小疣状凸起；叶片三角状卵形，长 45~75cm，宽 30~50cm，先端尾状长渐尖，基部不缩狭，四回羽裂；羽片 12~15 对，互生，斜展，下部的有短柄，上部的无柄，卵状披针形，基部 1~2 对最大，长 20~25cm，宽 11~13cm，先端尾状渐尖，基部缩狭；叶脉羽状，小脉单一，不达叶边；叶薄草质，下面被多数白色针状长毛，上面沿脉被白色针状毛。孢子囊群小，着生于小脉近顶端；无囊群盖。

图 117 翠绿针毛蕨

见于乐清、永嘉、瓯海、洞头、文成，生于海拔 600m 以下的林下或林缘。

可用于园林绿化供观赏。

6. 凸轴蕨属 Metathelypteris (H.Itô) Ching

中小型陆生蕨类。根状茎短，横卧或直立。叶簇生或近生；叶柄光滑；叶片长圆形或卵状三角形，二回羽状深裂；羽轴和小羽轴上面隆起成圆形；叶脉分离，不达叶边；叶草质，干后草绿色，两面多少被灰白色短柔毛，叶片上面有时光滑，下面不具或偶有橙色球形腺体。孢子囊群小，圆形；囊群盖圆肾形。

12 种，主产于亚洲热带和亚热带。我国 10 种 1 变种；浙江 4 种；温州 3 种。

分种检索表

1. 叶片披针状长圆形或长圆形。
    2. 叶两面被毛，囊群盖也有毛 ……………… **3. 疏羽凸轴蕨 M. laxa**
    2. 叶两面无毛，囊群盖也无毛 ……………… **1. 光叶凸轴蕨 M. adscendens**
1. 叶片卵状三角形 ……………… **2. 林下凸轴蕨 M. hattorii**

图 118 光叶凸轴蕨

1. 光叶凸轴蕨 微毛凸轴蕨 图 118

Metathelypteris adscendens (Ching) Ching

根状茎短而横走。叶簇生；叶柄禾秆色，基部以上光滑；叶片长圆形或长圆状披针形，长 25~35cm，先端渐尖并为羽裂，基部不缩狭，二回羽状深裂；羽片 10~15 对，无柄；叶脉羽状，基部 1 对出自中脉基部稍上处；叶草质，两面无毛。孢子囊群小，圆形，着生于小脉近顶端，较近叶边；囊群盖圆肾形，无毛。

见于苍南、泰顺，生于海拔 100~700m 的林下或灌草丛中。

2. 林下凸轴蕨 图 119

Metathelypteris hattorii (H. Itô) Ching

根状茎短而横走。叶簇生，叶柄禾秆色，基部密生刚毛和红褐色鳞片，向上光滑；叶片卵状三角形，先端长渐尖并为羽裂，基部不缩狭，三回羽状

丁炳扬 摄

图 119 林下凸轴蕨

深裂；羽片下部的近对生，向上的互生，基部1对较大，卵状披针形，先端渐尖，边缘羽裂2/3，羽轴上侧的小羽片较下侧为短；叶草质。孢子囊群小，圆形，着生在裂片基部上侧一脉的顶端；囊群盖圆肾形。

见于永嘉、文成、平阳、泰顺，生于海拔200~1100m的林下。温州分布新记录种。

■ 3. 疏羽凸轴蕨

Metathelypteris laxa (Franch.et Sav.) Ching

植株中型。根状茎长而横走，略被灰白色短毛和红棕色鳞片。叶远生；叶柄淡禾秆色，基部以上光滑；叶片披针状长圆形，先端渐尖并为羽裂，基部几不缩狭，二回羽状深裂；羽片10~14对，互生，略斜向上，无柄；叶脉羽状，基部1对出自中脉基部以上，不达叶边；叶草质，两面被针状毛；羽轴上面圆形隆起，有针状毛。孢子囊群小，圆形，着生于侧脉上侧的小脉顶端，较近叶边；囊群盖圆肾形。

见于乐清、永嘉、瓯海、平阳、苍南、泰顺，生于海拔1200m以下的林地。

7. 金星蕨属 Parathelypteris Ching

根状茎细长横走。叶疏生；叶片长圆状披针形，二回深羽裂；基部羽片不缩狭或下部羽片逐渐缩短成小耳形；叶脉羽状，分离；叶草质或纸质，羽轴上面有1纵沟，密被刚毛，下面圆形隆起，通常多少被毛。孢子囊群圆形，着生于侧脉中部；囊群盖圆肾形，棕色。

约60种，主产于亚洲热带和亚热带。我国24种，主要分布于长江以南；浙江7种；温州6种。

分种检索表

1. 下部多对羽片逐渐缩短成蝶形或突然缩短成耳形，基部1~2对仅留下痕迹。
  2. 根状茎细长横走；下部多对羽片逐渐缩短成蝶形；孢子囊群紧靠叶边 ························ **2. 长根金星蕨 P. beddomei**
  2. 根状茎短，近直立；下部数对羽片突然缩短成耳形；孢子囊群较近中脉 ························ **6. 中日金星蕨 P. nipponica**
1. 下部各对羽片不缩短，偶有基部1对略缩短。
  3. 叶纸质或厚草质，坚韧；孢子囊群靠近叶边，裂片全育，囊群盖小。
    4. 叶片二回羽状，至少羽片基部上侧常有1分离的小羽片 ························ **1. 狭叶金星蕨 P. angustifrons**
    4. 叶片二回羽裂，羽片基部上侧无分离的小羽片 ························ **4. 金星蕨 P. glanduligera**
  3. 叶草质，柔软；孢子囊群靠近中脉，裂片上部常不育，囊群盖大。
    5. 羽片宽约lcm，下面无毛；囊群盖无毛 ························ **3. 中华金星蕨 P. chinensis**
    5. 羽片宽lcm以上，最宽可达1.6cm，下面被疏柔毛；囊群盖有密柔毛 ························ **5. 光脚金星蕨 P. japonica**

■ 1. 狭叶金星蕨

Parathelypteris angustifrons (Miq.) Ching

植株高15~40cm。根状茎长而横走，顶部略被深棕色的狭披针形鳞片。叶近生；叶柄禾秆色，近无毛，基部疏被鳞片；叶片披针形，先端渐尖并为羽裂，二回羽状，基部1对略缩短，但和其上的同形，中部的较大；叶脉在裂片上为羽状，下面明显，侧脉单一；叶纸质，下面有橙黄色球形腺体，叶轴被较多的柔毛。孢子囊群圆形，着生于侧脉上部；囊群盖圆肾形，有针状毛。

见于乐清、瓯海、洞头，生于海拔30~360m的林缘或草丛。

■ 2. 长根金星蕨 图120

Parathelypteris beddomei (Bak.) Ching

植株高20~55cm。根状茎细长横走。叶近生；叶柄禾秆色，光滑；叶片倒披针形，先端渐尖并为羽裂，二回深羽裂；下部多对羽片逐渐缩短成蝶形，

图 120　长根金星蕨

基部1~2对几退化，中部的最大，狭披针形；叶脉在裂片上为羽状，侧脉单一，伸达叶边，基部1对出自中脉基部；叶草质，干后黄褐色，下面有橙色腺体。孢子囊群圆形，着生于侧脉上部，近叶边；囊群盖圆肾形，无毛。

见于文成，生于海拔650~1300m的溪边和林缘。温州分布新记录种。

■ 3. 中华金星蕨　图 121

Parathelypteris chinensis (Ching) Ching

中型蕨类。根状茎横走。叶近生；叶柄栗色或红棕色，基部有时近黑色，无毛，有光泽；叶片披针形，先端渐尖并为羽裂，基部不缩狭，二回深羽裂；基部1对羽片不缩短，但略斜向下，中部的较大，先端渐尖，羽裂达羽轴两侧的阔翅；叶草质，下面无毛，但被橙红色球形腺体；叶轴上面沟内有短毛。孢子囊群圆形，生于侧脉中部；囊群盖圆肾形，无毛。

见于泰顺，生于海拔50~1300m的林区空旷地上。

■ 4. 金星蕨　图 122

Parathelypteris glanduligera (Kunze) Ching

植株中型。根状茎长而横走。叶近生；叶柄禾秆色，基部棕褐色，疏被鳞片，上面有浅沟，密被灰白色短针状毛；叶片披针形或宽披针形，先端渐尖并为羽裂，基部不缩狭，二回深羽裂；基部1对羽片不缩短或略缩短；叶脉伸达叶边，基部1对出自中脉基部以上；叶草质，下面被橙黄色球形腺体及短柔毛；叶轴、羽轴两面有短针状毛。孢子囊群圆形，着生于侧脉近顶端，靠近叶边；囊群盖圆肾形，

图 121 中华金星蕨

图 122 金星蕨

被灰白色刚毛。

本市各地广泛分布，生于海拔 1100m 以下的山地林下、林缘等各处。

■ 5. 光脚金星蕨 日本金星蕨 图 123

Parathelypteris japonica (Bak.) Ching

中型蕨类。根状茎短而横走。叶柄栗褐色，基部近黑色，无毛；叶片卵状长圆形，先端长渐尖并为羽裂，基部不缩狭，二回深羽裂；基部 1 对羽片不缩短，但斜向上，中部的较大；侧脉单一，伸达叶边；叶草质，干后褐棕色，上面沿羽轴密被针状毛，下面沿羽轴和中脉均被腺体；叶轴常为栗色。孢子囊群圆形，着生于侧腺中部以上，较靠近叶边；囊群盖圆肾形，有灰白色柔毛。

见于本市山地，生于海拔 1000m 以下的林下阴处。

图 123 光脚金星蕨

■ 6. 中日金星蕨

Parathelypteris nipponica (Franch. et Sav.) Ching

植株中型。根状茎短而直立，近光滑。叶近簇生；叶柄基部黑褐色，向上禾秆色；叶片倒披针形，二回深羽裂；羽片约 35 对，下部的近对生，上部的互生，无柄，下部 4~7 对突然缩短成耳形，基部 1~2 对退化；叶草质，上面叶脉有伏生毛，下面仅中脉略有毛和橙色腺体。孢子囊群圆形，着生于侧脉上部；囊群盖圆肾形。

见于乐清、永嘉、瓯海、龙湾、苍南、泰顺，生于海拔 1300m 以下的林下湿地。

8. 卵果蕨属 Phegopteris (C. Presl) Fée

根状茎细长横走，密被鳞片和毛。叶远生或簇生；叶柄淡禾秆色，基部密被鳞片；叶片二回羽裂；羽片与叶轴合生，彼此以狭翅相连，形成半圆形的间隔；叶脉单一，伸达叶边，各回羽轴两面圆形隆起；叶草质，两面多少具针状毛，下面被鳞片，边缘有疏长睫毛。孢子囊群卵圆形。

约 4 种，产于北半球温带和亚热带。我国 3 种；浙江 1 种，温州也有。

■ 延羽卵果蕨 图 124

Phegopteris decursive-pinnata (H. C. Hall) Fée

植株中型。根状茎短而直立，被深棕色鳞片。叶柄长约 20cm，禾秆色，基部疏被小鳞片；叶片披针形或椭圆状披针形，先端渐尖并为羽裂，下部渐缩狭，一回羽状至二回羽裂；羽片约 30 对，互生，狭披针形，中部的最大，先端渐尖，基部变阔并沿叶轴以耳状或钝三角形的翅彼此相连，边缘齿状锐裂至半裂，下部数对逐渐缩短，基部 1 对常缩成耳形；叶脉羽状，小脉单一，伸达叶边；叶草质，两面沿羽轴和叶脉疏被针状毛和分叉毛或星状毛。孢子囊群近圆形，着生于小脉近顶端；无盖。

本市各地有广泛分布，生于海拔 900m 以下的湿地或路边、林下。

全草药用。

图 124　延羽卵果蕨

9. 假毛蕨属 Pseudocyclosorus Ching

中型湿生蕨类。根状茎粗短，被柔毛和鳞片。叶片二回羽状深裂；下部的多对羽片通常缩短成耳形、蝶形或瘤状，羽片在羽轴着生处的下面常有1似瘤状凸起的褐色气囊体；叶脉羽状，小脉粗壮，在下面隆起，裂片基部1对小脉伸达软骨质的圆形缺刻；叶纸质，干后深绿色。孢子囊群圆形，着生于侧脉上；囊群盖圆肾形。

约50种，分布于热带、亚热带。我国38种；浙江3种，温州也有。

分种检索表

1. 根状茎短而直立；下部羽片突然缩短成耳形至线形；沿叶轴和羽轴下面密生针状毛 ………… **1. 镰片假毛蕨 P. falcilobus**
1. 根状茎横走；下部羽片逐渐缩短成蝶形；沿叶轴和羽轴下面近光滑或被短柔毛。
    2. 中部羽片较短而狭，长约11cm，宽约1cm；羽片两面有短柔毛，叶轴和羽轴更密 ………………………………………………………………………………………… **2. 普通假毛蕨 P. subochthodes**
    2. 中部羽片较长而阔，长15~18cm，宽1.5~2.2cm；羽片仅羽轴及叶脉下面疏被微柔毛，上面被针状毛 ………………………………………………………………………………………… **3. 景烈假毛蕨 P. tsoi**

图 125 镰片假毛蕨

1. 镰片假毛蕨 镰形假毛蕨 图 125

Pseudocyclosorus falcilobus (Hook.) Ching

植株高达 80cm。根状茎短而直立，木质。叶簇生；叶柄深禾秆色；叶片基部缩狭，下部二回深羽裂；羽片 15~30 对，互生，在着生处的叶轴下面有 1 褐色瘤状的气囊体，下部数对突然缩短成耳形至线形；裂片镰刀状长圆形，先端短尖，全缘，基部上侧的裂片较长；叶近革质。孢子囊群圆形，着生于侧脉中部；囊群盖圆肾形，无毛。

见于永嘉、文成、苍南、泰顺，生于海拔 100~1000m 的水沟边。

叶可药用。

2. 普通假毛蕨 图 126

Pseudocyclosorus subochthodes (Ching) Ching

植株高达 1m。根状茎短而横卧，顶部被棕色的卵形鳞片。叶近生；叶柄深禾秆色；叶片先端锐尖，基部渐缩狭，二回深羽裂，羽裂几达羽轴；下部羽片逐渐缩小成蝶形或最下的退化成瘤状；裂片斜向上，先端钝尖；叶脉除基部上侧一条伸达缺刻外，其余都伸达缺刻以上的叶边；叶近革质，两面有短柔毛。孢子囊群圆形，着生于侧脉中部稍上处；囊群盖圆肾形，无毛。

见于永嘉、平阳、苍南、泰顺，生于海拔 50~800m 的湿润之处。

图 126 普通假毛蕨

图 127 景烈假毛蕨

3. 景烈假毛蕨 图 127

Pseudocyclosorus tsoi Ching

植株高达 1.2m。根状茎横走，顶部疏被鳞片。叶近生；叶柄基部褐色，疏被鳞片，向上渐变为禾秆色，光滑；叶片基部急缩狭，二回深羽裂；羽片近对生或互生，斜向上，无柄，下部 4~5 对逐渐缩小成蝶形耳片，基部 1 对几成瘤状；叶脉羽状，两面明显，侧脉斜向上；叶干后纸质。孢子囊群圆形，着生于侧脉中部以上；囊群盖圆肾形。

见于文成、苍南，生于海拔 650m 以下的林缘、水边。

10. 紫柄蕨属 **Pseudophegopteris** Ching

根状茎短而直立或长而横走。叶柄常为红棕色或栗色，有光泽，基部有阔披针形鳞片疏生；叶片长圆形，二至三回羽裂；羽片对生，无柄，不与叶轴合生，也不下延；羽轴两面隆起，有单细胞灰白色的针状毛；叶脉分离，单一或分叉，不达叶边；叶草质，干后绿色，两面疏被针状毛。孢子囊群长圆形，背生于小脉中部以上；无盖。

约 25 种，主产于亚洲热带、亚热带。我国 12 种；浙江 3 种；温州 2 种。

图 128 耳状紫柄蕨

1. 耳状紫柄蕨 图 128

Pseudophegopteris aurita (Hook.) Ching

植株高达 1m。根状茎长而横走，顶部密被棕色鳞片。叶疏生或远生；叶柄栗红色，有光泽，幼时基部疏被短毛或鳞片，后变光滑；叶片卵状披针形，先端渐尖，基部不缩狭，二回深羽裂；基部下侧小羽片特长并成耳状，其余向上各羽片渐短；叶脉羽状，分离，侧脉分叉；叶纸质；叶轴和羽轴常为红棕色。孢子囊无毛，近圆形，着生于小脉近顶端，靠近叶边；无盖。

见于泰顺，生于海拔 300~1200m 的山地溪边林下等处。

全草药用。

2. 紫柄蕨

Pseudophegopteris pyrrhorachis (Kunze) Ching

植株高达 1m。根状茎长而横走，顶部密被棕色鳞片。叶柄红棕色至栗褐色，有光泽；叶片长圆状披针形，先端长渐尖，基部几不缩狭，二回羽状，对生，中部的较大，先端渐尖，基部圆截形，羽裂几达羽轴或达羽轴；下部 1~2 对羽片略缩短或与其上的近同大；叶脉羽状，侧脉 2~4 叉，伸达叶边；叶草质，下面仅小羽轴和中脉有短刚毛，下面沿侧脉和羽轴较密；叶轴和羽轴常为红棕色。孢子囊群近圆形，着生于小脉中部以上，近叶边；无盖。

见于泰顺，生于海拔 500~1400m 的溪边林下或林缘。温州分布新记录种。

本种与耳状紫柄蕨 *Pseudophegopteris aurita* (Hook.) Ching 的区别在于：本种叶片披针形，其基部下侧小羽片即使增大也仅略长于第二小羽片，叶下面有针状毛；而耳状紫柄蕨羽片基部下侧小羽片特长，叶下面光滑。

存疑种

■ 1. 大毛蕨

Cyclosorus grandissimus Ching

叶纸质；下部羽片逐渐缩短，基部 1 对变成蝶状；裂片 21~30 对，先端锐尖。《浙江植物志》记载产于平阳，然未见标本；《Flora of China》疑为福建毛蕨 *Cyclosorus fukienensis* Ching 和干旱毛蕨 *Cyclosorus aridus* (D. Don) Ching 之杂交种。故本志不收录。

■ 2. 毛脚毛蕨

Cyclosorus hirtipes Shing et C. F. Zhang

叶纸质；下部多对羽片突缩成三角形，侧生羽片羽裂 1/3；脉上有短针毛。《中国植物志》记载产于乐清（雁荡山），然未见标本；《Flora of China》疑为福建毛蕨 *Cyclosorus fukienensis* Ching 和渐尖毛蕨 *Cyclosorus acuminatus* (Houtt.) Nakai ex Thunb. 之杂交种。故本志不收录。

■ 3. 朝芳毛蕨

Cyclosorus zhangii Shing

叶草质；羽片边缘粗齿状；脉间无毛。《中国植物志》记载产于泰顺，然未见标本；《Flora of China》疑为渐尖毛蕨 *Cyclosorus acuminatus* (Houtt.) Nakai ex Thunb. 和华南毛蕨 *Cyclosorus parasiticus* (Linn.) 之杂交种。故本志不收录。

■ 4. 中间茯蕨

Leptogramma intermedia Ching ex Y. X. Lin

《浙江植物志》记载产于文成、泰顺、苍南，但《Flora of China》指出这是一个无效的名称，且未承认为独立的种，因此其分类地位有待进一步研究。

28. 铁角蕨科 Aspleniaceae

石生、陆生或附生。根状茎横走、斜升或直立，外被具粗筛孔的披针形鳞片。叶草质、肉质或近革质，光滑或疏生小鳞片；叶柄基部无关节；叶片形状变异很大，单叶，深羽裂或一至三回羽状细裂；复叶的分枝式为上先出，末回小羽片或裂片往往成斜方形或不等边四边形，基部不对称，全缘或有锯齿或为撕裂；叶脉分离或偶有联结而无内藏小脉。孢子囊群线形，通常沿小脉上侧着生；囊群盖与孢子囊群同形，稀无盖。

2 属 700 余种，分布于亚热带。我国 2 属 108 种，以西南为其分布中心；浙江 1 属 16 种；温州 1 属 14 种。

本科是蕨类植物中最自然的一个分类群，秦仁昌系统分为约 15 属，《Flora of China》归并为铁角蕨属 *Asplenium* Linn. 和膜叶铁角蕨属 *Hymenasplenium* Hayata 两个属。

铁角蕨属 Asplenium Linn.

根状茎密被小鳞片。叶柄多为绿色，上有 1 纵沟，基部无关节；叶片单一或一至三回羽状；羽片或小羽片往往沿着各回羽轴下延，末回小羽片或裂片基部不对称；叶脉分离，不达叶边，偶有网结；叶草质至革质，有时近肉质，光滑。孢子囊群常线形，通常沿侧脉上侧着生，单一，稀双生；囊群盖棕色，膜质，全缘；孢子囊具长柄。

约 700 种，广布于全球，以热带为最多。我国 90 种；浙江 16 种；温州 14 种。

分种检索表

1. 叶片一回羽状。
  2. 羽片主脉两侧（或上侧）各有 1 行孢子囊群，囊群盖均开向主脉；叶脉不隆起，在叶面不呈沟脊状。
    3. 叶柄和叶轴（有时仅叶柄下部）为红棕色或栗褐色。
      4. 仅叶柄（有时叶轴下部）红棕色或亮栗色，叶薄草质 …… **5. 虎尾铁角蕨 A. incisum**
      4. 叶柄、叶轴全为栗褐色，叶纸质。
        5. 叶轴上面纵沟两侧各有 1 膜质翅 …… **12. 铁角蕨 A. trichomanes**
        5. 叶轴上下两面均无翅。
          6. 羽片钝头，完整。
            7. 根状茎短而直立；叶簇生 …… **7. 倒挂铁角蕨 A.normale**
            7. 根状茎长而横走；叶散生 …… **2. 齿果铁角蕨 A. cheilosorum**
          6. 羽片渐尖，下侧近 1/4 沿中脉被切去 …… **4. 切边铁角蕨 A. excisum**
    3. 叶柄和叶轴为绿色、禾秆色，有时灰褐色 …… **14. 狭翅铁角蕨 A. wrightii**
  2. 主脉两侧（或上侧）下部有多排孢子囊，囊群盖或是开向主脉，或是开向叶边；叶脉常隆起呈沟状。
    8. 羽片不分裂，边缘仅有不规则锯齿或条裂。
      9. 叶柄和叶轴上密生黑褐色纤维状鳞片（老时渐脱落）；羽片腋间无芽孢 …… **3. 毛轴铁角蕨 A.crinicaule**
      9. 叶柄及叶轴近光滑或上面疏被红棕色小鳞片；羽片腋间往往有 1 芽孢 …… **6. 胎生铁角蕨 A.indicum**
    8. 羽片上侧为不规则分裂。
      10. 羽片边缘为不规则撕裂或条裂 …… **6. 胎生铁角蕨 A. indicum**
      10. 羽片裂往往深达主脉 …… **8. 东南铁角蕨 A. oldhami**
1. 叶片二至三回羽状。
  11. 叶草质或革质，干后不皱缩，末回小羽片（或裂片）不为狭线形，具多数叶脉和孢子囊群；囊群盖开向主脉或少数同时开向叶边。

12. 叶片二回羽状至三回羽裂。

13. 下部羽片逐渐缩短(基部的呈小耳形)……………………………………………………**5. 虎尾铁角蕨 A. incisum**

13. 下部羽片不缩短，基部羽片和其上的同形或稍长。

14. 植株通常高过30cm; 叶为革质或坚纸质 ……………………………………**1. 华南铁角蕨 A. austrochinense**

14. 小型植物，高10~20cm；叶草质，叶脉在上面不显著隆起，在下面不呈沟脊状。

15. 叶片披针形，叶柄下部有深褐色的披针形鳞片密生，叶质较厚，小羽片宽而长 ……**9. 北京铁角蕨 A. pekinense**

15. 叶片长圆状椭圆形，叶柄下部近光滑，叶质较薄，小羽片狭而短 ………………**11. 华中铁角蕨 A. sarelii**

12. 叶片三回羽状或四回羽裂 …………………………………………………………………**13. 闽浙铁角蕨 A. wilfordii**

11. 叶近肉质，干后表面皱缩，略显细纵纹，末回小羽片或裂开线形，每裂片有小脉1条及孢子囊群1枚；囊群盖开向叶边 ……………………………………………………………………………**10. 长生铁角蕨 A. prolongatum**

■ 1. 华南铁角蕨 图129

Asplenium austrochinense Ching[*Asplenium pseudo-wolfordii* Tagawa]

朱圣潮 摄

根状茎短，斜升，密被淡棕色披针形鳞片。叶簇生；叶柄灰褐色，基部密被鳞片，向上近光滑；叶片披针形，先端渐尖并为羽裂，基部不缩狭，二回羽状至三回羽裂；羽片9~11对，互生，斜向上，有柄，披针形，先端渐尖成长尾，一回羽状；叶脉

张豪 摄

图129 华南铁角蕨

张豪 摄

在上面隆起，在下面多少凹陷，侧脉 2 叉或单一；叶革质或坚纸质，两面无毛；羽轴两侧有狭翅。孢子囊群线形，生于小脉中部，每裂片有 1~3 枚；囊群盖线形，厚膜质，全缘。

见于乐清、瑞安、文成、平阳、泰顺，生于海拔 700m 以下的林下石上。

2. 齿果铁角蕨 图 130

Asplenium cheilosorum Kunze ex Mett.[*Hymenasplenium cheilosorum* (Kunze ex Mett.) Tagawa]

植株高 25~50cm。根状茎横走，顶端密被棕褐色鳞片。叶近生；叶柄长 5~8cm，栗褐色，有光泽，基部疏被鳞片，向上有纤维状小鳞片，上面有纵沟；叶片线状披针形，长 20~27cm，宽 3~4cm，顶端短尖或渐尖，基部常缩狭，一回羽状；羽片可达 30 余对，互生，近无柄，往往密接，对开式的斜长矩形，中部的较大，先端圆钝，基部斜楔形，两侧强烈不对称，下缘平截并为全缘，外缘及上缘浅裂，裂达 1/4~2/5；侧脉二叉分枝；叶薄草质，两面无毛。孢子囊群长圆形，着生于小脉的近顶部，常紧靠叶边。

图 130 齿果铁角蕨

图 131　毛轴铁角蕨

见于乐清，生于海拔 100~400m 的阴湿地。

可供观赏。

3. 毛轴铁角蕨　图 131

Asplenium crinicaule Hance

中型草本。根状茎短而直立，密被栗褐色虹色光泽鳞片。叶簇生；叶柄深栗褐色，连同叶轴均被鳞片；叶片宽披针形，先端尾状渐尖，一回羽状；羽片 18~25 对或更多，互生，菱状披针形，菱状长圆形或镰刀状披针形，下部羽片逐渐缩短；叶脉常二回 2 叉，在两面隆起；叶纸质，两面均呈沟脊状。孢子囊群线形，着生于上侧小脉，不达叶缘；囊群盖坚膜质，全缘。

据《浙江植物志》和《泰顺县维管束植物名录》记载，平阳和泰顺有产。

4. 切边铁角蕨　图 132

Asplenium excisum Presl[*Hymenasplenium excisum* (Presl) Lind.]

根状茎横走，顶端密被深棕色鳞片。叶远生；叶柄长 19~23cm，栗褐色，有光泽，基部疏被鳞片，向上光滑，上面有纵沟；叶片长圆状宽披针形，长 16~27cm，基部宽 6~11cm，一回羽状；羽片 18~23 对，基部的近对生，上部的互生，平展，最下部 1~2 对略向下反折，羽片基部不对称，其上侧截形，与叶

图 132　切边铁角蕨

轴并行，下侧楔形并有近 1/4 的叶片沿中脉被切去，靠叶轴一侧及切去的叶缘全缘，其余具不整齐的粗锯齿；叶为薄草质，光滑；叶轴栗褐色，有光泽，上面有纵沟。孢子囊群线形，着生于小脉上部，不达叶边；囊群盖线形，膜质。

见于乐清(雁荡山),生于海拔 100m 以下的岩洞中。

可供观赏。

5. 虎尾铁角蕨 图 133

Asplenium incisum Thunb.

根状茎短而直立，顶部被黑褐色狭披针形鳞片。叶簇生；叶柄亮栗色或红棕色，上面有 1 纵沟，基部疏被鳞片，向上光滑；叶片阔披针形，二回羽裂至近二回羽状；羽片约 20 对，小羽片密接，基部 1 对较大；叶脉羽状，侧脉 2 叉，不达叶边；叶薄草质，无毛；叶轴上面绿色，下面常为栗色。孢子囊群长圆形，着生于小脉上侧分枝近基部，靠近中脉；囊群盖长圆形，膜质，全缘。

见于本市各地，生于海拔 1000m 以下的岩石、树干、石缝、土坡等处。

全草药用。

图 133 虎尾铁角蕨

6. 胎生铁角蕨 印度铁角蕨 图 134

Asplenium indicum Sledge[*Asplenium yoshinagae* Makino var. *indicum* (Sledge) Ching et S. K. Wu]

根状茎粗短而直立，密被红棕色有光泽且具细筛孔的鳞片。叶簇生；叶柄禾秆色，上面有纵沟；叶片披针形或宽披针形，先端渐尖并为羽裂，基部不变狭或略变狭，一回羽状；羽片 9~20 对，互生，略斜展，有短柄，菱状披针形；叶脉羽状，上面隆起，小脉二回二叉，不达叶缘；叶近革质，无毛；羽片腋间能长出被小鳞片的芽胞。孢子囊群线形，靠近主脉；囊群盖线形，膜质，全缘。

见于永嘉（四海山）、平阳（南雁荡山）、泰顺。生于海拔 300~1000m 的林下岩石上。

《浙江植物志》记载的胎生铁角蕨 *Asplenium yoshinagae* Makino 在《Flora of China》中被称为棕鳞铁角蕨，温州不产。

图 134 胎生铁角蕨

7. 倒挂铁角蕨 图 135

Asplenium normale D. Don.

植株高 12~40cm。根状茎短，直立或斜升，密被栗褐色鳞片。叶簇生；叶柄栗褐色，有光泽；叶片披针形，一回羽状，叶轴顶端常有 1 被鳞片的芽胞；羽片 18~30 对，互生，彼此密接，近无柄，中部羽片顶端钝或圆钝，基部不对称，上侧有耳状凸起，

图 135 倒挂铁角蕨

截形，下侧长楔形，上侧及下侧叶缘有钝齿；叶草质或近纸质。孢子囊群长圆形，着生于小脉中部以上，靠近叶边，沿中脉两侧排成平行而不相等的2行；囊群盖长圆形。

见于乐清、永嘉、鹿城、瓯海、平阳、泰顺，生于海拔 50~800m 的林下岩石上。

全草药用。

8. 东南铁角蕨

Asplenium oldhami Hance

根状茎短而直立，密被红棕色鳞片。叶簇生；叶柄褐绿色，腹面扁平有浅纵沟，基部密生鳞片，向上稀少；叶片卵状披针形，长 9~28cm，先端渐尖并为羽裂，基部近平截，二回羽裂或二回羽状；羽片 9~18 对，互生或近对生；叶脉羽状，侧脉二叉分枝；叶纸质，干后绿色，两面光滑。孢子囊群线形，近中脉；囊群盖线形。

见于泰顺，生于海拔 30~900m 的林下、林缘的岩石缝隙中。

9. 北京铁角蕨 图 136

Asplenium pekinense Hance

根状茎短而直立，密被锈褐色鳞毛和黑褐色鳞

图 136 北京铁角蕨

图 137 长生铁角蕨

片。叶簇生；叶柄长 2~8cm，淡绿色；叶片披针形，先端渐尖并为羽裂，基部略缩短，二回羽状或三回羽裂；羽片 8~10 对，互生，三角状长圆形，中部的较长，下部的多少缩短；末回裂片线形或短舌形，先端有 2~3 尖齿；叶脉羽状，侧脉 2 叉，直达齿尖；叶坚草质，羽轴和叶轴两侧都有狭翅。孢子囊线形或长圆形，着生于小脉中部以上，每小羽片有 2~4 枚，成熟时往往满布于叶下面；囊群盖长圆形。

见于乐清、永嘉、鹿城、文成、泰顺，常生于海拔 900m 以下的树干、石缝或石块上。

全草药用。

10. 长生铁角蕨 图 137

Asplenium prolongatum Hook.

植株高 15~30cm。根状茎短而直立，顶部密被棕褐色披针形鳞片。叶簇生；叶柄绿色，基部被鳞片，向上光滑，上面有 1 纵沟，直达叶轴顶部；叶片线状披针形，先端渐尖，基部不变狭，二回深羽裂；羽片 12~15 对，互生；叶脉羽状，在上面隆起，每裂片有小脉 1 条，不达叶边；叶近肉质，干后草绿色，两面无毛；叶轴顶端常延长呈鞭状，顶端有 1 被鳞片的芽孢。孢子囊群线形，着生于小脉中部，每小羽片或裂片只有 1 枚；囊群盖硬膜质。

见于乐清、永嘉、瑞安、文成、平阳、苍南、泰顺，生于海拔 1000m 以下的林中石壁上。

观赏蕨类。

11. 华中铁角蕨 图 138

Asplenium sarelii Hook. ex Blakiston

中小型植株。根状茎短而直立，密被黑褐色鳞片。叶簇生；叶柄细弱，基部淡褐色，被纤维状小

图 138 华中铁角蕨

图 139　铁角蕨

鳞片，向上为绿色光滑；叶片长圆状椭圆形，先端渐尖并为羽裂，基部不缩狭，三回羽状；羽片 8~4 对，互生，基部 1 对略大，其余向上各羽片渐小，末回小羽片倒卵形，边缘浅裂成深裂；裂片线形，顶部有粗齿；叶脉羽状，侧脉 2 叉，每裂片有小脉 1 条，不达齿尖；叶草质，两面无毛。孢子囊群长圆形，着生于小脉中部，每小羽片有 1~2 枚；囊群盖同形，全缘。

见于乐清、永嘉、瑞安、文成、泰顺，生于海拔 80~900m 的岩壁石缝中。

12. 铁角蕨　图 139

Asplenium trichomanes Linn.

植株高 5~38cm。根状茎短，直立，顶部密被黑褐色线状披针形鳞片。叶簇生；叶柄栗褐色，有光泽，基部被鳞片，向上光滑，连同叶轴上面有 1 纵沟，沟的两侧各有 1 全缘的膜质狭翅；叶片线形，一回羽状；羽片 18~35 对，互生或近对生，平展，长圆形或斜卵形，中部的较大，长达 1cm，宽约 0.5cm，先端圆，基部为不对称的圆楔形，边缘具圆齿，下部各对羽片渐缩小，基部 1 对常缩成耳状；叶脉羽状，不明显，侧脉 2 叉；叶纸质，无毛。孢子囊群长圆形，着生于小脉上侧分枝的中部；囊群盖长圆形，全缘。

见于乐清（雁荡山）、永嘉、瑞安、泰顺，多生于海拔 150~1400m 的山地丘陵石上。

全草药用。

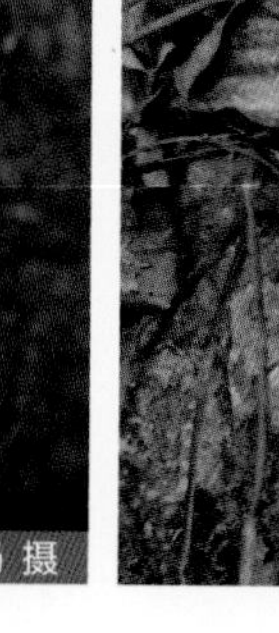

图 140　闽浙铁角蕨

■ 13. 闽浙铁角蕨 图 140

Asplenium wilfordii Mett.ex Kuhn

中型植株。根状茎粗短，斜上，密被棕色鳞片。叶簇生；叶柄灰褐色，下部有时为红棕色；叶片长圆状披针形，先端短渐尖并为羽裂，基部略变宽，三回羽状四回羽裂；羽片 8~12 对，有柄，互生；裂片线形，顶部有 2~3 不整齐钝齿；叶脉两面不甚明显，每一钝齿内有小脉 1 条；叶坚纸质；叶轴、羽轴上面有纵沟。孢子囊群线形，着生于小脉中部，每裂片有 2~4 枚；囊群盖同形，淡褐色，厚膜质，全缘。

见于乐清、苍南、泰顺，生于海拔 800m 以下的林下石缝中。

图 141　狭翅铁角蕨

■ 14. 狭翅铁角蕨 图 141

Asplenium wrightii Eaton ex Hook.

植株高可达 1m。根状茎短而直立，密被线状披针形鳞片。叶柄淡绿色，上面有纵沟，幼时密被鳞片；叶片椭圆形，先端尾状渐尖并为羽裂，基部不缩狭，一回羽状；羽片 12~20 对，互生，斜展，有具狭翅的短柄，下部的披针形或镰状披针形，尾状渐尖头，基部不对称，并以狭翅下延，上侧圆截形或稍呈耳状，下侧楔形，边缘密生粗锯齿或重锯齿；叶脉羽状，分离，侧脉二回二叉，不达叶缘；叶纸质，两面无毛，沿叶轴有狭翅，近顶部尤为明显。孢子囊群线形，生于小脉上侧，沿中脉两侧各排成 1 行；囊群盖线形，膜质，全缘。

见于乐清、瑞安、文成、平阳、泰顺，生于海拔 200~800m 的林下岩石边。

存疑种

■ 1. 剑叶铁角蕨

Asplenium ensiforme Wall. ex Hook. et Grev.

叶簇生；叶片倒披针形或线状披针形，基部渐狭，先端渐尖，边缘全缘，有时波状，干后内卷；叶革质。孢子囊群沿侧脉着生。《泰顺县维管植物名录》记载产于泰顺，但《浙江植物志》记载未达温州，《中国植物志》和《Flora of China》均记载未及浙江和温州。

■ 2. 骨碎补铁角蕨

Asplenium ritoense Hayata[*Asplenium davallioides* Hook.]

叶片三至四回羽状深裂；叶柄淡绿色；末回裂片披针形；叶片草质。《中国植物志》记载未及浙江，《浙江植物志》记载产于乐清，但未见标本。

■ 3. 四国铁角蕨

Asplenium shikokianum Makino

叶片二回羽状至三回羽裂，下部羽片不缩短；叶脉在上面隆起。《浙江植物志》和《泰顺县维管植物名录》记载产于泰顺；《中国植物志》记载未及浙江，未见标本；《Flora of China》认为中国是否有分布存在疑问。

■ 4. 三翅铁角蕨

Asplenium tripteropus Nakai

叶片一回羽状；叶柄、叶轴栗褐色；叶纸质；叶轴纵沟两侧及下面各有 1 膜质翅。《泰顺县维管植物名录》记载产于泰顺，《浙江植物志》、《中国植物志》和《Flora of China》记载均未及温州，且未见标本。故本志不收录。

■ 5. 半边铁角蕨

Asplenium unilaterale Lam.

叶片一回羽状；叶柄、叶轴栗褐色；叶轴无翅；羽片基部不对称，上侧平截，与叶轴平行，略呈耳状。《浙江植物志》记载产于乐清、文成、泰顺。《Flora of China》置于膜叶铁角蕨属 *Hymenasplenium* Hayata，但指出半边膜叶铁角蕨 *Hymenasplenium unilaterale* (Lam.) Hayata 不产于中国。对照《浙江植物志》与《Flora of China》，浙江所产可能为单边膜叶铁角蕨 *Hymenasplenium murakami-hatanakae* Nakaike。

29. 球子蕨科 Onocleaceae

陆生中型植物。根状茎短而直立，被膜质、卵状披针形至披针形鳞片。叶簇生或疏生，有柄，二型；营养叶片长圆披针形或卵状三角形，一回羽状至二回羽状半裂，羽片线状披针形至阔披针形，互生，无柄，叶脉羽状，分离或联结成网状，无内藏小脉；孢子叶片长圆形至线形，一回羽状，羽片强度反卷成荚果状或分离的小球形，深紫色或黑褐色，叶脉分离。孢子囊群圆形，着生于囊托上；囊群盖下位或无盖，外被反卷的变质叶边所包被。

4 属 5 种，分布于北半球温带和亚热带山区。我国 3 属 4 种；浙江 1 属 1 种，温州也有。

东方荚果蕨属 Pentarhizidium Hayata

根状茎短而直立。营养叶二回羽状半裂，叶脉分离；孢子叶的羽片反卷成荚果状。其余特征同科。

2 种，我国 2 种均产；浙江 1 种，温州也有。

■ 东方荚果蕨 图 142

Pentarhizidium orientale (Hooker) Hayata[*Matteuccia orientalis* (Hook.) Trev.]

植株高大。根状茎短而直立，密被棕色、全缘的披针形鳞片。叶簇生，二型；营养叶叶柄长25~45cm，禾秆色，被与根状茎同样的鳞片；叶片长圆形，长 35~65cm，宽 20~40cm，先端渐尖并为深羽裂，基部不变狭，二回羽状深裂；羽片 9~18 对，互生，线状披针形，长 12~22cm，先端渐尖；叶脉羽状，侧脉单一，伸达叶边；叶纸质，沿叶轴和羽轴疏生狭披针形鳞片；能育叶与不育叶等长或略短，长圆形，长 17~35cm，宽 16~22cm，一回羽状，羽片两边向背面强度反卷并包住囊群而成荚果状，深紫色，有光泽。

见于文成（石垟）、泰顺，生于海拔 260~1500m 的林缘或林下。

观赏蕨类；根状茎药用。

图 142 东方荚果蕨

30. 乌毛蕨科 Blechnaceae

陆生大、中型植物。根状茎粗短，直立，很少为细长而横走，具网状中柱，密被鳞片。叶簇生；一型或二型，有柄，一至二回羽状复叶，质厚，无毛或常被鳞片；叶脉分离或沿中脉形成1~3行多角形的网眼，无内藏小脉，但近叶缘的网眼外侧布分离小脉，伸达叶边。孢子囊群线形或长圆形，着生于与主脉平行的囊托上，紧靠主脉；囊群盖同形，少有无盖，成熟时开向主脉；孢子囊大，环带纵行而基部中断。

14属约250种，主产于南半球热带。我国8属14种；浙江2属4种2变种；温州2属3种。

1. 乌毛蕨属 Blechnum Linn.

根状茎粗短、直立，被深棕色鳞片。叶簇生，一型；叶柄粗硬；叶片一回羽状；主脉粗，上面有纵沟，在下面隆起，小脉分离。孢子囊群线形，连续，与羽轴平行并靠近羽轴；囊群盖与孢子囊群同形，膜质。

约200种，主要分布于南半球。我国1种，浙江及温州也有。

■ 乌毛蕨 图143

Blechnum orientale Linn.

植株高达2m。根状茎粗壮，直立，木质，黑褐色，顶部密被褐色的钻状线形鳞片。叶簇生；叶柄棕禾秆色，坚硬，基部密被鳞片，上面有纵沟，无毛；叶片长圆披针形，先端渐尖，基部不缩狭，一回羽状；羽片18~50对，互生，斜向上，无柄，线形；叶脉羽状，分离，侧脉2叉或单一，近平行；叶近革质，两面无毛。孢子囊群线形，着生于中脉两侧，连续而不中断；囊群盖线形，开向中脉。

见于永嘉、瑞安、平阳、苍南、泰顺，生于海拔80~700m的林下、林缘水沟边。

观赏蕨类；根状茎药用。

朱圣潮 摄

丁炳扬 摄

朱圣潮 摄

图143 乌毛蕨

2. 狗脊属 Woodwardia J. E. Smith

根状茎粗短，直立或斜升，被棕色或褐棕色披针形大鳞片。叶大，一型，二回深羽裂；羽片披针形，互生，分离，具短柄；叶脉网状，沿主脉两侧各形成 1~3 行长方形网眼，无内藏小脉。孢子囊群长圆形，着生于主脉两侧网眼的外侧网脉上，并与主脉平行。囊群盖同形，成熟时开向主脉；孢子囊梨形，有长柄。

10 种，分布于北半球的温带至热带。我国 5 种；浙江 3 种 2 变种；温州 2 种。

本属与乌毛蕨属 *Blechnum* Linn. 的主要区别在于：叶为二回羽裂，叶脉网状；而乌毛蕨属的叶为一回羽状，叶脉分离。

■ 1. 狗脊 图 144

Woodwardia japonica (Linn. f.) Smith

植株高达 1m。根状茎短粗，直立或斜升，密被红棕色鳞片。叶簇生；叶柄深禾秆色，密被鳞片；叶片卵状披针形，先端渐尖并为深羽裂，基部不缩狭，二回羽裂；羽片 7~13 对，互生，边缘羽裂达 1/2 或较深；裂片近下先出；叶脉在上面可见；叶厚纸质或近革质，两面无毛，沿叶轴和羽轴有红棕色鳞片。孢子囊群线形，通直，顶端指向前，着生于中脉两侧的网脉上；囊群盖线形，通直，开向中脉。

本市有广泛分布，生于林下、灌丛、荒地。本种是温州分布最广泛的蕨类植物之一。

根状茎药用。

朱圣潮 摄

朱圣潮 摄

图 144 狗脊

朱圣潮 摄

■ 2. 胎生狗脊 珠芽狗脊 图 145

Woodwardia prolifera Hook. et Arn. [*Woodwardia prolifera* var. *formosana* (Rosenst.) Ching]

植株高达 1.5m 或更高。根状茎粗短，斜升，密被红棕色鳞片。叶簇生；叶柄棕禾秆色，坚硬，基部密被鳞片，上面有纵沟，无毛；叶片卵状长圆形，长 35~85cm，先端渐尖并为深羽裂，基部不缩狭，二回羽状深裂；羽片 7~12 对，互生，斜向上；叶脉不明显；叶厚纸质，两面无毛，上面常有许多小芽胞，脱离母体后能长成新植株。孢子囊群近新月形，着生于裂片的中脉两侧网脉上；囊群盖与孢子囊群同形，开向中脉。

本市山地有广泛分布，生于海拔 1000m 以下的山地、路边、林下。

形态美观，且有特殊的“胎生”现象，是很有发展前途的园林绿化植物；根状茎可入药。

本种与狗脊 *Woodwardia japonica* (Linn. f.) Smith 的区别在于：本种叶片上有多数芽胞，下部羽片的基部极不对称，孢子囊群新月形；而前种的叶片上无芽胞，下部羽片的茎部近对称，孢子囊群线形。

图 145 胎生狗脊

31. 鳞毛蕨科 Dryopteridaceae

陆生中型植物。根状茎粗短，直立或横卧，密被鳞片。叶柄密被与根状茎同样的鳞片；叶片纸质或革质，少为草质；羽轴、小羽轴及主脉下面呈圆形隆起。各级羽轴通常多少被鳞片，上面具深纵沟并且光滑，纵沟两侧边缘加厚，于叶轴、羽轴与小羽轴着生处断裂，上面的纵沟互通，其下侧边基部则以锐角下延于叶轴和羽轴；叶脉分离，单一或分叉，或结成贯众型的网眼，小脉顶端常有膨大的水囊，但不达叶边。孢子囊群圆形；囊群盖圆肾形，以狭缺刻着生。

世界性大科，25 属 2100 余种，广布于全球，主要分布于亚洲温带和亚热带山地。我国 10 属约 493 种；浙江有 6 属 74 种 2 变种；温州 5 属 49 种 1 变种。

分属检索表

1. 叶脉联结成网状 …………………………………………………… **3. 贯众属 Cyrtomium**
1. 叶脉分离。
    2. 孢子囊群无盖；从叶柄至叶轴密被有睫毛的阔卵形鳞片，叶轴顶端常延伸成鞭状，着地生根，形成新株 …………………………………………………… **2. 鞭叶蕨属 Cyrtomidictyum**
    2. 孢子囊群有盖（偶无盖）；鳞片不如上述；叶轴顶端通常不延伸成鞭状（少有叶轴顶端延伸成鞭状，着地生根）。
        3. 囊群盖圆形，盾状着生 ………………………………………… **5. 耳蕨属 Polystichum**
        3. 囊群盖圆肾形，以缺刻着生。
            4. 根状茎长而横走；叶远生或近生，各回小羽片均为上先出 ……………… **1. 复叶耳蕨属 Arachniodes**
            4. 根状茎粗短，直立或斜升；叶簇生，各回小羽片近对生或下先出，偶上先出 ………… **4. 鳞毛蕨属 Dryopteris**

1. 复叶耳蕨属 Arachniodes Bl.

根状茎粗壮横走。叶连同叶柄均被有鳞片；叶片卵状三角形或五角形，三至四回羽状；羽片具柄，互生，基部 1 对最大，三角形或长圆形，渐尖头，基部下侧一片小羽片照例伸长，各回小羽片均为上先出，末回小羽片常为锐尖头，基部不对称；叶脉羽状，分离，上先出。孢子囊群圆形，顶生于叶脉；囊群盖圆肾形。

约 60 余种，广布于热带、亚热带，主产于亚洲东部和东南部。中国为本属分布中心，约 40 种；浙江 14 种；温州 11 种。

分种检索表

1. 叶片粗裂，边缘具钝锯齿；孢子囊群背生于叶脉 ………………………… **4. 大片复叶耳蕨 A. cavalerii**
1. 叶片分裂度细，边缘具尖锯齿，通常具芒刺；孢子囊群顶生于叶脉。
    2. 叶片顶部突然狭缩呈长尾状，成为一片与侧生羽片同形的一回羽状顶生羽片。
        3. 叶片二回羽状，基部羽片与其上的各对及顶生羽片同形 ……………… **6. 天童复叶耳蕨 A. hekiana**
        3. 叶片三至四回羽状，基部羽片与其上的各对及顶生羽片不同形。
            4. 叶片三回羽状。
                5. 基部羽片的基部下侧有 1 片小羽片伸长，第 2、3 对羽片基部的小羽片不特别伸长 。
                    6. 小羽片长圆形，钝头，下面沿叶轴、羽轴及叶脉有小鳞片 ………… **9. 长尾复叶耳蕨 A. simplicior**
                    6. 小羽片菱形，锐尖头，两面光滑 ………………………………… **1. 斜方复叶耳蕨 A.amabilis**
                5. 基部羽片的基部下侧有 2 片小羽片伸长，第 2、3 对羽片基部也各有 1 对小羽片伸长 …………………………………………………… **11. 紫云山复叶耳蕨 A. ziyunshanensis**

4. 叶片四回羽裂或四回羽状。
7. 叶片四回羽裂 ………………………………………… 1. 斜方复叶耳蕨 A. amabilis
7. 叶片四回羽状 ………………………………………… 2. 美丽复叶耳蕨 A. amoena
2. 叶片顶部渐尖或多少狭缩呈三角形渐尖头。
8. 叶片三回羽状。
9. 基部羽片的下侧基部小羽片不特别伸长或仅略较其上的为长。
10. 基部羽片三角状披针形或长三角形 ………………………… 7. 缩羽复叶耳蕨 A. japonica
10. 基部羽片长圆披针形 ………………………………… 8. 贵州复叶耳蕨 A. nipponica
9. 基部羽片的下侧基部小羽片特别伸长 ………………………… 3. 刺头复叶耳蕨 A. aristata
8. 叶片二回羽状至三回羽裂或四回羽裂至四回羽状。
11. 叶片二回羽状至三回羽裂 ……………………………… 5. 中华复叶耳蕨 A. chinensis
11. 叶片四回羽裂至四回羽状 ……………………………… 10. 美观复叶耳蕨 A. speciosa

■ 1. 斜方复叶耳蕨 图 146

Arachniodes amabilis (Bl.) Tindale[*Arachniodes rhomboidea* (Wall.ex Mett.) Ching]

植株高 50~80cm。根状茎横走，密被棕色鳞片。叶柄禾秆色，基部密被棕色鳞片，向上光滑；叶片卵状长圆形，先端尾状，基部不缩狭，三回羽状至四回羽裂，侧生羽片 5~7 对，互生，斜向上，有柄，基部 1 对最大，基部下侧一片小羽片特长，并为羽裂或近一回羽状；叶纸质，两面无毛。孢子囊群着生于小脉顶端，靠近叶边；囊群盖圆肾形，边缘有睫毛。

见于乐清、瓯海、瑞安、文成、平阳、苍南、泰顺，生于海拔 30~800m 的林下。

观赏蕨类；根状茎药用。

胡仁勇 摄

胡仁勇 摄

胡仁勇 摄

图 146 斜方复叶耳蕨

■ 2. 美丽复叶耳蕨 多羽复叶耳蕨 图 147

Arachniodes amoena (Ching) Ching

植株高 60~90cm。根状茎长而横走，密被深棕色鳞片。叶柄禾秆色，基都密被与根状茎同样的鳞片，向上光滑；叶片近五角形，顶端狭缩尾状，三回或四回羽状；侧生羽片 3~6 对，互生，斜向上，有柄，基部 1 对最大，近三角形，基部一回小羽片伸长，下侧一片尤长，末回小羽片斜方状长圆形；叶脉羽状，分离，侧脉 2~3 叉；叶纸质，干后绿色。孢子囊群圆形，常着生于小脉顶端；囊群盖圆肾形，全缘。

见于永嘉、瓯海（景山）、文成、泰顺，生于海拔 50~1100m 的林下。

图 147 美丽复叶耳蕨

观赏蕨类；全草药用。

3. 刺头复叶耳蕨 图 148

Arachniodes aristata (G. Forst.) Tindale[*Arachniodes exillis* (Hance) Ching; *Arachniodes maoshanensis* Ching]

植株高达 90cm。根状茎长而横走，密被棕色鳞片。叶柄禾秆色，连同叶轴羽轴被棕色鳞片；叶片三角形，顶部突缩成三角形渐尖头，三回羽状；羽片约 8 对，有柄，基部 1 对最大，卵状三角形；叶纸质，干后深绿色，上面光滑。孢子囊群圆形，生于小脉顶端；囊群盖圆肾形，早落。

见于乐清、洞头、瑞安、平阳、苍南、泰顺，生于海拔 50~800m 的林下。

观赏蕨类。

图 148 刺头复叶耳蕨

4. 大片复叶耳蕨 背囊复叶耳蕨 图 149

Arachniodes cavalerii (Christ) Ohwi

植株高达 1m。根状茎短而直立。叶近生；叶柄紫禾秆色，下部被与根状茎相同的鳞片，向上渐光滑；叶片三角状卵形，先端突缩狭渐尖，基部不缩狭，三回羽状；羽片 3~9 对，互生，斜向上，有长柄，基部一对最大；叶脉羽状，分离，侧脉 2~3 叉；叶厚纸质，干后黄色，两面无毛。孢子囊群圆形，着生于中部，较靠近中脉；囊群盖圆肾形，边缘波状，早落。

见于苍南、泰顺，生于海拔 600m 的林下。温州分布新记录种。

5. 中华复叶耳蕨 图 150

Arachniodes chinensis (Rossent.) Ching

植株高 30~60cm。根状茎横走，密被黑褐色鳞片。叶柄禾秆色，连同叶轴和羽轴被贴生的鳞片；叶片卵状三角形，先端突然狭缩成三角形渐尖头，

图 149　大片复叶耳蕨

图 150　中华复叶耳蕨

二回羽状或基部三回羽裂；羽片 12~17 对，小羽片约 15 对，基部 1 对较长，下侧一片尤长；叶脉在下面可见；叶近革质。孢子囊群圆形，着生于小脉顶端，每小羽片有 5~8 对，在主脉两侧各排成 1 行；囊群盖圆肾形，革质，早落。

见于乐清、瑞安、文成、苍南、泰顺，生于海拔 50~1000m 的林下、林缘。

观赏蕨类。

■ 6. 天童复叶耳蕨　假斜方复叶耳蕨 图 151

Arachniodes hekiana Sa. Kurata[*Arachniodes tiendongensis* Ching et C. F. Zhang]

植株高达 1m。叶柄长 48~55cm，淡禾秆色，基部疏生棕色鳞片，向上光滑；叶片长圆形，长约 45~60cm，顶部突然狭缩成长 14~18cm 的长尾，二回羽状；羽片 7~8 对，基部 1 对以狭角斜上，小羽片约 18 对，平展，接近，基部 1 对略较长，长 2.6~3cm，顶端具 1 芒刺，第 2、3 对羽片同形同大；叶薄纸质，干后褐绿色，光滑。孢子囊群小，每小羽片上侧 5~8 枚，下侧边上部 1~3 枚，较近叶边；囊群盖红棕色，质厚，脱落。

见于文成、泰顺，生于海拔 70~700m 的林下。

与斜方复叶耳蕨 *Arachniodes amabilis* (Bl.) Tindale 相似，但叶片二回羽状，基部 1 对羽片的下侧小羽片不伸长或略较其上为长，小羽片急尖头；囊群盖全缘，有毛。

观赏蕨类。

朱圣潮 摄

丁炳扬 摄

朱圣潮 摄

图 151　天童复叶耳蕨

■ 7. 缩羽复叶耳蕨 图 152

Arachniodes japonica (Sa. Kurata) Nakaike[*Arachniodes reducta* Y. T. Hsieh et Y. P. Wu; *Arachniodes gradata* Ching]

植株高达 1m。根状茎被鳞片。叶柄禾秆色，基部密被暗棕色鳞片；叶片卵状长圆形，先端渐尖，基部圆楔形，三回羽状；羽片约 26 对，下部的近对生，斜展，密接，具柄，基部 1 对较大，末回小羽片 5~8 对，

朱圣潮 摄

朱圣潮 摄

图 152　缩羽复叶耳蕨

图 153　贵州复叶耳蕨

近无柄，长圆形，钝头，有具芒锯齿，基部下侧的一片明显缩短，末回羽片下部分裂；叶厚纸质，干后棕绿色，两面光滑。孢子囊群每小羽片 6~8 对，紧靠中脉；囊群盖暗棕色，质坚，边缘有啮蚀状小锯齿，宿存。

见于乐清、平阳（南麂列岛）、苍南、泰顺，生于海拔 750m 以下的林下、路边。

8. 贵州复叶耳蕨　日本复叶耳蕨　图 153

Arachniodes nipponica (Ros.) Ohwi

植株高达 1m。根状茎肉质化，匍匐，密生红棕色鳞片。叶柄紫禾秆色，基部密被与根状茎上相同的鳞片，向上渐疏；叶片长圆形，至近顶部突然狭缩成长尾状渐尖，基部心形，三回羽状，羽片 7~9 对，互生，基部 1 对最大，长圆披针形，先端尾状渐尖，基部宽楔形；叶脉羽状，侧脉 2~3 叉。叶纸质，干后亮绿色。孢子囊群圆形，着生于小脉顶端，中生；囊群盖圆肾形，早落。

见于泰顺，生于海拔 600m 的林下。

9. 长尾复叶耳蕨　异羽复叶耳蕨　图 154

Arachniodes simplicior (Makino) Ohwi

植株高达 1m。根状茎横走，密被棕色鳞片。叶柄禾秆色，基部密被鳞片，向上近光滑；叶片卵状长圆形或略呈五角状卵形，先端狭长突缩尾状，基部圆形，三回羽状；侧生羽片 3~5 对，互生，有柄，基部 1 对最大，三角状卵形，基部下侧一片伸长，一回羽状，末回小羽片镰刀状长圆形，先端钝，基部上侧截形并有耳状凸起，下侧斜切，边缘有芒刺状锯齿，第 2 对以上各对逐渐缩短，顶生羽片和侧生羽片同形等大；叶脉羽状，侧脉除基部上侧为羽状外，其余的均为 2~3 叉；叶厚纸质，两面无毛。孢子囊群圆形，着生于小脉近顶端。

见于永嘉、瓯海、洞头、瑞安、文成、平阳、苍南、泰顺，生于海拔 50~1350m 的林下。

观赏蕨类；根状茎药用。

图 154　长尾复叶耳蕨

图 155 美观复叶耳蕨

10. 美观复叶耳蕨 图 155

Arachniodes speciosa (D.Don).Ching[*Arachniodes neoaristata* Ching;*Arachniodes pseudo-aristata* (Tagawa) Ching; *Arachniodes yandangshanensis* Hsich]

植株高 85cm。根状茎粗短斜升。叶柄深禾秆色，基部密被褐色鳞片，向上连同叶轴、羽轴有褐色鳞片疏生；叶片卵状长圆形，先端略狭缩，渐尖头，基部圆形，四回羽状深裂，羽片 6 对，基部 1 对近对生，其余互生，基部 1 对最大；叶脉羽状，侧脉分叉；叶革质，干后黄褐色，两面光滑。孢子囊群生于小脉顶端，靠近中脉；囊群盖棕色，全缘，早落。

见于乐清、永嘉、泰顺，生于海拔 50~700m 的林下。

观赏蕨类。

11. 紫云山复叶耳蕨 假长尾复叶耳蕨 图 156

Arachniodes ziyunshanensis Hsieh[*Arachniodes pseudosimplicior* Ching]

植株高达 80cm。根状茎被鳞片。叶柄禾秆色，下部密被红棕色鳞片；叶片卵状长圆形，奇数三回羽状，顶生羽片与侧生羽片同形，具柄，羽状；侧生羽片 5~7 对，互生，具柄，基部 1 对最大，卵状三角形，渐尖，二回羽状，下侧基部一片最长；叶干后近革质，黄绿色，上面有光泽。孢子囊群每小羽片 8~15 对，近边缘；囊群盖红棕色，脱落。

见于乐清、瓯海、龙湾、泰顺，生于海拔 50~900m 的林下。温州分布新记录种。

图 156 紫云山复叶耳蕨

2. 鞭叶蕨属 Cyrtomidictyum Ching

根状茎短而直立，疏被鳞片。叶簇生，具长柄，叶片披针形至长圆形，一回羽状或单叶；不育叶的叶轴延伸成一无叶的鞭状匍匐茎，其顶端有一向地性的芽孢；能育叶的先端羽状分裂，渐尖头，下面生孢子囊群；中脉明显，侧脉不明显；叶厚纸质或革质，上面光滑。孢子囊群圆形，小而无盖，生于侧脉背部，沿中脉两侧各排成 1~2 行。

4 种，分布于中国、日本和朝鲜南部。中国 4 种；浙江 3 种，温州均产。

《Flora of China》将本属置于耳蕨属 *Polystichum* Roth 中，但本属孢子囊群无盖，叶轴顶端常延伸成鞭状，特征区别明显，本志采用秦仁昌系统保留鞭叶蕨属 *Cyrtomidictyum* Ching。

分种检索表

1. 羽片阔卵形或长圆状卵形 ………………………………………… **1. 卵形鞭叶蕨 C. conjunctum**
1. 羽片镰状披针形。
    2. 叶纸质；能育叶的羽片长 6~10cm，每组侧脉的基部上侧一脉只达中途不达叶边；孢子囊群在主脉两侧各为 2~3 列 ………………………………………… **3. 鞭叶蕨 C. lepidocaulon**
    2. 叶革质；能育叶的羽片长 4~5cm，每组侧脉的各脉均伸达叶边；孢子囊群在主脉两侧通常各为 1 列 ………………………………………… **2. 阔镰鞭叶蕨 C. faberi**

■ 1. 卵形鞭叶蕨

Cyrtomidictyum conjunctum Ching[*Polystichum conjunctum* (Ching) Li Bing Zhang]

植株高 20~40cm。根状茎短而直立，密被鳞片。叶簇生；不育叶羽片排列稀疏，短而阔，阔卵形或长圆状卵形；叶轴顶端延伸成长鞭，着地生根长成新株；能育叶叶片披针形，先端尾状渐尖，一回羽状，下部 5~7 对与叶轴分离，以上各对多少与叶轴合生，基部 1 对与其上各对等长或稍长；叶脉羽状，侧脉分叉；叶近革质，上面光滑。孢子囊群圆而小，着生于小脉背上，在主脉两侧各 2 列；无囊群盖。

见于泰顺，生于海拔 500~800m 的林缘石边。

■ 2. 阔镰鞭叶蕨　普陀鞭叶蕨　图 157

Cyrtomidictyum faberi (Bak.) Ching[*Polystichum putuoense* Li Bing Zhang]

植株高可达 80cm。根状茎短而直立，被棕色阔卵形鳞片。叶簇生，近二型；不育叶羽片多为短

图 157　阔镰鞭叶蕨

图 158 鞭叶蕨

而宽镰状披针形；叶轴顶端延伸成鞭状；能育叶的柄禾秆色，被薄鳞片；叶片卵状披针形，先端羽裂渐尖，一回羽状；叶脉羽状，侧脉明显或不明显，每组 3~4 条，均达叶边；叶革质，上面光滑，下面伏生有睫毛状的小鳞片。孢子囊群在主脉两侧各为 1 列，仅在基部上侧耳状凸起处有时 2 列；无盖。

见于文成、泰顺，生于海拔 600m 以下的林缘。

3. 鞭叶蕨 图 158

Cyrtomidictyum lepidocaulon (Hook.) Ching
[*Polystichum lepidocaulon* (Hook.) J. Smith]

植株高（长）可超 1m。根状茎短而直立，被鳞片。叶簇生；不育叶远较长，叶片较狭，羽片排列疏，短而宽，由阔镰形至卵形；叶轴顶端延伸成一无叶具鳞片的鞭状匍匐茎，顶端具芽孢；能育叶柄禾秆色，有光泽，被鳞片；叶片长圆披针形，先端羽裂渐尖头，一回羽状；中脉明显，在上面稍凹陷，在下面隆起，侧脉不明显，分离，每组 5~6 条，除基部上侧一条外，余均伸达叶边；叶厚纸质，上面光滑。孢子囊群圆形，小而无盖，在主脉两侧各排成 2~3 列。

见于乐清、平阳、文成、泰顺，生于海拔 500m 以下的林下和林缘。

观赏蕨类。

3. 贯众属 Cyrtomium C. Presl

根状茎短，密被鳞片。叶簇生，叶柄基部被鳞片；叶奇数一回羽状；羽片镰刀形或披针形，全缘或有锯齿；叶脉网状，中脉显著；叶革质、纸质或草质，叶下及叶轴多少被纤维状小鳞片。孢子囊群圆形，在中脉两侧排成 1 至多列，着生于内藏小脉顶端或中部；囊群盖大而圆，盾状着生。

35 种，分布于东亚，中国西南地区是其分布中心。中国 31 种；浙江 6 种；温州 4 种。

分种检索表

1. 叶片顶端羽裂,不具分离的顶生羽片 ………………………… 1. 镰羽贯众 C. balansae
1. 叶片顶端有 1 片单一或 2~3 分叉的顶生羽片。
    2. 叶为厚革质或纸质,羽片边缘加厚,全缘,或有几枚粗大缺刻。
        3. 叶革质,羽片通常长达 10cm,基部圆形或近圆形 ………………………… 3. 全缘贯众 C. falcatum
        3. 叶厚纸质,羽片长达 15cm,基部楔形或斜切 ………………………… 2. 披针贯众 C. devexiscapulae
    2. 叶为草质,少有近革质,羽片边缘不加厚,通体或至少向顶端有细尖锯齿 ………………………… 4. 贯众 C. fortunei

■ 1. 镰羽贯众 图 159

Cyrtomium balansae (Christ) C.Chr. [*Cyrtomium balansae* f. *edentatum* Ching]

植株高 30~60cm。根状茎直立或斜升,密被棕色鳞片。叶簇生;叶柄禾秆色,疏被棕色鳞片;叶片披针形,先端羽裂渐尖,一回羽状;羽片 10~15 对,互生,略斜向上,近无柄,镰刀状斜卵形,下部的较大,先端渐尖,基部上侧呈三角状耳形,下侧楔形,边缘略具细齿;叶脉网状,沿中脉两侧各有 2 行网眼,

丁炳扬 摄

丁炳扬 摄

朱圣潮 摄

图 159 镰羽贯众

每网眼内有内藏小脉 1~2 条；叶厚纸质，上面光滑。孢子囊群圆形，背生于内藏小脉中部或上部；囊群盖圆盾形，全缘。

本市广泛分布，多生于海拔 900m 以下的林下岩石边。

观赏蕨类；根状茎药用。

■ 2. 披针贯众 图 160

Cyrtomium devexiscapulae (Koidz.) Koidz. et Ching
[*Cyrtomium integrum* Ching et Shing]

植株高达 1m。根状茎粗短直立，密被棕褐色大鳞片。叶簇生；叶柄棕禾秆色，基部密被大鳞片；叶片长圆披针形，一回羽状，互生，有短柄，狭长披针形或镰刀状披针形，先端渐尖，基部楔形，对称或近对称，全缘或有时具波状钝齿，顶生羽片和侧生羽片同形；叶脉网状，每网眼有内藏小脉 1~2 条。叶厚纸质，两面光滑。孢子囊群圆形，着生于内藏小脉中部；囊群盖圆盾形，边缘波状。

见于瓯海、瑞安、平阳、泰顺，生于海拔 400m 以下的林下或灌丛中。

■ 3. 全缘贯众 图 161

Cyrtomium falcatum (Linn. f.) C. Presl

植株高 30~70cm。根状茎粗短而直立，密被鳞片。叶簇生；叶柄禾秆色，密被大鳞片，向上渐疏；叶片长圆状披针形，奇数一回羽状；羽片 7~10 对，互生或近对生，卵状镰刀形，中部的稍大，先端尾状渐尖，基部圆形或上侧多少呈耳状凸起，下侧圆楔形，全缘，有加厚的边，向下各对近相等或略小，顶生羽片和侧生羽片分离；叶脉网状，每网眼内有内藏小脉 1~3 条；叶革质，两面光滑；叶轴上面具纵沟。孢子囊群圆形，着生于内藏小脉的中部，密布羽片下面；囊群盖圆盾形，边缘有细齿。

见于洞头、瑞安、平阳、苍南，生于海岛上的草坡、路边湿地。

观赏蕨类；根状茎药用。

图 160 披针贯众

图 161 全缘贯众

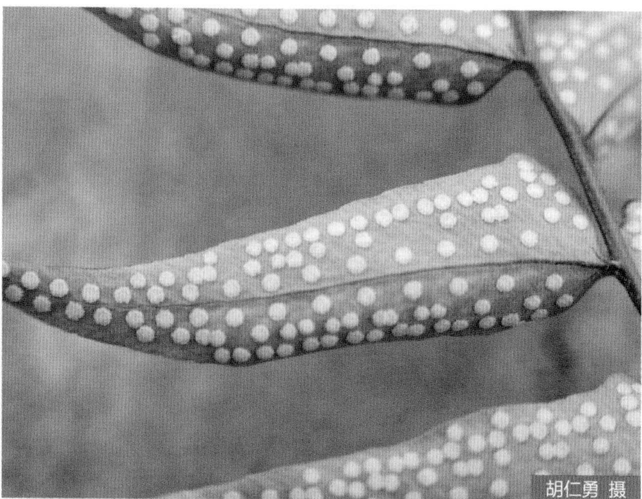

图 162 贯众

■ 4. 贯众 图 162

Cyrtomium fortunei J. Smith

植株高 30~60cm。根状茎粗短，密被深褐色鳞片。叶簇生；叶柄禾秆色，基部密被大鳞片；叶片长圆状披针形或披针形，一回羽状；羽片镰刀状卵形，边缘有锯齿，其余向下各对近等大或略小，顶生羽片和侧生羽片分离，同形或有时为 2~3 叉；叶脉网状，每网眼有内藏小脉 1~2 条；叶草质，边缘不加厚。孢子囊群圆形，着生于内藏小脉中部或近顶端；囊群盖圆盾形，质厚，全缘。

本市广泛分布，生于海拔 10~1000m 的林下、岩石、坡地、树干等处。

观赏蕨类；根状茎药用。

4. 鳞毛蕨属 **Dryopteris** Adans.

根状茎粗短，直立或斜升，顶端密被鳞片。叶簇生；叶柄上面平或凹，下面圆，叶片常一至三回羽状或四回羽裂，小羽片除基部 1 对羽片的一回小羽片为上先出外，其余各回小羽片都是下先出，末回小羽片基部对称；叶纸质或革质，上面无毛，沿叶轴及各回羽轴有沟互通。孢子囊群圆形，着生于小脉或顶生；囊群盖圆肾形。

鳞毛蕨科的一个大属，约 400 余种，广布于全球，以亚洲大陆，尤其是以喜马拉雅—日本为其分布中心。我国约 167 种；浙江 36 种 1 变种；温州 25 种 1 变种。

分种检索表

1. 叶为奇数一回羽状，即顶部有 1 片与侧生羽片同形的顶生羽片。
    2. 侧生羽片通常 1~3 对（有时较多），边缘全缘或具疏浅圆齿 ………… **19. 奇羽鳞毛蕨 D. sieboldii**
    2. 侧生羽片通常 4~6 对，边缘波状锐裂或全裂 ………… **7. 宜昌鳞毛蕨 D. enneaphylla**
1. 叶片一至四回羽状或四回羽裂，顶部羽裂渐尖。
    3. 羽轴或小羽轴下面多少被泡状鳞片或鳞片基部棕色，阔而圆，呈囊状或勺状，上部为黑色长钻状或线形。
        4. 叶片一至二回羽状或三回羽裂，叶轴和羽轴下面的鳞片一色，多少呈泡状，如为披针形或线状披针形，则基部不膨大，其下侧基部小羽片不特别伸长。
            5. 羽片以锐角从叶轴斜上或斜展。
                6. 叶为一回羽状，下部羽片近全缘或羽状深裂 ………… **4. 迷人鳞毛蕨 D. decipiens**
                6. 叶片基部二至三回羽状或三回深羽裂。
                    7. 叶片基部二回羽状，即基部下侧小羽片近全缘或仅有锯齿，往往缩短或和其上的小羽片等长或略长。
                        8. 下部多对羽片的小羽片长圆形，圆头或圆截头，向顶部不变狭或略变狭 … **9. 黑足鳞毛蕨 D. fuscipes**
                        8. 下部多对羽片的小羽片卵状长圆形、卵形、阔披针形、镰状披针形，向顶部变狭。
                            9. 叶片卵状长圆形或椭圆形 ………… **8. 红盖鳞毛蕨 D. erythrosora**
                            9. 叶片狭长圆形 ………… **1. 阔鳞鳞毛蕨 D.championii**
                    7. 叶片基部三回羽裂至三回羽状，至少基部羽片的下侧小羽片为深羽裂或近羽状半裂。
                        10. 叶片长圆形或长圆披针形，宽 20~40cm，下部羽片长 13~22cm，宽 4cm，小羽片长 2.2~4cm。
                            11. 植株高在 1m 以上；小羽片以狭间隔分开，基部接近；孢子囊群靠近裂片边缘着生 ………… **20. 高鳞毛蕨 D. simasakii**
                            11. 植株高在 1m 以下；小羽片以宽距离隔开，彼此远离；孢子囊群中生 ………… **1. 阔鳞鳞毛蕨 D. championii**
                        10. 叶片卵状披针形，宽 12~20cm，下部羽片长达 10~16cm，宽 3~5cm，小羽片长 1.5~2.5cm ………… **13. 京鹤鳞毛蕨 D. kinkiensis**
            5. 羽片以直角从叶轴水平开展。
                12. 孢子囊群无盖 ………… **14. 齿果鳞毛蕨 D. labordei**
                12. 孢子囊群有盖；叶柄基部的鳞片近黑色或褐色 ………… **22. 无柄鳞毛蕨 D. submarginata**
        4. 叶片三至四回羽状或羽裂；叶轴和羽轴下面的鳞片通常二色，即基部棕色，膨大为阔圆形，向上为黑色或褐色，急狭成钻状或线形，基部 1 对羽片特大，三角形，其下侧基部小羽片特别伸长，往往叶片基部呈燕尾状。
            13. 孢子囊群无盖 ………… **5. 德化鳞毛蕨 D. dehuaensis**
            13. 孢于囊群有盖。
                14. 叶片向顶部突然收缩变狭或略收缩，但不为渐变狭。
                    15. 叶片向顶部突然收缩，羽轴下面鳞片不为泡状 ………… **24. 变异鳞毛蕨 D. varia**
                    15. 叶片向顶部急收缩，羽轴下面的鳞片泡状 ………… **16. 太平鳞毛蕨 D. pacifica**
                14. 叶片顶部渐变狭，渐尖头。
                    16. 孢子囊群近边生 ………… **12. 假异鳞毛蕨 D. immixta**
                    16. 孢子囊群生于主脉和叶边之间；羽轴、小羽轴下面的鳞片基部为完整的泡状。
                        17. 叶柄、叶轴禾秆色带红晕；囊群盖红色 ………… **11. 桃花岛鳞毛蕨 D. hondoensis**
                        17. 叶柄、叶轴禾秆色；囊群盖褐棕色 ………… **18. 两色鳞毛蕨 D. setosa**
    3. 羽轴或小羽轴下面被平直的披针形、卵状披针形或纤维状鳞片或光滑。
        18. 叶片一回羽状或近二回羽状。
            19. 叶片一回羽状，羽片有锯齿或羽裂达 1/2，少有基部的裂达羽轴。
                20. 羽片仅有锯齿或裂达 1/3，少有达 1/2。
                    21. 孢子囊群无盖 ………… **17. 无盖鳞毛蕨 D. scottii**
                    21. 孢子囊群有盖。
                        22. 下部羽片上的孢子囊群在羽轴两侧各排成 1 行或不规则 2 行。
                            23. 叶柄仅基部疏生红棕色鳞片，向上近光滑，羽片向上弯弓，边缘锯齿明显向前倒伏 ………… **1. 阔鳞鳞毛蕨 D. championii**

23. 叶柄连同叶轴密被黑褐色鳞片，羽片平直，边缘粗锯齿不明显向前倒伏 ……… **3. 桫椤鳞毛蕨 D. cycadina**

22. 下部羽片上的孢子囊群在羽轴两侧排成多行。

24. 下部羽片逐渐缩短，基部的长 2~3cm ……… **6. 远轴鳞毛蕨 D. dickinsii**

24. 下部羽片不缩短或偶有基部 1 对略缩短 ……… **3. 桫椤鳞毛蕨 D. cycadina**

20. 羽片羽裂达 1/2 或更深，罕有基部几裂达羽轴 ……… **25. 黄山鳞毛蕨 D. whangshanensis**

19. 叶片二回羽状，至少下部羽片的基部为羽状，并具与羽轴分离的小羽片，小羽片全缘或多少羽裂。

25. 叶片顶部 1/3 的能育羽片往往强度狭缩 ……… **15. 狭顶鳞毛蕨 D. lacera**

25. 叶片上半部的能育羽片逐渐变狭，但与其下部的不育羽片同形 ……… **23. 同形鳞毛蕨 D. uniformis**

18. 叶片三回羽状或三回全裂（至少基部）。

26. 叶片卵状长圆形，长远超过宽 ……… **21. 稀羽鳞毛蕨 D. sparsa**

26. 叶片多少呈五角形，长、宽几相等。

27. 叶柄和叶轴无鳞片，小羽片和裂片无锯齿 ……… **10. 裸叶鳞毛蕨 D. gymnophylla**

27. 叶柄和叶轴疏被褐色鳞片，小羽片和裂片边缘有疏浅齿 ……… **2. 中华鳞毛蕨 D. chinensis**

■ 1. 阔鳞鳞毛蕨 图 163

Dryopteris championii (Bcnth.) C.Chr. ex Ching[*Dryopteris yandongensis* Ching et C. F. Zhang; *Dryopteris wangii* Ching; *Dryopteris grandiosa* Ching et Chiu]

植株高达 1m。根状茎短而直立。叶簇生；叶柄禾秆色，连同叶轴初被极密的红棕色鳞片，后脱落；叶片狭长圆形，渐尖头，基部圆形，二回羽状；

丁炳扬 摄

朱圣潮 摄

朱圣潮 摄

图 163 阔鳞鳞毛蕨

图 164 中华鳞毛蕨

羽片约 15 对，互生，以宽间隔分开，镰状披针形，渐尖头，基部圆形，基部 1 对长达 13cm，最下一片缩短；第 2 小羽片较长，镰状披针形，急尖头，基部圆形，两侧耳状凸出，下部分裂至具圆齿，先端有锯齿，上侧小羽片狭三角形，急尖，全缘，基部 1 对小羽片比以上的略缩短，同形，全缘；叶纸质，干后变黄绿色。孢子囊群每小羽片 5~8 对；囊群盖棕色，扁平，宿存。

见于本市各地，生于海拔 10~1000m 的林缘或林下。

根状茎药用。

2. 中华鳞毛蕨 图 164

Dryopteris chinensis (Baker) Koidz.

中型植株。根状茎短而直立，顶端和叶柄基部密被棕色鳞片。叶簇生；叶柄深禾秆色，基部以上连同叶轴疏生棕色披针形小鳞片；叶片五角形，长、宽几相等，三回羽状四回羽裂；羽片 5~7 对，三角状披针形，先端渐尖，基部 1 对最大，基部不对称；叶脉羽状，分叉；叶草质，干后黄褐色；羽轴、小羽轴下面疏生鳞片。孢子囊群圆形，着生于小脉顶端，靠近叶边；囊群盖圆肾形，褐色，厚，宿存。

见于乐清、永嘉、鹿城、瑞安、文成、平阳、苍南、泰顺，生于海拔 1400m 以下的林缘路旁。温州分布新记录种。

观赏蕨类。

3. 桫椤鳞毛蕨 暗鳞鳞毛蕨 图 165

Dryopteris cycadina (Franch. et Sav.) C. Chr.

植株高 30~85cm。根状茎短而直立，密被棕色

图 165 桫椤鳞毛蕨

大鳞片。叶簇生；叶柄禾秆色，密被黑褐色鳞片；叶片长圆披针形，先端急缩狭成尾状渐尖并为羽裂，基部不缩狭，一回羽状；羽片约 13~26 对，互生或近对生，近无柄，长披针形，下部数对羽片不缩短或略缩短；叶脉羽状，侧脉单一；叶薄纸质，两面近光滑。孢子囊群圆形，于羽轴两侧排成不整齐的 1~2 行；囊群盖小，圆肾形。

见于文成、泰顺，生于海拔 500~1200m 的林下、溪边。

观赏蕨类。

■ 4. 迷人鳞毛蕨 异盖鳞毛蕨 图 166

Dryopteris decipiens (Hook.) Kuntze

中型植株。根状茎粗短，直立。叶簇生；叶柄深禾秆色，基部以上疏被褐色、狭披针形鳞片；叶片长圆披针形，一回羽状；羽片 12~15 对，互生，斜向上，有短柄，镰刀状披针形，中部羽片先端渐尖，基部圆楔形或微心形，边缘波状或浅裂为圆钝齿，向下各对羽片近等大，仅基都 1 对略缩短；叶脉羽状，侧脉单一；叶纸质。孢子囊群圆形，着生于侧脉中部以下，沿羽轴两侧各排成 1 行；囊群盖全缘。

见于本市各地，生于海拔 1000m 以下的林下。

朱圣潮 摄

图 166 迷人鳞毛蕨

图 167 深裂迷人鳞毛蕨

■ 4a. 深裂迷人鳞毛蕨 图 167

Dryopteris decipiens var. **diplazioides** (Christ) Ching[*Dryopteris fuscipes* C. Chr. var. *diplazioides* (Christ) Ching]

与原种的主要区别在于：叶为二回羽状深裂，裂片（或小羽片）基部连合，先端圆截形，全缘。

见于瑞安、泰顺，生于海拔 800m 以下的山地及路边。

■ 5. 德化鳞毛蕨 图 168

Dryopteris dehuaensis Ching

植株高 40~70cm。根状茎粗壮，短而斜升或横卧，顶部密被栗褐色鳞片。叶簇生或近生；叶柄深禾秆色，上面有狭纵沟，连同叶轴密被鳞片，鳞片黑色，线形或线状披针形，全缘，叶片卵状披针形，先端渐尖或长渐尖，二回羽状至四回羽裂；羽片 8~12 对，互生，斜展，有柄，基部 1 对最大，其余向上各对羽片逐渐缩短，卵状披针形；叶厚草质或纸质，干后绿色；羽轴、小羽轴和中脉下面密被小鳞片。孢子囊群圆形，着生于小脉中部以上，沿中脉两侧各排成 1 行；无囊群盖。

见于永嘉、瑞安、泰顺，生于海拔 50~600m 的林下。

■ 6. 远轴鳞毛蕨

Dryopteris dickinsii (Franch. et Sav.) C. Chr.

植株高 50~90cm。根状茎短而直立，密被褐色披针形鳞片。叶簇生；叶柄褐禾秆色，连同叶轴被褐棕色披针形鳞片；叶片长圆状倒披针形，先端急缩狭短渐尖并为羽裂，基部缩狭，一回羽状；羽片 17~27 对，互生，平展，分开，有短柄，披针形，基部圆截形或截形，边缘具粗钝圆齿或羽裂达 1/3，下部数对羽片稍缩短；叶脉羽状，侧脉分枝，伸达叶边；叶厚纸质。孢子囊群圆形，沿中脉两侧各排成不整齐的 2~3 行，中脉两侧有狭的不育空间；囊群盖小，圆肾形，棕色。

见于文成、泰顺，生于海拔 500~900m 的林下。

朱圣潮 摄

图 168 德化鳞毛蕨

■ 7. 宜昌鳞毛蕨 顶羽鳞毛蕨

Dryopteris enneaphylla (Bak.) C. Chr.

根状茎粗短直立，连同叶柄下部密生黑褐色鳞片。叶柄长 20~60 cm，深禾秆色，中上部近光滑；叶片奇数一回羽状，侧生羽片为 4~6 对，顶生羽片基部有 1 耳状的大裂片，顶部第 1 片侧生羽片短小，边缘具波状粗锯齿或浅裂。孢子囊群圆形，生于叶背，沿羽轴两侧各排列成不整齐的 3~4 行；囊群盖圆肾形。

见于乐清、文成，生于海拔 500~800m 的林下。温州分布新记录种。

■ 8. 红盖鳞毛蕨

Dryopteris erythrosora (D. C. Eaton) Kuntze

植株高 60~95cm。根状茎短而直立，顶端和叶柄基部密被深棕色至黑褐色鳞片。叶簇生；叶柄禾秆色，疏生与基部上相同鳞片；叶片长圆形，先端急收缩成尾状渐尖，下部二回羽状；羽片 9~11 对，对生或近对生，斜展，弯弓，有短柄，披针形或长圆披针形，先端尾状渐尖，基部圆形；叶纸质；羽轴和小羽轴下面密生棕色泡鳞。孢子囊群着生于小脉中部，较近主脉；囊群盖红色，宿存。

见于乐清、永嘉、平阳，生于海拔 400m 以下的林下湿地或水沟边。

图 169　黑足鳞毛蕨

图 170　裸叶鳞毛蕨

9. 黑足鳞毛蕨 图 169

Dryopteris fuscipes C. Chr.

植株高 50~90cm。根状茎斜升或直立，连同叶柄基部密被褐棕色或黑褐色鳞片。叶簇生；叶柄棕禾秆色；叶片卵状长圆形，先端渐尖，二回羽状；羽片 10~13 对，对生或上部的对生，下部的互生，中部以下的羽片几等大，先端长渐尖；小羽片基部 1 对的下侧一片小羽片显著缩短；叶脉羽状，侧脉 2 叉；叶纸质，沿羽轴下面及中脉疏被棕色泡状鳞片。孢子囊群圆形，着生于小脉中部以下，靠近叶脉两侧各 1 行；囊群盖膜质，全缘。

本市广泛分布，生于林缘、林下、路边、石缝等处。

10. 裸叶鳞毛蕨 图 170

Dryopteris gymnophylla (Bak.) C. Chr.

根状茎短而直立，顶部和叶柄基部被褐棕色披针形鳞片。叶簇生；叶柄连同叶轴和羽轴淡禾秆色带绿晕，光滑；叶片五角形，长、宽几相等，三回羽状四回羽裂；羽片5~8对，互生或近对生，向上弯弓，有柄，基部1对最大；叶脉羽状，不分叉；叶草质，干后绿色。孢子囊群圆形，着生于小脉顶端；囊群盖圆肾形，棕色，薄，宿存。

见于永嘉、泰顺，生于海拔300~900m的林下。温州分布新记录种。

观赏蕨类。

■ 11. 桃花岛鳞毛蕨 图171

Dryopteris hondoensis Koidz.

植株高40~80cm。根状茎短而斜升，连同叶柄基部密被黑褐色鳞片。叶簇生；叶柄连同叶轴禾秆色带红晕，被黑褐色、基部棕色的鳞片；叶卵状披针形至三角状阔卵形，先端渐尖并为羽裂，基部不变狭，二回羽状至三回羽裂；羽片8~12对，互生，斜向上，有柄，基部1对最大，狭长三角形，基部羽片的基部下侧一片小羽片最大；叶脉羽状；叶纸质；沿叶轴、羽轴被密鳞，叶轴顶部及小羽轴下面有泡鳞。孢子囊群圆形，背生于小脉中部，在小羽轴两侧各排成1列；囊群盖圆肾形，幼时大，全缘，红色，老时缩小，宿存。

见于洞头、文成、平阳（南麂列岛），生于海拔700m以下的林中。

朱圣潮 摄

图171 桃花岛鳞毛蕨

图 172 假异鳞毛蕨

12. 假异鳞毛蕨 图 172

Dryopteris immixta Ching

植株高 20~40cm。根状茎短而斜升，连同叶柄基部密被褐色鳞片。叶簇生；叶柄禾秆色；叶片长卵形，先端尾状渐尖，二回羽状三回状裂；羽片 8~10 对，互生，斜向上，有短柄，基部 1 对最大，三角状披针形，其余向上各羽片逐渐缩短，镰刀状披针形，一回羽状至二回羽裂；小羽片镰刀状，互生，基部 1 对的基部下侧一片小羽片最长，深羽裂，其余向上各小羽片先端钝，基部多少与羽轴合生，边缘均不裂；叶脉羽状；叶近革质；羽轴和小羽轴下面被棕色泡状鳞片。孢子囊群圆形，生于小脉顶端，近叶边；囊群盖圆肾形。

见于乐清、泰顺，生于林下。

图 173 京鹤鳞毛蕨

13. 京鹤鳞毛蕨 金鹤鳞毛蕨 图 173

Dryopteris kinkiensis Koidz. ex Tagawa

植株高 40~80cm。根状茎短而直立，连同叶柄基部密被棕褐色鳞片。叶簇生；叶柄深禾秆色，连同叶轴被棕色鳞片；叶片卵状披针形，先端渐尖，二回羽状；羽片 10~14 对，下部的近对生，上部的互生，无柄，基部 1 对较大，先端渐尖，其余向上各对羽片逐渐缩短；小羽片长圆状披针形；叶脉羽状；叶纸质或坚纸质。孢子囊群圆形，着生于小脉

中部，沿中脉两侧各排成1行；囊群盖圆肾形，膜质，全缘。

见于永嘉、瓯海、文成、平阳、苍南、泰顺，生于海拔100~700m的林缘、林下路边。

14. 齿果鳞毛蕨　齿头鳞毛蕨　图174

Dryopteris labordei (Christ) C. Chr.

植株高35~65cm。根状茎粗短而斜升，顶部被褐棕色鳞片。叶簇生；叶柄禾秆色，基部被鳞片，向上略光滑；叶片卵形，先端渐尖并为羽裂，基部不缩狭，三回羽裂；羽片8~10对，对生或近对生，平展，近无柄，长圆状披针形，基部1对最大，先端渐尖并多少向上弯弓，其余向上各羽片逐渐缩短；叶脉羽状，侧脉2叉，伸达叶边；叶薄纸质。孢子囊群圆形，沿中脉两侧各排成1行；无囊群盖。

图174　齿果鳞毛蕨

见于永嘉、洞头、瓯海（雪山）、洞头、瑞安、文成、泰顺，生于海拔1400m以下的林下。

观赏蕨类；根状茎药用。

15. 狭顶鳞毛蕨　图175

Dryopteris lacera (Thunb.) Kuntze

植株高35~75cm。根状茎短而直立，顶端和叶柄基部密生棕褐色鳞片。叶簇生；叶柄短于叶片，

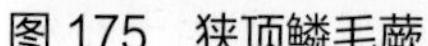

图175　狭顶鳞毛蕨

禾秆色，连同叶轴和羽轴疏生棕褐色鳞片；叶片长圆形，先端短渐尖，二回羽状；羽片约 10 对，互生，斜展，有柄，略向上弯弓，着生于叶片下部的不育羽片 5~7 对，卵状披针形；着生于叶片上部的能育羽片 4~5 对，强烈收缩，披针形，成熟后凋落；叶厚纸质，淡绿色。孢子囊群网形，每裂片 1~6 对；囊群盖圆肾形，宿存。

见于洞头，生于海拔 50~400m 的林下石旁。温州分布新记录种。

■ 16. 太平鳞毛蕨 图 176

Dryopteris pacifica (Nakai) Tagawa

植株高达 1m。根状茎粗短而斜升，连同叶柄基部密被黑褐色鳞片。叶簇生；叶柄禾秆色，基部以上被褐色鳞片；叶片卵状三角形，先端急缩狭并为长渐尖，三回羽状至四回羽裂；羽片 9~12 对，互生，斜向上，有短柄，基部 1 对最大，三角状卵形，先端尾状长渐尖，其余向上各羽片逐渐缩短，镰刀状披针形；叶脉羽状；叶近革质；仅小羽轴下面疏被多少呈泡状的小鳞片。孢子囊群圆形，着生于小脉中部以上至近顶端，沿小羽轴两侧各排成 1 行，靠近叶边；囊群盖圆肾形，全缘。

见于乐清、瓯海、文成、平阳、苍南、泰顺，生于海拔 900m 以下的林下。

朱圣潮 摄

图 176 太平鳞毛蕨

图 177 两色鳞毛蕨

17. 无盖鳞毛蕨

Dryopteris scottii (Bedd.) Ching ex C. Chr.

植株高达 1m。根状茎粗短，直立，密被黑色披针形鳞片。叶簇生；叶柄基部黑色，密被黑色鳞片，向上为禾秆色，连同叶轴疏被黑色钻形小鳞片，上面有狭沟；叶片长圆形，先端长渐尖并为羽状深裂，基部不缩狭，一回羽状；羽片 8~15 对，互生，基部 1 对较大，边缘有锐尖的圆粗齿或粗钝齿，向上各对逐渐缩短；叶脉羽状，侧脉 3~5 对；叶薄纸质，上面光滑，下面沿羽轴及叶脉疏被棕色、纤维状小鳞片。孢子囊群大，圆形，着生于小脉中部以下，沿中脉两侧各排成不整齐的 2~3 行；无囊群盖。

见于永嘉、文成、泰顺，生于海拔 400~700m 的林下。

18. 两色鳞毛蕨 图 177

Dryopteris setosa (Thunb.) Akasawa [*Dryopteris bissetiana* (Bak.) C. Chr.]

植株高 50~95cm。根状茎粗壮，直立，连同叶柄基部密被栗黑色鳞片。叶簇生；叶柄深禾秆色，基部以上连同叶轴疏生鳞片；叶片卵状披针形，三回羽状至四回羽裂；羽片 7~9 对，互生，斜向上，下部的有柄，基部 1 对最大，三角状披针形，基部偏斜，向上各对羽片逐渐缩小；叶厚纸质；羽轴、小羽轴下面有具栗黑色长尾的泡状鳞片。孢子囊群圆形，中生，沿中脉两侧各排成 1 行；囊群盖圆肾形，棕褐色，全缘。

见于乐清、永嘉、瓯海、瑞安、文成、平阳、泰顺，生于海拔 20~900m 的林下。

19. 奇羽鳞毛蕨 奇数鳞毛蕨 图 178

Dryopteris sieboldii (Van Houtte ex Mett.) Kuntze

植株高 50~80cm。根状茎粗短而直立，顶部密被棕色披针形鳞片。叶簇生；叶柄粗壮，禾秆色，基部密被棕色至黑色鳞片，向上渐疏或近光滑；叶片阔卵形或卵状三角形，奇数一回羽状；侧生羽片

图 178 奇羽鳞毛蕨

1~3 对，披针形或长圆披针形，基部 1 对较大或与其上的 1 对等大，两侧常不对称，全缘或稀具波状粗锯齿，顶生羽片分离，并和侧生羽片同形；叶脉羽状；叶近革质。孢子囊群圆形，沿中脉两侧各排成不整齐的 3~4 行，近叶边处不育；囊群盖圆肾形，近全缘。

见于文成、泰顺，生于海拔 200~800m 的林下。

■ 20. 高鳞毛蕨

Dryopteris simasakii (H. Ito) Kurata[*Dryopteris excelsior* Ching et Chiu]

植株高达 110cm。根状茎被鳞片。叶柄禾秆色，被红棕色鳞片；叶片长约 60cm，长圆形，先端渐尖，二回羽状，下部三回羽状半裂，下部 3 对相隔 7cm；基部羽片阔披针形，基部近截形；叶近革质；羽轴下面疏生红棕色披针形鳞片。孢子囊群小而密，每裂片 2~4 对，靠近边缘；囊群盖棕色，早落。

见于永嘉、文成、泰顺，生于海拔 100~700m 的林下。

■ 21. 稀羽鳞毛蕨 图 179

Dryopteris sparsa (D. Don) Kuntze [*Dryopteris sparsa* var. *viridescens* (Bak.)Ching]

植株高 40~80cm。根状茎短而直立，连同叶柄基部密被棕色鳞片。叶簇生；叶柄淡栗褐色，基部以上光滑；叶片卵状长圆形，先端长渐尖并为羽裂，基部不缩狭，二回羽状至三回羽裂；羽片 7~9 对，对生或近对生，基部 1 对最大，三角状披针形，多少呈镰刀状，先端尾状渐尖，其余向上各对羽片逐渐缩短，披针形；叶近纸质，两面光滑。孢子囊群圆形，着生于小脉中部；囊群盖圆肾形，全缘。

见于乐清、永嘉、鹿城、龙湾、瓯海、瑞安、文成、平阳、苍南、泰顺，生于海拔 900m 以下的林下、林缘。

■ 22. 无柄鳞毛蕨 钝齿鳞毛蕨

Dryopteris submarginata Rosenst.

植株高达 1m。根状茎粗短而斜升，密被深褐色鳞片。叶簇生；叶柄浅褐棕色，基部密被鳞片，向上连同叶轴均光滑；叶片卵状披针形，二回羽状三回羽裂；羽片约 10 对，对生，近平展，几无柄，披针形，下部的较大；小羽片 12~20 对，平展，下侧的比上侧的长；叶脉羽状，侧脉 2 叉；叶纸质，在羽轴和中脉下面被棕色鳞片。孢子囊群圆形，沿中脉两侧各排成 1 行；囊群盖圆肾形，全缘。

见于永嘉、苍南（玉苍山）、泰顺，生于海拔 500~1200m 的林下。温州分布新记录种。

■ 23. 同形鳞毛蕨 图 180

Dryopteris uniformis (Makino) Makino

植株高 30~60cm。根状茎粗壮直立，顶端和叶柄基部密被褐棕色至近黑色鳞片。叶簇生；叶柄禾秆色，上部连同叶轴和羽轴有黑褐色鳞片；叶片长圆披针形，先端急尖，二回羽状或羽裂；羽片 13~20 对，互生，有柄，近平展，披针形，先端渐尖，下部的略缩短，并有时反折，羽状深裂达羽轴；小羽片或裂片 7~14 对，镰状披针形或长圆形，先端

图 179 稀羽鳞毛蕨

图 180 同形鳞毛蕨

圆或具钝尖，边缘有细锯齿；叶脉羽状，在下面明显；叶纸质，叶片下半部不育。孢子囊群圆形，着生于小脉中部，在主脉两侧各1行；囊群盖圆肾形，宿存。

见于永嘉、文成、泰顺，生于海拔1200m以下的林下或林缘。

24. 变异鳞毛蕨 图 181

Dryopteris varia (Linn.) Kuntze[*Dryopteris caudifolia* Ching et Chiu; *Dryopteris lingii* Ching]

植株高40~80cm。根状茎短，直立，连同叶柄基部密被深棕褐色线形鳞片。叶簇生；叶柄棕禾秆色；叶片卵状长圆形，先端突然缩狭成长尾状，三回羽状至四回羽裂；羽片10~12对，互生，斜向上，下部的有柄，上部的近无柄，基部1对最大，狭长三角形，先端尾状渐尖，其余向上各羽片逐渐缩短，披针形；叶脉羽状，侧脉单一或2叉；叶近革质；沿叶轴、羽轴被较密的鳞片。孢子囊群着生于小脉中部以上，位于裂片弯缺处，沿羽轴两侧各排成1行；囊群盖圆肾形，全缘。

见于本市各地，生于山地、丘陵、林下。

图 181 变异鳞毛蕨

■ 25. 黄山鳞毛蕨 图 182

Dryopteris whangshanensis Ching[*Dryopteris huangshanensis* Ching]

植株中型。根状茎粗壮直立，能伸出地面如一地上茎，顶端密被淡棕色大鳞片。叶呈莲座状簇生；叶柄短，深禾秆色，基部连同叶轴密被鳞片；叶片披针形，先端渐尖并为羽裂，向基部渐缩狭，二回羽状深裂；羽片 20~32 对，互生，平展，疏离，偶瓦覆，长圆披针形，先端短渐尖或渐尖，基部平截，一回深羽裂；叶草质，干后黄绿色。孢子囊群仅生于叶片顶部羽片的裂片先端，裂片的下半部，叶片的中部、下部羽片均不育。孢子囊群圆形，着生于小脉顶端，紧靠叶边；囊群盖圆肾形，褐色，质坚，弯弓，宿存。

见于泰顺，生于海拔 1300m 以下的林下石边。温州分布新记录种。

丁炳扬 摄

图 182 黄山鳞毛蕨

5. 耳蕨属 Polystichum Roth

根状茎短而直立或斜升，密被鳞片。叶簇生；叶柄被鳞片；叶轴顶端或顶端以下偶有芽孢；一至二回羽状；羽片或末回小羽片通常为镰形，基部上侧截形并有耳状凸起，下侧偏斜或下延成狭翅，边缘常有芒刺状锯齿；叶脉羽状，分离，达叶边，侧脉 2~3 叉；叶纸质或革质，常被鳞片。孢子囊群圆形；囊群盖圆形，盾状着生，少无盖。

约 500 种，主产于北半球温带和亚热带山地，以我国西南部和喜马拉雅地区为其分布中心。我国约 200 余种；浙江 15 种 1 变种；温州 6 种。

分种检索表

1. 叶近二型，通常不育叶的叶轴顶部下面有 1 密被棕色披针形鳞片的大芽孢 ………………………… **5. 灰绿耳蕨 P. scariosum**
1. 叶一型，叶轴近顶端处无芽孢。
    2. 叶片革质，基部小羽片全为上先出。
        3. 叶片近革质或纸质，和叶柄等长，叶轴上的鳞片钻状线形，黑褐色 …………………… **6. 对马耳蕨 P. tsus-simense**
        3. 叶片坚革质，长于叶柄，叶轴上的鳞片线状披针形，褐棕色 ………………………………… **2. 前原耳蕨 P. mayebarae**
    2. 叶片多为纸质或草质，基部小羽片除下部数对羽片上的为上先出，以上概为下先出。
        4. 叶柄有黑色大鳞片，叶轴上有时有黑色小鳞片。
            5. 叶片不发亮，先端略狭缩，短渐尖头；孢子囊群近边缘着生，在下部羽片上整齐地排列在三角形凸起的耳片主脉两侧 ……………………………………………………………………………… **4. 假黑鳞耳蕨 P. pseudomakinoi**
            5. 叶片发亮，先端不突缩，渐尖头；孢子囊群中生，在下部羽片上排列不如上述 ………… **1. 黑鳞耳蕨 P. makinoi**
        4. 叶柄上有栗棕色大鳞片，叶轴上的鳞片棕色 ……………………………………………… **3. 棕鳞耳蕨 P. polyblepharum**

■ 1. 黑鳞耳蕨

Polystichum makinoi (Tagawa) Tagawa

植株中型。根状茎短而斜升，密被褐色鳞片。叶簇生；叶柄禾秆色，密被有棕色狭边的黑色鳞片；叶片长圆状披针形，长 33~40cm，先端渐尖，基部不缩狭或稍缩狭，二回羽状；羽片披针形，下部 2~3 对不缩短或稍缩短，常斜向下；小羽片边缘有长芒刺状齿；侧脉 2~3 叉；叶纸质；叶轴密被棕色鳞片。孢子囊群圆形，着生于小脉顶端；囊群盖圆盾形，全缘，膜质，早落。

见于乐清、永嘉、瑞安、文成、平阳、泰顺，生于海拔 700~1100m 的林下。

根状茎药用。

图 183　前原耳蕨

■ 2. 前原耳蕨

Polystichum mayebarae Tagawa　图 183

植株中型。根状茎直立，连同叶柄基部被卵形黑褐色鳞片。叶簇生，狭卵形或宽披针形；二回羽状，羽片 20~26 对，互生，有短柄，常呈镰形状，下部羽片基部上侧第 1 片增大；叶片为坚革质，通常叶片下部不育。孢子囊群位于主脉两侧，每个小羽片 6~12 枚；囊群盖圆形。

见于永嘉、泰顺，生于海拔 800m 以下的常绿阔叶林下。温州分布新记录种。

■ 3. 棕鳞耳蕨 图 184

Polystichum polyblepharum (Roem. ex Kuntze) C. Presl

植株高 60~80cm。根状茎短而直立，顶部密被棕色大鳞片。叶簇生；叶柄禾秆色，下部密被红棕色大鳞片；叶片长圆披针形，二回羽状；羽片 20~28 对，先端急尖，基部平截，一回羽状；小羽片菱状卵形，略呈镰刀形，先端圆钝具刺尖，基部上侧截形有三角形耳状凸起，下侧平切，边缘有具芒刺而向前倾的锯齿；叶草质，上面深绿色，下面黄绿色，羽片两面有扁平长毛，羽轴上面有沟，下面有鳞片。孢子囊群圆形，生于小脉顶端，近中生；囊群盖褐色，早落。

朱圣潮 摄

图 184 棕鳞耳蕨

见于乐清、永嘉、文成、泰顺，生于海拔 800m 以下的林中。温州分布新记录种。

观赏蕨类。

■ 4. 假黑鳞耳蕨 图 185

Polystichum pseudomakinoi Tagawa[*Polystichum wuyishanense* Ching et Shing]

植株高 50~90cm。根状茎短而直立，顶部密被棕色鳞片。叶柄褐禾秆色，基部被棕色和中央黑褐色披针形鳞片，向上连同叶轴被鳞片；叶片卵状披针形，顶部稍狭缩，渐尖头，基部略变狭，二回羽状，基部几对近生，上部互生，基部 1~2 对斜向下；叶脉羽状，侧脉分叉，下面明显；叶纸质，干后黄绿色，上面绿色；羽轴上面有沟，被鳞片。孢子囊群圆形，生于小脉顶端，基部羽片的小羽片往往仅耳状凸起能育；囊群盖圆盾形，棕色。

见于乐清、文成、泰顺，生于海拔 400~1300m 的疏林下。

■ 5. 灰绿耳蕨

Polystichum scariosum (Roxb.) C. V. Morton[*Polystichum eximium* (Mett. ex Kuhn) C. Chr.]

植株高达 1m。根状茎短而直立，密被黑褐色鳞片。叶近二型，簇生；能育叶叶柄长达 45cm，禾秆色，连同叶轴密被鳞片及鳞毛；叶片卵状长圆形，二回羽状；羽片 15~18 对，下部的近对生，上

朱圣潮 摄

图 185 假黑鳞耳蕨

图 186 对马耳蕨

部的互生，一回羽状，基部上侧一片最大，下侧一片缩小，基部上侧斜截并有1三角形凸起，下侧平切，边缘上侧及下侧前半部具疏粗齿，下侧后半部全缘，无刺芒；叶革质，干后绿色，上面光滑，有光泽；羽轴上面有沟，通常不育叶的叶轴在距顶端6~7cm处长出1密被褐棕色鳞片的芽孢。孢子囊群圆形，着生于小脉背上；囊群盖圆盾形，小，早落。

见于泰顺，生于海拔500m的常绿阔叶林下岩石边。

6. 对马耳蕨 图186

Polystichum tsus-simense (Hook.) J. Smith

植株高28~57cm。根状茎直立，连同叶柄基部被黑褐色鳞片。叶簇生；叶柄禾秆色，近光滑；叶片长圆披针形，基部不变狭，二回羽状；羽片约20对，互生，开展，斜上，镰刀状披针形，尾状长渐尖，基部不对称，有短柄，一回羽状；叶近革质或纸质，两面近光滑；叶轴禾秆色，密被黑褐色的长钻形鳞片。孢子囊群圆形，着生于小脉顶端；囊群盖圆盾形，中央褐色，边缘浅棕色，早落。

见于永嘉、文成、苍南、泰顺，生于海拔 50~600m 的林下。

观赏蕨类。

存疑种

1. 细裂复叶耳蕨　华南复叶耳蕨

Arachniodes festina (Hance) Ching

叶片三至四回羽状细裂；羽片 7~8 对，末回裂片阔卵形，钝头。

《泰顺县维管束植物名录》记载泰顺有分布，标本未见；《浙江植物志》记载未及温州；《中国植物志》和《Flora of China》记载均未达浙江。

2. 相似复叶耳蕨

Arachniodes similis Ching

叶为二回羽状，基部羽片与其上的同为披针形；小羽片边缘有尖锯齿，齿尖无芒。孢子囊群近叶边生。

模式标本采自泰顺，《浙江植物志》将其作为天童复叶耳蕨 *Arachniodes tiendongensis* Ching et C. F. Zhang 的异名，但《Flora of China》仍然承认为独立的种，其分类地位有待进一步研究。《泰顺县维管束植物名录》记载泰顺有分布，但未见标本。

3. 光鳞毛蕨　裸果鳞毛蕨

Dryopteris gymnosora (Makino) C. Chr.

叶柄基部的鳞片狭披针形，黑色；羽片近对生，几无柄，基部羽片的下侧小羽片不缩短。孢子囊群无盖。未见标本。

4. 龙泉鳞毛蕨

Dryopteris lungquanensis Ching et Chiu

《中国植物志》和《Flora of China》均未记载该种。

5. 武夷山鳞毛蕨

Dryopteris wuyishanica Ching et Chiu

《浙江植物志》记载文成有分布，未见标本，《Flora of China》指出仅见于福建武夷山。故本志不收录。

6. 小戟叶耳蕨

Polystichum hancockii (Hance) Diels

叶片戟状披针形，羽片 3 枚，侧生 1 对远较小，小羽片长不足 2cm，斜长方形，约 25 对。仅《泰顺县维管束植物名录》有记载，未见标本。

7. 三叉耳蕨　戟叶耳蕨

Polystichum tripteron (Kunze) C. Presl

叶片戟状披针形；羽片 3，掌状三出，侧生 1 对远较小；小羽片长 2~4cm，镰状披针形，约 18~25 对。仅《泰顺县维管束植物名录》有记载，未见标本。

32. 三叉蕨科 Aspidiaceae

根状茎短，外被棕色披针形鳞片。叶簇生；叶柄基部无关节，上面有浅沟，通常多少被毛和鳞片，鳞片有时为泡状；叶一型或有时二型，通常一回羽状至数回羽裂；叶脉多型，分离或联结成方形或六角形的网眼，主脉及各回羽轴在两面隆起；叶薄草质或厚纸质；叶轴和羽轴通常被淡棕色毛和泡状鳞片。孢子囊群圆形，着生于形成网眼的小脉上或交结处，或漫生于小脉上，满布能育叶的背面；有盖或无盖，若有盖则为圆肾形，膜质，宿存或早落。

约 15 属 300 余种，主产于热带和亚热带。我国 5 属约 50 余种；浙江 3 属 8 种；温州 2 属 3 种。

《Flora of China》将肋毛蕨属 *Ctenitis* (C. Chr.) C. Chr. 归于鳞毛蕨科 Dryopteridaceae 中，将轴脉蕨属 *Ctenitopsis* Ching ex Tard. et C. Chr. 置于叉蕨属 *Tectaria* Cav. 中。本志根据秦仁昌系统，将肋毛蕨属仍归于三叉蕨科，并恢复轴脉蕨属 *Ctenitopsis* Ching ex Tard. et C. Chr. 属名。

1. 肋毛蕨属 Ctenitis (C. Chr.) C. Chr.

根状茎粗短，连同叶柄及叶轴密被鳞片。叶片倒披针形，二至四回羽裂；叶脉分离，不达叶缘；叶片草质，干后呈棕色或红棕色；小羽轴上面隆起，少有浅沟槽，不具有像鳞毛蕨属 *Dryopteris* Adans. 那样的阔而深的沟槽，各回叶轴常有软毛，下面有时稍被鳞片。孢子囊群心形，通常生于小脉中部；囊群盖棕色圆肾形，早落或宿存。

约 100~150 种，主要分布于热带美洲和热带亚洲。我国 10 种；浙江 4 种；温州 2 种。

■ 1. 厚叶肋毛蕨 厚叶轴脉蕨 三相蕨

Ctenitis sinii (Ching) Ohwi[*Ctenitopsis sinii* (Ching) Ching; *Ataxipteris sinii* (Ching) Holtt.; *Tectaria sinii* Ching]

植株高达 1m。根状茎短而直立，顶端密被棕色鳞片。叶簇生；叶柄栗色，密被近紫色鳞片；叶片卵形，先端渐尖，基部心形，三回羽裂；羽片 3~7 对，互生，下部 1~2 对有时近对生，分开，向上弯弓，基部 1 对特大，斜三角形，二回羽裂；叶脉在裂片上羽状，其基部下侧一脉有时出自羽轴，侧脉分叉伸达叶边，下部小脉偶联成 1~2 网眼，但无内藏小脉，主脉在下面隆起，侧脉在上面可见；叶厚纸质，干后黄绿色，除羽轴、小羽轴或主脉上有小鳞片外，两面光滑无毛。孢子囊群圆形，生于上侧小脉背上；囊群盖圆肾形，膜质。

见于泰顺，生于海拔 800m 的常绿阔叶林下。

本种最初发表时置于叉蕨属 *Tectaria* Cav.；《浙江植物志》中置于三相蕨属 *Ataxipteris* Holtt.；《中国植物志》置于轴脉蕨属 *Ctenitopsis* Ching 中；《Flora of China》则归于肋毛蕨属 *Ctenitis* (C. Chr.) C. Chr.，本志采用之。

■ 2. 亮鳞肋毛蕨 图 187

Ctenitis subglandulosa (Hance) Ching [*Ctenitis membranifolia* Ching et C. H. Wang;*Ctenitis rhodolepis* (C. B. Clarke) Ching]

植株高达 1m 或更高。根状茎粗短，连同叶柄基部密被棕色或红棕色鳞片。叶簇生；叶柄基部以上和叶轴密被贴生的鳞片；叶片卵状三角形，先端渐尖并为羽裂，基部不缩狭，四回羽裂；羽片互生，斜向上，基部 1 对最大；叶脉羽状，侧脉单一，少有 2 叉；叶纸质，干后绿色，下面脉上被有棒状透明的细胞体，在羽轴、小羽轴和中脉的上面被棕色节状毛，下面近无毛。孢子囊群小，着生于小脉近基部；囊群盖厚，鳞片状。

见于乐清、苍南、泰顺，生于海拔 700m 以下的林中。

本种与厚叶肋毛蕨 *Ctenitis sinii* (Ching) Ohwi 的区别在于：叶片下面光滑无毛，囊群盖宿存。

图 187 亮鳞肋毛蕨

2. 轴脉蕨属 **Ctenitopsis** Ching ex Tard. et C. Chr.

根状茎短，直立。叶簇生；叶柄栗棕色或暗禾秆色，近基部被鳞片；叶片卵状三角形或五角状三角形，很少为长圆状卵形，二至四回羽裂；顶生裂片大且为羽状分裂，基部下延；侧生羽片数对，下部的有柄，上部的无柄，基部 1 对最大，基部不对称；叶脉通常分离，侧脉二至三回分叉，很少羽状，上侧小脉较短而直，顶端着生孢子囊群，基部下侧一组侧脉出自羽轴或小轴羽，二至三回分叉，小脉弯弓，伸向缺刻，或偶尔联结成网眼，无内藏小脉；叶薄草质至近膜质，叶轴、羽轴及中脉上面隆起并被节状软毛，上面脉间及缺刻被同样的毛。孢子囊群圆形，着生于小脉顶端，沿中脉两侧各排成 1~2 行；囊群盖圆肾形。

约 20 种，主要分布于亚洲热带及亚热带。我国 17 种；浙江 1 种，温州也有。

图 188　毛叶轴脉蕨

本属与肋毛蕨属 *Ctenitis* (C. Chr.) C. Chr. 的区别在于：本属裂片基部上侧一小脉出自主脉基部，而下侧一小脉则出自小羽轴，孢子囊群生于小脉顶端；而肋毛蕨属裂片基部一对小脉出自主脉基部，孢子囊群生于小脉中部。

■ 毛叶轴脉蕨　图 188

Ctenitopsis devexa (Kuntze) Ching et C. H. Wang [*Tectaria devexa* (Kuntze) Cop.]

植株高 50~75cm。叶簇生；叶柄长 25~40cm，有四棱，栗褐色，稍光亮，被棕色的节状短毛；叶片五角状三角形，羽裂渐尖头，长 25~35cm，三回羽裂；羽片 3~6 对，对生，斜展，下部的羽片有柄，基部 1 对最大，三角形，先端长渐尖并有浅钝齿，基部不对称圆截形，基部下侧的小羽片明显伸长，阔披针形并略呈镰刀状；叶脉在羽轴及主脉或小羽轴两侧各联结成 1 行网眼，其余的分离并分叉；叶薄膜质，透明，鲜绿色，干后下面淡褐色，上面草绿色，两面及叶缘被毛；叶轴及羽轴密被黄棕色的短毛。孢子囊群小，着生于分离的小脉顶端，接近叶缘；囊群盖圆肾形，红褐色。

见于乐清，生于海拔 50m 的林下岩石边。

存疑种

■ 1. 泡鳞鳞毛蕨

Ctenitis mariformis (Rosenst.) Ching

《泰顺县维管束植物名录》记载泰顺有分布，但未见标本，应未及温州，属于误定。

■ 2. 阔鳞肋毛蕨

Ctenitis maximowicziana (Miq.) Ching

《泰顺县维管束植物名录》记载泰顺有分布，但未见标本，应未及温州，属于误定。

33. 实蕨科 Bolbitidaceae

中小型植物。生于林下或溪边，极少攀援状。根状茎粗短，横卧，密被褐棕色阔披针形鳞片。叶近簇生，二型，单叶或大都为一回羽状，顶部有芽胞，着地生根成新植株；羽片不以关节着生于叶轴，不育羽片较宽，无柄或几无柄，全缘，波状或为浅羽裂；主脉明显，两侧小脉分离或为多样的网结，在侧脉间形成多行的拱形网眼，内藏小脉无；能育叶较高而狭，柄较长，羽片较小而狭。孢子囊褐棕色，满布羽片下面。

2属约90余种，泛热带分布，主产于亚洲热带及太平洋岛屿。我国1属21种；浙江1属1种，温州也有。

实蕨属 Bolbitis Schott

根状茎横走，被褐棕色鳞片。叶二型；叶柄基部不具关节，疏被鳞片，叶一回羽状；羽片基部对称，圆楔形，边缘具锯齿；叶脉明显，在主脉间联结成整齐的拱形网眼，通常不具内藏小脉，网眼外的小脉分离；能育叶缩小并具长柄；叶为革质，光滑。孢子囊布满能育叶下面。

约80种，分布于热带，主产于亚洲及南美洲。我国21种；浙江1种，温州也有。

■ 华南实蕨 图189

Bolbitis subcordata (Cop.) Ching

陆生或附生。根状茎粗壮，横走，密被深褐色卵状披针形鳞片；叶近生或近簇生，二型，不育叶的叶柄禾秆色，中部以下疏被鳞片；叶片长圆形，一回羽状；羽片5~10对，互生，近平展，有短柄，顶生羽片狭长披针形，先端长渐尖，顶部延伸成鞭状，着地生根，基部楔形或圆楔形，边缘有粗圆钝裂片；能育叶与不育叶同形，但远较狭窄，羽片近线形；叶脉网状，明显，在侧脉之间约有3行不整齐的网眼，有或无内藏小脉；叶草质，无毛。孢子囊群沿网脉着生，成熟时满布于能育叶下面；无囊群盖。

见于乐清、文成、平阳、苍南、泰顺，生于海拔900m以下沟谷林下岩石上。

全草药用；观赏蕨类。

陈贤兴 摄

陈贤兴 摄

陈贤兴 摄

图189 华南实蕨

34. 舌蕨科 Elaphoglossaceae

附生于树干或岩石上。根状茎平卧，短而粗，少有横走，被卵状披针形鳞片。叶近生或簇生；叶柄以关节着生于根状茎上；叶片不分裂，全缘，二型；不育叶披针形至椭圆形，革质，有软骨质的边，叶脉分离，单一或2叉；能育叶略较狭，通常具较长的柄。孢子囊散生于侧脉上，成熟时满布叶背全部，不具隔丝。

4属约400余种，主产于热带美洲。我国1属6种；浙江1属1种，温州也有。

舌蕨属 **Elaphoglossum** Schott ex J. Smith

根状茎直立或短而横走，被鳞片。叶近生或簇生；叶片不分裂，全缘，二形；不育叶披针形至椭圆形，革质，有软骨质的边，小脉分叉，分离，叶质较厚；能育叶较狭，有较长的柄。孢子囊沿侧脉着生，成熟时满布叶背全部。

约400种。中国6种；浙江1种，温州也有。

■ 华南舌蕨 图190

Elaphoglossum yoshinagae (Yatabe) Makino

陆生或附生。植株高10~25cm。根状茎短，横走或斜升，顶部密被鳞片。叶近生，二型；不育叶有短柄，能育叶的叶柄远较长，均被鳞片；叶片披针形，先端渐尖，基部狭长楔形，并向叶柄下延，全缘；中脉明显，侧脉多数，细密，略可见，一至二回分叉，不达叶边；叶革质，略肥厚，两面疏被棕褐色小鳞片，中部以下常较密，能育叶与不育叶同形，但较狭小。孢子囊群沿侧脉着生，成熟时布满于能育叶下面。

见于永嘉、文成、泰顺，生于海拔250~800m的林下石壁上。

根状茎药用。

朱圣潮 摄

朱圣潮 摄

图190 华南舌蕨

35. 肾蕨科 Nephrolepidaceae

土生或附生植物。根状茎短而直立，或细长而攀附，疏被鳞片；鳞片棕色，盾状贴生。叶簇生或疏生；叶柄基部无关节；叶片一回羽状；叶脉分离。孢子囊群圆形，靠近叶边，或在叶边以内生于小脉顶端；囊群盖圆肾形，以缺刻着生。孢子椭圆形，二面形。

3 属约 50 种，泛热带分布。我国 2 属 7 种；浙江 1 属 1 种，温州也有。

肾蕨属 Nephrolepis Schott

根状茎短而直立，被鳞片。叶簇生；叶柄基部被鳞片，不以关节着生于根状茎上；叶片狭长，一回羽状，无柄，以关节着生于叶轴；侧脉羽状，2~3 叉，伸达近叶边，先端有 1 纺锤形水囊，在叶上表面明显可见。孢子囊群圆形，生于每组侧脉的上侧一小脉顶端，成为 1 列，靠近叶边；囊群盖圆肾形，暗棕色，宿存。

约 20 种，广布于热带、亚热带。我国 5 种；浙江 1 种，温州也有。

■ 肾蕨 图 191

Nephrolepis cordifolia (Linn.) C. Presl[*Nephrolepis auriclata* (L.) Trimen]

植株中型。根状茎直立，被蓬松的淡棕色鳞片，并生有细长匍匐茎，茎上除疏被鳞片外，并有纤细的根和近圆形的块茎。叶簇生；叶柄深禾秆色，通常密被淡棕色的线形鳞片；叶片狭披针形，先端短尖，基部不缩狭或略缩狭，一回羽状；羽片多数，互生，无柄，以关节着生于叶轴上，常密集呈覆瓦状排列；侧脉纤细，小脉伸达近叶边外，顶端有 1 纺锤形的水囊体；叶草质，两面无毛，也无鳞片，仅叶轴两侧被纤维状鳞片。孢子囊群着生于每组侧脉的上侧小脉顶端，沿中脉两侧各排成 1 行；囊群盖肾形。

见于乐清、永嘉、瓯海、瑞安、文成、平阳、苍南、泰顺，生于海拔 500m 以下的低山丘陵的向阳生境或林下。

优良观赏蕨类；全草药用。

朱圣潮 摄

图 191 肾蕨

36. 骨碎补科 Davalliaceae

附生或陆生。根状茎横走或直立，密被鳞片。叶远生；叶柄以关节着生于根状茎上；叶片通常三角形、五角形或卵圆形，二至四回羽状细裂，少为披针形的单叶；叶脉分离。孢子囊群为叶缘内生或叶背生，着生于小脉顶端；囊群盖为半管形、杯形、圆形、半圆形或肾形，基部着生或同时多少以两侧着生，仅口部开向叶边；孢子囊柄细长。环带由12~16增厚细胞组成。

8属100多种，主产于亚洲热带、亚热带地区。我国4属约17种，主要分布于华南、西南地区；浙江3属4种，温州均产。

分属检索表

1. 植株高在40cm以上；叶片草质或薄草质；囊群盖半圆形或圆肾形，以基部着生 ………… **1. 小膜盖蕨属 Araiostegia**
1. 植株高在30cm以下；叶片革质或近革质；囊群盖圆形或盅（半杯）形。
   2. 囊群盖盅形或半圆筒形，以基部和两侧着生 ………… **2. 骨碎补属 Davallia**
   2. 囊群盖圆形或半圆状阔肾形，以基部着生或少为两侧下部着生 ………… **3. 阴石蕨属 Humata**

1. 小膜盖蕨属 Araiostegia Cop.

中型附生植物。根状茎长而横走，密被红棕色鳞片。叶柄长，以明显的关节着生于根状茎上；叶片为卵圆形，末回裂片有1条小脉；叶片草质或薄草质，光滑无毛。孢子囊群小，圆形，背生于裂片上侧短小脉顶端；囊群盖小，膜质，半圆形或圆肾形；孢子两面形。

10种，以我国西南山地为分布中心。我国4种；浙江1种，温州也有。

■ 鳞轴小膜盖蕨

Araiostegia perdurans (Christ) Cop.

植株高40~65cm。根状茎粗壮，长而横走，密被鳞片。叶柄棕褐色，基部被鳞片，向上渐稀疏；叶片卵形，先端渐尖并为细羽裂，基部不缩狭，五回羽状细裂，下部数对近对生，其余的互生，无柄；末回小羽片或裂片短披针形；叶脉分叉，不明显，各裂片有小脉1条；叶薄草质，光滑。孢子囊群半圆形，位于裂片的缺刻下；囊群盖半圆形。

见于泰顺，生于海拔700~1100m的林下、林缘岩石上。

2. 骨碎补属 Davallia Smith.

附生。根状茎长而横走，被鳞片。叶疏生；叶柄基部有关节；叶片五角形至狭卵形，一型或少有近二型，通常多回羽状细裂达有翅的小羽轴；叶脉2叉，分离，有时伸达软骨质的叶缘；小脉之间有时具假脉；叶革质或坚草质，通常无毛。孢子囊群圆形，近叶缘生，单生于小脉顶端；囊群盖半圆筒形或半杯形。

40种，主要分布于太平洋岛屿和热带亚洲。我国6种；浙江1种，温州也有。

■ 骨碎补 图 192

Davallia trichomanoides Bl.[*Davallia mariesii* Moore ex Bak.]

植株高 15~20cm。根状茎长而横走，连同叶柄基部密被蓬松的棕褐色鳞片。叶远生；叶柄长与叶片相当，禾秆色，基部有鳞片；叶片五角形，长、宽各约 8~14cm，四回羽状细裂；羽片 5~7 对，互生，略斜展，接近，基部 1 对最大，三角形；一回小羽片互生，基部下侧一片特大，卵状距圆形，向上渐缩小；叶脉单一或分叉，每裂片或每齿有小脉 1 条；叶近革质，光滑。孢子囊群着生于小脉顶端，每裂片 1 枚；囊群盖盖状。

图 192 骨碎补

见于乐清，附生于海拔 700m 以下的岩石上、石缝或树干上。

观赏蕨类；根状茎药用。

3. 阴石蕨属 Humata Cav.

小型附生植物。根状茎长而横走，密被鳞片。叶远生，一型或二型；叶柄以关节与根状茎相连；叶片常为三角形，多回羽裂，能育叶的分裂度较细；叶脉分离，小脉常阔而粗；叶革质，光滑或被鳞片。孢子囊群位于叶缘，生于小脉顶端；囊群盖圆形或半圆状阔肾形，革质，仅以基部或有时也以两侧下部着生于叶面。

约 50 种，主要分布于南洋诸岛，西至非洲的马达加斯加。我国 4 种；浙江 2 种，温州均产。

■ 1. 圆盖阴石蕨 杯盖阴石蕨 图 193

Humata griffithiana (Hook.) C. Chr.[*Humata tyermanni* Moore]

植株高 5~25cm。根状茎粗壮，长而横走，密而被鳞片。叶柄淡红褐色，仅基部有鳞片，向上光滑；叶片阔卵状五角形，长与宽几相等，顶端渐尖并为羽裂，基部缩狭，三至四回羽裂；羽片基部 1 对最大，三角状披针形；基部下侧小羽片最大，上面隆起；叶革质，无毛。孢子囊群着生于上侧小脉顶端。

见于本市各地，附生于海拔 600m 以下的岩石或树干上。

观赏蕨类；根状茎药用。

朱圣潮 摄

朱圣潮 摄

朱圣潮 摄

图 193 圆盖阴石蕨

■ 2. 阴石蕨 图 194

Humata repens (Linn. f.) Small ex Diels[*Davallia repens* (Linn. f.) Kuhn]

根状茎长而横走，被红棕色鳞片。叶片卵状三角形，二回偶三回羽状分裂；羽片 6~8 对，无柄，基部下延于叶轴两侧形成狭翅，基部 1 对最大，近三角形或三角状披针形，先端圆钝，基部不对称，下侧较宽；叶脉羽状，下面粗而明显；叶革质。孢子囊群近叶缘着生，位于分叉小脉顶端。

见于文成、平阳、泰顺（竹里），附生于海拔 300m 以下的林中岩石上。

根状茎药用。

本种与圆盖阴石蕨 *Humata griffithiana* (Hook.) C. Chr. 的区别在于：本种根状茎上鳞片为红棕色，前种为灰白色；本种叶片为卵状三角形，二回羽裂，前种叶片为阔卵状五角形，二至三回羽状深裂。

陈贤兴 摄

朱圣潮 摄

图 194 阴石蕨

37. 燕尾蕨科 Cheiropleuriaceae

陆生植物，通常生于石缝中。根状茎粗壮横走，密被锈棕色长柔毛。叶疏生；叶柄与根状茎连接处无关节；叶片二型；单叶，不育叶片卵形至圆形，先端二裂缺刻宽广或不裂，全缘，能育叶片为阔线形，全缘；叶脉网结，主脉 4~5 条从叶片基部呈放射状向叶片上部伸展，主脉间的小脉联结成网状，网眼内有单一或分叉的内藏小脉；叶近革质，光滑。孢子囊群满布于能育叶片下面。

1 属 1 种，产于亚洲热带和东亚，温州也有。

燕尾蕨属 Cheiropleuria Presl

特征和分布同科。单种属。

■ 燕尾蕨 图 195

Cheiropleuria bicuspis (Bl.) Presl

根状茎木质化，密被锈棕色有节的绢丝状长毛。叶近生；不育叶的柄长约 30cm，棕禾秆色，叶片椭圆状披针形或卵状披针形，长 10~20cm，宽 3~10cm，先端分裂或不分裂，长渐尖，基部圆形，全缘，叶脉网结，主脉自叶片基部出，放射状伸向叶片上部，小脉网状，叶革质，光滑；能育叶的柄较长，叶片披针形，向两端变狭，有主脉 3 条。孢子囊群满布网脉上。

见于平阳、苍南，生于海拔 100m 的林下。

图 195 燕尾蕨

38. 水龙骨科 Polypodiaceae

常为附生植物，稀土生。根状茎横走，少有斜升，被盾状着生的鳞片。叶一型或二型；叶柄基部常有关节与根状茎相连；叶片单一或一回羽状；叶脉为各式的网状，少有分离，网眼内通常有分叉的内藏小脉，小脉顶端常有水囊体；叶通常为革质、坚实，或纸质，无毛或被星状毛。孢子囊群圆形、长圆形或线形，或有时布满叶片下面；无囊群盖，有时有隔丝。

约50余属1200余种，泛热带分布。我国39属约260种；浙江13属52种1变种；温州11属28种1变种。

分属检索表

1. 叶脉在叶轴、羽轴与叶边之间联结成多行网眼，网眼内有分叉的内藏小脉，偶无内藏小脉，网眼外的小脉分离（石蕨属）。
  2. 孢子囊群线形，偶有间断或长圆形或近圆形。
    3. 孢子囊群沿中脉两侧各排成1行，位于中脉与叶边之间；叶为单叶。
      4. 叶一型，线形。
        5. 叶片两面被星状毛，长2.5~9cm ………… **11. 石蕨属 Saxiglossum**
        5. 叶片两面无毛，长15~50cm ………… **2. 丝带蕨属 Drymotaenium**
      4. 叶二型，不育叶近圆形或卵圆形，能育叶狭披针形 ………… **3. 伏石蕨属 Lemmaphyllum**
    3. 孢子囊群沿侧脉之间排成1行，与侧脉平行，一叶上多行；叶为单叶或羽状深裂 ………… **1. 线蕨属 Colysis**
  2. 孢子囊群圆形，偶长圆形、卵形、或熟时汇合布满叶下面。
    6. 叶片两面被星状毛 ………… **10. 石韦属 Pyrrosia**
    6. 叶片两面无毛或有单毛。
      7. 孢子囊群幼时有盾形或伞形的隔丝覆盖，成熟时脱落。
        8. 叶二型或近二型。
          9. 根状茎淡绿色，疏被褐棕色、基部圆形、顶部钻形，边缘有粗齿或撕裂状的鳞片；叶片肉质；孢子囊群在主脉两侧各排成1行 ………… **4. 骨牌蕨属 Lepidogrammitis**
          9. 根状茎黑褐色，密被红棕色、披针形或卵状披针形、长渐尖头的粗筛孔鳞片，叶片纸质；孢子囊群往往密而星散分布 ………… **5. 鳞果星蕨属 Lepidomicrosorium**
        8. 叶一型。
          10. 叶近革质；孢子囊群在中脉与叶边之间排成1行 ………… **6. 瓦韦属 Lepisorus**
          10. 叶纸质；孢子囊群在中脉与叶边之间排成1至多行 ………… **7. 盾蕨属 Neolepisorus**
      7. 孢子囊群不具盾状隔丝 ………… **8. 假瘤蕨属 Phymatopsis**
1. 叶脉分离，或仅沿羽轴两侧各有1行整齐的网眼，网眼外的小脉分离，伸向叶边，网眼内有1条不分叉的内藏小脉，孢子囊群着生于内藏小脉顶端 ………… **9. 水龙骨属 Polypodiodes**

1. 线蕨属 Colysis C. Presl

附生或陆生。根状茎纤细，长而横走，被褐色鳞片。叶远生或近生；叶柄长，与根状茎连接处的关节不明显，常有翅；侧脉常仅下部明显，不达叶边，在每对侧脉之间形成2行网眼，内藏小脉单一或呈钩状；叶纸质至薄草质，无毛。孢子囊群线形，连续或有时间断，着生于网脉上，在侧脉之间排成1条而与侧脉平行；孢子两面型。

约30种，主产于亚洲热带、亚热带。我国13种；浙江6种；温州3种。

分种检索表

1. 叶为单叶，全缘 ………………………………………………… 3. 褐叶线蕨 C.wrightii
1. 叶为羽状深裂或一回羽状。
   2. 叶片阔卵形或卵状披针形，羽（裂）片宽 8~15mm，叶纸质，叶脉不明显 ……… 1. 线蕨 C. elliptica
   2. 叶片长圆状卵形，羽（裂）片宽 2~3.5cm，叶薄草质，叶脉两面明显 ……… 2. 宽羽线蕨 C. pothifolia

■ 1. 线蕨 图 196

Colysis elliptica (Thunb.) Ching[*Leptochilus ellipticus* (Thunb.) Nooteboom]

植株高 20~80cm。根状茎长而横走，密被褐棕色鳞片。叶远生，近二型；不育叶叶柄长 8~20cm，禾秆色，基部密被鳞片，向上光滑，叶片阔卵形或卵状披针形，先端圆钝，一回羽状深裂达叶轴，羽片或裂片 4~6 对；能育叶和不育叶同形，但叶柄较长，羽片远较狭，有时则近同大；中脉明显，侧脉及小脉不明显；叶纸质，干后褐棕色，两面无毛。孢子囊群线形，斜展，在每对侧脉之间各 1 行，伸达叶边。

见于乐清、永嘉、文成、平阳、泰顺，生于海拔 800m 以下的林中或林缘近水的岩石上。

观赏蕨类；全草药用。

丁炳扬 摄

丁炳扬 摄

丁炳扬 摄

图 196 线蕨

图 197　宽羽线蕨

■ 2. 宽羽线蕨　图 197

Colysis pothifolia (Buch.-Ham. ex D. Don) C. Presl[*Leptochilus ellipticus* (Thunb.) Nooteboom var. *pothifolius* (Buch.-Ham. ex D. Don) X. C. Zhang]

植株高达 1m。根状茎粗壮，长而横走，黑褐色，密被鳞片。叶远生，近二型；叶柄长 25~55cm，不育叶的柄短，能育叶的远较长，禾秆色，疏被鳞片；叶片长圆状卵形，先端渐尖，一回深羽裂达叶轴；羽片或裂片 8~13 对，对生，在叶轴两侧形成狭翅，全缘或有时呈浅波状；叶脉在两面明显，侧脉及小脉纤细且隆起，小脉网状，内藏小脉分叉或有时单一；叶薄草质，干后绿色。孢子囊群线形，斜展，在多对侧脉之间排成 1 行，伸向叶边，无隔丝。

见于乐清、瓯海、文成、平阳、苍南（金乡）、泰顺，生于海拔 400m 以下的林下阴湿处。

■ 3. 褐叶线蕨　图 198

Colysis wrightii (Hook. et Bak.) Ching[*Leptochilus wrightii* (Hook. et Bak.) X. C. Zhang]

植株高 35~55cm。根状茎长而横走，密被褐棕色鳞片。叶远生；叶柄短；叶片倒披针形，先端渐尖，基部渐变狭并以狭翅长下延而几达叶柄基部，边缘浅波状；叶脉明显，侧脉斜展，小脉网状，在每对侧脉之间有 2 行网眼，内藏小脉单一或分叉；叶薄草质，干后褐棕色，无毛。孢子囊群线形，着生于网脉上，在每对侧脉之间排成 1 行，从中脉斜出。

见于乐清、永嘉、平阳、苍南、泰顺，生于海拔 600m 以下的林下较湿润处。

观赏蕨类。

图 198　褐叶线蕨

2. 丝带蕨属 Drymotaenium Makino

附生植物。根状茎短而横卧，有网状中柱，密被鳞片；鳞片黑褐色，卵圆形或披针形，边缘有锯齿。叶近生，一型；无柄，基部以关节与根状茎相连；叶片线形；叶脉不明显，隐没于叶肉中，联结成 1~2 网眼，具少数内藏小脉；叶革质，幼小时多少带肉质，无毛。孢子囊群线形，着生于中脉两侧的纵沟中。

单种属，分布于我国和日本。温州有。

■ 丝带蕨 图 199

Drymotaenium miyoshianum (Makino) Makino [*Lepisorus miyoshianus* (Makino) Fraser-Jenkins et Subh. Chandra]

植株高 15~50cm。叶近生，一型；无柄，基部有关节；叶片线形，长 15~50cm，宽 2~3mm，先端锐尖，基部几不缩狭，边缘强度向下反卷在中脉两侧形成 2 并行的纵沟；中脉在上面下陷，在下面隆起，侧脉不明显；叶革质，幼小时多少带肉质，无毛。孢子囊群着生于叶片上半部靠近中脉的两侧沟中。

见于泰顺，附生于海拔 850m 的树干上。

观赏蕨类；叶可药用。

图 199 丝带蕨

3. 伏石蕨属 Lemmaphyllum C. Presl

小型附生蕨类。根状茎细长，横走，被鳞片。叶疏生，二型；叶柄以关节与根状茎相连；不育叶全缘；叶脉网状。孢子囊群线形，与主脉平行，连续。

约 6 种，分布于印度至日本。我国 2 种；浙江 1 种 1 变种，温州也有。

陈贤兴 摄

图200　伏石蕨

1. 伏石蕨　图200

Lemmaphyllum microphyllum C. Presl

小型附生蕨类。根状茎淡绿色，疏生鳞片。叶远生，二型；不育叶近无柄，圆形或卵圆形，长1.6~2.5cm，宽1.2~1.5cm，全缘；能育叶干后反卷。孢子囊群线形，位于主脉和叶边之间。

见于洞头，生于林下岩石上。

1a. 倒卵伏石蕨　图201

Lemmaphyllum microphyllum var. **obovatum** (Harr.) C. Chr.

与原种的区别在于：不育叶片卵形、倒卵形至长椭圆形，有较长的叶柄。

见于苍南（南关岛），生于海边岩石上。浙江分布新记录变种。

图201　倒卵伏石蕨

4. 骨牌蕨属 Lepidogrammitis Ching

小型附生植物。根状茎细长横走，淡绿色，疏被鳞片或近光滑。叶远生，二型；有短柄或近无柄，基部有关节；不育叶片倒卵形至圆形，疏被鳞片，能育叶线状披针形；叶脉网状，通常有朝向主脉的内藏小脉；叶多为肉质，无毛，干后革质或硬革质。孢子囊群圆形，分离，在主脉两侧各排成1行。

约8种，主要分布于亚洲热带及亚热带。我国7种；浙江5种；温州3种。

《Flora of China》将其归于伏石蕨属 *Lemmaphyllum* C. Presl，但本属植物孢子囊群为圆形，而非线形，本志采用秦仁昌分类法，保留属名。

分种检索表

1. 叶近一型，叶片卵状披针形，长6.5~15cm，先端锐尖 …… **3. 骨牌蕨 L. rostrata**
1. 叶二型。
  2. 叶片先端圆形或钝圆形 …… **2. 抱石莲 L. drymoglossoides**
  2. 叶片先端长渐尖或锐尖 …… **1. 披针骨牌蕨 L. diversa**

■ 1. 披针骨牌蕨 图202

Lepidogrammitis diversa (Rosest.) Ching[*Lepidogrammitis intermedia* Ching]

植株高10~17cm。根状茎细长而横走，绿色，疏被鳞片。叶远生，近二型；不育叶具长1~2cm的短柄，淡禾秆色，基部被鳞片，叶片阔披针形、披针形至椭圆状披针形，先端锐尖或长渐尖，基部渐狭而下延于叶柄，全缘；能育叶具长3~5cm的柄，叶片较狭长，披针形，先端渐尖，基部长楔形；中脉在两面稍隆起，小脉网状，不明显。孢子囊群圆形，着生于叶片中部以上，在中脉两侧各排成1行。

见于永嘉、文成、泰顺，生于海拔700~1100m的林下岩石上。

观赏蕨类。

朱圣潮 摄

朱圣潮 摄

丁炳扬 摄

图202 披针骨牌蕨

图 203 抱石莲

2. 抱石莲 图 203

Lepidogrammitis drymoglossoides (Bak.) Ching

植株高仅 2~5cm。根状茎细长横走，淡绿色，疏被棕色鳞片。叶远生，二型；近无柄；不育叶的叶片圆形、长圆形或倒卵状圆形，先端圆或钝圆，基部狭楔形而下延，全缘；能育叶叶片倒披针形或舌形，先端钝圆，基部缩狭，或有时与不育叶同形；叶脉不明显；叶肉质，下面疏被鳞片。孢子囊群圆形，沿中脉两侧各排成 1 行。

本市各地都有分布，生于林下岩石上。

观赏蕨类；全草药用。

图 204 骨牌蕨

3. 骨牌蕨 图 204

Lepidogrammitis rostrata (Bedd.) Ching

植株高 7~18cm。根状茎细长，横走，淡绿色，疏生棕色鳞片。叶远生，一型；叶柄长 0.5~3cm；叶片卵状披针形，长 6.5~15cm，先端锐尖，基部短楔形；叶脉网状，内藏小脉单一，在两面隆起；叶近肉质，干后革质。孢子囊群生于叶片中部以上，靠近中脉。

见于泰顺（乌岩岭），生于海拔 700m 的林下岩石上。

观赏蕨类；全草入药，清热利湿。

5. 鳞果星蕨属 Lepidomicrosorium Ching et Shing

附生。根状茎长，攀援，顶部无叶，呈鞭状，密被红棕色鳞片。叶疏生，近光滑，有柄，少有几无柄，叶二型或近一型；叶形多变，基部楔形或心形，全缘；叶纸质；侧脉不明显，曲折，网状，有内藏小脉。孢子囊群小，圆形，往往密而星散分布。

约 3 种，主产于中国西南部和中部，分布于越南北部到喜马拉雅东部。中国 3 种；浙江 2 种，温州也有。

图 205　鳞果星蕨

1. 鳞果星蕨　短柄鳞果星蕨　图 205

Lepidomicrosorium buergerianum (Miq.) Ching et Shing ex S. X. Xu[*Lepidomicrosorium brevipes* Ching et Shing]

植株高 7~13cm。根状茎长而攀援，密被红棕色鳞片。叶二型，散生；叶柄长 1~2cm；能育叶长披针形，长 5~12cm，基部最宽，向上渐变狭，基部多少扩大，短楔形，先端渐尖；不育叶较短而阔，无柄或几无柄；侧脉略可见；叶纸质，干后灰绿色。孢子囊群小，散生。

《泰顺县维管束植物名录》记载见于泰顺。

2. 攀援星蕨　表面星蕨　图 206

Lepidomicrosorium superficiale (Bl.) Li Wang [*Microsorum brachylepis* (Bak.) Nakaike]

植株高 17~45cm。根状茎略扁平，攀援，疏被鳞片；鳞片披针形，先端渐尖，基部卵圆形，边缘有疏齿，具粗筛孔。叶远生；叶柄长 5~15cm，基部疏被鳞片并有关节与根状茎相连；叶片狭长披针形，长 12~30cm，宽 2.5~5cm，先端渐尖，基部急缩狭而下延成翅，全缘或略呈波状；中脉在两面隆起，侧脉不明显，小脉网状，网眼内有分叉的内藏小脉。孢子囊群圆形，小而密，散生于中脉与叶边之间，呈不整齐的多行。

见于乐清、永嘉、文成、平阳、苍南、泰顺，生于海拔 1100m 以下的林中树干上或石上。

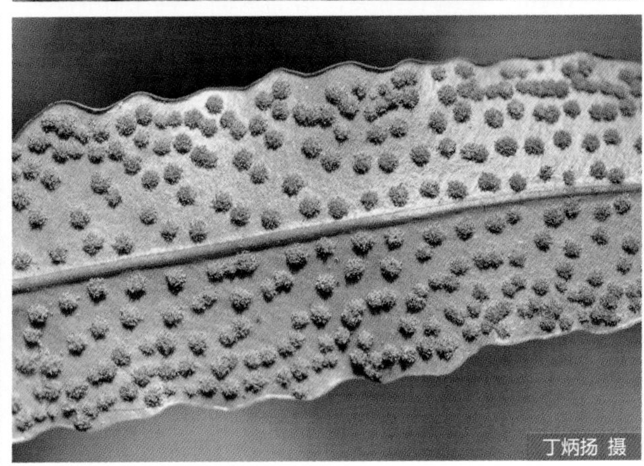

图 206　攀援星蕨

观赏蕨类；全草药用。

本种与鳞果星蕨 *Lepidomicrosorium buergerianum* (Miq.) Ching et Shing ex S. X. Xu 的区别在于：本种叶为一型，长在 15cm 以上，孢子囊群散生于叶背；而前种叶为二型，育叶长不达 15cm，不育叶短而阔。

本种根据秦仁昌系统属于星蕨属 *Microsorum* Link，本志根据《Flora of China》将其归于鳞果星蕨属 *Lepidomicrosorium* Ching et Shing。

6. 瓦韦属 Lepisorus (J. Smith) Ching

附生或石生。根状茎横走，密被鳞片。叶近生，单叶，披针形至线状披针形，向两端渐变狭，全缘，干后通常略反卷，近革质，少有草质，无毛，下面略有易脱落鳞片；中脉明显，无侧脉，小脉网结，网眼内有不定向的内藏小脉，通常分叉。孢子囊群圆形，分离，在中脉与叶边之间排成 1 行。

约 80 种，主要分布于亚洲东部和喜马拉雅各地，少数到达非洲。我国 49 种，西藏、云南、四川为本属分布中心；浙江 8 种；温州 6 种。

分种检索表

1. 叶干后强度反卷。
  2. 叶片宽 3~5mm；孢子囊群生于叶下的凹穴中，叶干后呈念珠状 …… **2. 庐山瓦韦 L. lewisii**
  2. 叶片宽 6~8mm；孢子囊群生于叶下表平面，叶干后不呈念珠状 …… **1. 扭瓦韦 L. contortus**
1. 叶干后不反卷。
  3. 叶片线状披针形 …… **5. 瓦韦 L. thunbergianus**
  3. 叶片椭圆形、匙形或倒披针形、披针形或狭披针形。
    4. 根状茎上的鳞片卵形 …… **3. 粤瓦韦 L. obscure-venulosus**
    4. 根状茎上的鳞片基部圆形向上变狭而呈钻状披针形。
      5. 叶薄纸质，叶片长 16~31cm，先端尾状渐尖 …… **6. 拟瓦韦 L. tosaensis**
      5. 叶薄革质，叶片长 8~l5cm，先端渐尖 …… **4. 鳞瓦韦 L. oligolepidus**

■ 1. 扭瓦韦 图 207

Lepisorus contortus (Christ) Ching

植株高 10~20cm。根状茎长而横走，密被鳞片。叶近生；有短柄，基部被鳞片；叶片线状披针形，长 9~18cm，先端长渐尖，基部两侧下延于叶柄，全缘，干后常向下强度反卷并扭曲；中脉明显，小脉不明显；叶薄纸质，上面绿色，光滑，下面灰绿色，沿中脉两侧偶有少数小鳞片。孢子囊群圆形，位于中脉与叶边之间，成熟时密接。

见于瓯海、泰顺，生于海拔 600m 以下的林中岩石上或树干上。

图 207　扭瓦韦

2. 庐山瓦韦 图 208

Lepisorus lewisii (Bak.) Ching

植株高 6~18cm。根状茎横走，密被黑褐色鳞片。叶疏生；近无柄，基部被鳞片；叶片线形，长 5.5~17cm，先端尖，基部下延几达叶柄基部；中脉在两面隆起；叶厚革质，上面光滑，下面沿中脉两侧偶有少数小鳞片。孢子囊群卵圆形，生于叶片下面凹穴中，位于中脉与叶边之间，常被强度反卷的叶边覆盖，干时呈念珠状；隔丝圆盾形。

见于永嘉、瑞安、文成、苍南、泰顺，生于海拔 300~900m 的林下岩石上。

观赏蕨类；全草药用。

3. 粤瓦韦 图 209

Lepisorus obscure-venulosus (Hayata) Ching

植株高 14~30cm。根状茎横走，黑褐色，被鳞片。叶远生；叶柄长 1~4cm，栗褐色，基部被鳞片；叶片披针形或狭披针形，长 13~26cm，中部以下最宽，先端长渐尖呈尾状，基部狭楔形，全缘；中脉在两面隆起，小脉不明显；叶纸质或近革质。孢子囊群圆形，彼此分离，在中脉两侧各排成 1 行，位于中脉与叶边之间；隔丝盾状。

见于永嘉、瓯海、瑞安、泰顺，生于海拔 300~1100m 的林下岩石上或树干上。

观赏蕨类；全草药用。

4. 鳞瓦韦 稀鳞瓦韦 图 210

Lepisorus oligolepidus (Bak.) Ching

植株高 10~18cm。根状茎横走，密被中央黑色而边缘棕色的鳞片。叶近生；叶柄禾秆色，长 2~3cm，基部疏被鳞片；叶片披针形，长 8~15cm，中部以下宽 1.5~2.5cm，先端渐尖，基部渐狭，两侧下延于叶柄形成狭翅，全缘；中脉在两面隆起，小脉不明显；叶薄革质，两面被黑色的卵状钻形小鳞片，下面尤密。孢子囊群大，圆形，沿中脉两侧

张豪 摄

张豪 摄

图 208 庐山瓦韦

朱圣潮 摄

朱圣潮 摄

图 209 粤瓦韦

图 210　鳞瓦韦

各排成 1 行，靠近中脉，成熟时彼此密接。

见于乐清（雁荡山），生于海拔 300~1100m 的林下岩石上。

5. 瓦韦　图 211

Lepisorus thunbergianus (Kaulf.) Ching

植株高 12~25cm。根状茎粗壮，横走，密被黑褐色鳞片。叶疏生或近生；有短柄，或几无柄，叶柄禾秆色，基部被鳞片；叶片线状披针形，有时披针形，长 11~20cm，中部或中部以上最阔，先端短渐尖或锐尖，基部渐狭而下延，全缘；中脉在两面隆起，小脉不明显；叶薄革质，下面沿中脉常有小鳞片。孢子囊群大，圆形，位于中脉与叶边之间，稍近叶边，彼此分开。

见于本市各地，附生于岩石或树干上。

观赏蕨类；全草药用。

6. 拟瓦韦　阔叶瓦韦　图 212

Lepisorus tosaensis (Makino) H. Ito[*Lepisorus paohuashanensis* Ching]

植株高 18~35cm。根状茎横走，密被黑褐色鳞片。叶近生或疏生；叶柄禾秆色或灰黄色，长 2~4cm，或近无柄，基部被鳞片；叶片披针形，长 16~31cm，先端渐尖成尾状，基部渐狭并下延于叶柄成狭翅；中脉在两面隆起，小脉明显；叶薄纸质，光滑或下面有少数小鳞片贴生。孢子囊群较小，圆形，位于中脉与叶边之间，稍近中脉，分离。

见于永嘉、文成、苍南、泰顺，生于海拔 800m 以下的林中岩石上。

图 211　瓦韦

图 212　拟瓦韦

7. 盾蕨属 Neolepisorus Ching

陆生中型植物。根状茎长而横走，密被褐棕色鳞片。叶疏生；叶柄明显，基部以上光滑；叶片单一，多形；中脉在下面隆起，通直，侧脉明显，伸达近叶边，网脉密，有单一或分叉的内藏小脉；叶干后常为纸质，两面光滑。孢子囊群圆形，在中脉两侧排成 1 至多行，或不规则分布于叶片下面，在侧脉间 1~4 枚。

约 11 种，分布于印度东北至日本、菲律宾的亚洲亚热带。浙江 5 种；温州 2 种。

1. 江南星蕨 图 213

Neolepisorus fortunei (T. Moore) Li Wang[*Microsorum henyi* (Christ) Kuo]

植株高 30~80cm。根状茎长而横走，顶部被易脱落的盾状棕色鳞片。叶远生；叶柄长 5~20cm，

丁炳扬 摄

图 213 江南星蕨

上面有纵沟，基部疏被鳞片，向上光滑；叶片线状披针形，长25~60cm，宽2.5~5cm，先端长渐尖，基部渐狭，下延于叶柄形成狭翅，全缘而有软骨质的边；中脉明显隆起，小脉网状，网眼内有分叉的内藏小脉；叶厚纸质，下面淡绿色或灰绿色，两面无毛。孢子囊群大，圆形，橙黄色，沿中脉两侧排成较整齐的1行或有时为不规则的2行，靠近中脉；无隔丝。

本市各地有分布，生于海拔700m以下的林下或附生在岩石上。

观赏蕨类；全草或根状茎药用。

本种根据秦仁昌系统属于星蕨属 *Microsorum* Link，本志根据《Flora of China》将其归于盾蕨属 *Neolepisorus* Ching。

图214 卵叶盾蕨

■ 2. 卵叶盾蕨 图214

Neolepisorus ovatus (Wall. ex Bedd.) Ching[*Neolepisorus lancifolius* Ching et Shing]

植株高35~56cm。根状茎长而横走，密被鳞片。叶远生；叶柄长15~28cm，灰褐色，长往往等于或超过叶片，少有短于叶片；叶片卵形，长20~28cm，先端渐尖，基部变阔，圆形，略下延于叶柄，全缘或下部有时分裂；侧脉开展，明显，小脉联结成网状，内藏小脉分叉，不甚明显；叶纸质，上面光滑。孢子囊群圆形。

见于乐清、永嘉、瑞安、文成、苍南、泰顺，生于林下多石处和湿润之处。

观赏蕨类；全草药用。

与江南星蕨 *Neolepisorus fortunei* (T. Moore) Li Wang 的区别在于：叶片侧脉明显，叶柄等于或长于叶片。

8. 假瘤蕨属 **Phymatopsis** J. Smith

根状茎细长横走，被红棕色鳞片。叶一型或近二型；叶柄基部有关节，三出或指状分裂，或为深羽裂，叶片披针形，边缘加厚，软骨质，有细缺刻或锯齿，少为全缘；侧脉明显，小脉网状，有内藏小脉；叶常为纸质，下面往往呈灰绿色，光滑。孢子囊群圆形，在中脉两侧各排成1行。

约 75 种，广布于亚洲的热带、亚热带，大洋洲及太平洋岛屿。中国 48 种；浙江 5 种；温州 3 种。

《Flora of China》将本属归于修蕨属 *Selliguea* Bory，但本属种类孢子囊群圆形或长圆形，而非线形，孢子囊群通常也不是布满能育叶叶背，故本志仍采用秦仁昌系统。

分种检索表

1. 叶片2叉，3裂或5裂 ………………………… **2. 金鸡脚 P. hastata**
1. 叶单一。
  2. 叶片全缘，有时波状 ………………………… **1. 恩氏假瘤蕨 P. engleri**
  2. 叶片边缘具有规则的小缺刻。
    3. 叶片披针形，基部短楔形；孢子囊群表面生 ………………………… **2. 金鸡脚 P. hastata**
    3. 叶片狭椭圆形，向两端变狭；孢子囊群下陷 ………………………… **3. 屋久假瘤蕨 P. yakushimensis**

■ 1. 恩氏假瘤蕨 图 215

Phymatopsis engleri (Luerss.) H. Itô[*Phymatopteris engleri* (Luerss.) Pic. Serm.]

植株高 20~35cm。根状茎细长，横走，密被棕色狭披针形鳞片。叶远生；叶柄细，长 4~15cm，禾秆色，基部密被鳞片，向上光滑；叶片长披针形，先端渐尖，基部阔楔形或楔形，边缘软骨质，并有浅波状起伏或有时全缘；中脉和侧脉在两面明显，侧脉斜展，不达叶边，小脉网状，内藏小脉分叉或单一。孢子囊群圆形，沿中脉两侧各排成 1 行，稍靠近中脉或位于中脉与叶边之间。

见于永嘉、文成、泰顺，生于海拔 550~800m 的林下岩石上。

图 215 恩氏假瘤蕨

朱圣潮 摄

图216 金鸡脚

2. 金鸡脚 图216

Phymatopsis hastata (Thunb.) Kitag. ex H. Itô [*Phymatopteris hastata* (Thunb.) Pic. Serm.; *Selliguea hastata* (Thunb.) Fraser-Jenkins]

中小型植株。根状茎细长，横走，密被红棕色鳞片。叶疏生；叶柄基部被鳞片，并以关节与根状茎相连，向上光滑；叶片通常为指状3裂，或有时单叶、2叉与指状3裂共存，少有5裂；裂片披针形，先端渐尖，边缘有软骨质狭边，全缘或略呈波状，或有细浅钝齿；中脉和侧脉在两面均明显且稍隆起，小脉网状，有内藏小脉；叶厚纸质，两面无毛。孢子囊群圆形，沿中脉两侧各排成1行。

见于本市各地，常生于海拔600m以下的林缘湿地、岩石上。

观赏蕨类；全草药用。

图 217　屋久假瘤蕨

3. 屋久假瘤蕨　图 217

Phymatopsis yakushimensis (Makino) H. Itô [*Phymatopteris yakushimensis* (Makino) Pic. Serm.; *Selliguea yakushimensis* (Makino) Fraser-Jenkins]

植株高 11~23cm。根状茎细长，横走，密被棕色鳞片。叶远生；叶柄纤细，短于叶片，长 4~10cm，禾秆色，基部被鳞片，向上光滑；叶片狭椭圆状披针形，向两端缩狭，先端尾状渐尖，基部楔形，边缘有软骨质狭边，脉间有缺刻；中脉和侧脉明显，在两面隆起，侧脉不达叶边，小脉不可见；叶厚纸质，干后黄绿色，两面无毛。孢子囊群圆形，中等大小，略下陷，在中脉两侧各 1 行。

见于永嘉、泰顺，生于海拔 100~450m 的溪边岩石上。

9. 水龙骨属 Polypodiodes Ching

附生。根状茎长而横走，幼时密被鳞片。叶远生，一型；叶柄光滑，以关节着生于根状茎上；叶片长圆形至披针形，羽状深裂达叶轴两侧的狭翅；叶脉明显，在羽片之间叶轴两侧的狭翅上形成 1 狭长网眼，少有 2 行，网眼内有 1 内藏小脉，网眼外的小脉分离；叶草质或近膜质。孢子囊群圆形，在羽片主脉两侧各排成 1 行，着生于内藏小脉顶端。

约 17 种，主产于亚洲热带和亚热带。我国 11 种；浙江 2 种；温州 1 种。

水龙骨　日本水龙骨　图 218

Polypodiodes nipponica (Mett.) Ching

根状茎长而横走，灰绿色，光秃而被白粉，顶端密被棕褐色鳞片。叶远生；叶柄长 6~20cm，禾秆色，基部疏被鳞片，并有关节与根状茎相连，向上光滑；叶片长圆披针形或披针形，长 14~35cm，宽 6.5~10cm，先端渐尖，羽状深裂几达叶轴；裂片 15~30 对，互生或近对生，全缘，下部 2~3 对常向下反折，基部 1 对略缩短而不变形；叶脉网状，沿中脉两侧各有 1 行网眼，网眼外的小脉分离；叶薄纸质或草质，两面密生灰白色钩状柔毛，叶轴和羽轴也有毛。孢子囊群小，圆形，着生于内藏小脉顶端，

图 218 水龙骨

沿中脉两侧各有 1 行，靠近中脉。

见于永嘉、瑞安、文成、苍南、泰顺，生于海拔 200~800m 的林下、林缘、山沟水边的岩石上，或林中树干上。

观赏蕨类；根状茎药用。

10. 石韦属 **Pyrrosia** Mirbel

附生或石生。根状茎横走，密被鳞片。叶远生成或近生，一型，基部有关节；叶片线形、披针形至长卵形，单叶；侧脉斜向上，小脉网状，网眼内有内藏小脉，顶端有水囊体；叶常革质，被星芒状毛。孢子囊群圆形，着生于内藏小脉顶端，沿中脉两侧各排成 1~3 行或多行。

约 60 种，主产于亚洲热带，延伸至喜马拉雅山脉和日本、新西兰以及太平洋岛屿。我国 32 种，主产于长江以南；浙江 5 种，温州均产。

分种检索表

1. 叶二型，叶片矩圆形或卵状矩圆形 ……………… **4. 有柄石韦 *P. petiolosa***
1. 叶一型，偶有近二型，叶片线形至阔披针形。
  2. 叶片线形、线状披针形 ……………… **1. 相近石韦 *P. assimilis***
  2. 叶片披针形至阔披针形。
    3. 叶下面密被 1 层具披针形臂的星芒状毛。
      4. 叶片基部楔形，叶片宽多在 3cm 以内 ……………… **3. 石韦 *P. lingua***
      4. 叶片基部近圆形或不对称的圆耳形，叶片宽多在 2.5cm 以上，可达 10cm ……………… **5. 庐山石韦 *P. sheareri***
    3. 叶下面密被 1 层卷曲的星芒状绒毛和 1 层稀疏的具针状臂星状毛 ……………… **2. 光石韦 *P. calvata***

1. 相近石韦 图 219

Pyrrosia assimilis (Bak.) Ching

植株高 10~22cm。根状茎长而横走，密被棕褐色鳞片。叶近生；无柄或有短柄，基部有关节，密被鳞片；叶片线形或线状披针形，先端短尖，基部渐狭并下延，全缘；中脉在上面稍下凹，在下面隆起，小脉不明显；叶厚革质，上面有明显的小洼点，下面密被灰白色或灰棕色具针状臂的星芒状毛。孢子囊群圆形，几满布于叶片下面，沿中脉两侧各排成 3~4 行，在叶片下部通常不育，幼时有星状毛覆盖。

见于泰顺，生于海拔 50~400m 的林下岩石上。温州分布新记录种。

2. 光石韦 图 220

Pyrrosia calvata (Bak.) Ching

植株高 25~80cm。根状茎横走或斜升，密被棕色鳞片。叶近生，一型；叶柄深禾秆色，略呈四棱形，基部有关节，密被鳞片；叶片披针形，长 20~60cm，先端渐尖，基部渐狭并下延于叶柄上部，全缘；中脉明显，侧脉斜展，略可见，小脉网状，内藏小脉单一或 2 叉；叶厚革质，近无毛。孢子囊群圆形，满布于叶片下面的上半部，在侧脉之间排成紧密的多行，成熟时彼此接近。

见于乐清、永嘉、洞头、瑞安、文成、平阳、苍南、泰顺，生于海拔 100~700m 的林下或林缘岩石、树干上。

图 219　相近石韦

3. 石韦 图 221

Pyrrosia lingua (Thunb.) Farwell

植株高 13~48cm。根状茎长而横走，密被鳞片。叶远生，一型；叶柄深棕色，略呈四棱并有浅沟，幼时被星芒状毛，基部密被鳞片，以关节与根状茎相连；叶片披针形至长圆披针形，先端渐尖，基部

图 220　光石韦

图 221　石韦

渐狭，楔形，有时略下延，全缘；中脉在上面稍下凹，在下面隆起，侧脉在两面略可见，小脉网状，不明显；叶厚革质。孢子囊群满布于叶片下面的全部或上部。

本市各地广泛分布，多生于岩石上、树干上。

4. 有柄石韦　图 222

Pyrrosia petiolosa (Christ) Ching

植株高 10~19cm。根状茎长而横走，密生褐棕色鳞片。叶远生，二型；不育叶长为能育叶的 1/2~2/3，叶柄与叶片近等长，均密被星状毛，叶片

图 222　有柄石韦

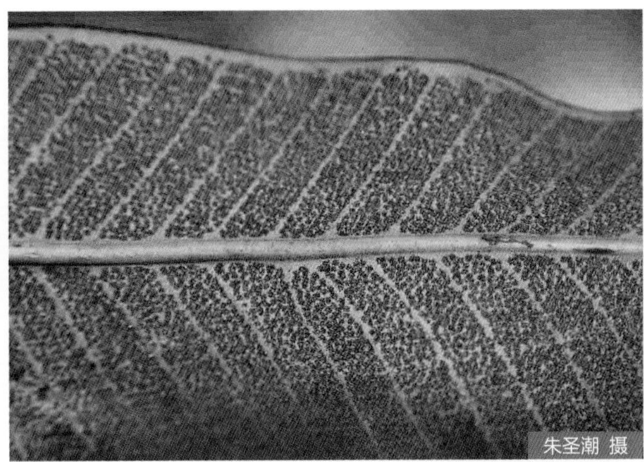

卵状矩圆形，长 5~7cm，钝头，基部楔形，下延，全缘，叶脉不明显；能育叶较大，叶片长卵形至长圆披针形，通常内卷，几成筒状。孢子囊群红棕色，满布叶下面。

见于乐清、永嘉、苍南、泰顺，附生于海拔 1000m 以下的岩石或树干上。

观赏蕨类。

图 223　庐山石韦

■ 5. 庐山石韦　图 223

Pyrrosia sheareri (Bak.) Ching

植株高 18~70cm。根状茎粗短，横走，密被黄棕色鳞片。叶簇生，一型；叶柄粗壮，深禾秆色，略呈四棱形，被星芒状毛，基部密被鳞片并有关节与根状茎相连；叶片披针形，长 10~40cm，先端短尖或短渐尖，基部近圆形或不对称的圆耳形；中脉在下面隆起，侧脉在两面稍下凹，小脉网状，不明显；叶革质，下面密被灰褐色星状毛。孢子囊群小，圆形，满布于叶片下面，在侧脉之间排列成紧密而整齐的多行。

见于永嘉、文成、泰顺，生于海拔 1200m 以下的林下岩石上或树干上。

观赏蕨类。

11. 石蕨属 Saxiglossum Ching

小型附生植物。根状茎细长，横走，被红棕色披针形鳞片。叶线形，以关节生于根状茎上；中脉在上面隆起，在下面凸出。孢子囊群线形，沿中脉两侧排列。

单种属，分布于中国和日本。温州有。

■ 石蕨　图 224

Saxiglossum angustissimum (Gies. ex Diels) Ching

小型附生植物。根状茎纤细，长而横走，被红棕色鳞片。叶远生，近无柄，以关节生于根状茎上；叶线形，长 2.5~9cm，宽 2~5mm，先端钝尖，基部渐缩狭；中脉上凹下凸，在下面隆起，小脉网状，沿中脉两侧各有 1 行狭长网眼，无内藏小脉，网眼外的小脉分离；叶革质，边缘强度反卷。孢子囊群线形，位于中脉与叶边之间各 1 行。

见于文成、苍南、泰顺，生于树干或岩石上。

叶供药用。

图 224 石蕨

存疑种

1. 断线蕨

Colysis hemionitidea (Wall.) C. Presl[*Leptochilus hemionitideus* (C. Presl) Nooteboom]

叶片阔披针形。线形的孢子囊群间断成为长圆形或近圆形。

《泰顺县维管束植物名录》记录泰顺有产，《浙江植物志》记录未及温州，《中国植物志》和《Flora of China》记录均未及浙江，也未见标本。故本志不收录。

2. 大瓦韦

Lepisorus macrophaerus (Bak.) Ching

叶远生；叶柄深禾秆色，叶片披针形，长渐尖，基部下延成长楔形，全缘，有软骨质狭边，干后略反卷。孢子囊群大，中脉两侧各 1 行，靠近叶边。

《泰顺县维管束植物名录》记录泰顺有分布，《浙江植物志》记录未及温州，《中国植物志》和《Flora of China》记载均未达浙江及温州，也未见标本。

3. 剑叶盾蕨

Neolepisorus ensatus (Thunb.) Ching[*Neolepisorus ensatus* f. *platyphyllus* (Tagawa) Ching et Shing]

叶片中部以下最宽；仅侧脉隆起，网脉不明显；叶背疏生鳞片。

《浙江植物志》记载文成有产，但未见可靠标本。

39. 槲蕨科 Drynariaceae

附生。根状茎肉质，粗壮，横走，密被棕色鳞片。叶近生或疏生；叶柄基部不以关节着生于根状茎上；叶片深羽裂或为羽状，二型或一型，一型叶的基部扩大成阔耳形，枯黄色，向上的裂片为正常的绿色叶片，具营养和繁殖功能，二型叶则分绿色正常叶和枯黄色的积聚叶；羽（裂）片以关节着生于叶轴上；叶脉粗而隆起，彼此以直角相连，成四方形的网眼。孢子囊群着生于小网眼内的分离小脉上，或多少沿叶脉扩展成长形，或生于两脉之间；无囊群盖。

3 属 45 种，分布于热带亚洲至大洋洲。我国 3 属约 14 种；浙江 1 属 1 种，温州也有。

槲蕨属 Drynaria (Bory) J. Smith

附生植物。叶二型；槲叶状的叶矮小，无柄，黄绿色至枯黄色，干膜质，基部心形，边缘浅裂或很少为深羽裂，正常叶绿色，基部无关节，一回羽状深裂；裂片边缘有缺刻状的细齿，基部以关节着生于叶轴，干后往往脱落；叶脉明显，侧脉联结成细小的网眼，有内藏小脉。孢子囊群圆形，着生于正常叶的网脉交结点上，通常不陷入叶肉内。

约 16 种，主要分布于亚洲至大洋洲。我国 9 种；浙江 1 种，温州也有。

■ 槲蕨 图 225

Drynaria roosii Nakaike[*Drynaria fortunei* (Kunze ex Mett.) J. Smith]

附生，匍匐生长。根状茎肉质，粗壮，横走，密被鳞片；鳞片金黄色，纤细，钻状披针形，有缘毛。叶二型，槲叶状的叶矮小，无柄，黄绿色后变枯黄色，干膜质，正常叶高大，绿色，叶柄长 6~9cm，两侧有狭翅，基部密被鳞片；叶片长圆状卵形至长圆形，长 22~51cm，宽 15~25cm，先端尖，基部缩狭呈波状，并下延成有翅的叶柄，羽状深裂；裂片 6~13 对；叶脉网状，在两面均明显；叶纸质，仅上面中脉被短毛。孢子囊群圆形，生于正常叶的内藏小脉的交结点上，沿中脉两侧各排成 2 至数行。

本市各地有分布，附生于海拔 300m 以下的低山丘陵的岩石上或树干上。

观赏蕨类；根状茎药用。

图 225 槲蕨

40. 禾叶蕨科 Grammitidaceae

小型附生或石生植物。根状茎短而斜升，常有腹背之分，多少被亮棕色鳞片，通体被红棕色单细胞的长硬毛。叶簇生或近生；叶柄通常不以关节着生于根状茎上，同叶片一样，通常生有开展的单细胞的针状毛，维管束单一；叶片小，单一，稀二回羽状；叶脉分离，不显。孢子囊群圆形或椭圆形，表面生或凹陷在穴中，无盖；孢子囊为水龙骨型，往往具有针状毛；孢子球形或近球形。

10 属 300 种，分布于全球热带及亚热带。我国 6 属 16 种；浙江 1 属 3 种；温州 1 属 1 种。

禾叶蕨属 Grammitis Sw.

小型附生植物。根状茎短而直立。叶簇生，全株有毛；叶片线状披针形，宽约 1~2cm，单一或一至二回羽状；叶脉分离，2 叉，中脉明显。孢子囊群圆形，无盖，生于小脉顶端，在叶轴或主脉两侧排成 1 行；隔丝丝状或无。

约 110 余种，泛热带分布，而以亚洲最为丰富。我国 7 种；浙江 3 种；温州 1 种。

■ 短柄禾叶蕨 图 226

Grammitis dorsipile (H. Christ) C. Chr. et Tard.
[*Grammitis hirtella* auct. non (Bl.) Tuyama]

根状茎短而直立，顶端密被鳞片；鳞片亮棕色。叶簇生；近无柄，叶柄纤细，长 0.5~1cm，粗不及 1mm，基部被鳞片，全部被开展的红棕色长毛；叶片线形或倒披针形，长 2.5~8cm，宽 2~7mm，先端渐尖而钝，基部长渐狭而下延于叶柄，全缘或边缘略呈浅波状；主脉在下面隆起，不达叶片顶端；叶革质，被红棕色长硬毛。孢子囊群圆形或椭圆形，深棕色，着生于小脉顶端，紧贴主脉。

《浙江植物志》、《泰顺县维管束植物名录》记载泰顺（乌岩岭）有红毛禾叶蕨 *Grammitis hirtella* (B1.) Ching 分布，应为本种误定。

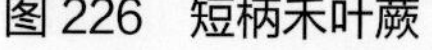
图 226 短柄禾叶蕨

41. 剑蕨科 Loxogrammaceae

根状茎长而横走或短而直立，密被鳞片；鳞片披针形，深褐色。叶远生或近簇生，一型，稀二型，单叶；有短柄或近无柄，不具关节；叶片线状披针形或披针形至倒披针形，全缘；中脉明显，无侧脉，小脉网状，网眼无内藏小脉；叶肉质，干后纸质或革质，上面常纵向皱缩。孢子囊群线形或线状长圆形，与中脉斜交，多少下陷于叶肉，在叶片上部中脉两侧各排成 1 列；无囊群盖；隔丝线形；孢子囊有长柄。

单属科。

剑蕨属 Loxogramme (Bl.) C. Presl

特征同科。

33 种，分布于热带亚洲。我国约 12 种，分布于秦岭以南；浙江 4 种；温州 2 种。

1. 中华剑蕨

Loxogramme chinensis Ching

植株高 9.5~13.5cm。根状茎长而横走，密被暗褐色、卵状披针形鳞片。叶远生；近无柄；叶片线状披针形，长 9~13cm，中部宽 7~12mm，先端锐尖，基部楔形并下延至叶柄基部，全缘或微波状，干后略反卷；中脉在两面明显，稍隆起，小脉不明显；叶肉质，干后革质。孢子囊群长圆形，每叶片通常 5~7 对，彼此远离，极斜向上，有时与中脉几平行，沿中脉两侧各排成 1 列。

见于泰顺，生于海拔 500~1200m 的林下岩石上。

2. 柳叶剑蕨 图 227

Loxogramme salicifolia (Makino) Makino

植株高 15~35cm。根状茎横走，被棕褐色卵状披针形鳞片。叶远生；叶柄长 1~2cm，或近无柄，与叶片同色，基部略被卵形或卵状披针形鳞片，向上光滑；叶片披针形，长 14~28cm，宽 8~25mm，先端长渐尖，基部楔形并下延几达叶柄下部或基部，全缘，干后稍反卷；中脉在两面明显，在上面隆起，在下面平坦，不达顶端；叶略带肉质，干后革质，表面皱缩。孢子囊群线形，通常 10 对以上，与中脉斜交，多少下陷于叶肉中。

见于乐清、文成、苍南、泰顺，附生于海拔 50~1200m 处的树干或阴湿岩石上。

根状茎药用。

本种与中华剑蕨 *Loxogramme chinensis* Ching 的区别在于：本种孢子囊群线形，常 10 对以上；而前种孢子囊群常为圆形或短线形，常 5~7 对。

图 227 柳叶剑蕨

42. 蘋科 Marsileaceae

小型浅水或泥沼生植物。根状茎细长，横走，被短毛。不育叶为单叶，线形，或为由2~4倒三角小叶，对生于长叶柄顶端，漂浮于水面；叶脉2叉分枝，顶端联结；能育叶变为球形或椭圆球形的孢子果，有柄或无柄，通常着生于不育叶的叶柄基部或近叶柄基部的根状茎上。孢子果被毛，内含2至多数孢子囊；孢子囊二型，大孢子囊内有1枚大孢子，小孢子囊内有多数小孢子。

3属约60种，主要分布于大洋洲和非洲南部。我国1属3种；浙江1属1种，温州也有。

蘋属 Marsilea Linn.

浅水生植物。根状茎细长，横走，节上生根。叶近生或近簇生，二型；叶柄柔弱而细长；叶片由4倒三角形的小叶组成“十”字形，着生于叶柄顶端，漂浮于水面；叶脉明显，从基部呈放射状2叉分枝，伸达叶边。孢子果圆形至椭圆状肾形。

约70种，广布于全球，以大洋洲和非洲南部最多。我国2种；浙江1种，温州也有。

■ 蘋　南国田字草　图228

Marsilea minuta Linn. [*Marsilea quadrifolia* auct. non Linn.]

水生或沼生植物。植株高5~20cm。根状茎细长，横走，有分枝；叶柄基部被鳞片；叶片具4倒三角形小叶，呈“十”字形，长与宽各为1~2cm，外缘圆弧形，基部楔形，全缘，幼时有毛；叶脉自基部呈放射状分叉，伸向叶边。孢子果卵圆形或椭圆状肾形，幼时有密毛，长3~4mm，通常2~3枚簇生于长1~1.5cm的梗上，梗着生于叶柄基部或近叶柄基部的根状茎上。

见于本市各地，生于水田、浅水沟渠或低洼地等。全草药用。

陈贤兴 摄

图228 蘋

43. 槐叶蘋科 Salviniaceae

小型漂浮蕨类。根茎纤细，横生，被毛，无真正的根。叶无柄或具短柄，3叶轮生，排成3列，其中2列浮于水面，绿色，全缘，上面有乳头状凸起或被毛，下面被毛，有明显的中脉，另1列特化成假根，悬垂于水中。孢子果球圆形，着生于假根基部或沿假根成对着生，二型；大孢子囊有短柄，8~10枚，着生于较小的大孢子果内，每一枚囊内有1枚大孢子；小孢子囊有长柄，多数，着生于较大的小孢子果内，每一枚囊内有64枚小孢子。

单属科。

槐叶蘋属 Salvinia Adans.

特征同科。

约10种，主要分布于美洲南部和非洲热带。我国1种；浙江1种，温州也有。

■ 槐叶蘋 图229

Salvinia natans (Linn.) All.

水生漂浮植物。茎细长，横生，被褐色节状柔毛。3叶轮生，其中2叶漂浮于水面，椭圆形至长圆形，长8~12mm，宽5~8mm，先端圆钝，基部圆形或略呈心形，全缘；近无柄或有长1mm的柄；中脉两侧各有15~20条侧脉，每条侧脉上面有5~7束粗短毛；叶草质，上面绿色，满布带有束状短毛的凸起，下面灰褐色，被有节的粗短毛，另1叶悬垂于水中，细裂成须根状的假根，密生有节的粗毛。孢子果4~8枚，簇生于假根的基部，外被疏散的成束短毛。大孢子果小，小孢子果略大。

见于本市各地，多生于流速较稳定的浅水水域，如水田、池塘、沟渠、港湾等地。

全草药用。

图229 槐叶蘋

44. 满江红科 Azollaceae

小型漂浮水生植物。根状茎纤细，曲折，向两侧交替分枝，枝上面有2行并列的互生叶，下面有悬垂水中的须根。叶片分裂成上、下两裂片；上裂片绿色，浮于水面并覆盖住根状茎；下裂片膜质状，沉没于水中。孢子果二叉型，有大小2种，成对着生于根状茎分枝基部的下裂片上；大孢子果卵形，果内只有1枚大孢子囊，囊内只有1枚大孢子；小孢子果圆球形，果内有多数小孢子囊，每囊内有32~64枚小孢子。

单属科。

满江红属 Azolla Lam.

特征同科。

7种，广布于世界各地。我国1种1亚种，浙江均产；温州野生1亚种。

■ 满江红 绿蘋 图230

Azolla pinnata R. Br. subsp. **asiatica** R. M. K. Saunders et K. Fowler[*Azolla imbricata* (Roxb.) Nakai]

漂浮蕨类。根状茎细长，横走，假二歧状分枝，枝出自叶腋，向下生须根，沉入水中。叶无柄，互生，覆瓦状排成2行，先端圆或圆截形，基部圆楔形，全缘，通常分裂成上、下两裂片；上（背）裂片肉质，春夏时绿色，秋后呈红色、红紫色，表皮下有空腔，腔内含胶质，有蓝藻共生，能固氮；下（腹）裂片膜质，有时呈紫红色，状如鳞片，没入水中吸收水分与无机盐。孢子果成对着生于分枝基部的下裂片上；大孢子果小，长卵形；小孢子果大，球形。

见于本市各地，生于水田、池塘、沟渠、水流缓慢的河流等淡水水域。

全草药用；也作稻田绿肥和家畜饲料。

图230 满江红

裸子植物

GYMNOSPERMAE

裸子植物门 Gymnospermae

乔木，少数为灌木，稀为木质藤本。维管结构有形成层，有次生生长。叶多为针形、条形或鳞形。雌雄同株或异株；雄蕊（小孢子叶）组成雄球花（小孢子叶球），花粉（小孢子）有气囊或无；精细胞（雄配子体）能游动或不动；雌蕊（大孢子叶）不形成子房，无柱头，胚珠（大孢子囊）裸生，胚乳丰富。种子裸露，不形成果实。

现存裸子植物有不少种类出现于第三纪，后经第四纪冰川时期而保存下来，繁衍至今。全球现存约850种，隶属于86属17科。我国裸子植物资源丰富，计有11科41属约250种；浙江省有9科34属50余种；温州有8科20属23种3变种。

裸子植物门分科检索表

1. 叶大型，羽状深裂，集生于树干顶端；茎通常不分枝 ………… **1. 苏铁科 Cycadaceae**
1. 叶较小，单生或簇生，不集生于树干顶端；茎有分枝。
  2. 叶扇形，叶脉二叉状 ………… **2. 银杏科 Ginkgoaceae**
  2. 叶非扇形，叶脉非二叉状。
    3. 雌球花发育成球果状，罕浆果状；种子无肉质假种皮。
      4. 种鳞与苞鳞离生，每种鳞具2种子 ………… **3. 松科 Pinaceae**
      4. 种鳞与苞鳞合生，每种鳞具1至多数种子。
        5. 叶与种鳞均螺旋状排列（罕对生，如水杉）………… **4. 杉科 Taxodiaceae**
        5. 叶与种鳞均交叉对生或轮生 ………… **5. 柏科 Cupressaceae**
    3. 雌球花发育成单枚种子，不形成球果；种子有肉质假种皮。
      6. 雄蕊具2花药，花粉有气囊 ………… **6. 罗汉松科 Podocarpaceae**
      6. 雄蕊具3~9花药，花粉无气囊。
        7. 雄球花具长梗；雌球花每苞片具2直生胚珠 ………… **7. 三尖杉科 Cephalotaxaceae**
        7. 雄球花无梗或近无梗；雌球花每苞片具1直生胚珠 ………… **8. 红豆杉科 Taxaceae**

1. 苏铁科 Cycadaceae

常绿木本。茎圆柱形，不分枝。叶螺旋状排列，有鳞叶与营养叶。雌雄异株，雄球花单生于茎干顶端，直立，小孢子叶扁平鳞状或盾形，螺旋状着生；大孢子叶生于茎干顶端的羽状叶与鳞状叶之间，扁平，密生绒毛。种子核果状，有3层种皮；胚乳丰富。

10属110多种，分布于热带及亚热带。我国1属16种；浙江1属1种，温州也有。

苏铁属 Cycas Linn.

茎直立，圆柱形。大型羽状叶集生于茎干顶部；羽状裂片呈条形或条状披针形，坚硬，全缘；中脉显著，无侧脉；叶片基部下延；着生于叶轴基部的裂片多变成刺状。雄球花长卵圆形或圆柱形。大孢子叶扁平，聚生，通常不形成球花。种子的外种皮肉质，中种皮木质，内种皮膜质。

约60种，分布于亚洲东部及东南部、大洋洲及非洲南部。我国16种，产于福建、台湾、广东，广西、四川、贵州、云南；浙江常见的1种，温州也有。

■ 苏铁　铁树　图231

Cycas revoluta Thunb.

茎干圆柱状。常在基部生不定芽。鳞叶三角状卵形；羽状叶长75~200cm；裂片条形，厚革质，坚硬，长8~20cm，宽4~6mm，斜展，先端尖锐，边缘显著向下反卷，上面深绿色，有光泽，下面浅绿色；中脉显著隆起，两侧有疏柔毛或无毛。小孢子叶窄楔形；大孢子叶长卵形，密被淡黄色绒毛，边缘羽状分裂。种子橘红色，倒卵圆形或卵圆形，密生灰黄色短绒毛，后渐脱落。结实周期长。花期6~7月，种子10月成熟。

本市各地栽培，可以露地越冬，偶见逸生。

为优良的观赏树种。

朱圣潮 摄

朱圣潮 摄

朱圣潮 摄

图231　苏铁

2. 银杏科 Ginkgoaceae

落叶乔木。树干高直。多分枝，具长枝与短枝。叶扇形，二叉叶脉，在长枝上螺旋状排列，在短枝上簇生。球花单生，雌雄异株，生于短枝顶端的叶腋内，呈簇生状；雄球花具短梗葇荑花序状，雄蕊多数，蝶旋状着生，排列较疏，具短梗，花药2室，药室纵裂，花丝短；雌球花具长梗。种子核果状；胚乳丰富。

1属1种，为我国特产。浙江1种，温州也有。

银杏属 Ginkgo Linn.

特征同科。

■ 银杏 白果树 图232

Ginkgo biloba Linn.

大乔木。高达40m，胸径可达1.4m。老树树皮灰褐色，深纵裂，粗糙。一年生枝淡褐黄色，二年生枝粗短，暗灰色；短枝密被叶痕，黑灰色。冬芽黄褐色，常为卵圆形，先端钝尖。叶扇形，在一年生长枝上螺旋状散生，在短枝上簇生。雌球花具长梗，梗端常分2叉。种子椭圆形或近圆球形；外种皮肉质，熟时黄色或橙黄色，外被白粉，有酸臭味；中种皮骨质，白色；内种皮膜质。花期3~4月，种子9~10月成熟。

本市各地栽培或逸生。

优良观赏树种；种仁为优良干果；叶片含多种黄酮类化合物，药用。

朱圣潮 摄

朱圣潮 摄

丁炳扬 摄

图232 银杏

3. 松科 Pinaceae

常绿或落叶乔木。常具树脂。叶线形或针形；线形叶扁平，在长枝上螺旋状散生，在短枝上簇生；针形叶成束着生在极度退化的短枝上，稀不成束，叶基有叶鞘。球花单性，雌雄同株；雄球花腋生或单生于枝顶，或多数集生于短枝顶端，有多数螺旋状排列的雄蕊；雌球花有多数螺旋状排列的珠鳞。球果直立或下垂，当年或翌年成熟，熟时种鳞开张，稀不开张；种鳞扁平，木质或革质，脱落或宿存，苞鳞与种鳞离生，每种鳞有2种子。

10属约230种，多分布于北半球。我国10属108种；浙江9属20种3变种；温州野生5属7种1变种。

分属检索表

1. 叶线形，扁平或四棱形，或针形，螺旋状着生，或在短枝上端呈簇生状，均不成束。
  2. 常绿乔木，叶扁平或具4棱，枝条无长、短枝之分。
    3. 叶下面中脉隆起；雄球花簇生于枝顶；球果直立 ………… **1. 油杉属 Keteleeria**
    3. 叶下面中脉凹下或微凹；雄球化单生于叶腋；球果下垂。
      4. 球果较大，苞鳞伸出种鳞之外，先端3裂；小枝微有叶枕 ………… **4. 黄杉属 Pseudotsuga**
      4. 球果较小，苞鳞小，多不露出；小枝有稍隆起的叶枕 ………… **5. 铁杉属 Tsuga**
  2. 落叶乔木，枝有长枝和短枝之分，叶在长枝上螺旋状散生，在短枝上呈簇生状 ………… **3. 金钱松属 Pseudolarix**
1. 叶针形，通常2、3、5针一束，基部具叶鞘，常绿性；球果翌年成熟，种鳞宿存，背面上方具鳞盾及鳞脐 ………… **2. 松属 Pinus**

1. 油杉属 Keteleeria Carr.

常绿乔木。树皮纵裂，粗糙。叶脱落后枝上留有近圆形或卵形的叶痕，叶线形或线状披针形，扁平，螺旋状着生，在侧枝上排成2列；中脉在两面隆起；叶下面有2气孔带，先端圆钝，微凹或尖；叶柄短，常扭曲。雄球花4~8簇生，有短梗；雌球花单生于侧枝顶端，直立。球果直立，圆柱形，当年成熟，幼时紫褐色，成熟前淡绿色或绿色。

12种，分布于东亚。我国5种，均为我国特有种，分布于秦岭以南、雅砻江以东，及台湾、海南；浙江2种；温州1种。

■ 江南油杉 图233

Keteleeria cyclolepis Flous[*Keteleeria fortunei* (Murr.) Carr. var. *cyclolepis* (Flous) Silba]

乔木。树皮灰褐色，不规则纵裂。冬芽圆形或卵圆形。一年生枝干后成红褐色，有褐色柔毛；二三年生淡褐色、灰色或淡黄灰色，无毛。叶线形，在侧枝上排成2列，长2~5cm，先端钝圆或微凹，边缘微反曲，下面沿中脉两侧各有10~20气孔线。球果圆柱形或椭圆状圆柱形，长7~12cm，直径3.5~6cm；中部的种鳞斜方形或斜方状圆形，长宽近相等，上部边缘微向内反曲，鳞背露出部分无毛或近无毛，上部近圆形；苞鳞先端3裂，中裂片窄长，先端渐尖，边缘有细锯齿；种翅中部或中下部较宽。花期4月，种子10月成熟。

见于永嘉、文成、泰顺，生于海拔500~1100m的山地林中。

朱圣潮 摄

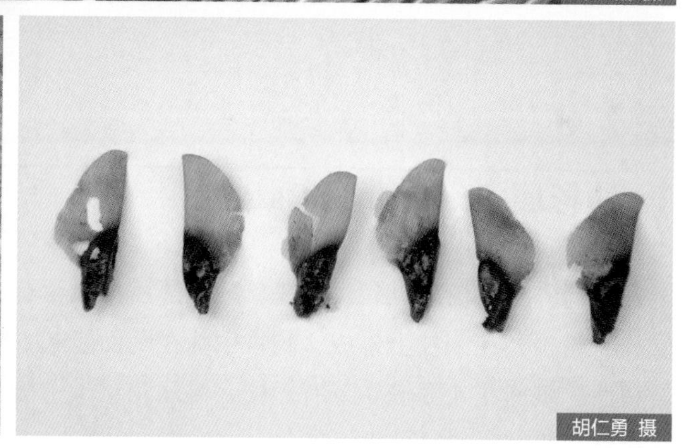

图 233　江南油杉

2. 松属 **Pinus** Linn.

常绿乔木，稀灌木。大枝轮生。冬芽明显；芽鳞多数，覆瓦状排列。叶有二型；鳞叶单生，螺旋状着生，针叶螺旋状着生，辐射伸展，常 2、3 针或 5 针一束，每束基部为叶鞘所包，叶鞘脱落或宿存，有树脂道。球花单性，雌雄同株；雄球花多数，聚生于新枝下部，开花时橙黄色，雄蕊多数，花粉有气囊；雌球花单生或数个生于新枝近顶端，受粉后珠鳞闭合，熟时种鳞张开，稀不张开。球果直立或下垂，种鳞木质，宿存，球果翌年成熟。

约 110 余种，分布于欧洲、美洲、亚洲、北非及苏门答腊赤道以南。我国约 39 种；浙江包括引种的有 10 余种；温州野生或归化 3 种 1 变种。

大多为用材和造林树种。

分种检索表

1. 针叶细柔，树脂道边生；鳞盾常不隆起，鳞脐凹陷，无刺 ······ **1. 马尾松 P. massoniana**
1. 针叶较粗硬，树脂道中生；鳞盾隆起，鳞脐有尖刺。
   2. 冬芽栗褐色，卵圆形或长卵圆形 ······ **2. 黄山松 P. taiwanensis**
   2. 冬芽银白色，长圆形 ······ **3. 黑松 P. thunbergii**

1. 马尾松 图 234

Pinus massoniana Lamb.

乔木。树皮红褐色，下部灰褐色，呈不规则鳞片状开裂。枝条平展，树冠宽塔形或伞形，枝条淡黄褐色。冬芽卵状圆柱形或圆柱形，赤褐色。叶 2 针一束，细柔，长 10~20cm，两面有气孔线，边缘有细锯齿，树脂道边生，叶鞘褐色至灰黑色，宿存。一年生小球果紫褐色，成熟时长卵形或卵圆形，直径 2.5~4cm，有短梗，常下垂，成熟前绿色，熟时栗褐色。种子具翅，翅长 1.5~2cm。花期 4~5 月，球果翌年 10~11 月成熟。

见于本市各地，生于海拔 1000m 以下的山地、平原、沟谷边等处。

本市分布最广、资源最多的用材树种。

2. 黄山松 图 235

Pinus taiwanensis Hayata[*Pinus hwangshanensis* Hsia; *Pinus luchuensis* Mayr. var. *hwangshanensis* (Hsia) Wu]

乔木。树皮深灰褐色，呈不规则鳞状厚块片开

丁炳扬 摄

朱圣潮 摄

图 234 马尾松

丁炳扬 摄

图235 黄山松

裂。大枝轮生，平展或斜展；老树树冠呈伞盖状或平顶；一年生小枝淡黄褐色或暗红褐色，无毛。冬芽栗褐色，卵圆形或长卵圆形，顶端尖，芽鳞先端尖。叶2针一束，稍硬直，长7~11cm，边缘有细锯齿，两面有气孔线，树脂道中生，叶鞘宿存。球果卵圆形，直径3~4cm，近无梗，熟时暗褐色或栗褐色，宿存于树上数年不脱落。种子长4~6mm。花期4~5月，球果翌年10月成熟。

见于乐清、永嘉、文成、泰顺，生于海拔800m以上的山地。

重要造林树种；用材树种。

■ 2a．短叶黄山松 图236

Pinus taiwanensis var. **brevifolia** G. Y. Li et Z. H.Chen

与原种的区别在于：针叶长仅为2.5~4.5cm(原变种7~11cm)；枝叶密集，树干弯曲低矮，灌木状。

见于苍南（玉苍山），零星混生于海拔500~650m的黄山松林中。

图236 短叶黄山松

朱圣潮 摄

■ 3. 黑松 图 237

Pinus thunbergii Parl.

小乔木。幼树树皮暗灰色，老则灰黑色，粗厚，裂成块状片脱落。大枝粗而轮生，形成圆锥形或伞形树冠；小枝橙黄色，无毛。冬芽长圆形，银白色。叶 2 针一束，深绿色，粗硬，长 6~12cm，边缘有细锯齿，背腹面均有气孔线，树脂道 6~11，中生。球果圆锥状卵圆形，长 4~6cm，有短梗，向下弯曲，熟时褐色，鳞盾肥厚。种子灰褐色，倒卵状椭圆形，长 5~7mm。花期 4 月，球果 10 月成熟。

图 237　黑松

见于龙湾、洞头、瑞安、平阳、苍南。原产于日本及朝鲜南部海岸地区，本市沿海地带及岛屿引种后逸为野生。

3. 金钱松属 Pseudolarix Gord.

落叶乔木。大枝不规则轮生，枝有长、短枝之分，长枝基部有宿存的芽鳞。叶线形，柔软，在长枝上螺旋状散生；叶枕下延，稍隆起，在短枝上呈簇生，辐射平展呈圆盘形，叶脱落后有密集成环节状的叶枕。雄球花穗状，多数簇生于短枝顶端；雌球花单生于短枝顶端。球果当年成熟，直立。种子上端有宽大的翅，种子连同种翅几与种鳞等长。

为我国特有，仅金钱松 1 种，分布于长江中下游温暖地带，温州产。

图 238　金钱松

■ **金钱松**　图 238

Pseudolarix kaempferi (Lindl.) Gord.

树干通直。树皮粗糙，灰褐色，裂成不规则的鳞状块片。一年生长枝淡红褐色或淡红黄色，无毛，有光泽；二三年生枝淡黄灰色或淡褐灰色。叶线形，扁平而柔软，镰状弯曲或直，长 2~5.5cm，宽 1.5~4mm；长枝上的叶辐射伸展，短枝上的叶 15~30 叶簇生，平展呈圆盘形，秋季呈金黄色。球果卵圆形或倒卵圆形，长 6~7.5cm，直径 4~5cm，有短梗，成熟前绿色或淡黄绿色，熟时褐黄色。种子倒卵形或卵圆形；种翅三角状披针形。花期 4 月，球果 10 月成熟。

永嘉、瑞安、文成、泰顺等地栽培或逸生，生于海拔 800m 以下的路旁或林缘。

著名的庭园观赏树。国家Ⅱ级重点保护野生植物。

4. 黄杉属 Pseudotsuga Carr.

常绿乔木。小枝具微隆起的叶枕，基部无宿存的芽鳞或有少数向外反曲的残存芽鳞。冬芽卵形或纺锤形，无树脂。叶线形，扁平，基部有短柄，扭转成 2 列状；中脉在上凹，在下隆，背面有 2 白色气孔带。雄球花圆柱形，单生于叶腋；雌球花单生于侧枝顶端，下垂，卵圆形，有多数螺旋状着生的苞鳞与珠鳞，苞鳞显著，向后反曲。球果卵圆形，下垂，有柄。

6 种，分布于东亚及北美。我国 5 种，分布于亚热带山地；浙江 1 种，温州也有。

图 239 黄杉

■ **黄杉　华东黄杉** 图 239

Pseudotsuga sinensis Dode [*Pseudotsuga gaussenii* Flous]

乔木。树皮深灰色，有不规则裂片。一年生小枝淡黄色，叶枕微隆起，顶端褐色，主枝无毛或有疏毛，侧枝有褐色密毛；二三年生枝灰色或淡灰色，无毛。冬芽顶端尖，褐色。叶线形，扁平，直或微弯，长 1.5~3.2cm，宽约 2mm，先端有凹缺，上面深绿色，有光泽，下面有 2 白色气孔带。球果卵形或卵圆形。种子三角状卵圆形，微扁，长 8~10mm；种翅与种子近等长。花期 4 月，球果 10 月成熟。

《浙江植物志》和《泰顺县维管束植物名录》记载文成、泰顺有分布。

优良用材树种；也可作为庭园观赏树。国家 II 级重点保护野生植物。

5. 铁杉属 Tsuga Carr.

常绿乔木。小枝有隆起的叶枕，基部具宿存的芽鳞。冬芽卵圆形或圆球形，芽鳞覆瓦状排列，无树脂。叶线形，扁平或近菱形，螺旋状着生，或基部扭转排成二列状，有短柄；中脉在上凹，在下隆，背面有 2 白色气孔带，叶内有 1 树脂道，位于维管束的下方。雄球花单生于叶腋，椭圆形或卵圆形，有短梗；雌球花单生于去年的侧枝顶端。球果小，下垂。种子上端有翅，腹面有油点；种翅连同种子较种鳞为短。

约 9~10 种，分布于东亚及北美。我国有 4 种，产于秦岭及长江以南地区；浙江 1 种，温州也有。

■ **铁杉　南方铁杉** 图 240

Tsuga chinensis (Franch.) E. Pritz.[*Tsuga chinensis* Pritz. var. *tchekiangensis* (Flous) Cheng et L. K. Fu]

乔木。树皮灰褐色，片状脱落。大枝平展，小枝淡黄褐色，有毛，稍下垂。叶线形，排成二列状，长 1~2.5cm，先端微有凹缺，上面亮绿色；中脉在下面隆起，淡绿色，有明显的粉白色气孔带。球果卵圆形或长卵圆形，长 8~12mm，中部的种鳞常呈圆楔形或楔状矩圆形，稀近方形，上端圆或近截形，微内曲。种翅连同种子短于种鳞。花期 4 月，球果当年 10 月成熟。

据《泰顺县维管束植物名录》记载泰顺有分布。

图 240 铁杉

4. 杉科 Taxodiaceae

常绿或落叶乔木。叶螺旋状排列，稀为交叉对生（水杉属），披针形、钻形、线形或鳞形。球花单性，雌雄同株，雄蕊和珠鳞螺旋状着生，稀为交叉对生（水杉属）；雄球花小，单生或簇生于枝顶，或排成圆锥状花序，花粉无气囊；雌球花顶生或生于去年枝近枝顶，珠鳞与苞鳞部分合生，或苞鳞发育而珠鳞甚小（杉木属）。球果当年成熟，熟时张开。

9 属 12 种，主要分布于北温带。我国 8 属 9 种；浙江野生的 3 属 2 种 1 变种，温州均产。

分属检索表

1. 叶和种鳞均为螺旋状着生，叶条形或钻形。
  2. 球果的种鳞或苞鳞扁平；叶披针形或线状披针形，缘有细齿 ………………………… **2. 杉木属 Cunninghamia**
  2. 球果的种鳞盾形，木质；叶钻形，全缘 ………………………… **1. 柳杉属 Cryptomeria**
1. 叶和种鳞均对生，叶线形，排成 2 列，侧生小枝连叶于冬季脱落 ………………………… **3. 水杉属 Metasequoia**

1. 柳杉属 Cryptomeria D. Don

常绿乔木。叶锥形，基部下延，略成螺旋状 5 列排列。雌雄同株，雄球花单生于小枝上部叶腋，常密集成穗状花序状，雄蕊多数；雌球花近球形，单生于枝顶，稀数枚集生，珠鳞螺旋状排列，每一能育的珠鳞有 2~5 胚珠。球果近球形。种鳞宿存；种子呈不规则扁椭圆形或扁三角状椭圆形，边缘有窄翅。

1 种，分布于我国及日本；浙江 1 变种，温州也有。

■ 柳杉 图 241

Cryptomeria japonica (Thunb. ex Linn. f.) D. Don var. **sinensis** Miq.[*Cryptomeria fortunei* Hooibrenk ex Otto et Dietr]

乔木。高达 20m。树皮红棕色，深纵裂或裂成长条片脱落。大枝近轮生，平展或斜展；小枝细长，

图 241 柳杉

常下垂。叶锥形，先端向内弯曲，长1~1.5cm，幼树及萌生枝上的叶长达2.4cm，果枝上的叶长不及1cm。球果圆球形或扁球形，直径1.5~2cm。种子褐色，三角状椭圆形，扁平，边缘有窄翅。花期4月，球果当年10~11月成熟。

见于乐清、永嘉、瓯海、瑞安、文成、平阳、苍南、泰顺，生于海拔1000m以下的山地丘陵。

良好的用材和庭园观赏树。

2. 杉木属 Cunninghamia R. Br.

常绿乔木。枝轮生。冬芽卵圆形。叶螺旋状排列，披针形或线状披针形，基部下延，边缘有细齿，两面均有气孔线。雌雄同株，雄球花簇生于枝顶，雄蕊多数，螺旋状着生；雌球花单生或2~3枚集生于枝顶，苞鳞与珠鳞合生，苞鳞大，珠鳞小而位于苞鳞腹面下部，先端3浅裂，每一珠鳞腹面基部着生3枚胚珠。球果近球形或卵圆形。种子扁平，两侧有窄翅。

单种属。产于我国秦岭、大别山以南，为长江以南温暖地区及台湾山区的重要用材树种，柬埔寨，老挝和越南北部山区也有分布。温州有。

■ 杉木 图242

Cunninghamia lanceolata (Lamb.) Hook.

幼树树冠尖塔形，大树树冠圆锥形。树皮灰褐色，裂成长条片脱落，内皮红褐色。大枝平展；小枝近对生或轮生；幼枝绿色，光滑无毛。冬芽近球形；花芽圆球形，较大。叶披针形或线状披针形，革质，长2.5~6.5cm，先端急尖，背面沿中脉两侧各有1白色气孔带。球果卵圆形或近球形，长2.5~5cm，直径3~4cm。种子扁平，暗褐色，有光泽，两侧边缘有窄翅。花期3~4月，球果10月成熟。

见于本市山区，生于海拔1000m以下的山地丘陵。

重要的用材树种；球果、种子入药，祛风湿、收敛止血。

丁炳扬 摄

丁炳扬 摄

朱圣潮 摄

图242 杉木

3. 水杉属 **Metasequoia** Miki ex Hu et Cheng

落叶乔木。大枝不规则轮生；小枝对生或近对生。叶交叉对生，基部扭转排成2列，呈羽状，叶脉在上面凹下，在下面隆起，每边各有4~8气孔线，冬季与侧生小枝一起脱落。雌雄异株，雄球花单生于叶腋或枝顶；雌球花有短梗，单生于去年生枝顶或近枝顶。球果近球形，有长梗。种鳞木质，盾形，交叉对生，宿存；种子扁平，周围有翅，先端有凹缺。

单种属。温州各地引种栽培并逸生。

朱圣潮 摄

■ 水杉 图243

Metasequoia glyptostroboides Hu et Cheng

高达30m。树皮灰褐色，裂成薄片状脱落。小枝下垂；一年生枝绿色，光滑；侧生小枝冬季脱落。叶线形，在侧生小枝上排成2列，呈羽状，冬季与枝一起脱落。球果近圆球状，下垂，成熟时深褐色。花期3~5月，球果当年10~11月成熟。

本市广泛栽培，偶有逸生。

著名孑遗活化石植物；也是优良的庭院绿化和造林树种。

丁炳扬 摄

图243 水杉

5. 柏科 Cupressaceae

常绿乔木和灌木。叶交叉对生或3~4叶轮生，鳞形或刺形，或同一株树上兼有二型叶。球花单生，雌雄同株或异株，单生于枝顶或叶腋；雄球花具3~16交叉对生的雄蕊，花药2~6，花粉无气囊；雌球花有3~18枚交叉对生或3~4枚轮生的珠鳞，全部或部分珠鳞的腹面基部有1至多数直立胚珠，稀胚珠单生于两珠鳞之间，苞鳞与珠鳞完全合生。球果较小。种鳞木质或近革质，熟时张开，或肉质合生不开裂。

19属约125种，广布于南、北两半球。中国8属46种，分布几遍及全国；浙江野生5属5种，温州均产。

分属检索表

1. 球果的种鳞木质或近革质，熟时张开；种子通常有翅，稀无翅。
  2. 种鳞扁平或鳞背隆起，但不为盾形，覆瓦状排列；球果当年成熟 ………… **4. 侧柏属 Platycladus**
  2. 种鳞盾形，隆起，镊合状排列；球果翌年或当年成熟。
    3. 鳞叶小，长2mm以内；球果有4~8对种鳞；种子两侧有窄翅 ………… **1. 柏木属 Cupressus**
    3. 鳞叶较大，两侧片长4~6mm；球果有6~8对种鳞；种子上部有2对大小不等的翅 ……… **2. 福建柏属 Fokienia**
1. 球果的种鳞肉质，熟时不张开或顶端微裂；种子无翅。
  4. 全为刺叶或全为鳞叶，或同一株树上刺叶、鳞叶兼有，刺叶基部无关节，下延；球花单生于枝顶；球果熟时种鳞顶端完全合生 ………… **5. 圆柏属 Sabina**
  4. 全为刺叶，基部有关节，不下延；球花单生于叶腋；球果熟时种鳞顶端微裂 ………… **3. 刺柏属 Juniperus**

1. 柏木属 Cupressus Linn.

常绿乔木。小枝斜上伸展，稀下垂，生鳞叶的小枝四棱形或圆柱形，不排成一平面。鳞叶交叉对生，排列成4行，同型或二型，叶背有明显或不明显的腺点，边缘具极细的齿毛，仅幼苗或萌生枝上之叶为刺形。雌雄同株，球花单生于枝顶，雄蕊多数；雌球花近球形，珠鳞4~8对。球果翌年夏季成熟，球形或近球形。种鳞4~8对，熟时张开，木质，盾形，顶部中央常具凸起的短刺头，能育种鳞具5至多数种子；种子稍扁有棱，两侧具窄翅。

约20种，分布于北半球温暖地区。我国产5种，分布于秦岭及长江以南；浙江1种，温州也有。

■ 柏木 图244

Cupressus funebris Endl.

乔木。树皮黑灰色，裂成窄长条片。小枝细长，下垂；生鳞片的小枝扁，排成一平面，两面同型，绿色；较老的小枝圆柱形，暗褐紫色，略有光泽。鳞叶二裂，中央之叶背部有条状腺点，两侧的叶对折，背部有棱脊。球果圆球形，熟时暗褐色。种鳞4对，能育种鳞有5~6种子；种子倒卵圆形，熟时淡褐色，边缘具窄翅。花期3~4月，球果翌年8月成热。

见于永嘉、瑞安、文成、泰顺，生于海拔1000m以下的石灰岩山地。

用材和园林绿化树种。

图 244 柏木

2. 福建柏属 **Fokienia** Henry et Thomas

乔木。生鳞叶的小枝扁平，排成一平面，三出羽状分枝。小枝上面的叶紧贴，两侧之叶对折，瓦覆于中央之叶的边缘；小枝下面中央的叶及两侧叶的下面有粉白色气孔带。雌雄同株，球花单生于小枝顶端。球果翌年成熟，近球形。种鳞 6~8 对，木质，盾形，能育种鳞各有 2 种子。

单种属，产于我国及越南北部。温州有。

■ 福建柏 图 245

Fokienia hodginsii (Dunn) Henry et Thomas

乔木。树皮紫褐色，鳞叶大，2 对交叉对生，成节状。上面之叶蓝绿色，下面之叶中脉隆起，两侧有明显的气孔带，生于成龄树上的叶较小，侧叶较中叶稍长或等长。球果直径约 2~2.5cm。种鳞

图 245 福建柏

6~8 对，木质；种子卵形，具 2 大小不等的薄翅。花期 3~4 月，种子翌年 10~11 月成熟。

见于文成、泰顺，生于海拔 100~1200m 的山地林中。

庭院观赏树；用材树种。国家Ⅱ级重点保护野生植物。

3. 刺柏属 Juniperus Linn.

乔木或灌木。冬芽明显。叶全为刺形，3 叶轮生，基部有关节，不下延生长；披针形或线状披针形，上面平或凹下，有 1~2 气孔带，下面隆起具棱脊。雌雄同株或异株，球花单生于叶腋；雄球花卵形或卵圆形；雌球花近圆球形。球果浆果状，苞鳞与种鳞结合，仅顶端尖头分离，成熟时不张开或仅球果顶端微张开。种子通常 3，卵圆形，具棱脊，无翅。

10 余种，分布于北半球。我国 3 种，引入栽培 1 种；浙江 1 种，温州也有。

图 246 刺柏

■ 刺柏 图 246

Juniperus formosana Hayata

乔木。树皮褐色或灰褐色，纵裂成长条片脱落。枝条斜展或直展，树冠圆柱形或塔形，小枝下垂，三棱形。叶全为刺形，3 叶轮生，线形或线状披针形，长 1.2~2cm，宽 1~2mm，先端渐尖具锐尖头，上面微凹，中脉微隆起，绿色，两侧各有 1 白色或淡绿色气孔带。球果近球形，肉质。种子半月形，具 3~4 棱脊。

见于乐清、永嘉、文成、平阳、泰顺，生于海拔 1400m 以下的山坡疏林地。

用材和绿化树种。

4. 侧柏属 Platycladus Spach

常绿乔木。生鳞叶小枝直立或斜展，排成一平面，扁平。叶鳞形，二型，交叉对生，排成 4 列，基部下延生长，背面有腺点。雌雄同株，球花单生于小枝顶端；雄球花有 6 对交叉对生的雄蕊，花药 2~4；雌球花有 4 对交叉对生的珠鳞，仅中间 2 对珠鳞各生 1~2 直立胚珠，最下 1 对珠鳞短小，有时退化而不明显。球果当年成熟，熟时开裂。种鳞 4 对；种子无翅或有极窄之翅。

单种属，分布于中国、朝鲜及俄罗斯东部。温州有。

■ **侧柏** 图 247

Platycladus orientalis (Linn.) Franco

常绿乔木。树皮薄，浅灰褐色，纵裂成条片。枝条向上斜展，幼树树冠卵状尖塔形，老树树冠则为广圆形；生鳞叶的小枝直立或斜展，排成一平面，扁平，两面同型。叶鳞形，二型，交叉对生，排成4列，基部下延生长，背面有腺点。雌雄同株，球花单生于小枝顶端。球果当年成熟，熟时开裂。种鳞木质、厚、扁平，背部顶端下方有一弯曲的钩状尖头，中部的种鳞发育，各有1~2种子；种子无翅或有极窄之翅。花期3~4月，球果10月成熟。

本市各地零星栽植或逸生，多生于石灰岩山地路边或村落外。

园林绿化树种；用材树种；种子、叶药用。

图 247 侧柏

5. 圆柏属 Sabina Mill.

常绿乔木、灌木或匍匐灌木。冬芽不明显。小枝不排成一平面。叶刺形或鳞形，幼树之叶全为刺叶，老树之叶全为刺叶或全为鳞叶，或兼有；刺叶常3叶轮生，基部不下延，无关节；鳞叶交叉对生，稀3叶轮生。球花单性，单生于短枝顶端；雄球花卵圆形或长卵圆形，黄色，雄蕊4~8对，交互对生；雌球花有2~4对珠鳞，交互对生或3枚轮生。球果翌年成熟。种鳞合生，肉质，苞鳞与种鳞结合而生，仅苞鳞先端分离，成熟时不开裂；种子无翅。

约50种，分布于北半球，主产于高山、亚高山地带。我国17种；浙江1种，温州也有。

朱圣潮 摄

■ 圆柏 桧柏 图 248

Sabina chinensis (Linn.) Ant.

乔木。树皮深灰色或淡红褐色，裂成长条片剥落。幼树枝条斜上伸展，形成尖塔形树冠；老树大枝平展，树冠广卵形或圆锥形。叶二型，幼树多为刺叶，老树则全为鳞叶，中龄树兼有刺叶与鳞叶；刺叶通常 3 叶轮生，排列稀疏，上面微凹，有 2 条白粉带；鳞叶先端急尖，交叉对生，间或 3 叶轮生，排列紧密。球果翌年成熟，近圆球形，直径 6~8mm，暗褐色，被白粉。种子 1~4，种子卵圆形，扁，顶端钝，有棱脊。

图 248 圆柏

本市各地普遍栽培或逸生，生于庭院、景区及村口、路旁。

为优良庭园绿化树种。

6. 罗汉松科 Podocarpaceae

常绿乔木或灌木。叶螺旋状排列，近对生或交互对生。球花单性，雌雄异株，稀同株；雄球花穗状，单生或簇生于叶腋，稀生于枝顶，雄蕊多数，螺旋状排列，花粉有气囊，稀无气囊；雌球花单生于叶腋或苞腋，稀穗状，具多数或少数螺旋状着生的苞片，胚珠为辐射对称或近于辐射对称的囊状或杯状套被所包围，稀无套被。种子核果状，全部或部分为肉质或薄而干的假种皮所包；苞片与轴愈合发育成肉质种托，或不发育；有胚乳。

8 属约 130 余种，分布于热带、亚热带及南温带，以南半球为分布中心。我国 4 属 12 种，产于中南、华南和西南；浙江 2 属 3 种 1 变种；温州 2 属 3 种。

1. 竹柏属 Nageia Endl.

常绿乔木。叶对生或近对生，革质，长卵形、卵状披针形或椭圆状披针形，具多数并列的细脉，无中脉，树脂道多数，两面有气孔线，或仅下面有气孔线。雌雄异株；雄球花穗状或穗状圆柱形，单生或分枝状，或数个簇生于总梗上，基部有少数苞片；雌球花通常生于叶腋，或成对生于小枝顶端，有梗，梗端常着生 2 胚珠，仅 1 胚珠发育，花后基部的苞片不发育成肉质种托，稀增厚成肥厚肉质。种子圆球形，有梗，生于非肉质或肉质的种托上。

约 6 种，分布于亚洲热带、亚热带。我国 4 种，分布于长江以南及中国台湾；浙江 1 种，温州也有。

■ 竹柏 图 249

Nageia nagi Kuntze

乔木。树皮近平滑，红褐色，枝开展，有棱。叶对生，革质，长卵形、卵状披针形或披针状椭圆形，无中脉，长 2~10cm，宽 0.7~3cm，先端渐尖，基部楔形。雄球花穗状，常呈分枝状，长 1.8~2.5cm；雌球花单生于叶腋，稀成对腋生，基部具 5~6 三角状苞片，花后苞片不肥大成肉质种托。种子圆球形，熟时套被暗紫色，有白粉；外种皮骨质，黄褐色，密被细小的凹点；内种皮膜质。花期 3~4 月，种子 10 月成熟。

见于乐清、瓯海、瑞安、文成、平阳、苍南、泰顺，生于海拔 200~500m 的溪边、路旁与山坡常绿阔叶林中。

良好的绿化观赏树种。浙江省重点保护野生植物。

丁炳扬 摄

朱圣潮 摄

图 249 竹柏

2. 罗汉松属 Podocarpus L'Hérit. ex Pers.

乔木或灌木。叶线形、披针形及椭圆状卵形，稀鳞形，螺旋状排列，近对生或交互对生，具明显中脉。雌雄异株；雄球花穗状，单生或簇生于叶腋；雌球花腋生，基部有数枚苞片，套被与珠皮合生，花后套被增厚成肉质假种皮，苞片发育成肥厚的肉质种托。种子核果状，全部为肉质假种皮所包，生于肉质种托上。

约100种，分布于热带、亚热带及南温带，多产于南半球。我国9种3变种，分布于长江以南及中国台湾；浙江2种1变种；温州2种。

本属与竹柏属 *Nageia* Endl. 的主要区别在于：叶螺旋状着生，窄长，有明显的中脉；而竹柏属 *Nageia* Endl. 的叶对生或近对生，较宽，无中脉。

1. 罗汉松 图250

Podocarpus macrophyllus (Thunb.) D. Don

乔木。树皮灰色或灰褐色，浅纵裂，成片脱落。枝开展，较密。叶线状披针形，微弯，长7~13cm，宽0.7~1.0cm，先端尖，基部楔形；上面深绿色，有光泽，中脉显著隆起；下面灰绿色或浅绿色，中脉微隆起。雄球花穗状，腋生，基部有数枚三角状苞片；雌球花单生于叶腋，有梗，基部有少数钻形苞片。种子卵球形，直径0.8~1.0cm，熟时肉质假种皮紫黑色，有白粉；种托肉质圆柱形，红色或紫红色，梗长1~1.5cm。花期4~5月，种子8~9月成熟。

见于乐清、永嘉、文成、泰顺，生于海拔100~800m的山地、路旁。

常用的园林绿化观赏树种。

朱圣潮 摄

朱圣潮 摄

图250 罗汉松

2. 百日青

Podocarpus nerifolius D. Don

乔木。树皮灰褐色，浅纵裂，枝开展。叶革质，长披针形，微弯，长7~16cm，宽0.9~1.4cm，上部渐窄，先端渐尖，萌生枝上的叶稍宽，急尖，基部楔形，具短柄，中脉在上面隆起。雄球花穗状，单生或簇生，长2.5~5cm，基部有多数螺旋状排列的苞片。种子卵圆形，先端钝圆，熟时假种皮紫红色，肉质种托橙红色，梗长1.0~2.4cm。花期5月，种子翌年11月成熟。

据《泰顺县维管束植物名录》记载泰顺（乌岩岭）有分布，标本未及。

与罗汉松 *Podocarpus macrophyllus* (Thunb.) D. Don 的区别在于：叶为长披针形，长7~16cm，先端渐尖或急尖；熟时假种皮紫红色。

可供园林绿化。

7. 三尖杉科 Cephalotaxaceae

乔木或灌木。髓心中部具树脂道。小枝常对生，基部具宿存芽鳞。叶线形或披针状线形，螺旋状着生，在侧枝上基部扭转排成2列，中脉在上面隆起，下面有2宽气孔带，在横切面上维管束的下方有1树脂道。球花单性，雌雄异株；雄球花聚生成头状球花序，单生于叶腋，雄蕊4~16，花粉无气囊；雌球花具长梗，生于小枝基部的苞腋，花梗上部的花轴上具数对交叉对生的苞片，胚珠生于珠托上。种子核果状，全部包于由珠托发育的肉质假种皮中。

1属9种，产于东亚南部至中南半岛南部。我国7种，分布于秦岭、黄河以南各地区；浙江2种，温州也有。

三尖杉属 **Cephalotaxus** Sieb. et Zucc. ex Endl.

形态特征同科。

1. 三尖杉 图251

Cephalotaxus fortunei Hook. f.

乔木。树皮褐色或红褐色，裂成片状脱落。枝条细长，稍下垂。叶排成2列，披针状线形，微弯，长4.2~12cm，宽0.3~0.5cm，先端长渐尖，基部楔形或宽楔形，上面深绿色，中脉隆起，下面气孔带白色，较绿色边带宽3~4倍，绿色中脉带明显。雄球花8~10聚生成头状，基部及总花梗上部有苞片18~24；雌球花具长1.2~2cm的总梗。种子椭圆状卵形或近球形；假种皮成熟时紫色或红紫色，顶端有小尖头。花期4~5月，种子翌年8~10月成熟。

见于乐清、永嘉、瓯海、瑞安、平阳、文成、苍南与泰顺，生于海拔1000m以下的山谷和溪边潮湿的阔叶混交林中、山麓、林缘以及裸岩旁，常呈散生状态。

枝叶、树干、树皮和根含有三尖杉酯类和高三尖杉脂类生物碱，可供药用。

朱圣潮 摄

朱圣潮 摄

朱圣潮 摄

图251 三尖杉

图252 粗榧

2. 粗榧 图252

Cephalotaxus sinensis (Rehd. et Wils.) Li

树皮灰色或灰褐色，薄片状脱落。叶线形，在小枝上排成2列，通常直，长2~4cm，宽0.2~0.3cm，上部常与中下部等宽或微窄，先端微凸尖，基部近圆形，上面深绿色，两面中脉明显隆起，下面有2白色气孔带，较绿色边带宽2~3倍。雄球花6~7聚生成头状，生于叶腋，基部及总梗上有多数苞片，雄蕊4~11，花丝短；雌球花具长柄，常生于小枝基部，极少生于枝顶。种子2~5生于总梗的上端，卵圆形，外被红褐色肉质假种皮。花期3~4月，种子翌年10~11月成熟。

见于永嘉、瑞安、泰顺，生于海拔200~600m的砂岩及石灰岩背阴山坡与溪谷杂木林中。

我国特有树种。木材坚实，供作农具及细木工等用材；种仁富含油脂，供制皂及润滑油；也可药用，价值同“三尖杉”；树姿雅观，供城市绿化与制作盆景用。

与三尖杉 *Cephalotaxus fortunei* Hook. f. 的区别在于：叶较短，长2~4cm，宽0.2~0.3cm，线形，微凸尖，基部近圆形，通常直；雄球花6~7。

8. 红豆杉科 Taxaceae

常绿乔木或灌木。叶线形或披针形，螺旋状排列或交叉对生，中脉在上面明显或略明显，下面两侧各有1气孔带。球花单性，雌雄异株，稀同株；雄球花单生于叶腋或苞腋，或成穗状球花序聚生于枝顶，雄蕊多数，花粉无气囊；雌球花单生或成对生于叶腋或苞腋。种子核果状或坚果状，全部或部分为肉质假种皮所包被；胚乳丰富。

5属约21种，主产于北半球。我国4属11种，产于中南、华南、西南及东南；浙江4属5种2变种；温州2属2种1变种。

1. 红豆杉属 Taxus Linn.

常绿乔木或灌木。叶线形或披针状线形，螺旋状排列，基部扭转排成2列，中脉在上面隆起，在下面有2淡黄色或淡灰绿色气孔带，无树脂道。雌雄异株，球花单生于叶腋；雄球花球形。种子坚果状，生于杯状肉质假种皮中，当年成熟；假种皮红色。

约9种，产于北半球，我国3种2变种，分布于西藏及西南、华南、中南与东北；浙江2变种；温州1变种。

■ 南方红豆杉 图253

Taxus wallichiana Zucc. var. **mairei** ((Lemee et Levl.) L. K. Fu et Nan Li[*Taxus mairei* (Lemee et Levl.) S.Y. Hu ex Liu]

高大乔木。树皮赤褐色或灰褐色，浅纵裂。叶通常较宽较长，多呈镰状，长1.5~4.0cm，宽0.3~0.5cm，上部渐窄，先端渐尖，下面中脉带上无或局部有成片或零星的角质乳头状凸起，气孔带黄绿色，中脉带明晰可见，色泽与气孔带相异，呈淡绿色或绿色，绿色边带也较宽而明显；叶质地较厚，边缘不反卷，中脉带不明显。种子倒卵圆形或椭圆状卵形，有钝纵脊；种脐椭圆形或近三角形。花期3~4月，种子11月成熟。

本市除鹿城、龙湾、洞头外都有分布，生于海拔150~500m的常绿阔叶林或混交林内，零星散生。白垩纪孑遗树种，国家I级重点保护野生植物。

胡仁勇 摄

朱圣潮 摄

朱圣潮 摄

图253 南方红豆杉

2. 榧树属 Torreya Arn.

常绿乔木。树皮纵裂。枝轮生，小枝近对生或近轮生，基部无宿存芽鳞。冬芽具数对交叉对生的芽鳞。叶交叉对生，基部扭转排成2列，线形或线状披针形，坚硬，上面微圆，中脉不明显，有光泽，下面有2浅褐色或白色气孔带，横切面维管束下方有1树脂道。雌雄异株，稀同株；雄球花单生于叶腋，椭圆形或短圆柱形，有短梗，外向一边排列；雌球花无梗，成对生于叶腋，胚珠生于漏斗状珠托上。种子核果状，全部包于肉质假种皮中。

6种，产于北半球；我国4种2变种；浙江3种；温州2种。

本属与红豆杉属 *Taxus* Linn. 的主要区别在于：叶上面中脉不明显，雌球花对生于叶腋，种子全包于绿色肉质假种皮中；而红豆杉属 *Taxus* Linn. 叶上面有明显的中脉，雌球花单生，种子生于杯状假种皮中。

1. 榧树 图254

Torreya grandis Fort. ex Lindl.

乔木。树皮淡黄灰色或灰褐色，不规则纵裂。一年生小枝绿色；二三年生小枝黄绿色或绿黄色，稀淡褐色。叶线形，通常直，长1.1~2.5cm，宽0.15~0.35cm，先端突尖成刺状短尖头，中脉不明显，有2稍明显的纵槽，下面淡绿色，气孔带与中脉带近等宽，绿色边带较气孔带约宽1倍。种子椭圆形、卵圆形、倒卵形或长椭圆形，熟时假种皮淡紫褐色，有白粉。花期4月，种子翌年10月成熟。

见于文成(石垟)、泰顺，散生于海拔400~800m的针阔混交林中。

建筑、家具等优良用材。国家Ⅱ级重点保护野生植物。

图254 榧树

2. 长叶榧 图255

Torreya jackii Chun

乔木。树皮灰色至深灰色，裂成不规则薄片脱落，内皮淡褐色。小枝平展或下垂；一年生小枝绿色；二三年生枝多呈红褐色。叶线状披针形，长3~9cm，二年生以上叶长6~19cm，上部渐窄，先端具渐尖的刺状尖头，基部楔形，中脉不明显，下面淡黄绿色，绿色边带较气孔带宽2倍。种子倒卵圆形；假种皮被白粉。3~4月开花，种子于翌年10月中下旬成熟。

见于永嘉、泰顺，生于海拔500~950m的沟谷边或针阔叶混交林下。我国特有的古代孑遗种，国家Ⅱ级重点保护野生植物。

与榧树 *Torreya grandis* Fort. ex Lindl. 的区别在于：叶线状披针形，先端有渐尖的刺状尖头，基部楔形，长3~9cm，常呈镰刀状；种子倒卵圆形。

图255 长叶榧

被子植物

ANGIOSPERMAE

被子植物门 Angiospermae

被子植物具有真正的花，故又称有花植物。花由花托、花萼、花瓣、雄蕊和雌蕊组成。雌蕊是由心皮包裹着胚珠组成。花粉粒落到柱头上而不是直接与胚珠接触。配子体进一步退化，雄配子体（成熟花粉粒）仅由2或3个细胞组成；雌配子体（胚囊）仅由7个细胞组成，颈卵器不再出现。出现了双受精过程，胚乳由极核细胞受精而来，为三倍体的新组织。种子被果皮包被形成果实，既能保护幼小的孢子体（胚），也利于散布种子。

被子植物是植物界中种类最多、分布最广、适应性最强以及系统演化最进化的门类。关于被子植物门的科属数目，学术界意见不一，一般来讲，全世界约有300多科至500多科12000属20~25万种。我国有262科3110属28996种（据《Flora of China》）；浙江有173科1217属3319种（据《浙江植物志》）；温州野生或归化的有158科921属2258种35亚种164变种。

分科检索表

1. 胚具2子叶；叶片常具网状脉；花4或5基数。
  2. 花瓣分离，花后常各瓣分别脱落，或花瓣不存在。
    3. 花无花被（既无花萼也无花冠），或仅有1层花被（有花萼而无花冠）。
      4. 植物体似木贼状，小枝有明显的节，形似松针；叶退化成鳞片状，轮生 ………… **1. 木麻黄科 Casuarinaceae**
      4. 植物体不似木贼状，小枝无明显的节，或有明显的节但决不似松针；叶不为轮生的鳞片状叶。
        5. 花单性，雌花和雄花都排列成柔荑花序，或至少雄花成柔荑花序（或类似柔荑花序）；乔木或灌木。
          6. 花萼不存在，或于雄花中存在。
            7. 蒴果，含多数种子 ……………………………………………… **5. 杨柳科 Salicaceae**
            7. 核果或小坚果，含1种子。
              8. 叶为羽状复叶 ……………………………………………… **7. 胡桃科 Juglandaceae**
              8. 叶为单叶。
                9. 雄花无花萼；核果，肉质 ……………………………………… **6. 杨梅科 Myricaceae**
                9. 雄花有花萼；小坚果 ……………………………………………… **8. 桦木科 Betulaceae**
          6. 花萼存在，或于雄花中不存在。
            10. 子房下位或半下位。
              11. 叶为羽状复叶 ……………………………………………… **7. 胡桃科 Juglandaceae**
              11. 叶为单叶。
                12. 坚果或小坚果，部分或全部被包在类似叶状或囊状的总苞内，或小坚果和鳞片合生成球果状果序 ……………………………………………… **8. 桦木科 Betulaceae**
                12. 坚果，部分或全部被包在具鳞片或具刺的木质总苞内 ……………………… **9. 壳斗科 Fagaceae**
            10. 子房上位。
              13. 植物体具乳汁；果实为聚花果 ……………………………………… **11. 桑科 Moraceae**
              13. 植物体无乳汁；果实不为聚花果（桑科除外）。
                14. 雌蕊由单心皮构成；雄花的花丝在花蕾中向内屈曲 ……………… **12. 荨麻科 Urticaceae**
                14. 雌蕊由2心皮构成；雄花的花丝在花蕾中直立。
                  15. 雌雄异株植物。
                    16. 草本或草质藤本；叶为掌状分裂或掌状复叶 ………………… **11. 桑科 Moraceae**
                    16. 木本；单叶或羽状三出复叶 …………………………… **58. 大戟科 Euphorbiaceae**
                  15. 雌雄同株植物 ……………………………………………… **10. 榆科 Ulmaceae**
        5. 花两性或单性，但不排列成柔荑花序；木本或草本。

17. 花无花被，则既无花萼也无花冠。
  18. 花排列成密穗花序。
    19. 雌蕊由3~4近乎分离或结合的心皮构成，结合时子房1室，有少数至多数胚珠；草本…………………………………… **2. 三白草科 Saururaceae**
    19. 雌蕊由1~4心皮构成，子房1室，有1胚珠；草本或木本。
      20. 雌蕊由2~5心皮结合而成；胚珠直立…………………… **3. 胡椒科 Piperaceae**
      20. 雌蕊由1心皮构成；胚珠悬垂…………………… **4. 金粟兰科 Chloranthaceae**
  18. 花不排列成密穗花序，单生、簇生或成杯状花序、总状花序。
    21. 木本植物；雄花具5~10雄蕊。
      22. 落叶乔木；枝叶折断具胶丝；小坚果被薄革质翅所包围…………… **47. 杜仲科 Eucommiaceae**
      22. 常绿乔木；枝叶无胶丝；核果…………………… **59. 虎皮楠科 Daphniphyllaceae**
    21. 草本植物；雄花具1雄蕊。
      23. 陆生植物；植物体具乳汁；雄花和雌花同生于一杯状体内；蒴果…………… **58. 大戟科 Euphorbiaceae**
      23. 水生或沼生植物；植物体无乳汁；雌花和雄花并生在叶腋内；小核果…………………………………… **60. 水马齿科 Callitrichaceae**
17. 花有花萼，有时具有由花瓣退化形成的蜜腺叶。
  24. 子房与花萼分离，即子房上位。
    25. 雌蕊由2至数枚分离或近于分离的心皮构成。
      26. 花丝分离；草本、灌木或藤本。
        27. 浆果。
          28. 灌木或藤本；花单性或有两性花混生；复叶…………… **31. 木通科 Lardizabalaceae**
          28. 草本；花两性；单叶…………………… **23. 商陆科 Phytolaccaceae**
        27. 蒴果、瘦果或蓇葖果。
          29. 花萼显著，常呈花冠状；蓇葖果或瘦果…………… **30. 毛茛科 Ranunculaceae**
          29. 花萼小型，不呈花冠状；蒴果，有5角状凸起……… **44. 虎耳草科（扯根菜属）Saxifragaceae**
      26. 花丝结合成筒状；果为蓇葖果；乔木…………………… **76. 梧桐科 Sterculiaceae**
    25. 雌蕊由2至数心皮结合而成，或由1心皮构成。
      30. 草本或亚灌木。
        31. 肉质寄生植物；叶退化为鳞片状，无叶绿素…………… **18. 蛇菰科 Balanophoraceae**
        31. 非寄生植物；叶非鳞片状，有叶绿素。
          32. 沉水草本植物；叶轮生，数回叉状细裂而呈丝状…………… **29. 金鱼藻科 Ceratophyllaceae**
          32. 陆生植物。
            33. 子房1室。
              34. 胚珠1。
                35. 茎节上通常有托叶构成的鞘…………………… **19. 蓼科 Polygonaceae**
                35. 茎节上无托叶构成的鞘。
                  36. 花萼有色彩，呈花冠状，全部或基部宿存。
                    37. 叶对生；花萼呈筒状，其基部残留，随果发育…………………………………… **22. 紫茉莉科 Nyctaginaceae**
                    37. 叶互生；花萼小，全部随果发育…………… **26. 落葵科 Basellaceae**
                  36. 花萼有或无色彩，不呈花冠状。
                    38. 花柱自子房的一侧面基部生出…………… **11. 桑科（水蛇麻属）Moraceae**
                    38. 花柱顶生或柱头顶生。
                      39. 果为瘦果；叶为单叶。
                        40. 胚珠直立；花柱1…………………… **12. 荨麻科 Urticaceae**
                        40. 胚珠悬垂；花柱2或2裂…………………… **11. 桑科 Moraceae**
                      39. 果为胞果；如为瘦果，则叶为羽状复叶。
                        41. 单叶，无托叶；花下位；胞果。
                          42. 花萼膜质，干燥，常有色彩；雄蕊基部常结合…………………………………… **21. 苋科 Amaranthaceae**
                          42. 花萼草质，绿色；雄蕊常分离…………………………………… **20. 藜科 Chenopodiaceae**

41. 羽状复叶，具托叶；花周位；瘦果 ………………………………… **48. 蔷薇科（地榆属）Rosaceae**
34. 胚珠多数；果为蒴果；萼片 2，早落 ………………………………… **38. 罂粟科（博落回属）Papaveraceae**
33. 子房 2 至多室。
43. 花两性；植物体不具白色乳汁。
44. 侧膜胎座，由假隔膜隔成 2 室；果为角果 ………………………………… **40. 十字花科 Cruciferae**
44. 中轴胎座；果为蒴果。
45. 花萼分离；子房 3 室 ………………………………… **24. 番杏科（粟米草属）Aizoaceae**
45. 花萼结合成筒状或钟状；子房 2 室 ………………………………… **87. 千屈菜科 Lythraceae**
43. 花单性；植物体具白色乳汁 ………………………………… **58. 大戟科 Euphorbiaceae**
30. 木本植物。
46. 子房 1 室。
47. 单叶。
48. 花药瓣裂；植物体有樟脑香气 ………………………………… **37. 樟科 Lauraceae**
48. 花药纵裂；植物体无樟脑香气。
49. 雄蕊与萼片同数，或为萼片的倍数。
50. 子房内有 2 胚珠；花萼裂片线形，向外反卷 ………………………………… **13. 山龙眼科 Proteaceae**
50. 子房内仅有 1 胚珠。
51. 枝、叶和花均有白色或棕色鳞片；花萼筒或其下部宿存 …… **86. 胡颓子科 Elaeagnaceae**
51. 枝、叶和花均无上述鳞片；花萼筒花后脱落 ………………………………… **85. 瑞香科 Thymelaeaceae**
49. 雄蕊比萼片的倍数多 ………………………………… **81. 大风子科 Flacourtiaceae**
47. 羽状复叶；花单性，雌雄异株；核果 ………………………………… **62. 漆树科（黄连木属）Anacardiaceae**
46. 子房 2 至多室。
52. 雄蕊与萼片同数且互生 ………………………………… **71. 鼠李科 Rhamnaceae**
52. 雄蕊与萼片不同数，如同数则对生。
53. 叶互生。
54. 单叶或三出复叶。
55. 子房 2 室；果为蒴果，成熟后 2 裂 ………………………………… **46. 金缕梅科 Hamamelidaceae**
55. 子房 3 至数室；果为核果或浆果状，或为蒴果。
56. 胚珠具腹脊；果为蒴果，或为核果或浆果状 ………………………………… **58. 大戟科 Euphorbiaceae**
56. 胚珠具背脊；果为核果 ………………………………… **61. 黄杨科 Buxaceae**
54. 羽状复叶；果实为核果 ………………………………… **68. 无患子科 Sapindaceae**
53. 叶对生。
57. 子房 3 室；果为蒴果 ………………………………… **61. 黄杨科 Buxaceae**
57. 子房 2 室；果为翅果。
58. 果分成 2 分果，顶端各具长翅 ………………………………… **67. 槭树科 Aceraceae**
58. 果为 1 小坚果，顶端具长翅 ………………………………… **109. 木犀科 Oleaceae**
24. 子房与花萼结合，即子房下位或半下位。
59. 半寄生植物。
60. 草本，常寄生于其他植物的根上；果为坚果或核果 ………………………………… **15. 檀香科 Santalaceae**
60. 灌木，常寄生于其他木本植物的茎干上；果为浆果，有黏性 ………………………………… **16. 桑寄生科 Loranthaceae**
59. 非寄生植物。
61. 木本植物；子房 2 室；蒴果木质 ………………………………… **46. 金缕梅科 Hamamelidaceae**
61. 草本植物。
62. 果为坚果，顶端常有角状凸起；叶或多或少肉质 ………………………………… **24. 番杏科 Aizoaceae**
62. 果为蒴果；叶非肉质。
63. 藤本；花萼呈花冠状，常 3 裂；子房 4~6 室 ………………………………… **17. 马兜铃科 Aristolochiaceae**
63. 直立灌木或草本；花萼非花冠状，5 裂；子房 1~2 室 ………………………………… **44. 虎耳草科 Saxifragaceae**
3. 花有 2 层花被（既有花萼也有花冠），或有 2 层以上的花被。
64. 子房与花萼分离，即子房上位。
65. 食虫植物；叶变为捕虫器，常具感觉敏锐的毛 ………………………………… **42. 茅膏菜科 Droseraceae**

65. 非食虫植物；叶不变为捕虫器。
66. 雄蕊多于 10，或多于花瓣的倍数。
67. 雌蕊由 2 至多数分离或近于分离的心皮构成，即花中有多数子房。
68. 水生草本植物。
69. 叶片盾形，全缘；萼片、花瓣各 3，或花瓣多数 ………… **28. 睡莲科 Nymphaeaceae**
69. 叶片非盾形，水面叶浅裂，水中叶细裂；萼片、花瓣各 5 ………… **30. 毛茛科 Ranunculaceae**
68. 陆生植物。
70. 雄蕊着生在花托或花盘上。
71. 萼片、花瓣数为 3，或为 3 的倍数；木本植物。
72. 花萼、花瓣均覆瓦状排列；胚乳无皱褶 ………… **34. 木兰科 Magnoliaceae**
72. 花萼、花瓣均镊合状排列；胚乳有皱褶 ………… **36. 番荔枝科 Annonaceae**
71. 萼片、花瓣数通常为 5；草本或灌木 ………… **30. 毛茛科 Ranunculaceae**
70. 雄蕊着生在花萼上；果为蓇葖果、瘦果或小核果，生于平坦或凸起的花托上，或藏于壶形的花托中；通常具托叶 ………… **48. 蔷薇科 Rosaceae**
67. 雌蕊由 2 至多数心皮结合而成，或由 1 个心皮构成，即花中仅有 1 子房。
73. 子房 1 室，稀为不完全 3~5 室。
74. 胚珠 2；边缘胎座；木本植物 ………… **48. 蔷薇科 Rosaceae**
74. 胚珠多数；侧膜胎座；草本或木本植物。
75. 叶片有透明或黑色腺点；花丝常结合成多体雄蕊；叶对生 ………… **79. 藤黄科 Guttiferae**
75. 叶片无透明或黑色腺点；叶互生。
76. 萼片 2，早落；植物体含白色乳汁或黄色液汁；草本植物 ………… **38. 罂粟科 Papaveraceae**
76. 萼片或花萼的裂片不止 2；植物体不含白色乳汁或黄色液汁。
77. 子房具子房柄；具 2 侧膜胎座；蒴果 ………… **39. 山柑科 Capparaceae**
77. 子房无子房柄；具数侧膜胎座；浆果或核果 ………… **81. 大风子科 Flacourtiaceae**
73. 子房 2 至多室。
78. 萼片镊合状排列。
79. 花药 1 室，花粉粒表面具刺；花丝结合成单体雄蕊；花有副萼 ………… **75. 锦葵科 Malvaceae**
79. 花药 2 室，花粉粒表面不具刺；花丝分离或结合；花不具副萼。
80. 花丝结合成筒状，常混有不完全雄蕊；蒴果 ………… **76. 梧桐科 Sterculiaceae**
80. 花丝完全分离，稀结合成 5~10 束。
81. 花瓣有细长的瓣柄，缘部呈皱波状或细裂为流苏状；蒴果 ………… **87. 千屈菜科 Lythraceae**
81. 花瓣无瓣柄。
82. 花药孔裂 ………… **73. 杜英科 Elaeocarpaceae**
82. 花药纵裂 ………… **74. 椴树科 Tiliaceae**
78. 萼片覆瓦状或回旋状排列。
83. 叶互生；叶片具或不具透明油点。
84. 叶片具透明腺油点；果为柑果 ………… **54. 芸香科 Rutaceae**
84. 叶片不具透明油点；果非柑果。
85. 直立木本植物；花通常两性，稀单性，雌雄异株；蒴果或浆果 ………… **78. 山茶科 Theaceae**
85. 藤本植物；花单性，雌雄异株；浆果 ………… **77. 猕猴桃科 Actinidiaceae**
83. 叶对生；叶片具透明或黑色腺点；蒴果 ………… **79. 藤黄科 Guttiferae**
66. 雄蕊少于 10 枚，或不超过花瓣的倍数。
86. 雌蕊由 2 至数枚分离或近于分离的心皮构成，即花中有 2 至数枚子房。
87. 肉质草本；花的各轮同数且分离；果为蓇葖果 ………… **43. 景天科 Crassulaceae**
87. 非肉质草本。
88. 叶片有透明油点；果为蓇葖果或蒴果 ………… **54. 芸香科 Rutaceae**
88. 叶片无透明油点。
89. 花常两性。
90. 子房深 5 裂，至成熟时分离成 5 分果，花柱相连 ………… **51. 牻牛儿苗科 Geraniaceae**

90. 子房不裂，果不分离成分果。
91. 叶互生。
92. 果为瘦果；叶常有托叶 …………………………………… **48. 蔷薇科 Rosaceae**
92. 果为蓇葖果；无托叶 …………………………………… **44. 虎耳草科 Saxifragaceae**
91. 叶对生。
93. 单叶；果为瘦果，藏于壶形花托内 …………………………………… **35. 蜡梅科 Calycanthaceae**
93. 复叶；果为蓇葖果 …………………………………… **65. 省沽油科 Staphyleaceae**
89. 花单性，或单性花和两性花混生。
94. 乔木；羽状复叶 …………………………………… **55. 苦木科 Simaroubaceae**
94. 木质藤本；单叶 …………………………………… **33. 防己科 Menispermaceae**
86. 雌蕊由 2 至数枚心皮结合而成，或仅由 1 心皮构成，即花中仅有 1 个子房。
95. 肉质腐生植物；具鳞片状叶，无叶绿素 …………………………………… **101. 鹿蹄草科 Pyrolaceae**
95. 非腐生植物；叶常为正常叶。
96. 子房 1 室，或因假隔膜分为数室，或子房内有不完全数室。
97. 果为荚果（单心皮形成，两侧开裂）…………………………………… **49. 豆科 Leguminosae**
97. 果非荚果。
98. 花药瓣裂，雄蕊与花瓣同数且对生；浆果或蒴果 …………………………………… **32. 小檗科 Berberidaceae**
98. 花药纵裂。
99. 子房内有 1 胚珠。
100. 雄蕊分离；直立木本植物。
101. 果为蒴果或浆果；有托叶（常早落）；花柱 1 条 ……… **65. 省沽油科 Staphyleaceae**
101. 果为核果；无托叶；花柱 3 条或 3 裂 …………………………… **62. 漆树科 Anacardiaceae**
100. 雄蕊结合成单体；藤本植物；核果 …………………………… **33. 防己科 Menispermaceae**
99. 子房内有 2 至多数胚珠。
102. 花冠整齐，或近于整齐。
103. 果肉质，不开裂。
104. 直立灌木或草本植物；羽状复叶，或单叶而盾形 … **33. 小檗科 Berberidaceae**
104. 藤本植物；单叶，非盾形 …………… **103. 紫金牛科（酸藤子属）Myrsinaceae**
103. 果非肉质，开裂。
105. 侧膜胎座。
106. 花瓣 4；雄蕊 6；草本。
107. 雄蕊 6，4 长 2 短成四强雄蕊，偶 2~4；子房无柄 …………………………………… **40. 十字花科 Cruciferae**
107. 雄蕊 6，等长不成四强雄蕊；子房有柄 …. **39. 山柑科 Capparaceae**
106. 花瓣、雄蕊各 5。
108. 木本植物；雄蕊和花瓣生于花托上，下位花 …………………………………… **45. 海桐花科 Pittosporaceae**
108. 草本植物；雄蕊和花瓣生于花萼上，周位花 …………………………………… **44. 虎耳草科 Saxifragaceae**
105. 特立中央有座或基底胎座。
109. 萼片 2；雄蕊与花瓣同数，对生 ………………… **25. 马齿苋科 Portulacaceae**
109. 萼片4~5；雄蕊常为花瓣的倍数，稀同数互生 …………………………………… **27. 石竹科 Caryophyllaceae**
102. 花冠不整齐。
110. 花瓣4，上方1枚常有距或呈驼背状；雄蕊6，结合成2束…. **38. 罂粟科 Papaveraceae**
110. 花瓣和雄蕊均为 5，分离；花瓣下方 1 枚有距 …………………… **80. 堇菜科 Violaceae**
96. 子房 2~5 室。
111. 水生草本植物；叶自根状茎生出，水上的叶片心形或箭形 ……………………… **28. 睡莲科 Nymphaeaceae**
111. 陆生植物；稀生于浅水或水田中，但均为具对生叶或轮生叶的小草本。
112. 花冠整齐（即辐射对称），或近于整齐。

113. 雄蕊与花瓣同数且对生。
114. 花丝分离；子房每室有 1~2 胚珠。
115. 藤本植物，具茎卷须；花瓣镊合状排列，早落；浆果 ………… **72. 葡萄科 Vitaceae**
115. 直立木本或藤本植物，不具茎卷须。
116.直立木本植物，有时呈蔓生状；萼片镊合状排列；花瓣细小………… **71.鼠李科 Rhamnaceae**
116. 藤本植物；萼片覆瓦状排列；花瓣比萼片大 ………… **69. 清风藤科 Sabiaceae**
114. 花丝全部结合成筒状，子房每室有数至多数胚珠 ………… **76. 梧桐科 Sterculiaceae**
113. 雄蕊与花瓣不同数，如同数则互生。
117. 叶片具透明油点 ………… **54. 芸香科 Rutaceae**
117. 叶片不具透明油点。
118. 十字形花冠；雄蕊 6，4 长 2 短成四强雄蕊；子房被假隔膜分成 2 室；角果 ………… **40. 十字花科 Cruciferae**
118. 非前述形态的植物。
119. 果实为双翅果，即果实分成 2 分果，在顶端各具翅 ………… **67. 槭树科 Aceraceae**
119. 果非双翅果。
120. 叶为单叶。
121. 果实成熟时分裂为 5 分果，但花柱相连 ………… **51. 牻牛儿苗科 Geraniaceae**
121. 果实不分裂成分果。
122. 木本植物；如为草本，则花药孔裂；花粉为四合花粉。
123. 花药纵裂；核果、蒴果或浆果。
124. 雄蕊数为花瓣数的两倍。
125. 花瓣 5；子房 3 室；核果 ………… **52. 古柯科 Erythroxylaceae**
125. 花瓣 4；子房因侧膜胎座的深入而成 4 室；浆果 ………… **82. 旌节花科 Stachyuraceae**
124. 雄蕊与花瓣同数。
126. 果为蒴果或翅果。
127. 花不具肉质花盘；叶互生；蒴果。
128. 花柱 1 条 ………… **44. 虎耳草科（鼠刺属）Saxifragaceae**
128. 花柱 2 条 ………… **46. 金缕梅科 Hamamelidaceae**
127. 花具肉质花盘；叶对生，如互生则为翅果，或虽为蒴果但种子具假种皮 ………… **64. 卫矛科 Cerastraceae**
126. 果为核果 ………… **63. 冬青科 Aquifoliaceae**
123. 花药顶孔开裂；蒴果。
129. 灌木或小乔木；子房 3 室；花粉为单粒花粉 ………… **100. 山柳科 Clethraceae**
129. 草本植物；子房 4~5 室；花粉为四合花粉 ………… **101. 鹿蹄草科 Pyrolaceae**
122. 草本或亚灌木。
130. 叶互生；蒴果具钩刺 ………… **74. 椴树科（刺蒴麻属）Tiliaceae**
130. 叶对生或轮生，稀互生；蒴果无钩刺 ………… **87. 千屈菜科 Lythraceae**
120. 叶为复叶。
131. 木本植物。
132. 叶互生。
133. 雄蕊分离。
134. 能育雄蕊 5，着生在子房柄上；果为蒴果 ………… **56. 楝科（香椿属） Meliaceae**
134. 能育雄蕊 6~8，不着生在子房柄上。
135. 果实为具假种皮的核果，或核果状分果，或为膀胱状蒴果 …………

………………………………………………………………………………… **68. 无患子科 Sapindaceae**

135. 果实为不具假种皮的核果 …………………………………………… **62. 漆树科 Anacardiaceae**

133. 雄蕊结合成筒状 ……………………………………………………………………… **56. 楝科 Meliaceae**

132. 叶对生；子房2~3浅裂 ………………………………………………… **65. 省沽油科 Staphyleaceae**

131. 草本植物。

136. 叶为掌状三出复叶或二至三回三出复叶；果实无刺。

137. 掌状三出复叶；伞形或伞房状聚伞花序 ………………………… **50. 酢浆草科 Oxalidaceae**

137. 二至三回三出复叶；圆锥花序 ……………………… **44. 虎耳草科（落新妇属）Saxifragaceae**

136. 叶为偶数羽状复叶；果实具刺 …………………………………………… **53. 蒺藜科 Zygophyllaceae**

112. 花冠不整齐（即两侧对称）。

138. 花药纵裂。

139. 草本植物。

140. 花萼基部有囊状凸起，但不形成距 ……………………………………… **87. 千屈菜科 Lythraceae**

140. 花萼片中的1片或花萼基部延伸成距 ………………………………… **70. 凤仙花科 Balsaminaceae**

139. 木本植物。

141. 花瓣 5，大小极不相等；雄蕊 5，仅内侧 2 枚发育完全；核果 ………… **69. 清风藤科 Sabiaceae**

141. 花瓣 5，大小略不相等；雄蕊 8 均发育；蒴果 ………………… **41. 伯乐树科 Bretschneideraceae**

138. 花药顶孔开裂，或开一短裂缝；花丝结合成筒状 ……………………………… **57. 远志科 Polygalaceae**

64. 子房与花萼结合，即子房下位或半下位。

142. 肉质多浆多刺植物；大多不具正常叶 ……………………………………… **84. 仙人掌科 Cactaceae**

142. 非肉质多浆多刺植物；大多具正常叶。

143. 种子于落地前在母树上发芽（胎生）；木本；叶对生 ……………………… **89. 红树科 Rhizophoraceae**

143. 种子不在母树上发芽（非胎生）。

144. 雄蕊数多于 10 或比花瓣的倍数多。

145. 水生植物；叶片圆盾形至马蹄形，常浮于水面上 ……………………… **28. 睡莲科 Nymphaeaceae**

145. 陆生植物；叶片不为圆盾形至马蹄形，也非浮于水面上。

146. 乔木或灌木。

147. 叶互生；果为梨果 …………………………………………………………… **48. 蔷薇科 Rosaceae**

147. 叶对生；果为蒴果、浆果状或核果状。

148. 子房多室，室上下叠生；种子有肉质外种皮 ……………… **88. 石榴科 Punicaceae**

148. 子房 1~6 室，不为上下叠生；种子无肉质外种皮。

149. 叶片和花具透明腺点；叶片全缘 …………………………… **92. 桃金娘科 Myrtaceae**

149. 叶片和花不具透明腺点；叶片具锯齿 ……………………………………………
…………………………………………………… **44. 虎耳草科（绣球属）Saxifragaceae**

146. 草本植物。

150. 花两性；子房无棱和翅。

151. 花萼有 2 萼片或 2 裂；蒴果，盖裂 ………………………… **25. 马齿苋科 Portulacaceae**

151. 花萼有3~5萼片；坚果 ………………………………………………… **24. 番杏科 Aizoaceae**

150. 花单性；子房具纵棱或翅 ……………………………………………… **83. 秋海棠科 Begoniaceae**

144. 雄蕊与花瓣同数，或为花瓣的倍数。

152. 萼片、花瓣、雄蕊各 2；果为瘦果，常有钩毛 …………………………… **95. 柳叶菜科 Onagraceae**

152. 萼片、花瓣、雄蕊各 4、5、6 枚。

153. 子房每室仅有 1 粒胚珠。

154. 雄蕊与花瓣同数且对生；木本植物 ………………………………………… **71. 鼠李科 Rhamnaceae**

154. 雄蕊与花瓣不同数，或同数而互生。

155. 花柱 1。

156. 水生草本植物；叶片菱形或扁圆形，浮于水面呈莲座状；坚果 ……………
…………………………………………………………………………… **94. 菱科 Trapaceae**

156. 陆生木本植物；核果或翅果。

157. 花瓣 4~10，细长，花后向外反卷；聚伞花序 ……………………………
…………………………………………………………… **91. 八角枫科 Alangiaceae**

157. 花瓣 4 或 5，不为细长反卷。

158. 叶互生；萼的裂片和花瓣各 5 ……………………………………… **90. 蓝果树科 Nyssaceae**
158. 叶通常对生，稀互生；萼片和花瓣各 4 ……………………………… **99. 山茱萸科 Cornaceae**
155. 花柱 2~5。
159. 伞房花序或总状花序。
160. 沉水草本植物，或陆生小草本植物 ……………………………… **96. 小二仙草科 Haloragidaceae**
160. 陆生木本植物。
161. 果为梨果 …………………………………………………………… **48. 蔷薇科 Rosaceae**
161. 果为蒴果 ………………………………………………………… **46. 金缕梅科 Hamamelidaceae**
159. 伞形花序或复伞形花序，或由伞形花序组成圆锥花序。
162. 果为核果或浆果；伞形花序或再组成圆锥花序 ……………………… **97. 五加科 Araliaceae**
162. 果常为双悬果；复伞形花序或伞形花序，稀圆锥花序 ……………… **98. 伞形科 Umbelliferae**
153. 子房每室有 2 至多数胚珠。
163. 花药纵裂；叶片常具羽状脉。
164. 花柱 1；萼筒狭长 ……………………………………………………… **95. 柳叶菜科 Onagraceae**
164. 花柱 2~3；萼筒浅短 …………………………………………………… **44. 虎耳草科 Saxifragaceae**
163. 花药顶端孔裂；叶片常具弧形脉 ……………………………………… **93. 野牡丹科 Melastomataceae**
2. 花瓣通常连合，花后一般整体脱落。
165. 子房与花萼分离，即子房上位。
166. 食虫植物或寄生植物。
167. 食虫植物，以叶或小囊为捕虫工具；湿生或水生草本；雄蕊 2 ………… **124. 狸藻科 Lentibulariaceae**
167. 寄生植物；陆生草本；雄蕊 4 或 5。
168. 茎直立；寄生于其他植物的根上；雄蕊 4 ……………………………… **122. 列当科 Orobanchaceae**
168. 茎细长，缠绕于其他植物的茎上；雄蕊 5 ……………… **114. 旋花科（菟丝子属）Convolvulaceae**
166. 非食虫植物也非寄生植物。
169. 雄蕊数多于花冠裂片。
170. 雌蕊由 4~5 分离的心皮构成；果为蓇葖果；肉质草本 ………………… **43. 景天科 Crassulaceae**
170. 雌蕊由 2 至多数心皮结合而成，或由 1 心皮构成。
171. 雌蕊由 1 心皮构成；果为荚果或节荚 ……………………………… **49. 豆科 Leguminosae**
171. 雌蕊由 2 至多数心皮结合而成；果非荚果。
172. 花柱 2 至多数。
173. 叶为复叶 ……………………………………………………… **50. 酢浆草科 Oxalidaceae**
173. 叶为单叶。
174. 花有副萼；花萼镊合状排列；草本或木本植物 ………… **75. 锦葵科 Malvaceae**
174. 花无副萼；花萼覆瓦状排列；木本植物。
175. 萼片离生；花冠浅杯状 ……………………………… **78. 山茶科 Thaceae**
175. 萼片合生；花冠钟状、坛状或管状 ………………… **106. 柿科 Ebenaceae**
172. 花柱 1，或先端浅裂。
176. 花冠不整齐，即为两侧对称。
177. 萼片 2，等大；子房 1 室；雄蕊合生成 2 束 ……… **38. 罂粟科 Papaveraceae**
177. 萼片 5，不等大；子房 2 室；雄蕊合生成鞘 ……… **57. 远志科 Polygalaceae**
176. 花冠整齐，即辐射对称。
178. 花药纵裂；雄蕊着生于花冠上，连合成单体或其花丝基部合生 ………………
……………………………………………………………… **108. 安息香科 Styracaceae**
178. 花药孔裂；雄蕊不着生于花冠上，分离 ……………… **102. 杜鹃花科 Ericaceae**
169. 雄蕊数不多于花冠裂片。
179. 雄蕊与花冠裂片同数且对生。
180. 花柱 1；特立中央胎座或基底胎座；胚珠少数至多数。
181. 木本植物；核果，稀浆果 …………………………………… **103. 紫金牛科 Myrsinaceae**
181. 草本植物；蒴果 ……………………………………………… **104. 报春花科 Primulaceae**
180. 花柱 5；顶生胎座；胚珠 1 ……………………………………… **105. 蓝雪科 Plumbaginaceae**
179. 雄蕊与花冠裂片同数而互生，或较花冠裂片少。

182. 雌蕊由 2 至数枚分离或近于分离的心皮构成，或子房 2~4 深裂，每 1 裂瓣发育成 1 分果。
183. 子房 2，成熟时为 2 角状蓇葖果，稀核果，各含多数种子；植物体具乳汁。
184. 花粉粒分离，不成花粉块；花柱 1……………… **112. 夹竹桃科 Apocynaceae**
184. 花粉粒结合成花粉块；花柱 2……………… **113. 萝藦科 Asclepiadaceae**
183. 子房 1，深裂成 2~4 裂瓣，发育成 2~4 分果（小坚果）；植物体不具乳汁。
185. 花冠整齐；叶互生……………… **115. 紫草科 Boraginaceae**
185. 花冠不整齐，唇形，或近整齐；叶对生……………… **117. 唇形科 Labiatae**
182. 雌蕊由 1 心皮构成，或由 2 至数枚心皮结合而成，子房不深裂。
186. 花冠整齐，为辐射对称。
187. 雄蕊与花冠裂片同数。
188. 雄蕊与花冠分离。
189. 直立木本植物；花柱缺，或花柱 1 但顶端不裂
190. 花小型，花冠辐射对称；子房每室有 1~2 胚珠；浆果状核果……………… **63. 冬青科 Aquifoliaceae**
190. 花较大，花冠稍两侧对称；子房每室有多数胚珠；蒴果……………… **102. 杜鹃花科 Ericaceae**
189. 藤本植物；花柱 1，顶端 5 裂……………… **66. 茶茱萸科 Icacinaceae**
188. 雄蕊着生于花冠上。
191. 花冠干膜质；叶基生……………… **128. 车前科 Plantaginaceae**
191. 花冠非干膜质；叶茎生或基生。
192. 子房 1 室。
193. 花冠裂片呈覆瓦状排列；叶根出……………… **123. 苦苣苔科（苦苣苔属）Gesneriaceae**
193. 花冠裂片呈回旋状或内折的镊合状排列；叶基生或茎生……………… **111. 龙胆科 Gentianaceae**
192. 子房 2~4 室。
194. 叶互生。
195. 藤本；植物体常含乳汁；子房每室具 2 胚珠……………… **114. 旋花科 Convolvulaceae**
195. 直立草本或灌木，植物体无乳汁；子房每室具多数胚珠……………… **118. 茄科 Solanaceae**
194. 叶对生。
196. 子房 2 室，每室有少数至多数胚珠；果为蒴果或浆果……………… **110. 马钱科 Loganiaceae**
196. 子房 4 室，每室有 1 胚珠；果为核果……………… **116. 马鞭草科 Verbenaceae**
187. 雄蕊较花冠裂片少。
197. 木本植物，矗立或蔓生；叶对生；雄蕊 2……………… **109. 木犀科 Oleaceae**
197. 草本植物；叶对生或互生；雄蕊 2 或 4，如为木本植物，则雄蕊 4。
198. 子房 2 室，每室有少数至多数胚珠；叶片不具透明小点……………… **119. 玄参科 Scrophulariaceae**
198. 子房 4~9 室，每室有 1~2 胚珠；叶片具透明小点……………… **126. 苦槛蓝科 Myoporaceae**
186. 花冠不整齐，为两侧对称。
199. 子房 1 室，或因假隔膜深入成假 2 室。
200. 子房 1 室，含 1 胚珠；茎之节间下部常有 1 膨大……………… **127. 透骨草科 Phrymataceae**
200. 子房假 2 室，每室有多数胚珠；茎之节间无膨大……………… **123. 苦苣苔科 Gesneriaceae**
199. 子房 2~4 室。
201. 子房每室有 1 或 2 胚珠；果为核果，或干燥后裂为 2~4 分果……………… **116. 马鞭草科 Verbenaceae**
201. 子房每室有少数至多数胚珠；果为蒴果。
202.草本植物，茎节略膨大；种子生在胎座的钩状凸起或杯状体上……………… **125. 爵床科 Acanthaceae**
202. 木本或草本植物，节不膨大；种子不生在钩状凸起或杯状体上。
203. 草本植物，稀为乔木；蒴果各种形状，长不超过 5cm；种子具胚乳……………… **119. 玄参科 Scrophulariaceae**

203. 木本植物，乔木或藤本；蒴果细长柱形（长超过 8cm）；种子无胚乳 ………… **120. 紫葳科 Bignoniaceae**
165. 子房与花萼结合，即子房下位或半下位。
204. 雄蕊为花冠裂片的倍数至多数；木本植物。
205. 叶对生；叶片常有透明的小亮点 …………………………………………………… **92. 桃金娘科 Myrtaceae**
205. 叶互生；叶片不具透明的小亮点。
206. 花药顶端孔裂；果为浆果 ………………………………………… **102. 杜鹃花科（越橘属）Ericaceae**
206. 花药纵裂；果为核果。
207. 植物体常被星状毛；子房下部 3~5 室；果为干燥的核果 …… **108. 安息香科 Styracaceae**
207. 植物体无毛或有毛，但不为星状毛；子房完全的3~5室；果为肉质的核果 ………………………………………………………………………………………… **107. 山矾科 Symplocaceae**
204. 雄蕊与花冠裂片同数，或较少；草本或木本植物。
208. 具茎卷须的藤本植物；胚珠和种子均水平生于侧膜胎座上；瓠果 ……… **132. 葫芦科 Cucurbitaceae**
208. 植物体不具茎卷须；胚珠和种子不呈水平生长；不为瓠果。
209. 雄蕊的花药各自分离。
210. 雄蕊和花冠离生，或近于离生；植物体有白色乳汁 ………… **133. 桔梗科 Campanulaceae**
210. 雄蕊着生在花冠筒上；植物体无白色乳汁。
211. 子房半下位；叶互生 ……………………………………………………… **14. 铁青树科 Olacaceae**
211. 子房下位；叶对生。
212. 雄蕊与花冠裂片同数。
213. 叶对生或轮生，如对生则叶柄间有托叶；花常辐射对称 ……………………………………………………………………………… **129. 茜草科 Rubiaceae**
213. 叶对生，大多无托叶，如有托叶则非生于叶柄间；花两侧对称或辐射对称 …… ……………………………………………………………… **130. 忍冬科 Caprifoliaceae**
212. 雄蕊数比花冠裂片少。
214. 水生草本植物；果实为不开裂的蒴果，近顶端有 5 细长的针刺 ………………………………………………… **118. 胡麻科（茶菱属）Pedaliaceae**
214. 陆生植物；果实为瘦果，近顶端无细长针刺，常有翅或冠毛。……………………………………………………………………………… **131. 败酱科 Valerianaceae**
209. 雄蕊的花药互相连合。
215. 花单生叶腋，或组成总状花序；子房 2 室，含多数胚珠；蒴果 ·· **133. 桔梗科 Campanulaceae**
215. 花组成头状花序，生于由 1 至多层苞片组成的总苞内；子房 1 室，具 1 胚珠；瘦果 ……… ……………………………………………………………………………… **134. 菊科 Compositae**
1. 胚仅具 1 子叶；叶片常具平行脉；花通常为 3 基数。
216. 乔木或灌木，其叶片于芽中呈折扇状纵叠；叶大型，掌状或羽状分裂 …………………………… **143. 棕榈科 Palmae**
216. 草本植物，少木本，但其叶于芽中不呈折扇状纵叠；叶小型至大型，如大型则不分裂。
217. 花被缺或不显著，有时呈鳞片状。
218. 花多数乃至 1 花组成小穗，再由小穗排列成各式花笆；花包藏于鳞片（或颖片）中。
219. 秆大多中空，圆筒形；秆生叶呈 2 纵列，叶鞘一侧常开放；颖果 ……… **141. 禾本科 Gramineae**
219. 秆实心，大多三棱形；秆生叶呈 3 纵列；叶鞘封闭，常不开裂；果为瘦果或小坚果 …………………… …………………………………………………………………………………… **142. 莎草科 Cyperaceae**
218. 花单生或组成各式花序；花不包藏于鳞片中。
220. 植物体极少，无真正的茎叶分化，为漂浮水面的叶状体 ……………………… **145. 浮萍科 Lemnaceae**
220. 植物体不为叶状体，常具茎和叶；其叶有时可呈鳞片状。
221. 水生植物；具沉没水中或漂浮水面的叶片。
222. 花两性，排列成穗状花序，稀单性，雌雄花各 1 朵生于 1 佛焰苞中；叶片全缘或有锯齿 ·· ……………………………………………………………… **137. 眼子菜科 Potamogetonaceae**
222. 花单性，单生叶腋；叶片边缘有刺状锯齿 ………………………… **138. 茨藻科 Najadaceae**
221. 陆生或沼生植物；通常具有位于空气中的叶片。

223. 花单性或两性，排列成圆柱状的肉穗花序。
224. 肉穗花序外有大型或狭剑形的佛焰苞片；叶片常阔大，具网状脉，如为狭长，则具平行脉 …………………………………………………………………………………… **144. 天南星科 Araceae**
224. 肉穗花序外无佛焰苞片；叶片狭长，具不明显的平行脉 ………………… **135. 香蒲科 Typhaceae**
223. 花单性，聚成头状花序，或再由头状花序排成穗状。
225. 头状花序再排列成穗状或圆锥花序；雌雄花不同序 ……………… **136. 黑三棱科 Sparganiaceae**
225. 头状花序单生于花莛顶端；雌雄花同序 ………………………… **146. 谷精草科 Eriocaulaceae**
217. 花被存在，通常显著而成花瓣状。
226. 子房与花被离生，即子房上位。
227. 雌蕊由 6~9 或多数分离的心皮构成；水生植物 ………………… **139. 泽泻科 Alismataceae**
227. 雌蕊由 2 至多数结合的心皮构成；陆生或水生植物。
228. 花被分化成花萼和花冠；秆有明显的节 ………………… **147. 鸭跖草科 Commelinaceae**
228. 花被不分化成花萼和花冠，有彼此相同或近于相同的花被片。
229. 花小型，花被片常为绿色或棕色，排列成聚伞花序；蒴果 ………… **149. 灯心草科 Juncaceae**
229. 花大型或中型，或有时为小型，花被片多少有鲜明的色彩。
230. 水生植物；雄蕊 6，其中 1 枚或 3 枚较长；花两侧对称 …………………………………………………………………… **148. 雨久花科 Pontederiaceae**
230. 陆生植物；雄蕊 6 或 4，长短相等；花辐射对称。
231. 子房 1 室；花被片和雄蕊均为 4 ………………… **150. 百部科 Stemonaceae**
231. 子房 3 室，稀较多或较少；花被片和雄蕊均为 6，稀较少 …………………………………………………… **151. 百合科 Liliaceae**
226. 子房与花被多少合生，即子房下位或半下位。
232. 子房半下位；叶常为禾叶状 ……………………………………… **151. 百合科 Liliaceae**
232. 子房下位；各种叶形。
233. 花通常整齐或近于整齐，即辐射对称。
234. 水生草本植物；植物体漂浮于水面或沉没水中 ………… **140. 水鳖科 Hydrocharitaceae**
234. 陆生草本或肉质灌木状植物。
235. 缠绕草本植物；叶片宽广，具掌状或网状脉；具明显叶柄 …………………………………………………… **153. 薯蓣科 Dioscoreaceae**
235. 直立草本或灌木状；叶片狭窄，具平行脉；叶柄无或不明显。
236. 中大型绿色植物；叶长超过 10cm。
237. 雄蕊 6；叶不为两列状排列，有背腹面之分 … **152. 石蒜科 Amaryllidaceae**
237. 雄蕊 3；叶两列状排列，无背腹面之分 ……………… **154. 鸢尾科 Iridaceae**
236. 小型腐生植物，稀为绿色植物；叶为鳞片状或长不超过 2cm 的绿叶 …………………………………………… **157. 水玉簪科 Burmanniaceae**
233. 花不整齐，两侧对称或不对称形。
238. 花被片不全呈花瓣状，其外层形成萼片；雄蕊与花柱分离。
239. 后方 1 雄蕊发育而具花药，其余 5 枚退化或变形成花瓣状；叶片长不超过 1m …………………………………………………… **156. 姜科 Zingiberaceae**
239. 后方 1 雄蕊通常不发育，其余 5 枚发育而具花药；叶片大型，长可达 2~3m …………………………………………………… **155. 芭蕉科 Musaceae**
238. 花被片均呈花瓣状；雄蕊与花柱合生成合蕊柱 ………………… **158. 兰科 Orichidaceae**

双子叶植物

DICOTYLEDONEAE

1. 木麻黄科 Casuarinaceae

常绿乔木或灌木。小枝细长，具节，有沟槽，轮生或近轮生，绿色或灰绿色。叶鳞状，4至多数轮生，基部连合成鞘状。花单性，雌雄同株或异株；雄花成圆柱形，柔荑花序，顶生；雌花组成球形或椭圆形的头状花序，生于短侧枝顶端；雌花无花被，腋生于1苞片与2小苞片内；子房上位，花柱短，有2红褐色细长柱头。果序球形或椭圆形；小苞片木质化，开裂；小坚果扁平，果顶端有薄翅。种子1，无胚乳；胚直。有根瘤。

4属约97种，主产于大洋洲，太平洋岛屿、东南亚及非洲东部有分布。我国引种1属3种；浙江1属3种；温州常见1属1种。

木麻黄属 Casuarina Adans.

形态特征与科同。温州1种。

■ 木麻黄 图256

Casuarina equisetifolia Forst.

常绿乔木，树冠狭三角形。树皮不规则纵裂，粗糙，坚韧，深褐色。大枝红褐色，末次分枝纤细下垂，长25~27cm，灰绿色，节密易断，具7~8沟槽与棱，初具短柔毛，后渐脱落无毛或沟槽内有毛。每节上生鳞叶7，稀6或8；叶片狭三角形，长约1mm，紧贴小枝。花雌雄同株或异株；雄花序顶生或侧生；雌花序着生于短侧枝顶。果序侧生，椭圆形，长15~25mm，直径约15mm；小坚果连翅长4~6mm，宽2~3mm。花期4~5月，果期7~11月。

原产于澳大利亚东南沿海，本市沿海各地有栽培或逸生。

本种耐干旱，耐盐碱，抗风沙，生长快，是沿海防风林的优良树种；枝、叶药用。

图256 木麻黄

2. 三白草科 Saururaceae

多年生草本。茎直立或匍匐，具节。单叶互生；托叶与叶柄合生或贴生成叶鞘。花密聚成穗状或总状花序，与叶对生，有长的总花梗；具总苞或无总苞，苞片显著；无花被；雄蕊3~8，离生或贴生于子房基部；子房上位，心皮3~4，离生或合生，侧膜胎座，花柱离生。果为分离开裂的果瓣或蒴果顶端开裂。种子有少量内胚乳和丰富的外胚乳；胚小。

4属6种，分布于东亚和北美。我国有3属4种；浙江2属2种，温州均产。

1. 蕺菜属 **Houttuynia** Thunb.

多年生草本。植株有腥臭气味。叶片心形，全缘，具柄；托叶膜质，贴生于叶柄上。穗状花序顶生，或与叶对生，花序基部有白色花瓣状的总苞片4；花小，无花被；雄蕊3，花丝长，下部与子房合生。蒴果近球形，顶端开裂。

1种，分布于亚洲东部和东南部。我国1种，浙江及温州也有。

■ 蕺菜　鱼腥草　图257

Houttuynia cordata Thunb.

多年生有腥臭草本。茎下部匍匐，节上生不定根，上部直立。叶互生；叶片薄纸质，心形或宽卵形，全缘，上面绿色，密生细腺点，下面紫红色；叶柄长1~5cm；托叶膜质，阔线形，长1~2cm，下部与叶柄合生或鞘状。穗状花序生于茎顶，或与叶对生，基部有4白色花瓣状总苞片，使整个花序像一朵花；花小。蒴果。花期5~8月，果期7~8月。

本市各地有分布，生于背阴湿地或草丛中。

全草药用。

丁炳扬 摄

丁炳扬 摄

朱圣潮 摄

图257　蕺菜

2. 三白草属 Saururus Linn.

多年生草本。具细长的根状茎。叶全缘，具柄；叶柄基部的鞘在茎节上闭合；托叶与叶柄合生。花小，聚集成与叶对生或兼有顶生的总状花序；花序基部无总苞片，小苞片贴生于花梗基部；雄蕊6~8，稀为3；心皮3~4，分离或基部合生。果实圆形。

2种，分布于亚洲东部和北美洲。我国1种，浙江、温州均有。

本属与蕺菜属 *Houttuynia* Thunb. 的主要区别在于：花聚集成总状花序，花序基部无苞片，植株无气味；而蕺菜属花聚集成穗状花序，花序基部有4花瓣状苞片，植株有腥臭气味。

朱圣潮 摄

■ 三白草 图258

Saururus chinensis (Lour.) Baill.

多年生草本。根状茎粗壮，白色。茎直立，基部匍匐状，节上常生不定根。叶互生；叶片厚纸质，密生腺点，阔卵形至卵状披针形，长4~15cm，宽2~6cm，先端渐尖或短渐尖，基部心状耳形，全缘，基出脉5条，两面无毛；叶柄长1~3 cm，基部与托叶合生成鞘状；位于花序下的2~3叶常为乳白色花瓣状。总状花序生于茎顶，与叶对生；花小，两性，无花被，生于苞片腋内。花期4~7月，果期7~9月。

见于乐清、瑞安、平阳、苍南、泰顺，生于低湿之地。

全草药用。

丁炳扬 摄

图258 三白草

3. 胡椒科 Piperaceae

肉质草本、灌木或攀援藤本，稀乔木。常芳香。叶互生，稀对生或轮生，全缘，基部常不对称，具掌状脉或羽状脉；托叶多少贴生于叶柄上。花极小，两性或单性，雌雄异株，或间有杂性，常为穗状花序并下垂；花序与叶对生或腋生，少有顶生；苞片小，常盾状或杯状；无花被；雄蕊1~10，花丝常离生；心皮2~5，连合，子房上位，1室，柱头1~5，无或有极短的花柱。浆果小，具肉质或干燥的薄果皮。

8属约2000~3000种，分布于热带和亚热带。我国3属68种；浙江2属4种；温州2属3种。

1. 草胡椒属 Peperomia Ruiz et Pav.

矮小肉质草本，附生。叶常对生或轮生，稀互生，全缘，无托叶。花极小，两性，无梗，常着生于花序轴的凹陷处，排列成顶生、腋生或与叶对生的细弱穗状花序；花序单生、双生或簇生；苞片圆形、近圆形或长圆形；无花被；雄蕊2，下位生，花药圆形、椭圆形或长圆形，2室，花丝短；子房1室，胚珠1，柱头球形，顶端钝，短尖，喙状，侧生或顶生，不分裂或稀2裂。果为一极小的浆果状小坚果。

约1000种，广布于热带和亚热带。我国7种；浙江2种，温州也有。

1. 石蝉草 图259

Peperomia blanda (Jacq.) Kunth[*Peperomia dindygulensis* Miq.]

肉质草本。高10~30cm。茎直立或基部匍匐，分枝，被短柔毛，常带红色，下部节上常生不定根。叶对生或3~4叶轮生，叶片膜质或薄纸质，有腺点，椭圆形、倒卵形或倒卵状菱形，长1.5~4cm，宽1~2cm，先端圆或钝短尖，基部渐狭，常两面被短柔毛，叶脉5条；叶柄密被柔毛。穗状花序腋生或顶生，单生或2~3聚生，无毛；总花梗远短于花序轴；苞片圆形、盾状，有腺点；花小，两性，无花被；雄蕊2，花丝短；子房倒卵形，柱头近顶生，被短柔毛。浆果球形，直径约0.4mm，顶端渐尖。花期4~7月，果期7~10月。

图259 石蝉草

见于瑞安、泰顺，生于滴水阴湿处。

全草药用。

2. 草胡椒 图260

Peperomia pallucida (Linn.) Kunth

一年生肉质草本。高达40cm。茎直立，或基部平卧，有分枝，无毛，下部节上常生不定根。叶

图260 草胡椒

互生，叶片膜质，卵状心形或卵状三角形，长、宽近相等，约1~3cm，先端短尖或钝，基部心形，两面均无毛，叶脉5~7条，基出，无毛；叶柄长约1cm，无毛。穗状花序生于茎顶或与叶对生，淡绿色，细弱，长2~6cm；总花梗长约1cm，与花序等宽，无毛；苞片近圆形、盾状；花极小，疏生，两性，无花被；雄蕊2，花丝短；柱头顶生，被短柔毛。小坚果球形，极小。花期4~7月，果期8~10月。

原产于热带美洲，本市鹿城、瓯海、泰顺等地归化，生于林下阴湿地、石缝中或沟边、宅舍墙脚下。

本种与石蝉草 *Peperomia blanda* (Jacq.) Kunth 的区别在于：本种叶互生，基部心形；叶柄无毛。

2. 胡椒属 Piper Linn.

灌木或攀援藤本，稀草本或小乔木。有香味。茎（枝）节膨大。叶互生；叶片全缘，托叶多少贴生于叶柄，早落。花单性，雌雄异株，稀两性或杂性；穗状花序与叶对生；苞片离生，盾状或杯状；雄蕊2~6，着生于花序轴，稀着生于子房基部；子房离生或有时嵌生于花序轴中。浆果倒卵形、卵形或球形，稀长圆形，红色或黄色。

约2000种，主产于热带地区。我国60余种；浙江2种；温州1种。

本属与草胡椒属 *Peperomia* Ruiz et Pav. 的主要区别在于：植株为灌木、小乔木或草本，叶互生，有托叶；而草胡椒属为矮小草本，无托叶，叶对生或轮生。

■ 山蒟　海风藤　山蔞　图261

Piper hancai Maxim.

攀援木质藤本。长逾10m，节膨大，常生不定根。叶互生；叶片纸质或近革质，狭椭圆形或卵状披针形，先端短尖或渐尖，基部渐狭或近楔形，通常相等或有时略不等；叶脉5~7条，最上1对互生，离基，如为7脉时，最外1对细弱，网脉明显。花单性，雌雄异株，无花被；穗状花序与叶对生；雄花序黄色，长5~10cm；总花梗与叶柄等长或略长；花序轴被毛，苞片近圆形，盾状，雄蕊2；雌花序长约3cm，苞片与雄花序相同，但柄略长。浆果球形，黄色，直径2.5~3cm。花期3~6月，果期5~8月。

见于乐清、永嘉、瓯海、瑞安、文成、平阳、苍南、泰顺，生于海拔50~1300m的林中，攀援于树上或石上。

茎可药用。

图261　山蒟

存疑种

■ 风藤　细叶青蒌藤

Piper kadsura (Choisy) Ohwi

《浙江植物志》和《泰顺县维管束植物名录》等记载分布于乐清、平阳、泰顺。《Flora of China》认为仅分布于中国台湾以及日本和韩国，未及浙江，并认为浙、闽所产者可能是石南藤 *Piper wallichii* (Miq.) Hand.-Mazz. 的一个类型。

4. 金粟兰科 Chloranthaceae

草本、灌木或小乔木。常具香气。茎具明显的节。单叶对生，羽状脉，有锯齿；叶柄基部常合生；托叶小。花排列成穗状、头状或圆锥花序，顶生或近顶端腋生；花小，两性或单性，无花被或雌花具浅杯状3齿裂的花被；两性花具雄蕊1或3，着生于子房的一侧，花丝不明显，药隔发达，雌蕊心皮1，子房下位；单性花其雄花多数，雄蕊1，雌花少数，花被与子房贴生。核果卵形或球形。

5属约70种，分布于热带和亚热带。我国3属15种；浙江2属6种；温州2属4种。

1. 金粟兰属 Chloranthus Sw.

多年生草本或亚灌木。茎节明显。叶对生或轮生状，缘有锯齿；叶柄基部常合生；托叶小。花序穗状或成圆锥状，顶生或腋生；花小，两性，无花被，基部常有顶端2~3齿裂的苞片；顶生花序的雄蕊3，腋生或下部节上所生花序的雄蕊有逐渐退化现象。核果球形、倒卵形或梨形。

17种，分布于亚洲温带和热带。我国13种；浙江5种；温州3种。

分种检索表

1. 穗状花序单一；4叶轮生茎顶 ··············· **1. 丝穗金粟兰 C. fortunei**
1. 穗状花序1~4；叶4~6，对生于茎上部。
    2. 叶无毛；顶生花序的总花梗短，常1~3cm ··············· **3. 及已 C. serratus**
    2. 叶下面主脉、侧脉有毛；顶生花序的总花梗长，常4~8cm ··············· **2. 宽叶金粟兰 C. henryi**

■ 1. 丝穗金粟兰 图262

Chloranthus fortunei (A. Gray) Solms-laub.

多年生草本。高达50cm。全体无毛。根状茎粗短。茎单生或丛生，下部节上对生2鳞叶。叶对生，常4叶聚生于茎顶，近纸质，宽椭圆形、长椭圆形或倒卵形，长5~12cm，宽2~7cm，先端短尖，基部宽楔形，边缘有圆锯齿或粗腺齿，近基部全缘，嫩叶背面密生腺点；托叶条裂成钻形。穗状花序单生于茎顶，长4~6cm；苞片倒卵形，常2~3齿裂；花白色，芳香。核果球形，淡黄绿色，有纵纹，长约3mm，近无柄。花期4~5月，果期6~7月。

见于永嘉（四海山）、泰顺，生于阴湿的低山坡、

图262 丝穗金粟兰

溪沟旁林下草丛中。

全草药用。有毒。

图 263　宽叶金粟兰

2. 宽叶金粟兰　图 263

Chloranthus henryi Hemsl.[*Chloranthus multistachya* Pei]

多年生草本。高达 65cm。根状茎粗壮，黑褐色，具多数细长的棕色须根。茎直立，单生或数个丛生，下部节上生 1 对鳞叶。常 4 叶对生于茎顶，偶有 6 叶；叶片纸质，卵状椭圆形或倒卵形，长 9~20cm，先端渐尖，基部楔形，缘有腺齿，下面中脉及侧脉上被鳞毛；鳞叶卵状三角形，膜质；托叶小，钻形。穗状花序顶生和腋生，顶生花序发育完全，连总花梗长 4~8cm；腋生花序，基部花序轴有 2~3 对鳞片；苞片通常宽卵状三角形或近半圆形，白色；无花被。核果球形，直径 3cm，具短柄。花果期 4~11 月，在整个生长期连续开花结果。

见于永嘉、文成、泰顺，产于海拔 200~1500m 的沟谷、溪边、山坡林下阴湿处。

全草药用。有毒。

3. 及已　图 264

Chloranthus serratus (Thunb.) Roem. et Schult.

多年生草木。高达 50cm。根茎粗短，生多数细长土黄色须根。茎直立，单一或数个丛生，具明显节，下部节上对生 2 鳞叶。叶对生，4~6 叶生于茎顶；叶片纸质，通常卵形、椭圆形、倒卵形或卵状披针形，先端渐长尖，基部楔形，边缘具锐密腺齿，两面无毛；鳞叶膜质，三角形；托叶小。穗状花序顶生和腋生，单一或 2~3 分枝，腋生花序比顶生花

图 264　及已

序纤细；总花梗短；苞片三角形或近半圆形，先端常齿裂；花小，白色，无花被；雄蕊3。核果近球形或梨形，绿色。花期4~5月，果期6~8月。

据《泰顺县维管束植物名录》记载见于泰顺。

全草药用。有毒。

2. 草珊瑚属 Sarcandra Gardn.

常绿亚灌木。无毛。木质部无导管。叶对生，常多对，椭圆形、卵状椭圆形或椭圆状披针形，缘具锯齿，齿尖有1腺体；叶柄短，基部合生；托叶小。穗状花序顶生，常分枝，稍成圆锥花序状；花两性，无花被，无花梗；苞片1，三角形，宿存；雄蕊1，花药2室（稀3室）；雌蕊心皮1，无花柱，柱头近头状。核果球形或卵形。

3种，分布于亚洲东部至印度。我国1种，浙江及温州也有。

本属与金粟兰属 *Chloranthus* Sw. 的主要区别在于：植株为亚灌木，雄蕊1；而金粟兰属植株为草本或亚灌木，雄蕊3。

■ 草珊瑚　接骨金粟兰　图265

Sarcandra glabra (Thunb.) Nakai

亚灌木。高达150cm。茎枝节膨大。叶革质，卵状披针形至椭圆状卵形，长5~15cm，先端渐尖，基部楔形，缘具粗锐腺齿，两面无毛；叶柄基部合生成鞘状；托叶钻形。穗状花序顶生，通常分枝，多少成圆锥花序状，连总花梗长1~4cm；花小，两性，无花被；苞片三角形，黄绿色。核果球形，直径3~4cm，红色。花期6月，果期8~9月。

见于乐清、永嘉、瓯海、洞头、瑞安、文成、平阳、泰顺、苍南，生于海拔1000m以下的山坡、沟谷林下。

全株药用。

图265　草珊瑚

5. 杨柳科 Salicaceae

落叶乔木或灌木。树皮味苦。单叶，互生，稀对生；托叶常小，多早落，或有时呈叶状而宿存。花单性异株，柔荑花序，直立或下垂，常先于叶开放；无花被；花生于苞片的腋部；苞片脱落或宿存，基部有杯状花盘或腺体；雄花有雄蕊2至多数；雌花有2心皮合成，子房1室，胚珠多数，柱头2~4。蒴果。种子多数，基部围有多数白色丝状长毛。

3属620种，分布于寒温带、温带和亚热带。我国3属347种，各地均有分布，尤以北方较为普遍；浙江2属8种2变种；温州2属4种。

1. 杨属 Populus Linn.

乔木。树干常通直。芽鳞多数，常具树脂黏液。有长短枝。叶互生，边缘具锯齿；叶柄长，侧扁或圆柱形。柔荑花序下垂，常先于叶开放，雄花序先于雌花序开放；苞片先端尖裂或条裂，膜质，早落；花盘有梗，斜杯状。蒴果2~4裂。种子小，多数，具绵毛。

约100多种，广布于欧洲、亚洲、北美洲大陆。我国约71种58变种；浙江野生1种，温州也有。

■ 响叶杨 图266

Populus adenopoda Maxim.

乔木。树冠卵形。幼树干皮灰白色，光滑；大树干皮深褐色，纵裂。小枝较细，幼时灰褐色。冬芽圆锥形，有黏液，无毛。叶片卵状圆形或卵形，长5~15cm，宽4~6cm，先端长渐尖，基部宽楔形、截形或心形，边缘有圆钝锯齿，齿端具腺、内弯，幼时两面被弯曲柔毛，下面更密，后脱落；叶柄初被短柔毛，侧扁状，长2~7cm，顶端有2腺点。果序长12~30cm；蒴果有短柄。花期3~4月，果期4~5月。

见于永嘉、瑞安、泰顺，生于山地杂木林中。

图266 响叶杨

2. 柳属 Salix Linn.

乔木或灌木。枝圆柱形。髓心近圆形，柔韧。无顶芽，侧芽通常紧贴枝条；芽鳞1。叶互生，稀对生；叶柄短；托叶早落，多锯齿。柔荑花序直立，先于叶开放。蒴果2瓣裂。种子小，暗褐色，具绵毛。与杨属主要区别为：无顶芽；芽鳞1；叶柄较短；雌、雄花序直立或斜展。

约520种，主产于北半球的温带地区。我国275种122变种；浙江9种3变种；温州3种。

本属与杨属 *Populus* Linn. 的主要区别在于：无顶芽，芽鳞1，叶柄较短，花序直立或斜展；而杨属有顶芽，芽鳞多数，叶柄较长，花序下垂。

分种检索表

1. 叶长为宽的3倍以上，叶片披针形。
   2. 叶片长8~16cm，背面灰绿色 …………………………………… **1. 垂柳 S. babylonica**
   2. 叶片长2.5~5.5cm，下面苍白色 …………………………………… **2. 银叶柳 S. chienii**
1. 叶长不达宽的3倍，叶片长椭圆形、椭圆状披针形或长圆形，老叶下面无毛或被稀疏柔毛，无粉蜡质层 …………………………………… **3. 南川柳 S. rosthornii**

■ 1. 垂柳 图267

Salix babylonica Linn.

乔木。树冠开展而疏散。小枝无毛，细长而下垂。叶片狭长披针形或线状披针形，长8~16cm，宽0.5~1.5cm，先端狭长渐尖，基部楔形，边缘有细锯齿，上面绿色，下面灰绿色，两面微被伏贴柔毛或无毛，侧脉约20对；叶柄长3~10mm。花序先于叶开放；雄花序长1~2cm，轴有柔毛，具短柄，雄蕊2，花丝与苞片近等长或较长，苞片披针形；雌花序2~3cm，有梗，花梗短，柱头2~4深裂。蒴果长3~4mm。花期3~4月，果期4~5月。

见于本市各地，栽培或逸生。生于溪流、水沟边。本种为观赏植物。

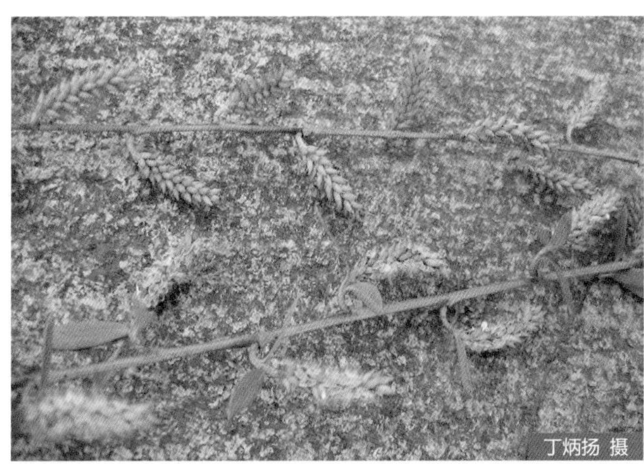
丁炳扬 摄

胡仁勇 摄

胡仁勇 摄

图267 垂柳

2. 银叶柳 图 268

Salix chienii Cheng

小乔木。树皮褐色，纵裂。小枝直立，幼时有短柔毛，后无毛。叶片长椭圆形、披针形，长 2.5~5.5cm，宽 0.8~1.8cm，先端渐尖至钝尖，基部宽楔形至圆形，幼叶两面有毛，老叶下面苍白色，有绢质伏贴的长柔毛；侧脉 8~14 对，边缘有细浅锯齿；叶柄短，约 1~2mm，被绢状毛。蒴果长约 3mm。花期 4 月，果期 5 月。

见于乐清、永嘉、瓯海、平阳、泰顺，多生于沟边、山谷路边、农田溪边。

本种为园林绿化树种。

图 268 银叶柳

3. 南川柳 图 269

Salix rosthornii Seemen

乔木。幼枝有毛，后脱落。叶片椭圆形、椭圆状披针形或长圆形，长 4~8cm，宽 1.5~3.5cm，先端渐尖，基部楔形，上面绿色，下面浅绿色或苍绿色，两面无毛，幼时脉上有短柔毛，边缘有整齐的锯齿；叶柄长 7~12mm，被短柔毛，上端无腺点或有；托叶扁卵形或半圆形，有腺齿，萌枝上的托叶发达，呈肾形或扁心形，长可达 12mm。花与叶同时开放，花序长 3.5~6cm，花序梗长 1~2cm，有 3~5 小叶，轴被短柔毛，雄蕊 3~6cm，苞片卵形；雌花序长 2~5cm，有柔毛，子房狭卵形，无毛，具长柄。蒴果长 3~7mm。花期 3 月下旬至 4 月上旬，果期 5 月。

见于永嘉、瑞安、泰顺，生于水沟边。

图 269 南川柳

6. 杨梅科 Myricaceae

常绿或落叶，灌木或乔木。常具芳香。芽小，具芽鳞。单叶互生，羽状脉，全缘、有锯齿。花单性，雌雄异株或同株，稀杂性同株，柔荑花序，风媒传粉；雄花序常着生于去年生枝的叶腋或新枝基部，雌花序着生于叶腋；无花被。核果有乳头状凸起。种子1。

3属约50种，主要分布于亚热带和温带地区。我国1属4种；浙江1种，温州也有。

杨梅属 Myrica Linn.

常绿灌木或乔木。叶互生，单叶，全缘、有齿缺或分裂，无托叶。花通常单性异株，无花被；雄花排成圆柱状的柔荑花序，雄蕊4~6；雌花排成卵状或球状的柔荑花序，子房1室，下承托以2~4小苞片，有直立的胚珠1，柱头2。果为一卵状或球形的核果，外果皮干燥或肉质，常有具树脂的颗粒或蜡被。

约50种，分布于热带、温带和亚热带。我国4种，产于西南至东部；浙江1种，温州也有。

■ 杨梅 图270

Myrica rubra（Lour.）Sieb. et Zucc.

常绿乔木。高可达15m以上，胸径达60 cm以上。树皮灰色，老时纵向浅裂。树冠圆球形。小枝及芽无毛，皮孔通常少而不显著，幼嫩时仅被圆形或盾状着生的腺体。叶革质，常集生于枝顶；萌芽枝及幼树上叶片长椭圆状或楔状披针形，长达16cm，先端渐尖或急尖，基部楔形，中部以上有锯齿；生于孕枝上的叶片楔状倒卵形或长椭圆状倒卵形，长5~14cm，宽1~4cm，先端圆钝或急尖，基部楔形，全缘或稀中部以上具疏齿，上面深绿色，下面淡绿色；无托叶。核果球状，味酸甜，成熟时深红色或紫红色；核常为阔椭圆形或圆卵形，略成压扁状。花期4月，果期6~7月。

见于本市各地，生于山地林中。

本种为果树。

丁炳扬 摄

丁炳扬 摄

丁炳扬 摄

图270 杨梅

7. 胡桃科 Juglandaceae

落叶稀常绿乔木。富含树脂和单宁，有芳香。叶互生，一回奇数羽状复叶，稀偶数羽状复叶或单叶；无托叶。叶、芽、花、果各部通常被腺鳞。花单性，风媒，雌雄同株；雄花排成柔荑花序，单生或数条成簇，生于去年生枝叶腋或新枝基部，稀生于枝顶而直立；雌花排列成柔荑花序或穗状，下垂或直立，生于枝顶。核果或坚果，外果皮由总苞和花被衍生，成熟时开裂或不开裂；有翅或无翅。种子无胚乳。

9属60种，主要分布于北半球热带至温带。我国约7属20种；浙江6属6种1变种；温州5属5种1变种。

分属检索表

1. 枝具实心髓。
   2. 雌、雄花序均为直立柔荑花序，于枝顶排列成伞房状 …… **4. 化香树属 Platycarya**
   2. 雄花序为柔荑花序，下垂 …… **2. 黄杞属 Engelhardia**
1. 枝具片状髓。
   3. 果小，坚果具翅；裸芽或鳞芽。
      4. 果具2向两侧伸展的翅；雄花序通常单生于叶痕腋部，雄花花被不整齐 …… **5. 枫杨属 Pterocarya**
      4. 果具圆盘状翅，雄花序2~4集生于花序总梗上 …… **1. 青钱柳属 Cyclocarya**
   3. 果大，核果状，无翅；鳞芽 …… **3. 胡桃属 Juglans**

1. 青钱柳属 Cyclocarya Iljinsk.

落叶乔木。裸芽。枝髓片状分隔。奇数羽状复叶；叶轴无翅。花雌雄同株；雌、雄花序均为柔荑花序，下垂；雄花序2~4集生于花序总梗上，生于去年生枝叶痕腋部；雌花序单生于枝顶。坚果具圆盘状翅。种子发芽时子叶出土。

我国特有种，1种，产于广东、广西、湖北、江西、安徽、浙江、四川、贵州等地区；浙江1种，温州也有。

■ 青钱柳 图271

Cyclocarya paliurus（Batal.）Iljinsk.

乔木。树皮灰色。枝条黑褐色，具灰黄色皮孔。

图271 青钱柳

复叶长 15~30cm，小叶 7~9，稀 13，互生，稀近对生，叶片椭圆形或长椭圆状披针形，长 3~15cm，宽 1.5~6cm，先端渐尖，基部偏斜，边缘有细锯齿，叶上面中脉密被淡褐色毛及腺鳞，下面有灰色腺鳞；叶脉及脉腋有白色毛；叶轴有白色弯曲毛及褐色腺鳞。果实扁球形，密被短柔毛，果实中部围有水平方向的，直径达 2.5~6cm 的革质圆盘状翅。花期 4~5 月，果期 7~9 月。

见于瑞安、文成、泰顺，生于山地次生林中。

本种可作观赏植物、亦可供药用、材用；其树皮含鞣质及纤维，为橡胶及造纸原料，可供提制栲胶，亦可作纤维原料。

2. 黄杞属 **Engelhardia** Lesch. ex Bl.

常绿或半常绿乔木。枝具实心髓。裸芽，有柄。偶数羽状复叶；小叶全缘或有锯齿。花单性，雌雄同株或异株；雌、雄花序均为柔荑花序，顶生或侧生于叶痕腋部，雄花序常数条集生为圆锥状花序束；雌花序单生或生于雄圆锥花序束的中央。果序长而下垂；坚果球形。

约 7 种，产于亚洲东部热带及亚热带地区以及中美洲。我国 4 种 3 变种；浙江 1 种，温州也有。

■ 黄杞 图 272

Engelhardia roxburghiana Wall.[*Engelhardia fenzelii* Merr.]

小乔木。全体无毛。枝条灰白色，被有锈褐色或橙黄色的圆形腺体。偶数羽状复叶，长 8~18cm；小叶 1~2 对，对生或近对生，具长 0.5~1cm 的小叶柄；小叶片革质，椭圆形至长椭圆形，长 5~15cm，宽 2~6cm，先端尖或短急尖，基部宽楔形，斜歪，全缘，上面深绿色，下面淡绿色，常被橙黄色腺鳞；侧脉 5~7 对，稍弧曲。果序长 7~12cm，俯垂；果序柄长 3~4cm；果实球形。花期 7 月，果期 9~10 月。

见于乐清、永嘉、瓯海、瑞安、文成、平阳、苍南、泰顺，生于山地阔叶林中。

树皮纤维质量好，可制人造棉，亦含鞣质，可供提制栲胶；叶有毒，制成溶剂能防治农作物病虫害，亦可毒鱼；木材为工业用材，可用于制造家具。

图 272 黄杞

3. 胡桃属 **Juglans** Linn.

落叶乔木。枝髓具片状分隔。冬芽有芽鳞。奇数羽状复叶。雄花多数排列成柔荑花序，单生或自 2 叠芽生而成簇，生于去年生枝叶痕腋部；雌花具 1 不明显的苞片及 2 小苞片合生成总苞，贴生于子房；花被片 4，高出于总苞；雌蕊由 2 心皮组成，柱头 2 裂，羽状，子房下位。果实为核果状；肉质外果皮由总苞及花被发育而成，成熟时不规则开裂或不开裂；内果皮硬骨质。种子萌发时子叶留土。

约 20 种，分布于北半球温带和亚热带以及南美洲。我国 3 种；浙江产 1 种，温州也有。

图 273　胡桃楸

■ **胡桃楸**　**华东野胡桃**　图 273

Juglans mandshurica Maxim. [*Juglans cathayensis* Dode var. *formosana* (Hayata) A. M. Lu et R. H. Chang]

乔木。树皮灰褐色浅纵裂。幼枝灰绿色，有腺毛、星状毛及柔毛。奇数羽状复叶，复叶长 36~50cm，小叶 9~17，对生或近对生，无柄；叶片卵状或卵状长圆形，长 8~15cm，宽 3~7.5cm，先端渐尖，基部圆或近心形，斜歪，边缘有细锯齿，上面密被星状毛，下面有短柔毛及星状毛。果序常具 6~10 果或因雌花不孕而仅有少数；果实卵形或卵圆状，顶端尖；核卵状或阔卵状，顶端尖；内果皮坚硬；果核较平滑，仅有 2 纵向棱脊，皱纹不明显，无刺状凸起及深凹窝。花期 4~5 月，果期 8~10 月。

见于永嘉、泰顺，生于山地针阔混交林中。

本种可供食用；木材有光泽，刨面光滑，纹理美观，并有坚韧不裂、耐腐蚀等优点，被广泛用于作军工、建筑、家具、车辆、舰船和乐器等用材。

4. 化香树属 **Platycarya** Sieb. et Zucc.

落叶乔木。枝髓充实。鳞芽。奇数羽状复叶或单叶，小叶边缘有锯齿。柔荑花序直立，成伞房状排列于枝顶，两性花序通常生于雄花序束的中央，或仅具雌花序；花无花被，生于披针形苞片腋部。小坚果扁平，有 2 小苞片形成的狭翅。种皮薄。

2 种，1 种分布于我国黄河以南各地区及朝鲜和日本，1 种我国特有；浙江 1 种，温州也有。

图274 化香树

■ 化香树 图274

Platycarya strobilacea Sieb. et Zucc.

落叶小乔木。树皮灰色，老时则不规则纵裂。二年生枝条暗褐色，具细小皮孔。复叶长12~30cm，小叶对生或上部互生，无柄；叶片卵状披针形或椭圆状披针形，长2.8~14cm，宽0.9~4.8cm，先端渐尖，基部近圆形偏斜，边缘有细尖重锯齿，上面无毛，下面初有毛，后仅中脉或脉腋有毛，稀仅下面叶片基部有毛。果序球果状；果实小坚果状，背腹压扁平。花期5~6月，果期7~8月。

本市各地均常见，生于山地杂木林中。

根皮、树皮、叶和果实为制栲胶的原料；木材粗松，可做火柴杆；种子可供榨油；树皮纤维能代麻；叶可作农药，又可供药用。

5. 枫杨属 Pterocarya Kunth

落叶乔木。鳞芽或裸芽。具柄。小枝髓心片状分隔。叶互生，奇数，稀偶数羽状复叶，边缘有细锯齿。花单性，雌雄同株，柔荑花序，下垂，均无梗。果序长而下垂；坚果两侧具由小苞片发育而成的革质翅2，顶端具宿存2裂柱头及4花被片。种子1。

6种，分布于北温带。我国5种3变种，南北均产之；浙江及温州1种1变种。

■ 1. 华西枫杨

Pterocarya macroptera Batal. var. **insignis** (Rehd. et Wils.) W. E. Manning[*Pterocarya insignis* Rehd. et Wils.]

高大乔木。树皮灰色或暗灰色，平滑，浅纵裂。芽具3披针形的芽鳞；芽鳞长2~3.5cm，通常仅被有盾状着生的腺体，稀被稀疏柔毛。奇数羽状复叶，长30~45cm，小叶7~13cm；叶片卵形至长椭圆形，长10~20cm，宽4~5cm，先端渐尖，基部歪斜，上面深绿色；中脉密被绒毛，侧脉无毛或疏被毛，下面淡绿色，被黄褐色腺鳞，中脉、侧脉及脉腋具毛，中脉尤密；侧生小叶几无柄，顶生小叶具柄，长1~2.5 cm；叶柄、叶轴密被褐色毡毛。果序长达45cm；果实无毛或近无毛。花期5月，果期8~9月。

见于泰顺，生于沟谷或山坡阔叶林中。

本种为材用树种，树皮、枝皮可代麻搓绳；叶和树皮可供制农药。

■ 2. 枫杨 图275

Pterocarya stenoptera C. DC.

大乔木。幼树树皮平滑，浅灰色，老时则深纵裂。

小枝灰色至暗褐色，具黄色皮孔。芽具柄，密被锈褐色盾状着生的腺体。偶数羽状复叶，稀奇数羽状复叶，长 20~30cm，小叶通常 10~16；叶片长椭圆形或长圆状披针形，长 4~12cm，宽 2~4cm，先端短尖或钝，基部偏斜，边缘有细锯齿，上面深绿色，有细小腺鳞，下面有稀疏腺鳞，沿脉有褐色毛，脉腋具簇毛；叶轴两侧具窄翅。果序轴常被有宿存的毛；果实长椭圆形；果翅狭，条形或阔条形。花期 4~5 月，果熟期 8~9 月。

本市各地均常见，多生于水沟、溪流、山脚阴湿地。

本种在园林绿化以及工业上均有使用，还可供材用和药用。

本种与华西枫杨 *Pterocarya macroptera* Batal. var. *insignis* (Rehd. et Wils.) W. E. Manning的区别在于：本种为鳞芽，侧芽单生，无副芽；叶轴无翅；雄花序生于新枝基部芽鳞痕之腋部或叶腋，而非生于去年生枝叶痕腋部；坚果宽椭圆形、卵状圆形或斜方形。

胡仁勇 摄

图275 枫杨

8. 桦木科 Betulaceae

落叶乔木或灌木。小枝、叶及果时有腺体。单叶互生；托叶分离，早落。花单性，雌雄同株，为一特化的聚伞状圆锥花序；雄花序顶生或侧生，雄花 3~6，生于总苞内，花丝短，花药 2 室，纵裂；雌花序呈球果状、穗状、总状或头状，直立或下垂。果序球果状、穗状或头状；果苞内具 2~3 坚果，坚果小而扁。

6 属 150~200 种，主要分布于北温带，仅桤木属分布至中美洲和南美洲。我国 6 属 89 种，各地均有分布；浙江 5 属 11 种 4 变种；温州 4 属 4 种 1 变种。

分属检索表

1. 雄花有花被，雌花无花被；小坚果扁平，具翅，组成球状或柔荑状果序。
  2. 冬芽无柄；3 裂，常与果实同落 ………… 2. 桦木属 Betula
  2. 冬芽常具柄；5 裂，宿存 ………… 1. 桤木属 Alnus
1. 雄花无花被，雌花有花被；小坚果卵圆形或球形，无翅，组成簇生或穗状果序。
  3. 叶多为卵形或圆形；坚果大，直径约 1cm ………… 4. 榛属 Corylus
  3. 叶多为长圆状披针形，坚果小，直径约 5mm ………… 3. 鹅耳枥属 Carpinus

1. 桤木属 Alnus Mill.

落叶乔木或灌木。有柄冬芽具芽鳞 2~3，无柄冬芽具芽鳞 3~6。单叶，互生，边缘有锯齿；托叶早落。花单性，雌雄同株；雄花序于当年夏、秋季在枝条顶端出现，裸露越冬，次年春季开放；雌花序于当年夏季在叶腋或短枝上出现，裸露越冬或包于花芽内，次年春季发育。果序球果状；果苞木质，鳞片状，宿存，先端具 5 浅裂片，每一果苞内具 2 小坚果；小坚果扁平有翅。

40 余种，分布于亚洲、非洲、欧洲及北美洲和南美洲。我国 10 种，分布于东北、华北、华东、华中及西南；浙江 2 种；温州野生 1 种。

■ 江南桤木

Alnus trabeculosa Hand.-Mazz.

落叶小乔木。高达 10m。树皮灰褐色，平滑。小枝有棱，光滑无毛。冬芽有柄；芽鳞 2。叶片长圆形或倒卵状长圆形，长 4~16cm，宽 2.5~7cm，先端渐尖至短尾状尖，基部圆形至宽楔形，边缘有不规则疏细锯齿，下面有腺点，脉腋有簇毛；侧脉 6~12 对；叶柄细瘦，长 2~3cm。果序长椭圆形，长 1~2.5cm。小坚果宽卵形，果翅极狭，厚纸质。花期 4 月，果期 8~9 月。

见于泰顺，多生于河滩低湿地。

本种可作绿化用、材用；树皮，果序供制栲胶；叶片、嫩芽入药；叶也可用于肥田。

2. 桦木属 Betula Linn.

落叶乔木或灌木。树皮多呈纸质的片状或块状剥裂。冬芽无柄，具数鳞片。单叶，互生，下面通常具腺点，边缘具多重锯齿；托叶早落。单性花，雌雄同株；雄花序于去年秋季在枝顶端或侧面形成；雌花序于春季发生于短枝顶端的鳞芽内；总苞腋内具 3 花；雌花无花被，子房 2 室，花柱 2。小坚果具膜质翅，顶端具

2宿存的柱头；果苞3裂，成熟时与果实同落。

50~60种，主要分布于北温带，少数种类分布至北极区内。我国产32种11变种，全国各地均有分布；浙江1种，温州也有。

■ **亮叶桦** **光皮桦** 图276

Betula luminifera H. Winkl.

乔木。高达25m。树皮淡黄褐色，平滑，不裂，干皮有清香气。小枝具毛，疏生树脂腺体。芽鳞边缘被纤毛。雄花序2~5，顶生，长5~7cm。果序单生于叶腋，长达10cm，下垂；小坚果倒卵状长圆形，黄色；翅较果体宽2~3倍；宿存花柱2，密生长毛。花期3月下旬至4月上旬，果期5月上中旬。

见于瑞安、泰顺，生于山坡阔叶林中。

木材淡黄色或淡红褐色，供作枪托、航空、建筑、家具等用材；树皮供制栲胶、提芳香油，还可供制桦焦油，用于治皮肤病及供矿石浮选剂用，另外，树皮含单宁，可供提制黑色染料；芽可供提桦芽油。

图276 亮叶桦

3. 鹅耳枥属 Carpinus Linn.

落叶乔木。冬芽具多数覆瓦状鳞片。单叶，互生，叶多为长圆状披针形，边缘具重锯齿，少具单齿；托叶早落。花单性，雌雄同株；雄花序生于去年生枝顶，春季开放，无花被，每总苞内具1雄花；雌花序生于当年生枝顶，具花被，花被与子房贴生。小坚果着生于果苞的基部，顶端具宿存花被；果皮坚硬，直径约5mm，不裂开，具数肋脉。

约40种，分布于北温带及北亚热带地区。我国25种13变种；浙江7种4变种；温州2种。

图 277 短尾鹅耳枥

1. 短尾鹅耳枥 图 277

Carpinus londoniana H. Winkl.

乔木。高 13 m。树皮深灰色。一年生小枝栗褐色，具疏密不等的淡灰褐色长柔毛和短柔毛，尤在枝条基部芽鳞痕处的毛较多。叶片长椭圆形，枝条基部的叶多为长卵形，长 4.5~9cm，宽 2.2~3cm，先端渐尖至长渐尖，基部圆形，少有宽楔形，边缘具密且浅的重锯点，上面无毛，下面仅沿中脉有稀疏的长柔毛或无毛。果序长 4.5~8cm；序梗长 1.5~2cm，密生短柔毛。小坚果扁卵形，具明显的树脂腺体，无毛。花果期 4~8 月。

见于瑞安、文成、泰顺，生于常绿阔叶林、山谷杂木林。

图 278 雷公鹅耳枥

2. 雷公鹅耳枥 图 278

Carpinus viminea Lindl.

乔木。高达 20m。树皮灰白色不裂。小枝棕褐色，密生浅色细小皮孔，无毛。叶片椭圆形，长圆形至卵状披针形，长 6~11cm，宽 3~5cm，先端细长渐尖或尾状渐尖，基部微心形或圆形，边缘有成组的重锯齿，下面沿脉有长柔毛，脉腋间具簇毛；侧脉 11~15 对；叶柄长 1.5~3cm，无毛。果序长 6~13cm，棕褐色；果苞长 1.5~2.2cm，宽 5~7mm；小坚果暗棕褐色，卵形，长 3~4mm，无毛。花期 3~4 月，果期 6~7 月。

见于永嘉、瑞安、泰顺，生于常绿林、山坡杂木林。

本种为材用树种。

本种与短尾鹅耳枥 *Carpinus londoniana* H. Winkl. 的区别在于：叶柄长 1.5~3cm；1~2 年生枝密生白色细小皮孔；果苞基部两侧各有 1 裂片或仅内侧有裂片。

4. 榛属 Corylus Linn.

落叶灌木或小乔木。单叶，互生，叶多为卵形或圆形，边缘具重锯齿或浅裂；托叶膜质，分离，早落。雌雄同株，雄花序秋季形成，次年春先于叶开放，下垂，雄花无花被，苞片1，内具2小苞；雌花序头状。果期总苞钟状、管状或总苞的裂片呈针刺状。坚果球形，直径约1cm，大部或全部为总苞所包。

约20种，分布于亚洲、欧洲及北美洲。我国7种4变种，分布于东北、华北、西北及西南；浙江1种1变种；温州1变种。

■ 川榛 图279

Corylus heterophylla Fisch. ex Trautv. var. **sutchuanensis** Franch. [*Corylus kweichowensis* Hu]

灌木。枝灰褐色或黄褐色，具稀疏柔毛和腺毛，皮孔明显。芽褐色，卵圆形，顶端稍尖。叶片长8~15cm，宽6.5~10cm，先端急尖或成短尾尖，基部心形，边缘有不规则尖的重锯齿，上面疏被柔毛，下面无毛或仅沿脉上稀疏被毛；侧脉3~7对；叶柄细，长1~3cm，稀被短柔毛。果苞钟状，与坚果近等长或过之；坚果近球形，直径7~15mm。花期3月，果期9~10月。

见于永嘉、泰顺，生于沟谷或山坡灌木丛中。

果实可炒食或作糕点；嫩叶可作饲料；木材坚硬细密，可作伞柄及手杖用材；树皮供提制栲胶。

图279 川榛

9. 壳斗科 Fagaceae

常绿或落叶乔木，少为灌木。单叶互生；托叶早落。花单性，雌雄同株；雄花大多为柔荑花序，稀头状花序；雌花单朵或数朵生于总苞内，再组成穗状花序或生于雄花序基部；花被杯状，4~6 裂；雄蕊与花被片同数或为其倍数；子房下位，2~6 室，每室 1~2 胚珠，通常仅 1 枚发育。坚果 1~3 生于同一总苞内；总苞结果时称“壳斗”；壳斗上的苞片鳞状、刺状、锥状、钻形或瘤状凸起，螺旋状或轮状排列。

约 12 属 900~1000 种，除热带和南部非洲外全球分布。我国 7 属 294 种；浙江 6 属约 40 种；温州 6 属 35 种。

分属检索表

1. 落叶乔木; 雄花组成下垂的头状花序; 坚果卵状三棱形 ………… **4. 水青冈属 Fagus**
1. 落叶或常绿乔灌木；雄花组成下垂或直立的柔荑花序；坚果卵圆形或球形。
  2. 常绿或落叶，如落叶则壳斗被分枝的针刺；雄花序直立。
    3. 落叶乔木或灌木; 无顶芽 ………… **1. 栗属 Castanea**
    3. 常绿乔木；有顶芽。
      4. 叶通常排成 2 列，叶片通常具锯齿; 壳斗近球形，全包坚果 ………… **2. 栲属 Castanopsis**
      4. 叶螺旋状排列，通常全缘; 壳斗杯状或盘状，仅包坚果基部 ………… **5. 柯属 Lithocarpus**
  2. 常绿或落叶，如落叶则壳斗苞片鳞片状；雄花序下垂。
    5. 常绿; 壳斗苞片轮状排列，果时成同心环状 ………… **3. 青冈属 Cyclobalanopsis**
    5. 落叶，少常绿; 壳斗苞片螺旋状排列，果时不成同心环状 ………… **6. 栎属 Quercus**

1. 栗属 Castanea Mill.

落叶乔木或灌木。枝髓心星形，无顶芽。叶互生，排成 2 列，侧脉直达齿尖，齿先端呈芒状；托叶明显。雄花组成腋生柔荑花序，直立，雄花花萼 6 裂，雄蕊 10~20；1~3 雌花聚生于总苞内，着生于雄花序的基部或单独成花序；雌花花萼 6 裂；子房 6 室，每室 2 胚珠。1~3 坚果生于壳斗内；壳斗近球形，密被分枝之长刺，熟时不规则 4 瓣裂。

约 12 种，分布于亚洲、欧洲和北美洲。我国 4 种；浙江 3 种，温州均产。

分种检索表

1. 叶两面无毛; 壳斗内仅有 1 坚果 ………… **1. 锥栗 C. henryi**
1. 叶下面被绒毛或腺体；壳斗内通常具 3 坚果。
  2. 叶下面被星状毛; 坚果较大，直径 2cm 以上 ………… **2. 板栗 C. mollissima**
  2. 叶下面具黄褐色或灰褐色腺鳞; 坚果较小，直径 1.5cm 以下 ………… **3. 茅栗 C. seguinii**

■ 1. 锥栗　珍珠栗　图 280

Castanea henryi (Skan) Rehd. et Wils.

落叶乔木。树干通直。小树树皮不裂，长大后纵裂。幼枝无毛。单叶互生，叶片披针形、卵状披针形，先端长渐尖，基部圆形或楔形，边缘有锯齿，齿端有芒状尖头，两面无毛；叶柄长 1~2cm；托叶线形。雄花序直立，生于小枝下部叶腋；雌花单朵生于总苞内，生于小枝上部叶腋。壳斗球形；坚果

图280 锥栗

单生于壳斗内，卵圆形。花期5~6月，果期9~10月。

见于永嘉、瑞安、文成、平阳、苍南、泰顺等地，生于海拔1100m以下的山坡或山谷。

本种为优良的用材树种；坚果又是高品质的干果。

2. 板栗 图281

Castanea mollissima Bl.

落叶乔木。树皮灰褐色，不规则深纵裂。幼枝被灰褐色绒毛。单叶互生，叶片长椭圆形至长椭圆状披针形，先端短渐尖，基部圆形或宽楔形，边缘有锯齿，齿端有芒状尖头，下面被灰白色星状短绒毛；叶柄长1~2cm；托叶宽卵形或卵状披针形。雄花序直立，每簇有雄花3~5；雌花生于雄花序的基部，常3花集生于总苞内。壳斗球形或扁球形；2~3坚果生于壳斗内，其形状、大小、颜色等多样。花期5~6月，果期9~10月。

本市低山丘陵均有栽培或呈半野生状态，生于海拔800m以下的山坡和山谷。

图281 板栗

坚果为著名干果；木材坚实、耐腐，为优良用材；树皮和壳斗可供提取栲胶。

3. 茅栗

Castanea seguinii Dode

落叶小乔木或灌木。幼枝被灰色绒毛。单叶互生，叶片倒卵状长椭圆形或长椭圆形，先端短渐尖，基部圆形或宽楔形，边缘锯齿具短芒尖，下面被黄褐色或灰褐色腺鳞，无毛或幼时沿脉疏被毛；叶柄长6~15mm；托叶宽卵形、卵状披针形。雄花序直立，腋生；雌花常3花生于总苞内。壳斗球形或扁球形；2~3坚果生于壳斗内。花期5月，果期9~10月。

见于永嘉和泰顺，生于海拔500~1000m的山坡上部疏林或山顶矮林。

果实可食用。

2. 栲属 **Castanopsis** Spach

常绿乔木。叶互生，常排成2列；叶片革质或厚革质，全缘或有锯齿。柔荑花序直立，雄花和雌花多为异序；雄花常3花聚生；雌花1或数花聚生于总苞内。1~3坚果生于壳斗内；壳斗近球形，少为杯状或碗状；苞片针刺状，稀为鳞形或瘤状。

约120种，分布于亚洲的热带和亚热带。我国58种；浙江9种，温州均产。

本属植物为常绿阔叶林的重要组成成分，许多为建群种或优势种。

分种检索表

1. 总苞（壳斗）的苞片鳞状三角形，排列成4~7同心环。
  2. 叶片较小，长14cm以下，长椭圆形、卵形至卵状披针形。
    3. 小枝不具棱；叶片边缘先端具2~3锯齿，先端尾尖，基部偏斜 ………… **1. 米槠 C. carlesii**
    3. 小枝具棱；叶片边缘中部以上具锯齿，先端渐尖，基部宽楔形 ………… **8. 苦槠 C. sclerophylla**
  2. 叶片较大，长15cm以上，倒披针形或长椭圆形 ………… **5. 黧蒴栲 C. fissa**
1. 总苞（壳斗）的苞片刺状，排列成4~6同心环或密布不成环。
  4. 叶柄长1~3mm；叶片基部浅心形或圆形，下面密生黄褐色绒毛 ………… **6. 南岭栲 C. fordii**
  4. 叶柄长8mm以上；基叶基部楔形或圆形，下面无毛或有鳞秕。
    5. 叶片全缘或近先端有1~3齿。
      6. 叶片卵形或卵状披针形，下面无鳞秕，无毛，淡绿色，侧脉8~10对 ………… **2. 甜槠 C. eyrei**
      6. 叶片椭圆形或卵状椭圆形，下有锈褐色或银灰色鳞秕，侧脉10~15对。
        7. 叶下面有锈褐色鳞秕；总苞内仅有1坚果；壳斗针刺中部以下分枝 ………… **4. 栲树 C. fargesii**
        7. 叶下面有银灰色鳞秕；总苞内有3坚果；壳斗针刺中部以上分枝 ………… **3. 罗浮栲 C. fabri**
    5. 叶片中部以上有锯齿或浅波状齿。
      8. 叶片较小，长不超过12cm，侧脉8~12对；叶柄长1~1.5cm ………… **7. 乌楣栲 C. jucunda**
      8. 叶片较大，长15cm以上，侧脉15~22对；叶柄长1.5~4cm ………… **9. 钩栲 C. tibetana**

1. 米槠 图282

Castanopsis carlesii (Hemsl.) Hayata

常绿乔木。树皮灰白色，浅纵裂。单叶互生；叶片薄革质，卵形至卵状披针形，先端尾尖或长渐尖，基部楔形，偏斜，中部以上有1~3锯齿，下面幼时被灰棕色粉状糠秕，老时苍灰色；叶柄长5~8mm。雄花组成直立的柔荑花序，雌花单生于总苞内。壳斗近球形，不规则瓣裂；苞片贴生，鳞片状，排列成间断的6~7环；坚果卵圆形。花期4~5月，果期翌年9~10月。

见于乐清、永嘉、瑞安、文成、平阳、泰顺等地，生于海拔1000m以下的丘陵和山地。

材质坚重、纹理直，可供材用；果实味甜可食。

图 282　米槠

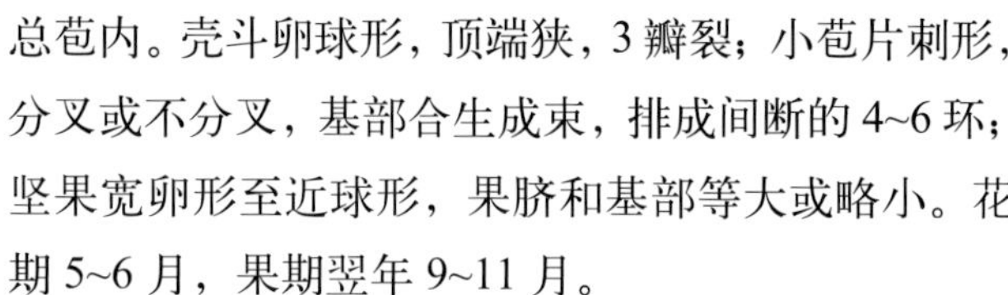
总苞内。壳斗卵球形，顶端狭，3 瓣裂；小苞片刺形，分叉或不分叉，基部合生成束，排成间断的 4~6 环；坚果宽卵形至近球形，果脐和基部等大或略小。花期 5~6 月，果期翌年 9~11 月。

见于乐清、永嘉、瑞安、文成、平阳、苍南、泰顺等地，生于海拔 300~1500m 的山坡或山冈阔叶林中。

材质坚硬耐用，且不易变形，可供材用；坚果味甜可食。

■ 2. 甜槠　图 283

Castanopsis eyrei (Champ. ex Benth.) Tutch.

常绿乔木。全体无毛。树皮灰褐色，浅纵裂。枝条散生凸起皮孔。单叶互生；叶片革质，卵形至卵状披针形，先端尾尖或渐尖，基部宽楔形或圆形，歪斜，全缘或近先端有 1~3 疏钝齿；叶柄长 0.7~1.5cm。雄花组成直立的柔荑花序；雌花单生于

图 283　甜槠

图 284 罗浮栲

■ 3. 罗浮栲 罗浮锥 图 284

Castanopsis fabri Hance

常绿乔木。树皮灰褐色，不裂。单叶互生；叶片革质，卵状椭圆形至狭长椭圆形，先端尾尖或渐尖，基部近圆形，略偏斜，全缘或近先端有 1~3 钝锯齿，下面幼时被灰黄色鳞秕，渐呈银灰色；叶柄长 1~2cm。雄花组成直立的柔荑花序；雌花 3 花生于总苞内。壳斗近球形，熟时不规则开裂；苞片刺状，中部以上分叉，排成间断的 4~5 环；坚果卵圆形，果脐三角形，略大于坚果基部。花期 4~5 月，果期翌年 9~11 月。

见于瑞安、文成、平阳、苍南、泰顺等地，生于海拔 150~1000m 的山坡阔叶林或混交林中。

本种枝叶繁茂，叶色浓绿，可作绿化造林用。

■ 4. 栲树 栲 图 285

Castanopsis fargesii Franch.

常绿乔木。树皮灰褐色，不裂或浅裂。小枝被红棕色鳞秕。单叶互生；叶片革质，长椭圆形至椭圆状披针形，先端渐尖，基部楔形或圆形，略偏斜，全缘或近先端有 1~2 对浅齿，下面幼时密被棕黄色鳞秕，后渐变锈褐色；叶柄长 1~1.5cm。雄花组成直立有分枝的柔荑花序；雌花单生于总苞内。壳斗近球形；苞片针刺状，分叉或不分叉，排成间断的 4~6 环；坚果球形，果脐与坚果基部等大。花期 4~5 月，果期 9~10 月。

见于乐清、永嘉、瑞安、文成、平阳、苍南、

图 285 栲树

周庄 摄

泰顺等地，生于海拔 200~1000m 以下的山坡和沟谷阔叶林中。

木材纹理直，坚硬耐久，不易开裂，供材用；果可食用。

■ 5. 黧蒴栲　黧蒴锥　图 286

Castanopsis fissa (Champ. ex Benth.) Rehd. et Wils.

常绿乔木。树皮灰褐色，浅纵裂。小枝粗壮，幼时被疏柔毛。单叶互生；叶片革质，倒卵状披针形或长椭圆形，长 17~25cm，顶端短渐尖，基部楔形，边缘有钝锯齿或波状齿，下面有灰黄色鳞秕，后变银灰色；叶柄长 1~2.5cm。雄花组成直立有分枝的柔荑花序；雌花单生于总苞内。壳斗卵形至椭圆形，全包坚果，成熟时 2~3 瓣裂；苞片三角形，基部连生成 4~5 环；坚果卵形或圆锥状卵形，顶端有细绒毛，果脐小于坚果基部。花期 5 月，果未见。

见于乐清（中雁荡山）、苍南（玉苍山），生于海拔 300~500m 的山坡混交林中。

图 286　黧蒴栲

■ 6. 南岭栲　毛锥　图 287

Castanopsis fordii Hance

常绿乔木。树干通直。树皮暗灰色，老时细纵裂。幼枝被黄褐色绒毛。单叶互生；叶片革质，长椭圆形，先端短尖或钝，基部浅心形或圆形，全缘，边缘和下面密被黄褐色绒毛；叶柄粗壮，长 1~3mm。雄花组成直立单一或分枝的柔荑花序；雌花单生于总苞内。壳斗球形，熟时 4 瓣裂；苞片针刺状，基部合生成束；坚果扁球形，密被棕色绒毛，果脐比坚果基部略小。花期 5 月，果期翌年 10~11 月。

见于乐清、永嘉、瑞安、文成、平阳、苍南、泰顺等地，生于海拔 800m 以下的山谷或山坡阔叶林中。

本种为用材树种；果实也可食用。

■ 7. 乌楣栲　秀丽锥　图 288

Castanopsis jucunda Hance

常绿乔木。树皮暗灰色，长条状纵裂。幼枝被褐色毛及鳞。单叶互生；叶片革质，倒卵状椭圆形

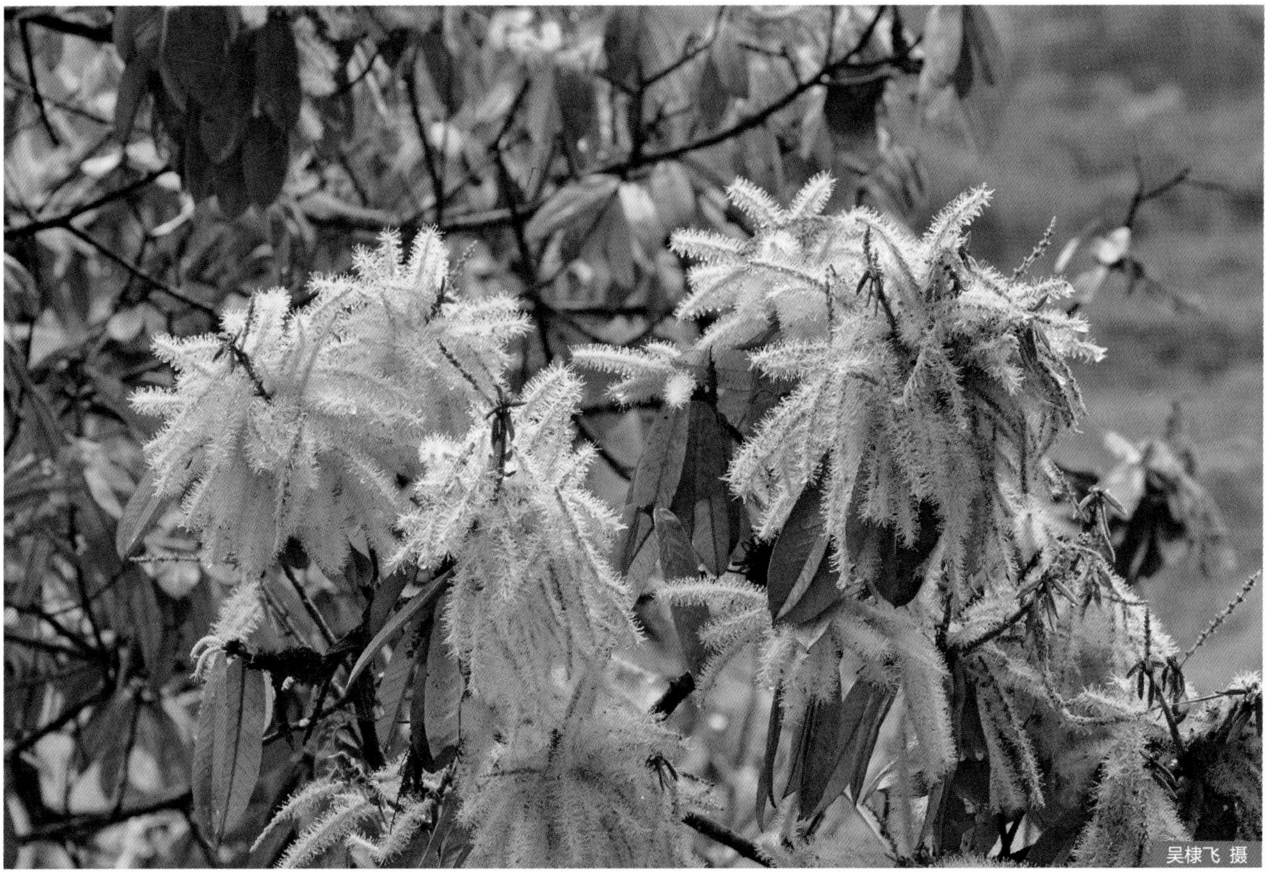

吴棣飞 摄

图 287　南岭栲

图288 乌楣栲

或椭圆形，先端渐尖，基部楔形至宽楔形，边缘有粗锯齿或波状钝齿，幼叶下面密生红棕色或灰白色鳞秕，老时变银灰色；叶柄长1~1.5cm。雄花组成直立有分枝的柔荑花序；雌花单生于总苞内。壳斗球形，不规则开裂；苞片针刺状，呈鹿角状分叉，基部合生成束；坚果圆锥形，果脐比果基部略小。花未见，果期9~10月。

见于泰顺（乌岩岭和垟溪），生于海拔600~800m的山坡阔叶林中。

本种为用材树种；果甜，可供食用；本种也可供绿化用。

8. 苦槠 图289

Castanopsis sclerophylla (Lindl. ex Paxt.) Schott.

常绿乔木。树皮灰白色，浅纵裂。小枝具棱，无毛。单叶互生；叶片革质，长椭圆形至卵状长圆形，先端短尖至狭长渐尖，基部宽楔形至近圆形，边缘中部以上疏生锐锯齿，两面无毛，下面具银灰色蜡质层；叶柄长1.5~2.5cm。雄花组成直立的柔荑花序；雌花单生于总苞内。壳斗深杯状，全包或近全包坚果，外有肋状凸起及褐色细绒毛，成熟时不规则开裂；苞片卵状三角形，排成连续的4~6环；

图 289　苦槠

坚果近球形，被褐色细绒毛。花期 4~5 月，果期 9~10 月。

见于本市各地，生于海拔 1000m 以下的山坡、山脚阔叶林中，在村落中常独立或成丛生长。

材质坚硬，富弹性，耐水湿，可供材用；果实带苦味，可制作成“清凉豆腐”食用；枝叶繁茂，可供绿化或营造防护林用。

9. 钩栲　钩锥　钩栗　图 290

Castanopsis tibetana Hance

常绿乔木。树皮灰褐色，呈薄片状剥落。小枝粗壮，无毛。单叶互生；叶片厚革质，长圆形或椭圆形，长 15~25cm，先端渐尖，基部圆形至宽楔形，边缘中部以上有疏锯齿，上面深绿色，无毛，下面密棕褐色鳞秕，渐变为银灰色；叶柄粗壮，长 1.5~4cm。雄花组成直立的柔荑花序；雌花单生于总苞内。壳斗球形，熟时规则 4 瓣裂；苞片针刺状，呈鹿角状 2~3 次分叉；坚果扁圆锥形，果脐三角形。花期 4~5 月，果期翌年 8~10 月。

产于永嘉、瑞安、文成、平阳、苍南、泰顺等地，生于海拔 200~800m 的沟谷阔叶林中。

本种为用材树种。

图 290　钩栲

3. 青冈属 Cyclobalanopsis Oerst.

常绿乔木。具顶芽。叶互生；叶片革质，边缘具锯齿，稀全缘。雄花序为下垂的柔荑花序；雌花序为直立短穗状。坚果单生，壳斗杯状、盘状或钟状；苞片合生成同心环状。

约150种，主产于亚洲热带和亚热带。我国近70种；浙江9种；温州8种。

分种检索表

1. 叶片基部或中部以上有锯齿。
  2. 叶片中部以上有锯齿。
    3. 小枝和坚果无毛；叶片椭圆形、倒卵状椭圆形或长椭圆状披针形。
      4. 叶片先端渐尖，侧脉10~12对，中脉下面连同叶柄干后灰黄色 ………… **1. 青冈 C. glauca**
      4. 叶片先端长渐尖或尾尖，侧脉8~10对，中脉下面连同叶柄干后红褐色 ………… **8. 褐叶青冈 C. stewardiana**
    3. 小枝和坚果被黄褐色星状绒毛；叶片倒卵状长椭圆形至倒披针形 ………… **6. 卷斗青冈 C. pachyloma**
  2. 叶片基部以上有锯齿。
    5. 叶片长椭圆形或椭圆状披针形，下面灰白色，边缘锯齿锐尖。
      6. 叶片长椭圆形或椭圆形，宽3cm以上，侧脉11~15对 ………… **4. 多脉青冈 C. multinervis**
      6. 叶片椭圆状披针形，宽一般不超过3cm，侧脉7~11对 ………… **2. 小叶青冈 C. gracilis**
    5. 叶片卵状披针形或长圆状披针形，下面灰绿色，边缘锯齿细而短浅 ………… **5. 细叶青冈 C. myrsinaefolia**
1. 叶片全缘或仅在先端有2~4对锯齿。
  7. 叶片大，宽6~10cm，下面灰绿色；叶柄长2~4cm ………… **3. 大叶青冈 C. jenseniana**
  7. 叶片较小，宽1.5~3cm，下面绿色；叶柄长0.5~1cm ………… **7. 云山青冈 C. sessilifolia**

■ 1. 青冈　青冈栎　图291

Cyclobalanopsis glauca (Thunb.) Oerst.

常绿乔木。树皮灰褐色，不裂。小枝灰褐色，无毛。单叶互生；叶片革质，倒卵状椭圆形或椭圆形，先端短渐尖，基部近圆形或宽楔形，中部以上有锯齿，上面无毛，下面被灰白色蜡粉和平伏毛；叶柄长1~2.5cm。雄花组成下垂的柔荑花序；雌花单生于总苞内，组成直立的短穗状花序。壳斗单生或

丁炳扬 摄

丁炳扬 摄

图291　青冈

2~3 集生，碗形；小苞片合生成 5~8 同心环带，环带全缘；坚果卵形，无毛，果脐微隆起。花期 3~4 月，果期 9~11 月。

本市各地常见，生于海拔 1000m 以下的山坡或山谷阔叶林或针阔叶混交林中；是亚热带常绿阔叶林的优势种，尤其常见于多岩石的陡峭山坡。

材质坚韧，供材用；树皮、壳斗含单宁，可供提取栲胶；种子含淀粉，可作工业原料。

■ 2. 小叶青冈 岩青冈 图 292

Cyclobalanopsis gracilis (Rehd. et Wils.) Cheng et T. Hong

常绿乔木。树皮灰褐色，不裂。小枝有皮孔。单叶互生；叶片革质，椭圆状披针形，先端渐尖，基部楔形或圆形，常不对称，边缘有细尖锯齿，下面有不均匀的灰白色蜡粉层及伏贴的毛；叶柄长 1~1.5cm。雄花组成下垂的柔荑花序；雌花单生于总苞内，组成直立的短穗状花序。壳斗碗形；苞片合生成 6~10 同心环带，环带边缘通常有齿缺，尤以下部 2 环带更明显；坚果椭圆形，顶端被毛。花期 4~5 月，果期 9~10 月。

见于乐清、永嘉、龙湾、瑞安、文成、平阳、苍南、泰顺等地，生于海拔 200m 以上的山坡、山冈阔叶林或针阔叶混交林中。

材质坚重，耐腐、耐磨，供材用；种子含淀粉，可作工业原料。

陈贤兴 摄

丁炳扬 摄

周庄 摄

图 292 小叶青冈

■ 3. 大叶青冈 图 293

Cyclobalanopsis jenseniana (Hand.-Mazz.) Cheng et T. Hong

常绿乔木。枝粗壮，具灰白色皮孔。单叶互生；叶片革质，椭圆形或倒卵状长椭圆形，长 12~20cm，先端渐尖，基部宽楔形或钝圆，全缘，有时微波状，边缘稍反卷，中脉在上面凹陷；叶柄

丁炳扬 摄

丁炳扬 摄

图 293 大叶青冈

粗壮，长 2~4cm。雄花组成下垂的柔荑花序；雌花单生于总苞内，组成直立的穗状花序。果序轴粗壮，长 7~10cm；壳斗杯状，外被灰黄色绒毛，苞片合成 6~9 同心环带，边缘有不规则齿裂；坚果长卵形，无毛。花期 4 月，果期翌年 10~11 月。

见于文成、平阳、苍南、泰顺等地，生于海拔 500~1000m 的山谷林中或溪边林缘。

图 294　多脉青冈

■ 4. 多脉青冈　图 294

Cyclobalanopsis multinervis Cheng et T. Hong

常绿乔木。树皮黑褐色。单叶互生；叶片革质，长椭圆形或椭圆形，先端渐尖或长渐尖，基部楔形，基部以上有锯齿，齿锐尖，下面有灰白色厚蜡粉层及伏贴毛；中脉在上面凹陷，侧脉 11~15 对；叶柄长 1.5~2cm。雄花组成下垂的柔荑花序；雌花单生于总苞内，组成直立的短穗状花序。壳斗深碗状，外被灰白色毛，裂片合成 6~7 同心环带，边缘有不规则齿缺；坚果半球形或近球形，果脐平坦。花期 5 月，果期翌年 10~11 月。

见于文成和泰顺，生于海拔 800m 以上的山坡、谷地阔叶林或针阔叶混交林中。

材质坚重有弹性，耐磨，可供材用；种子含淀粉，可作工业原料。

浙江农林大学标本馆有一份采自永嘉的标本，实为小叶青冈 *Cyclobalanopsis gracilis* (Rehd. et Wils.) Cheng et T. Hong 的误定。

■ 5. 细叶青冈　青栲　图 295

Cyclobalanopsis myrsinaefolia (Bl.) Oerst.

常绿乔木。树皮灰褐色，不裂。小枝及芽无毛。单叶互生；叶片革质，卵状披针形或长圆状披针形，先端渐尖，基部楔形，基部以上有细浅锯齿，下面呈灰绿色，无毛，中脉在上面凹陷；叶柄细，长 1~2.5cm。雄花组成下垂的柔荑花序，雌花单生于总苞内，组成直立的短穗状花序。壳斗碗形，苞片合生成 6~9 同心环带，环带全缘；坚果卵状椭圆形，果脐微隆起。花期 4 月，果期 10 月。

见于乐清、永嘉、瑞安、文成、泰顺等地，生于海拔 600~1200m 的山地、丘陵阴湿的阔叶林中或

图 295　细叶青冈

图 296 卷斗青冈

村落旁。

材质坚重，富弹性，不易开裂，供材用；种子含淀粉，可作工业原料。

■ 6. 卷斗青冈 毛果青冈 图 296

Cyclobalanopsis pachyloma (Seem.) Schott.

常绿乔木。小枝幼时被黄褐色长绒毛，后渐无毛。单叶互生；叶片革质，倒卵状长椭圆形至倒披针形，顶端渐尖，基部楔形，边缘中部以上有疏锯齿，下面幼时被黄色卷曲毛；叶柄长 1.5~2cm。雄花组成下垂的柔荑花序，花序轴及苞片被棕色绒毛，雌花单生于总苞内，组成直立的短穗状花序，全体密被棕色绒毛。壳斗半球形或钟形，包着坚果 1/2~2/3，密被黄褐色绒毛；小苞片合生成 7~8 条同心环带，环带全缘；坚果长椭圆形至倒卵形，幼时密生黄褐色绒毛，果脐微凸起。花未见，果期 10 月。

见于苍南（天井、碗窑和大石）、泰顺（黄桥）等地，生于海拔 300m 以下的沟谷边阔叶林中。

本种在浙江分布区狭窄，个体稀少，已被列入《浙江省重点保护野生植物名录》。

中国科学院植物研究所有一份采自平阳的标本（王景祥 1915）不知是否是现在的苍南，另一份采自浙江但具体地点和采集人不详（采集号 401776）。

■ 7. 云山青冈 图 297

Cyclobalanopsis sessilifolia (Hance) Schott.
[*Cyclobalanopsis nubium* (Hand.-Mazz.) Chun]

常绿乔木。小枝无毛。单叶互生，常集生于枝顶；叶片革质，椭圆形至倒披针状长椭圆形，先端

图 297 云山青冈

短尖，基部楔形，稍下延，全缘或先端有 2~4 对锯齿，边缘明显反卷，两面近同色，无毛，侧脉不明显；叶柄长 0.5~1cm。雄花组成下垂的柔荑花序；雌花单生于总苞内，组成直立的短穗状花序。壳斗杯状，被灰褐色绒毛，苞片合生成 5~7 同心环带；坚果椭圆形，果脐凸起。花期 5 月，果期 9~10 月。

见于乐清、永嘉、瑞安、文成、平阳、苍南、泰顺等地，生于海拔 500~1200m 的山坡或沟谷阔叶林或混交林中。

树形优美，叶色浓绿，可供绿化用；种子含淀粉，可作工业原料。

■ 8. 褐叶青冈 图 298

Cyclobalanopsis stewardiana (A. Cams) Y. C. Hsu et H. W. Jen

常绿乔木。树皮黑褐色，浅纵裂。小枝无毛。单叶互生；叶片革质，长椭圆状披针形，先端渐尖或尾尖，基部楔形，中部以上疏生浅锯齿，下面被均匀白色蜡粉，干后略带淡红褐色，有伏贴柔毛；叶柄长 1.5~3cm，连同主脉基部干时带红褐色。雄花组成下垂的柔荑花序；雌花单生于总苞内，组成直立的短穗状花序。壳斗碗形，苞片合生成 6~7 同心环带，中下部环带有齿缺；坚果宽卵形，果脐隆起。花期 4 月，果期 9~10 月。

见于永嘉、瑞安、文成、苍南、泰顺等地，生于海拔 700m 以上的山坡或沟谷阔叶林中。

图 298 褐叶青冈

4. 水青冈属 Fagus Linn.

落叶乔木。叶互生，排成 2 列；叶片纸质，边缘具锯齿，侧脉直达齿端。雄花序为下垂的头状花序；雌花常成对生于叶腋具梗的总苞内。坚果三棱形，1~2 坚果生于一总苞内；壳斗 3~4 裂，具钻形、鳞状、舌状或瘤状苞片。

共 10 种，分布于北温带地区。我国 4 种；浙江 4 种均产；温州 3 种。

分种检索表

1. 壳斗的苞片钻形，长 3~7mm，上部下弯或呈“S”形弯曲。
    2. 壳斗大，长 1.5~3cm；叶片长 6~15cm ………… **2. 水青冈 F. longipetiolata**
    2. 壳斗小，长 0.7~1cm；叶片长 3~7cm ………… **1. 台湾水青冈 F. hayatae**
1. 壳斗的苞片鳞片状，顶端骤窄成短尖头，长约 2mm ………… **3. 亮叶水青冈 F. lucida**

图 299 台湾水青冈

■ 1. 台湾水青冈 浙江水青冈 图 299

Fagus hayatae Palib.[*Fagus hayatae* Palib. var. *zhejiangensis* M. L. Liu et M. H. Wu ex Y. T. Chang et C. C. Huang ;*Fagus pashanica* C. C. Yang]

落叶乔木或小乔木。树皮灰褐色，不裂。单叶互生；叶片纸质，菱形或卵状椭圆形，先端短渐尖，基部宽楔形，边缘具锯齿，幼叶两面均被伏贴的长柔毛；侧脉 9~14 对，直达齿端，脉腋有簇毛；叶柄长 0.7~1.3cm。雄花组成下垂的头状花序；雌花常成对生于叶腋具梗的总苞内。壳斗卵形，4 瓣裂；苞片锥形，反卷；每壳斗内有 2 坚果；坚果卵状三角形。花期 4 月，果熟期 8~10 月。

见于永嘉（四海山），生于海拔 850~1000m 的山冈两侧阔叶林。

《泰顺县维管束植物名录》记载有巴山水青冈 *Fagus pashanica* C. C. Yang（归并于本种），但未见标本。

■ 2. 水青冈 长柄水青冈 图 300

Fagus longipetiolata Seem.

落叶乔木。树干通直。树皮灰褐色，不裂。单叶互生；叶片厚纸质，卵形或卵状披针形，先端短尖至渐尖，基部宽楔形至近圆形，略偏斜，边缘具疏锯齿，幼叶下面被伏贴的短绒毛；侧脉 9~14 对，直达齿端；叶柄长 1~2.5cm，萌发枝上的叶柄较短。雄花组成下垂的头状花序；雌花常成对生于叶腋具梗的总苞内。壳斗卵形，4 瓣裂，密被褐色绒毛；

图 300 水青冈

苞片钻形，下弯或呈“S”形；每壳斗内有2坚果，坚果卵状三角形。花未见，果期8~10月。

见于永嘉、瑞安、文成、泰顺等地，生于海拔150~800m的沟谷阔叶林中。

木材淡红褐色，纹理直，结构细，可供材用；种子可供榨油。

■ 3. 亮叶水青冈　光叶水青冈　图301

Fagus lucida Rehd. et Wils.

落叶乔木。树皮灰褐色，不裂。单叶互生；叶片纸质，卵状椭圆形或卵状菱形，先端短渐尖，基部宽楔形至近圆形，边缘波状，具锐锯齿，下面淡绿色，沿脉贴生长柔毛，侧脉9~11对；叶柄长1~1.5cm。雄花组成下垂的头状花序；雌花常单朵生于叶腋具梗的总苞内。壳斗卵形，3瓣裂；苞片鳞形，被褐色短绒毛；每壳斗内有1坚果，坚果卵状三棱形，被褐色短柔毛。花期4月，果期8~10月。

见于泰顺，生于海拔850m以上的沟谷阔叶林中。

《永嘉四海山林场植物名录》有记载，但浙江农林大学标本馆收藏的2号该种标本实为台湾水青冈 *Fagus hayatae* Palib. 的误定。

图301　亮叶水青冈

5. 柯属 Lithocarpus Bl.

常绿乔木，稀灌木。叶互生；叶片全缘，偶有锯齿。柔荑花序直立；雄花序单一或分枝；雌花序生于雄花序基部或另成一花序。坚果单生，壳斗盘状、杯状、碗状或近球形；苞片鳞片状，常覆瓦状排列。

共300种，主要分布于亚洲，北美洲西部1种。我国123种；浙江6种；温州5种。

分种检索表

1. 小枝无毛。
    2. 小枝被灰白色粉状鳞秕；壳斗几全包坚果，果脐隆起 …… **2. 包果柯 L. cleistocarpus**
    2. 小枝无粉状鳞秕；壳斗只包住坚果基部，果脐内陷。
        3. 小枝不具沟槽和棱；雄花序单个腋生或多个生于有顶芽的总轴上；壳斗直径1.5cm以下。
            4. 叶片下面淡绿色，无鳞秕，侧脉12~15对，网脉联结成蜂窝状网格；叶柄和主脉基部不呈红褐色 …… **4. 硬壳柯 L. hancei**
            4. 叶片下灰白色，有鳞秕，侧脉7~10对，侧脉平行，不联结成蜂窝状；叶柄和主脉基部干后呈红褐色 …… **5. 木姜叶柯 L. litseifolius**
        3. 小枝具沟槽和棱；雄花序多个生于无顶芽的总轴上；壳斗直径1.5cm以上 …… **1. 短尾柯 L. brevicaudatus**
1. 小枝密被灰黄色细绒毛 …… **3. 柯 L. glaber**

图 302 短尾柯

■ 1. 短尾柯 东南石栎 图 302

Lithocarpus brevicaudatus (Skan) Hayata [*Lithocarpus harlandii* auct. non (Hance ex Walpers) Rehd.]

常绿乔木。树皮灰褐色，不开裂。小枝具沟槽和棱，无毛。单叶互生；叶片形状和质地变化大，小树或萌枝上的常为长椭圆状披针形，革质，大树上的为长椭圆形或椭圆形，厚革质，先端渐尖或钝尖，基部楔形，下面淡绿色，全缘，边缘稍反卷；叶柄长 1~2.5cm。雄花序分枝为圆锥状，花序轴密被灰黄色短细毛；雌花序不分枝。壳斗浅盘状；苞片三角形，背部有纵脊隆起；坚果卵形或近球形，密集，果脐内陷。花期 7~9 月，果期翌年 9~11 月。

见于永嘉、瑞安、文成、平阳、苍南、泰顺等地，生于海拔 400~1500m 的山地阔叶林。

木材坚硬，可材用；坚果富含淀粉，可作工业原料。

■ 2. 包果柯 包石栎

Lithocarpus cleistocarpus (Seem.) Rehd. et Wils.

常绿乔木。树皮灰褐色，不开裂。小枝具脊棱和沟槽，被灰白色粉状鳞秕。单叶互生；叶片革质，椭圆形或椭圆状披针形，先端渐尖，基部楔形，全缘，边缘稍反卷，下面被灰白色细鳞秕；叶柄长 1~2cm。雄花组成直立的柔荑花序；雌花生于雄花序基部或另成一花序。果序轴粗壮；壳斗宽陀螺形，几全包坚果；苞片三角形；坚果扁球形，果脐隆起。

花期 5~6 月，果未见。

见于永嘉、瑞安、泰顺等地，生于海拔 800~1400m 的山地阔叶林中。

■ 3. 柯　石栎　图 303

Lithocarpus glaber (Thunb.) Nakai

常绿乔木。树皮灰褐色，不开裂。小枝密被灰黄色细绒毛。单叶互生；叶片革质，椭圆形或长椭圆状披针形，先端渐尖，基部楔形，全缘或近

吴棣飞 摄

图303　柯

丁炳扬 摄

顶端有少数锯齿，下面被灰白色蜡质层；叶柄长1~1.5cm。雄花组成直立的柔荑花序，花序轴有短绒毛。果序轴细于其着生的小枝；壳斗浅盘状，包围坚果的基部；苞片三角形，排列紧密，具灰白色细柔毛；坚果卵形或椭圆形，有光泽，略被白粉，果脐内陷。花期8~10月，果期翌年9~11月。

除洞头外本市各地普遍分布，生于海拔900m以下的阔叶林或针阔叶混交林中。

木材质地坚重，弹性强，可供作多种用材；坚果富含淀粉，可用作工业原料。

丁炳扬 摄

4. 硬壳柯　硬斗石栎　图304

Lithocarpus hancei (Benth.) Rehd.

常绿乔木。树皮灰色，不开裂。小枝粗短，无毛。单叶互生；叶片革质，椭圆形或长椭圆状，先端渐尖至短尾尖，基部楔形下延，全缘，两面几乎同色，无毛，下面网脉联结成蜂窝状网格；叶柄长1~3cm。雄花组成直立的柔荑花序；雌花生于雄花序基部或另成一花序。壳斗盘状，3~5簇生于果序

丁炳扬 摄

图304　硬壳柯

图305 木姜叶柯

轴上，包围坚果的基部；苞片三角形；坚果卵形或倒卵形，淡黄色，果脐内陷。花期5~6月，果期翌年9~11月。

见于乐清、永嘉、瑞安、文成、平阳、苍南、泰顺等地，生于海拔300~1300m的山地阔叶林或针阔叶混交林中。

■ 5. 木姜叶柯 多穗石栎 图305

Lithocarpus litseifolius (Hance) Chun [*Lithocarpus polystachyus* auct. non (Wall. ex DC.) Rehd.]

常绿乔木。树皮灰褐色，不开裂。小枝较细，无毛。单叶互生；叶片革质或薄革质，倒卵状椭圆形或狭长椭圆状，先端渐尖至尾尖，基部楔形，全缘，下面被灰白色鳞秕，无毛，干后中脉及叶柄略带红褐色，侧脉不明显；叶柄长1~2cm。雄花组成直立的柔荑花序；雌花生于雄花序基部或另成一花序。壳斗浅盘状，3~5簇生于果序轴上，包围坚果的基部；苞片三角形；坚果卵圆形，果脐深内陷。花期6~8月，果期翌年9~11月。

见于永嘉、瑞安、文成、平阳、泰顺等地，生于海拔300m以上的山地阔叶林或针阔叶混交林中。

木材坚重，可供材用；幼叶味甜，可供提取甜味剂或制甜茶。

6. 栎属 Quercus Linn.

落叶或常绿乔木，稀为灌木。叶互生；叶片纸质或革质，边缘具锯齿或波状缺裂，稀全缘。雄花序为下垂的柔荑花序；雌花单生、簇生或排成直立穗状。坚果单生；壳斗盘状、碗状或杯状，稀全包坚果；苞片鳞形、钻形或披针形。

共约300种，分布于亚洲、欧洲、南美洲、北美洲以及非洲北部。我国35种，南北各地均有分布；浙江约11种；温州7种。

《泰顺县维管束植物名录》记载泰顺有小叶栎的分布，但因未见标本而存疑。

分种检索表

1. 落叶乔灌木；叶片纸质。
    2. 叶缘具刺芒状锯齿；苞片钻形，反曲 …… 1. 麻栎 Q. acutissima
    2. 叶缘具波状、粗齿状或不带刺芒的锯齿；苞片鳞片状。
        3. 叶柄长1.5~3cm；叶片下面密被灰白色细绒毛 …… 2. 槲栎 Q. aliena
        3. 叶柄长1cm以下；叶片下面被灰黄色星状绒毛或近无毛。
            4. 叶片倒卵形或倒卵状椭圆形，边缘具波状齿 …… 4. 白栎 Q. fabri
            4. 叶片狭椭圆状倒卵形或椭圆状倒披针形，边缘具内弯腺锯齿 …… 6. 枹栎 Q. serrata
1. 常绿乔灌木；叶片革质。
    5. 叶柄长1~2cm；叶片中部以上有疏锯齿 …… 3. 巴东栎 Q. engleriana
    5. 叶柄长3~5mm；叶片边缘有细密锯齿或刺状锯齿。
        6. 叶片革质，边缘有细浅锯齿 …… 5. 乌冈栎 Q. phillyreoides
        6. 叶片厚革质，边缘有刺状锯齿，偶全缘 …… 7. 刺叶栎 Q. spinosa

1. 麻栎 图306

Quercus acutissima Carr.

落叶乔木。高可达30m。树皮灰黑色，不规则深纵裂。小枝幼时有开展的黄色绒毛，后无毛。单叶互生；叶片纸质，长椭圆状披针形，先端渐尖，基部宽楔形或圆形，叶缘具芒状锯齿，侧脉12~18对，下面淡绿色，无毛或仅在脉腋有簇毛；叶柄长1.5~3cm。雄花成下垂的柔荑花序；雌花单生于新枝下部叶腋的总苞内。壳斗碗状；苞片钻形，反曲；坚果近球形，顶部平或中央凹陷，果脐大，隆起。花期5月，果期翌年9~10月。

本市丘陵和山地有野生或栽培，生于海拔1000m以下的山脚缓坡或低山坡的混交林中。

木材坚硬，不变形，耐腐，可供材用；树皮和壳斗富含单宁，种子富含淀粉，均作为工业原料；本种也是优良的绿化树种。

丁炳扬 摄

吴棣飞 摄

丁炳扬 摄

图306 麻栎

图 307　槲栎

2. 槲栎　锐齿槲栎　图 307

Quercus aliena Bl. [*Quercus aliena* Bl. var. *acuteserrata* Maxim. ex Wenz.]

落叶乔木。树皮暗灰色，深裂。小枝黄褐色，具沟槽，无毛。单叶互生；叶片厚纸质，倒卵状椭圆形或倒卵形，先端钝或渐尖，基部楔形，边缘疏生波状钝齿或尖锐锯齿，上面深绿色，无毛，下面密被灰白色细绒毛；叶柄长 1.5~3cm。雄花序组成下垂的柔荑花序，雄花单生或数花簇生；雌花序生于当年生枝叶腋，雌花单生或 2~3 朵簇生。壳斗浅杯状，包围坚果约 1/2；苞片小，卵状披针形，于口缘处直伸；坚果椭圆状卵形至卵形。花期 4~5 月，果期 9~10 月。

见于永嘉、文成、平阳、泰顺等地，生于海拔 1000m 以下的山坡阔叶林或针阔叶混交林中。

3. 巴东栎

Quercus engleriana Seem.

常绿小乔木。小枝密被褐色或黄褐色柔毛。单叶互生；叶片革质，卵状椭圆形或卵状披针形，先端渐尖，基部圆形或宽楔形，边缘中部以上疏生浅锯齿，网脉明显，幼叶两面被淡黄色星状毛，后近无毛；叶柄长 1~2cm。雄花序组成下垂的柔荑花序，雄花单生或数花簇生；雌花序生于当年生枝叶腋。壳斗杯状；苞片卵状披针形；坚果长卵形，无毛，果脐隆起。花未见，果期 9~10 月。

见于泰顺（乌岩岭），生于海拔 900m 以上的针阔叶混交林中。

4. 白栎　图 308

Quercus fabri Hance

落叶乔木。树皮不规则纵裂。小枝被褐色毛，后渐脱落。单叶互生；叶片纸质，倒卵形或倒卵状椭圆形，先端钝，基部楔形，边缘具波状钝齿，幼时两面均被灰黄色星状绒毛，后仅下面有毛；叶柄短，长 3~6mm，被毛。雄花序组成下垂的柔荑花序，雄花单生或数花簇生；雌花序生于当年生枝叶腋。

图 308　白栎

壳斗碗状；苞片卵状披针形，排列紧密，在壳斗边缘处稍伸出；坚果长椭圆形，果脐隆起。花期4~5月，果期9~10月。

本市各地常见，生于海拔1200m以下的山坡、山冈阔叶林或针阔叶混交林中。

本种为材用树种；种子含淀粉，可作饲料或工业用；树皮、壳斗可供提取栲胶；枝叶可用于培植香菇；果实的虫瘿可供药用。

丁炳扬 摄

丁炳扬 摄

丁炳扬 摄

图309 乌冈栎

■ 5. 乌冈栎 图309

Quercus phillyreoides A. Gray

常绿灌木或小乔木。树皮纵裂。小枝灰褐色，被星状短绒毛。单叶互生；叶片革质，椭圆形或倒卵状椭圆形，先端钝圆，基部圆形或浅心形，边缘具细浅锯齿，中脉基部有褐色星状绒毛；叶柄长3~5mm。雄花序组成下垂的柔荑花序，雄花单生或数花簇生；雌花序生于当年生枝叶腋。壳斗杯状；苞片宽卵形；坚果卵状椭圆形或长椭圆形，果脐隆起。花期4~5月，果期翌年8~10月。

见于乐清、永嘉、文成、平阳、泰顺等地，生于海拔300~1100m的山坡和山冈林中，于露岩削壁之处常组成小片纯林。

木材坚硬，可用于烧制优质木炭；种子富含淀粉，可供酿酒或工业用；树皮和壳斗含单宁，可供提取栲胶。

■ 6. 枹栎 瘰栎 短柄枹 图310

Quercus serrata Murr. [*Quercus glandulifera* Bl. var. *brevipetiolata* (A. DC.) Nakai;*Quercus serrata* Thunb. var. *brevipetiolata* (A. DC.) Nakai]

落叶乔木。树皮灰褐色，纵裂。单叶互生，常集生于枝端呈轮生状；叶片纸质，狭椭圆状倒卵形或椭圆状倒披针形，顶端渐尖或急尖，基部楔形或近圆形，边缘有内弯腺锯齿，幼时被伏贴毛，老时仅叶背被平伏毛或无毛；叶柄长0.2~1cm，无毛。雄花序长5~8cm；雌花序长约1cm。壳斗杯状，包围坚果的1/3；坚果卵形至卵圆形，果脐平坦。花期4~5月，果期9~10月。

见于乐清、永嘉、文成、泰顺等地，生于海拔450m以上的山坡或山冈阔叶或针阔叶混交林或山顶矮林中。

■ 7. 刺叶栎 高山刺叶栎 图311

Quercus spinosa David ex Franch.

常绿灌木或小乔木。幼枝有黄色星状毛，后渐脱净。单叶互生；叶片厚革质，倒卵形至椭圆形，稀近圆形，先端圆形，基部圆形至心形，边缘有刺

胡仁勇 摄

图 310 枹栎

图 311 刺叶栎

状锯齿或全缘，幼时两面疏生星状绒毛，老时仅在下面中脉基部有暗灰色绒毛，叶面皱褶；叶柄长2~3mm。壳斗杯形，包围坚果约1/4，内面有灰色绒毛；苞片三角形，背面隆起；坚果卵形至椭圆形。花未见，果期10月。

见于永嘉（大青岗），生于海拔约990m的山顶矮林或灌丛中。温州分布新记录种。

本种在浙江分布区狭窄，个体稀少，已被列入《浙江省重点保护野生植物名录》。

存疑种

■ 1. 赤皮青冈

Cyclobalanopsis gilvea (Bl.) Oerst.

常绿乔木。小枝、芽和叶片下面均密被黄褐色星状绒毛。壳斗碗形；苞片合生成6~7个同心环带。

《泰顺县维管束植物名录》有记载，但未见标本；浙江大学标本室有一份该种标本，实为小叶青冈 *Cyclobalanopsis gracilis* (Rehd. et Wils.) Cheng et T. Hong 的误定。

■ 2. 米心水青冈

Fagus engleriana Seem.

落叶乔木。叶片卵状披针形，边缘波状或近全缘，侧脉近叶缘向上弯拱网结。苞片两型，基部的匙形，上部的线形。

浙江农林大学标本室有一份采自永嘉的营养体标本，但无花果而不能确定；《泰顺县维管束植物名录》也有记载，但未见标本。

■ 3. 鼠刺叶柯　鼠刺叶石栎

Lithocarpus iteaphyllus (Hance) Rehd.

常绿乔木。小枝无毛，也无粉状糠秕。叶片狭长椭圆形，基部楔形，明显下延。壳斗通常单生于果序轴上；鳞片卵状菱形，排成4~5环。

《浙江植物志》记载乐清（雁荡山）有产；浙江农林大学标本室有一份营养体标本，可能是硬壳柯 *Lithocarpus hancei* (Benth.) Rehd. 的萌枝。

■ 4. 小叶栎

Quercus chenii Nakai

落叶乔木。小枝幼时被伏贴的黄褐色柔毛。叶片披针形或卵状披针形，边缘具芒刺状锯齿。壳斗上的苞片仅在口缘处为钻形并反卷，其余为鳞形。

《泰顺县维管束植物名录》有记载，但未见标本。

■ 5. 栓皮栎

Quercus variabilis Blume

落叶乔木。树皮深纵裂，木栓层发达。叶片边缘具芒状锯齿，下面密被灰白色星状毛。壳斗碗状；苞片钻形反曲；坚果近球形。

《泰顺县维管束植物名录》有记载，仅见到一份采自泰顺罗阳的标本，但应该是栽培的。

10. 榆科 Ulmaceae

乔木或灌木。单叶，互生，常2列排；羽状脉或近基部三出脉，有锯齿或全缘，叶基偏斜或对称；托叶膜质，常早落。花小，两性、杂性或单性异株，为腋生的聚伞花序、总状花序，有时单生或簇生；萼片4~8，分离或基部稍连合，覆瓦状或镊合状排列，无花瓣；雄蕊与萼片同数且与之对生，稀2倍，花丝分离；子房上位，花柱2，倒生胚珠1。翅果、核果或坚果。种子单生，常无胚乳，胚直立或弯曲或扭旋，子叶扁平。

16属230种，广布于热带至温带地区。我国8属约46种，南北均有分布；浙江7属19种2变种；温州5属12种2变种。

分属检索表

1. 羽状脉。
  2. 花两性；叶基偏斜；翅果 ······ **4. 榆属 Ulmus**
  2. 花单性或杂性；叶基对称；坚果 ······ **5. 榉树属 Zelkova**
1. 基部三出脉。
  3. 叶侧脉直伸，先端伸达齿尖 ······ **1. 糙叶树属 Aphananthe**
  3. 叶侧脉弧曲，先端不达齿尖。
    4. 叶缘具锯齿；果较小，直径1.5~4mm，常具宿存的花萼 ······ **3. 山黄麻属 Trema**
    4. 叶全缘或中下部全缘，上部有较粗而疏的锯齿；果较大，直径4~7mm，无宿存花萼 ······ **2. 朴属 Celtis**

1. 糙叶树属 Aphananthe Planch.

乔木或灌木。冬芽卵形，先端尖，贴近小枝。叶片基部以上锯齿，三出脉，侧脉直伸齿尖。花单性，雌雄同株；雄花排成伞房花序，生于新枝基部叶腋；雌花单生于新枝上部叶腋。核果，具宿存的花萼及花柱。

5种，分布于东亚和澳大利亚。我国2种；浙江1种，温州也有。

■ 糙叶树 图312

Aphananthe aspera (Thunb.) Planch.

落叶乔木。树皮黄褐色，老时纵裂。小枝被平伏硬毛，后脱落。叶片卵形或椭圆状卵形，长4~13cm，先端渐尖或长渐尖，基部近圆形或宽楔形，单锯齿细尖，上下两面有平伏硬毛；叶柄长5~17mm。果近球形，直径约8mm，黑色，密被平伏硬毛；果梗较叶柄短或等长，被毛。花期4~5月，

朱圣潮 摄

陈贤兴 摄

图312 糙叶树

果期 10 月。

见于乐清、永嘉、文成、泰顺，生于海拔 1000m 以下的平原、丘陵、路边及河旁，常与朴树、枫香、栎类等混生。

本种为纤维植物，用材树种。

2. 朴属 Celtis Linn.

乔木，稀灌木。冬芽卵形，先端贴近小枝。小枝髓片状分隔。叶片通常中部以上有锯齿或全缘，三出脉，侧脉弧曲向上，不伸入齿尖。花杂性同株；雄花生于新枝下部；两性花单生或 2~3 花生于新枝上部叶腋。核果近球形或卵圆形，单生或 2~3 生于叶腋或成总状，花萼及花柱脱落。

约 60 种，分布于北温带和热带地区。我国 11 种，广布于我国各地；浙江 6 种；温州 5 种。

分种检索表

1. 小枝、叶下面密被黄褐色绒毛 …… **3. 珊瑚朴 C. juliancae**
1. 小枝无毛或幼时有毛，后脱落；叶下面仅叶脉或叶腋有毛
  2. 果单生于叶腋。
    3. 叶片卵状椭圆形或卵形，长 8~15cm，宽 4.5~7cm，先端渐尖或尾尖，边缘近基部或中部以上有粗锯齿；果卵状椭圆形，长约 17cm，直径 12mm，橙黄色，果梗长 1.7~3.3cm …… **5. 西川朴 C. vandervoetiana**
    3. 叶片卵状椭圆形，长 3.5~8cm，宽 2~5cm，先端渐尖或尖，边缘有时一侧全缘；果球形，直径 6~7mm，黑色，果梗长 1~2.8cm …… **2. 黑弹树 C. bungeana**
  2. 果 2~3 于并生于叶腋，稀单生。
    4. 果梗较叶柄长 2 倍 …… **1. 紫弹树 C. biondii**
    4. 果梗与叶柄近等长；枝具圆形皮孔；叶下面网脉明显凸起；果核有凹点及棱脊 …… **4. 朴树 C. sinensis**

■ 1. 紫弹树　黄果朴　图 313

Celtis biondii Pamp.

落叶乔木。树皮灰绿色，平滑。小枝红褐色，密被锈褐色绒毛；一年生枝暗褐色，无毛，散生圆形皮孔。叶片卵形或卵状椭圆形，长 2.5~8cm，宽 2~3.5cm，先端渐尖，基部宽楔形，稍偏斜，边缘中部以上有疏齿，稀全缘，幼叶两面散生毛，上面较粗糙，下面近无毛，脉腋有毛，下面网脉凹陷；叶柄长 3~8mm，老则几无毛。核果 2~3 着生于叶腋，近球形，直径约 4~6mm，熟时橙红色。花期 4~5 月，果期 9~10 月。

图 313　紫弹树

见于本市各地，生于低山、丘陵疏林中。

根皮、茎枝及叶可药用。

■ 2. 黑弹树　小叶朴　图 314

Celtis bungeana Blume

落叶乔木。树皮灰色光滑。一年生枝褐黄色或褐色，无毛。叶片卵状椭圆形，长 3.5~8cm，宽 2~5cm，先端渐尖，基部阔楔形，稍偏斜，边缘中部以上有钝锯齿，有时一侧全缘，上面亮绿色，下面脉腋常生有柔毛或无毛；叶柄长 3~10mm，上面有沟槽，初被毛。核果单生于叶腋，球形，直径 6~7mm，黑色；果核平滑，白色；果梗纤细无毛。花期 4~5 月，果期 9~10 月。

图 314 黑弹树

见于瓯海、平阳、苍南，生于海拔 1000m 以下的向阳山坡或平原。

3. 珊瑚朴 图 315

Celtis julianae C. K. Schneid.

落叶乔木。一年生枝、叶下面及叶柄均密被黄褐色绒毛。叶片厚纸质，宽卵形或卵状椭圆形，长 6~12cm，宽 3~7cm，先端短渐尖或突短尖，基部近

图 315 珊瑚朴

图316　朴树

图317　西川朴

圆形，中部以上具钝锯齿，上面稍粗糙。果单生于叶腋，卵球形，长1~1.5cm，橙红色，无毛，果核顶部具长2mm的尖头，有2肋，表面呈不明显的网纹及凹陷；果梗长1.5~2.5cm，密被绒毛。花期3~4月，果期9~10月。

据《泰顺县维管束植物名录》记载泰顺有分布。

本种为观赏树种。

■ 4. 朴树　图316

Celtis sinensis Pers.[*Celtis tetrandra* Roxb. subsp. *sinensis* (Pers.) Y. C. Tang]

落叶乔木。树皮褐灰色，粗糙而不裂。小枝密被毛。叶片宽卵形或卵状长椭圆形，长3.5~10cm，宽2~5cm，先端急尖，基部圆形，偏斜，边缘中部以上具疏而浅锯齿，上面无毛，下面叶脉及脉腋疏生毛，网脉隆起；叶柄长5~10mm，被柔毛。核果单生或2~3并生于叶腋，近球形，直径4~6mm，熟时红褐色；果梗与叶柄近等长。花期4月，果期10月。

见于本市各地，常生于村落郊野、路旁、溪边、河岸等处。

本种为纤维植物，用材树种。

■ 5. 西川朴　图317

Celtis vandervoetiana C. K. Schneid.

落叶乔木。树皮灰色，一年生枝红褐色，无毛。芽卵形，紫色，具褐色伸展硬毛。叶片近革质，卵状椭圆形或卵形，长8~15cm，宽4.5~7cm，先端渐尖或尾尖，基部近圆形或宽楔形，稍偏斜，边缘近基部或中部以上有粗锯齿，上面深绿色，无毛，下面淡绿色，脉均隆起，脉腋有毛；叶柄长1.2~2cm，无毛。核果单生于叶腋，卵状椭圆形，长约17mm，橙黄色，无毛，果核白色；果梗长1.7~3.3cm，无毛。花期3~4月，果期9~10月。

见于瑞安、泰顺，生于山谷密林中和山坡疏林中，常散生。

本种为纤维植物，用材树种。

3. 山黄麻属 Trema Lour.

小乔木或灌木。叶片基部以上有锯齿，三至五出脉或羽状脉，侧脉上弯，不伸至齿尖。花小，单性或杂性同株；聚伞花序腋生；雄花花萼4~5，雄蕊4~5；雌花子房无柄，柱头2，胚珠单生，下垂。核果小，花萼、花柱宿存。胚弯曲或卷曲。

约15种，分布于热带、亚热带。我国5种1变种，产于西南部至中国台湾；浙江1种1变种，温州均产。

1. 光叶山黄麻 图318

Trema cannabina Lour.

灌木或小乔木。高1~3m。小枝纤细，紫褐色或黄褐色，密被平贴柔毛，后脱落。叶片薄纸质，卵形、卵状长圆形或卵状披针形，长4~10cm，宽1.5~4 cm，先端尾尖，基部或浅心形，边缘具较细的单锯齿，上面平滑或略粗糙，下面无毛或沿脉疏生柔毛，三出脉；叶柄长5~10mm，贴生柔毛。聚伞花序与叶柄等长或略短。核果近球形，微压扁，直径约3mm，核有皱纹；果梗长1~2mm，光滑。花期3~6月，果期9~10月。

见于瑞安、平阳、泰顺，生于海拔100~170m的山坡路边。

图318 光叶山黄麻

1a. 山油麻 图319

Trema cannabina var. **dielsiana** (Hand. -Mazz.) C. J. Chen

本变种与原种的区别在于：小枝与叶柄密被伸展的粗毛；叶上面多少被毛，下面被较密柔毛，沿脉生有较长硬毛。

见于本市各地，生于海拔700m以下的山谷、溪边灌丛中。

图319 山油麻

4. 榆属 Ulmus Linn.

乔木，稀灌木。小枝无刺，或有时具对生扁平的木栓翅。无顶芽，芽鳞覆瓦状排列。叶缘具重锯齿或单锯齿，羽状脉直伸，脉端伸入锯齿，基部稍偏斜；有柄；托叶膜质，早落。花两性；春季先于叶开放，稀秋冬开花。翅果扁平；翅膜质。

约 40 种，分布于北半球，主产于北温带，向南可分布到喜马拉雅山、缅甸、老挝、越南及墨西哥。我国产 21 种 6 变种；浙江 7 种 1 变种；温州 4 种 1 变种。

分种检索表

1. 春季开花；树皮纵裂，稀块片剥落。
    2. 叶下面及叶柄密被柔毛；果核位于翅果中上部，接近缺口。
        3. 叶片长椭圆形或长圆状卵形，先端渐尖或短尾尖，叶下面及叶柄密被柔毛，后脱落，稍粗糙，侧脉 20~35 对；翅果长 1.5~3.3cm ………… **2. 多脉榆 U. castaneifolia**
        3. 叶片倒卵形或倒卵状椭圆形，先端渐尖或短尾尖，叶面有毛迹，后脱落，侧脉 8~16 对；翅果长 1~1.6cm ………… **3. 春榆 U. davidiana** var. **japonica**
    2. 叶下面无毛或仅脉腋及叶脉上有毛，叶柄无毛或疏被毛；果核位于翅果中部，果核不接近缺口或接近缺口。
        4. 小枝无毛；叶片倒卵状长圆形至长椭圆形，长 5~13cm，先端急尖或尾尖，基部斜歪耳形，侧脉 14~23 对；果倒卵状圆形或近圆形 ………… **1. 兴山榆 U. bergmanniana**
        4. 小枝有毛；叶片椭圆状卵形或椭圆状披针形，长 2~8cm，先端短尖或渐尖，基部一边楔形，一边圆形，侧脉 9~14 对；翅果近圆形或倒卵状圆形 ………… **5. 榆树 U. pumila**
1. 秋冬季开花；树皮鳞状剥落 ………… **4. 榔榆 U. parvifolia**

1. 兴山榆

Ulmus bergmanniana Schneid.

落叶乔木。小枝无毛。冬芽大，芽鳞紫黑色，外面无毛。叶倒卵状长圆形至长椭圆形，长 5~13cm，宽 4~7.5cm，先端急尖或尾尖，基部一侧耳形，显著斜歪，边缘具重锯齿，上面微粗糙，无毛，下面除脉腋有簇毛外，余处无毛，侧脉 14~23 对；叶柄长 4~10mm，无毛。花簇生于二年生枝叶痕腋部呈短总状。翅果倒卵状圆形或近圆形，长 12~18mm，宽 10~16mm；果核位于翅果中部，不接近缺口，两面无毛。花期 3~4 月，果期 4~5 月。

见于平阳、文成、泰顺，生于山坡、路边阔叶林中。

本种为用材树种。

图 320　多脉榆

2. 多脉榆 图 320

Ulmus castaneifolia Hemsl.[*Ulmus multinervis* Cheng;*Ulmus ferruginea* Cheng]

落叶乔木。树皮灰色至黑灰色，纵裂成长圆形块片脱落。小枝密被黄白色或锈褐色柔毛，后渐脱落；二年生枝疏被毛或近无毛，枝常具木栓翅。叶片长椭圆形或长圆状卵形，较厚质，长 7~15cm，宽 3~6cm，先端长渐尖或短尾尖，基部偏斜，较大的一侧常覆盖着叶柄，边缘具重锯齿，侧脉通常 20~35 对；叶柄密被柔毛。花多数成簇状聚伞花序，生于二年生枝的叶痕腋部。翅果长圆状倒卵形；果核位于翅果的上部或中上部，接近缺口。花期 3 月，果期 4 月。

见于瑞安、泰顺，生于山坡及山谷的阔叶林中。

本种为用材树种。

3. 春榆 图 321

Ulmus davidiana Planch. var. **japonica** (Rehd.) Nakai

落叶乔木或灌木状。一年生枝淡灰色，有短柔毛或无毛；萌芽枝及幼枝有木栓翅。芽鳞栗褐色，外面有褐色平贴毛或近无毛。叶片倒卵形或倒卵状椭圆形，长 3~9cm，宽 2~5cm，先端渐尖或短尾尖，基部偏斜，边缘有重锯齿，上面幼时有短硬毛，后留下粗糙毛迹，下面幼时密毛，后脱落，主侧脉及脉腋有灰白色毛，侧脉 8~16 对；叶柄被毛；托叶披针形。花先于叶开放，3~8 花簇生于二年生枝叶痕腋部。翅果倒卵形；果核位于翅果中上部，接近缺口；果无毛或仅缺口处有毛。花期 4 月，果期 5 月。

见于瓯海、泰顺，生于低海拔丘陵山地或路旁。

本种为纤维植物，用材树种。

图 321 春榆

4. 榔榆 图 322

Ulmus parvifolia Jacq.

乔木。树皮灰褐色，成不规则鳞状剥落，而

图 322 榔榆

图 323 榆树

露出红褐色或绿褐色内皮。小枝红褐色，被柔毛。叶片窄椭圆形、卵形或倒卵形，长 1.5~5.5cm，宽 1~3cm，先端短尖或略钝，基部偏斜，边缘具单锯齿，幼树及萌芽枝之叶为重锯齿，侧脉 10~15 对，上面无毛，有光泽，下面幼时被毛。花秋季开放，簇生于当年生枝叶腋；花萼 4 裂至基部或近基部。翅果椭圆形或卵形；果核位于翅果之中央。花期 10 月，果期 11 月。

见于本市各地，生于海拔 600m 以下的平原、丘陵或山麓路边、溪边、山谷地。

本种为纤维植物，用材树种；叶及根皮可药用。

■ 5. 榆树 白榆 图 323

Ulmus pumila Linn.

落叶乔木。树冠近圆形。树皮暗灰色，纵裂粗糙。小枝灰色，有毛。叶片椭圆状卵形或椭圆状披针形，长 2~8cm，宽 2.2~2.8cm，先端短尖或渐尖，基部一边楔形，一边圆形，不对称，边缘有重锯齿或单锯齿，上面无毛，下面脉腋具簇毛，侧脉 9~14 对；叶柄长 2~8mm，无毛或有疏毛。花先于叶开放，簇生于上一年生枝的叶痕腋部。翅果近圆形或倒卵状圆形，长 1~1.5cm，无毛；果核位于翅果中央，不与缺口相接；翅薄，膜质。花期 3~4 月，果期 4 月。

见于本市各地，栽培或逸生，生于路旁、山地、沟边。

本种为纤维植物，用材树种。

5. 榉树属 Zelkova Spach

落叶乔木。冬芽卵形，先端不贴近小枝。叶片边缘有桃尖形的单锯齿，羽状脉。花单性，雌雄同株；雄花簇生于新枝下部叶腋；雌花单生或 2~3 花簇生于新枝上部叶腋。坚果，上部斜歪，无翅。

约 5 种，分布于地中海东部至亚洲东部。我国 3 种，产于辽东半岛至西南及台湾；浙江 2 种；温州 1 种。

■ 大叶榉 榉树

Zelkova schneideriana Hand.-Mazz.

乔木。一年生小枝灰色，密被灰色柔毛。叶片卵形、卵状披针形或椭圆状卵形，大小变化甚大，长 3.6~12cm，宽 1.3~4.7cm，先端渐尖，基部宽楔形或圆形，单锯齿桃尖形，具钝尖头，上面粗糙，具脱落性硬毛，下面密被淡灰色柔毛；侧脉 8~14 对，直伸齿尖；叶柄长 1~4mm，密被毛。果直径 2.5~4mm，有网肋。花期 4 月，果期 9~11 月。

见于乐清、永嘉、文成、泰顺，生于低山林缘、沟谷边、路边。

本种为优质用材树种。国家 II 级重点保护野生植物。

11．桑科 Moraceae

乔木或灌木，稀藤本和草本。常有乳状汁液。单叶互生，稀对生，全缘或有锯齿或缺裂；托叶早落。花小，单性，雌雄同株或异株；头状花序、穗状花序、柔荑花序或生于一肉质中空的花序托内壁上而为隐头花序；单被花，覆瓦状或镊合状排列，雄花雄蕊与萼片同数且与其对生；雌花子房上位至下位。果聚生成隐花果或聚花果；小果为瘦果或核果。

约 43 属 1400 种，主产于热带和亚热带地区。我国约 9 属 144 种，主产于长江以南各地；浙江 7 属 21 种 4 变种；温州 6 属 20 种 4 变种。

分属检索表

1. 乔木或灌木，植物体有乳汁。
  2. 小枝无明显的环状托叶痕；不为隐头花序。
    3. 无刺；叶具掌状脉；柔荑花序或雌花排成头状花序，花丝在蕾中内折。
      4. 雌、雄花序均为柔荑花序；聚花果圆柱形，小果为瘦果，肉质部分为花萼发育而来，芽鳞 3~6 ……… **6. 桑属 Morus**
      4. 雄花序为柔荑花序或头状花序，雌花序为头状花序；聚花果球形，小果为核果，肉质部分为子房发育而来；芽鳞 2~3 ……… **1. 构属 Broussonetia**
    3. 常有枝刺；叶具羽状脉或三出脉；头状花序，花丝在蕾中直立 ……… **5. 柘属 Maclura**
  2. 小枝具环状托叶痕 隐头花序 ……… **3. 榕属 Ficus**
1. 草本，无乳汁稀有乳汁。
  5. 茎直立；叶互生或下部对生；花单性同株 ……… **2. 水蛇麻属 Fatoua**
  5. 茎缠绕；叶对生，掌状 3~5 裂或不裂；雌雄异株 ……… **4. 葎草属 Humulus**

1．构属 Broussonetia L'Hérit. ex Vent.

落叶乔木或灌木。有乳液。无顶芽。叶互生，不裂或 3 裂，有锯齿，三出脉；托叶早落。花单性，雌雄同株或异株；雄花序为柔荑花序或头状花序；雌花序为头状花序。聚花果球形，肉质，由橙红色小核果组成。

4 种，分布于亚洲东部及太平洋岛屿。我国 4 种均产；浙江 3 种，温州均产。

分种检索表

1. 乔木；枝粗壮；叶柄长 2.5~8cm，叶下面密被绒毛；聚花果直径约 3cm ……… **3. 构树 B. papyrifera**
1. 灌木或蔓生藤状灌木；枝细；叶柄长 0.5~2cm，叶下面被柔毛或无毛；聚花果直径不超过 1cm。
  2. 灌木；叶片卵形或斜卵形，有缺裂或无；花雌雄同株，均为头状花序 ……… **2. 楮 B. kazinoki**
  2. 藤本；叶片椭圆状卵形至长卵形，无缺裂；花雌雄异株，雄花序为柔荑花序，雌花序为头状花序 ……… **1. 藤构 B. kaempferi**

■ 1. 藤构　藤葡蟠　图 324

Broussonetia kaempferi Sicb.

藤状灌木。枝蔓生弯曲，干后褐紫色。叶片长卵形或椭圆状卵形，通常不裂，长 4~14cm，宽 2.2~4.4cm，先端长渐尖，基部浅心形，通常不对称，边缘有细锯齿，上面有疏毛，下面毛较密；叶柄被毛。花单性，雌雄异株；雄花序为柔荑花序，长2~2.9cm，花稀疏，花萼3，雄蕊3；雌花序头状，花序梗长1~1.5cm，通常较楮的略长，花萼筒先端2~3齿。聚花果成熟时直径8~10mm；小核果橙红色。花期4月，果期6月。

见于乐清、永嘉、瑞安、平阳、文成、泰顺，生于山坡及灌丛中。

2. 楮　小构树　图325

Broussonetia kazinoki Sieb. et Zucc.

落叶灌木。小枝暗紫红色，细长疏生，幼时有短柔毛，后光滑无毛。叶片卵形或斜卵形，长5~12cm，宽4~6cm，先端渐尖或尾尖，基部圆或心形，基部三出脉，边缘有锯齿，不裂，或2~3裂，上面绿色，具糙伏毛；叶柄长0.5~2cm。花单性，雌雄同株，头状花序；雄花萼片被毛，雄蕊3~4，向外对折；雌花序梗长约5mm，雌花花萼筒状，膜质透明，包着子房，先端3~4齿，外有4盾形苞片，苞片先端有羊毛状毛，柱头2，1长1短，紫红色。聚花果球形；小核果橙红色。花期4月，果期6月。

见于乐清、永嘉、瑞安、文成、平阳、泰顺，生于低海拔山地、林缘及溪边。

本种为纤维植物；全株及叶可药用。

3. 构树　图326

Broussonetia papyrifera (L.) L'Her. ex Vent.

乔木。树皮灰色，平滑。小枝粗壮，密被绒毛。叶互生，常在枝端对生；叶片宽卵形，长7~18cm，先端尖，基部圆形或稍呈心形，常有3~5不规则的深裂，幼枝或小树的叶更为显著，上面暗绿色，具糙状毛，下面灰绿色，密被柔毛；叶柄长2.5~8cm，密被绒毛；托叶膜质，三角形，大而早落。花单性，异株；雄花柔荑花序长6~8cm，着生于叶腋；雌花序头状。聚花果球形，直径约3cm，熟时由橙红色小核果组成。花期5月上旬，果期6~9月。

见于本市各地，生于中低海拔的路边、沟谷、林缘。

本种生长迅速，繁殖亦易，对空气中的有毒气体抗性较强。本种为纤维植物；叶、树皮可药用。

吴棣飞 摄

吴棣飞 摄

图324　藤构

吴棣飞 摄

吴棣飞 摄

图325　楮

朱圣潮 摄

朱圣潮 摄

丁炳扬 摄

图 326　构树

2. 水蛇麻属 Fatoua Gaud.

草本。叶互生，边缘有锯齿；托叶早落。花单性同株，为腋生具柄的头状聚伞花序，雌、雄花混生；雄花花萼4裂，雄蕊4，花丝在花蕾中内折，雌蕊退化，很小；雌花花萼4~6深裂，裂片较狭窄，子房偏斜，花柱侧生，2裂，丝状。瘦果小，稍扁；果皮薄壳质，为宿存的花萼所包。种子无胚乳。

2种，1种分布于马达加斯加，1种分布于爪哇北部至日本和大洋洲。我国2种；浙江1种，温州也有。

■ 桑草　水蛇麻

Fatoua villosa (Thunb.) Nakai [*Fatoua pilosa* Gaud.]

一年生草本。茎直立，高约40cm，基部木质。叶片互生，卵形、卵状披针形，长2~7cm，宽1~4cm，先端渐尖，基部近圆形或浅心形，边缘有钝齿，两面被疏毛，三出脉。花序单生或成对腋生；雄花具短梗，萼片4，舟状三角形，外面有疏毛，内面无毛，雄蕊4，退化雌蕊圆锥形；雌花近无梗，子房斜卵形，花柱侧生，柱头细长如丝，被毛，基部有1短分枝。瘦果小，扁球形，歪斜，红褐色。花期5~8月，果期8~10月。

见于本市各地，生于路旁及荒地。

3. 榕属 Ficus Linn.

乔木或灌木，有时攀援状。具乳汁。叶互生，稀对生，全缘，有锯齿或缺裂；托叶合生，包围顶芽，早落而留一环状托叶痕。花小，雌雄同株，稀异株，生于肉质中空球形、卵形或梨形等的隐头花序内；常雌雄同序，即雄花、瘿花和雌花同生于一隐头花序内，雄花位于隐头花序的口部附近；异序者则雄花及瘿花生于同一花序内，而雌花生于另一花序内。瘦果小，骨质。

约1000种，分布于热带和亚热带地区。我国约90余种，分布于秦岭以南地区，多数产于云南及华南；浙江及温州10种4变种。

本属多数种类的茎、枝韧皮纤维可作麻类代用品，有些种类的果可食。

分种检索表

1. 直立乔木或灌木。
  2. 雌雄同株，花间具苞片。
    3. 叶两面具钟乳体；雄花在榕果内壁散生；子房白色，或基部具红斑 ………… **6. 榕树 F. microcarpa**
    3. 叶下面具钟乳体；雄花集生在榕果孔口或散生；子房全部红褐色。
      4. 叶片长卵形或椭圆形，长3.5~10cm，宽1.8~4.5cm；叶柄长0.5~2cm ………… **1. 雅榕 F. concinna**
      4. 叶片长椭圆形或椭圆状卵形，长8~16cm，宽4~7cm；叶柄长3~7cm ………… **10. 笔管榕 F. subpisocarpa**
  2. 雌雄异株，花间无苞片。
    5. 叶有缺裂，但不为提琴形 ………… **5. 粗叶榕 F. hirta**
    5. 叶无缺裂，或中部凹入为提琴形。
      6. 雌花及瘿花子房具柄；叶两面有毛 ………… **2. 天仙果 F. erecta**
      6. 雌花及瘿花子房无柄；叶两面无毛，或上面粗糙而下面微被毛。
        7. 叶基出侧脉达叶1/3~1/2；隐花果无梗 ………… **4. 异叶榕 F. heteromorpha**
        7. 叶基出侧脉不延长；隐花果有梗。
          8. 植物体无毛；叶狭椭圆形、椭圆形或倒披针形，边缘微反卷，先端钝或钝尖 …… **11. 变叶榕 F. variolosa**
          8. 植物体至少叶下面有小凸点及柔毛；叶先端渐尖。
            9. 叶片纸质或膜质，全缘或中部以上有疏齿，中部以下渐窄，至基部成狭楔形，叶干后上面墨绿色，下面黄绿色 ………… **3. 台湾榕 F. formosana**

9. 叶片近革质或厚纸质，基部圆形、楔形或浅心形，叶干后不呈墨绿色 ………………………… **7. 琴叶榕 F. pandurata**

1. 攀援灌木。

10. 叶二型，果枝上叶先端钝，侧脉 3~4 对；榕果直径 3~8cm ………………………………………… **8. 薜荔 F. pumila**

10. 叶同型，果枝上叶先端渐尖或尾尖，侧脉 5~9 对；榕果直径 0.7~2cm。

11. 叶片披针形或椭圆状披针形，长 3~9cm，宽 1~3cm，下面网脉稍隆起，构成不显著的小凹点 ……………………………………………………………………………………… **9b. 爬藤榕 F. sarmentosa** var. **impressa**

11. 叶片长椭圆形或长圆状披针形，长 6~14.5cm，宽 2~6cm，下面网脉隆起成蜂窝状。

12. 叶下面密被褐色柔毛或长柔毛，不为粉绿色；隐花果呈圆锥形或圆卵形，顶端尖 ……………………………………………………………………………… **9a. 珍珠莲 F. sarmentosa** var. **henryi**

12. 叶无毛或被疏毛，下面粉绿色；隐花果呈球形，顶端不尖 ……… **9c. 白背爬藤榕 F. sarmentosa** var. **nipponica**

■ 1. 雅榕　小叶榕　图 327

Ficus concinna (Miq.) Miq.[*Ficus parvifolia* (Miq.) Miq.; *Ficus concinna* var. *subsessilis* Corner]

乔木。小枝具棱，深褐色，无毛。叶片互生，革质，长卵形，长 3.5~10cm，先端短尖或渐尖，基部宽楔形或近圆形，全缘，两面均为绿色，无毛，上面有光泽；羽状脉，侧脉 4~10 对，少平行，无明显边脉，网脉在两面均明显凸起（特别在干时）；叶柄长 0.5~2cm，上面有纵沟，叶片与叶柄连接处有关

丁炳扬 摄

朱圣潮 摄

图 327　雅榕

节；托叶披针形。隐头花序球形，直径5~8mm，无毛，单生或成对生于已落叶的叶痕腋部或叶腋，无梗，顶部有脐状凸起。榕果直径0.7~1.1cm，红色，有白色不明显斑点。花期3~6月，果期8月。

见于永嘉、鹿城、瓯海、龙湾、洞头、瑞安、平阳、苍南，生于路边、空旷地、河边等处。

本种是温州市市树，为紫胶虫寄主，树冠大，作庭阴树。

本种与榕树 *Ficus microcarpa* Linn. f. 的区别在于：本种叶片无明显边脉，网脉在两面均明显凸起。

■ 2. 天仙果 图328

Ficus erecta Thunb. [*Ficus erecta* Thunb. var. *beecheyana* (Hook. et Arn.) King]

落叶小乔木或灌木。高1~8m。树皮灰褐色。小枝和叶柄密被硬毛。叶片厚纸质，倒卵状椭圆形或长圆形，长7~18cm，宽2.5~9cm，先端渐尖，基部圆形或浅心形，全缘，稀叶上部有疏齿，上面粗糙，疏生短粗毛；下面被柔毛，具有乳头状凸起；基生脉三条，侧脉5~7对，弯拱向上；叶柄长1~7cm，纤细，密被灰白色短硬毛；托叶三角状披针形，浅褐色，早落。隐头花序单生或成对腋生，梗长5~26mm，球形或近梨形；雄花和瘿花同生于一隐头花序中。瘦果三角形。花期4月，果期8~9月。

见于本市各地，生于山坡林下阴湿处，山谷、溪边灌木丛和田野沟边。

■ 3. 台湾榕 图329

Ficus formosana Maxim.[*Ficus taiwaniana* Hayata; *Ficus formosana* f. *shimadae* Hayata]

灌木。高2~3m。小枝、叶柄、叶脉幼时疏被柔毛，后无毛。枝纤细，节短。叶片纸质或膜质，倒卵状长圆形或倒披针形，长4~11cm，宽1~3cm，先端渐尖或尾尖，全缘或中部以上有疏齿，中部以下渐窄，至基部成狭楔形，干后上面墨绿色，下面黄绿色，叶脉不明显；叶柄长2~7mm。隐头花序单生于叶腋，

朱圣潮 摄

图328 天仙果

朱圣潮 摄

朱圣潮 摄

图 329 台湾榕

卵球形或梨形，直径 6~9mm，绿色或紫红色，光滑或略具瘤点，顶部脐状凸起，基部收缩为纤细短柄；雄花和瘿花同生于一隐头花序中；雌花生于另一隐头花序中。瘦果球形，光滑。花果期 4~7 月。

见于乐清、瑞安、文成、平阳、苍南、泰顺，生于溪旁湿润处。

本种为纤维植物。

4. 异叶榕　异叶天仙果　图 330

Ficus heteromorpha Hemsl.

落叶灌木或小乔木。树皮灰褐色。幼枝常被黏质锈色硬毛，小枝红褐色，节间短。叶片变异甚大，倒卵状椭圆形、琴形或披针形，长 7~21cm，宽 2~12cm，先端长渐尖或尾尖，基部圆形或浅心形，全缘或微波状，基生脉 3 条，较短，侧脉 6~15 对，上面略粗糙，下面有细小乳头状凸起；叶柄长 1~7cm。隐头花序成对而稀单生于当年生枝上部，无梗，球形或圆锥状球形，光滑，直径 6~10mm，卵圆形，成熟时紫黑色；雄花和瘿花同生于一隐头花序中；雌花生于另一隐头花序内。瘦果光滑。花期 4~5 月，果期 5 ~7 月。

见于乐清、瑞安、文成、泰顺，生于山谷或坡地林中。

本种为纤维植物；隐花果成熟时可食用。

5. 粗叶榕　掌叶榕　图 331

Ficus hirta Vahl[*Ficus simplicissima* Lour. var. *hirta* (Vahl) Migo]

灌木或小乔木。高 2~3m。枝、叶和隐头花序密被金黄色开展的长硬毛。小枝粗壮中空，节间短。叶片卵形、椭圆形或卵状椭圆形，长 11~17.5cm，宽 5~7.5cm，先端渐尖或短尖，基部心形，不裂或

图 330 异叶榕

图 331 粗叶榕

2~3 裂，三出脉，边缘有三角形整齐齿牙，上面粗糙，初时有毛，中脉有长毛；叶柄长 1.2~7cm，有黄色硬毛；托叶披针形，有粗毛。隐头花序无梗，单生或成对腋生，近球形，先端尖，直径 0.8~2.0cm，有黄色长硬毛；雄花和瘿花生于同一隐头花序内；雌花生于另一隐头花序内，萼片与雄花的相似，但较窄，色较淡。瘦果椭圆形。花果期 4~6 月。

见于永嘉、瑞安、文成、泰顺山区，生于山坡、山谷、溪旁或林中。

本种茎皮纤维发达；根、果供药用。

■ 6. 榕树 图 332

Ficus microcarpa Linn. f.

乔木。老树常具锈色气根。叶薄革质，窄椭圆形，长 4~8cm，先端钝尖，基部楔形，全缘，细脉不明显，侧脉 3~10 对；叶柄长不及 1cm，无毛；托叶披针形，长约 8mm。榕果成对腋生，熟时黄或微红，扁球形，无总柄，基生苞片 3，宿存；雄花、雌花、瘿花同生于 1 果内，花间具刚毛；雌花似瘿花，花被片 3，柱头棒形。瘦果卵圆形。花期 4~6 月。

鹿城、瓯海、龙湾、瑞安、平阳、苍南等地有栽培，局部有逸生，生于海拔 800m 以下的山区及平原。

本种为优美行道树。

图 332 榕树

图 333 琴叶榕

7. 琴叶榕 图 333

Ficus pandurata Hance[*Ficus pandurata* var. *holophylla* Migo; *Ficus pandurata* var. *angustifolia* W. C. Cheng]

落叶小灌木。高 1~2m。小枝、叶柄幼时被白色短柔毛，后变无毛。叶片纸质或革质，提琴形或倒卵形，长 4~11cm，宽 1.5~6.3cm，先端短尖，基部圆形、宽楔形或浅心形，中部收缩，侧脉 3~5 对，上面无毛，下面仅脉上有疏毛，有小乳突；叶柄长 3~8mm，疏被糙毛；托叶披针形，无毛，迟落。隐头花序单生或成对腋生，卵圆形、球形或梨形，直径 6~10mm，熟时紫红色，顶端脐状凸起；雄花和瘿花同生于一隐头花序内；雌花生于另一隐头花序内。花期 6~7 月，果期 10~11 月。

见于乐清、瑞安、文成、泰顺、苍南，生于山地灌丛中。

本种为纤维植物；根及叶药用。

8. 薜荔 图 334

Ficus pumila Linn.

常绿木质藤本，幼时以不定根攀援于墙壁或树上。叶二型，营养枝上的叶片小而薄，心状卵形，长约 2.5cm；果枝上的叶片较大，革质，卵状椭圆形，长 4~10cm，先端钝，全缘，上面无毛，下面有短柔毛，网脉凸起成蜂窝状；叶柄粗短。隐头花序具短梗，单生于叶腋，基生苞片 3；雄花和瘿花同生于一隐头花序中，隐头花序长椭圆形，长约 5cm，直径约 3cm；雌花生于另一隐头花序中，稍大，梨形。花期 5~6 月，果期 9~10 月。

本市各地有分布、常见攀援于树上、墙上或溪边岸石上。

根、茎、藤、叶及未成熟的隐花果可药用。

朱圣潮 摄

朱圣潮 摄

图 334　薜荔

■ 8a. 爱玉子　图 335

Ficus pumila var. **awekotsang** (Makino) Corner[*Ficus pumila* Linn. var. *ellipsoidea* Cheng]

与原种的区别在于：隐头花序长椭圆形，长 5.3~6.2cm，直径 3~4cm，两端尖或钝，成熟时黄绿色，表面有白色斑点；叶片椭圆形，长 7.7~9.0cm，宽 3~3.9cm，两端钝或先端尖，基部通常不为心形，下面稍有锈色柔毛；果期 4~5 月。

见于乐清（雁荡山）、永嘉、瓯海、洞头、文成。常攀援于岩石或墙上。

■ 9a. 珍珠莲　图 336

Ficus sarmentosa Buch.-llam. ex J.F. Sm. var. **henryi** (King ex D. Oliv.) Corner[*Ficus foveolata* Wall. var. *henryi* King ; *Ficus henryi* King ex D. Oliv.]

常绿攀援或匍匐状灌木。幼枝密被褐色长柔毛，后无毛。叶片互生，革质，椭圆形或营养枝上叶卵状椭圆形，长 6~12cm，宽 2~6cm，先端渐尖或尾尖，基部圆形或宽楔形，全缘或微波状，上面无毛，下

图 335　爱玉子

图 336　珍珠莲

面密被褐色柔毛或长柔毛，不为粉绿色；网脉隆起成蜂窝状；叶柄长 1~2cm，粗壮，被毛。隐头花序单生或成对腋生，无梗或有短梗，圆锥形或近球形，幼时密被褐色柔毛，后无毛；雄花和瘿花同生于一隐头花序中；雌花生于另一隐头花序中。隐花果圆卵形或圆锥形，直径约 1~1.5cm。花期 4~5 月，果期 8 月。

见于本市山区、半山区、生于山坡、山麓及山谷溪边树丛中，常攀援于树干、岩石上。

本种为纤维植物；瘦果可食用；根及藤药用。

9b. 爬藤榕　图 337

Ficus sarmentosa var. **impressa** (Champ. ex Benth.) Corner[*Ficus impressa* Champ.ex Benth.]

常绿攀援灌木。长 2~10m。叶片互生，革质，披针形或椭圆状披针形，长 3~9cm，宽 1~3cm，先端渐尖成长渐尖，基部圆形或楔形，上面光滑，下面粉绿色；侧脉 6~8 对，下面网脉稍隆起，构成不

图 337　爬藤榕

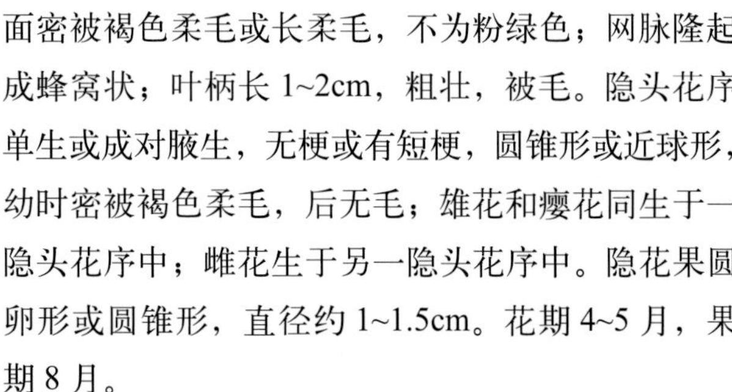

显著的小凹点；叶柄长 3~10mm，密被棕色毛。隐头花序成对腋生，或单生或簇生于落叶枝的叶痕腋部，球形，直径 4~7mm，无毛，有短梗；雄花和瘿花生于同一隐头花序内；雌花生于另一隐头花序内。花期 4 月，果期 7 月。

见于本市山区、半山区，攀援在岩石陡坡、树上或墙壁上。

本种为纤维植物；根、茎、藤药用。

■ 9c. 白背爬藤榕　日本匍茎榕　图 338

Ficus sarmentosa var. **nipponica** (Franch. et Sav.) Corner[*Ficus nipponica* Franch. et Sav.]

常绿攀援灌木。叶片革质，长圆状披针形，或营养枝上叶卵形，长 6.5~14.5cm，宽 2~6cm，先端尾尖，尖头常弯，基部楔形，全缘，边缘略反卷，上面深绿色，无毛，有光泽，下面粉绿色，无毛或被疏毛，基生脉 3 条，网脉在下面隆起成蜂窝状；叶柄长 0.7~2.5cm，密被褐色短柔毛。隐头花序单生或成对腋生，球形，直径 0.8~1.3cm，被毛，常有瘤状凸起；雄花和瘿花生于同一隐头花序中；雌花生于另一隐头花序中。花果期 3~11 月。

图 338　白背爬藤榕

见于瑞安、文成、泰顺、苍南，攀援在岩石陡坡、树上或墙壁上。

■ 10. 笔管榕　图 339

Ficus subpisocarpa Gagne.[*Ficus superba* Miq. var. *japonica* Miq.]

落叶大乔木。有时有气根。树皮黑褐色。小枝淡红色，无毛。叶互生或簇生，近纸质，无毛，长椭圆形或椭圆状卵形，长 8~16cm，先端短渐尖，基部圆形或浅心形，全缘，侧脉 7~9 对；叶柄长 3~7cm，近无毛；托叶披针形，先端急尖，早落。榕果单生或成对腋生或簇生于无叶枝上，近球形，直径 5~10mm，成熟时紫黑色至淡红色，基生苞片 3，先端钝；雄花、瘿花、雌花生于同一隐头花序内；雄花无梗，雌花与瘿花相似。瘦果干后有皱纹。花期 5~8 月。

永嘉、鹿城、瓯海、洞头、瑞安、文成、平阳、苍南等地有栽培或逸生，生于路边溪旁。

本种为良好的庭阴树。

■ 11. 变叶榕　图 340

Ficus variolosa Lindl. ex Benth.

灌木或小乔木。全株无毛。树皮灰褐色。小枝节间短。叶片薄革质，狭椭圆形至椭圆形成倒披针形，长 4~17cm，宽 1~5.5cm，先端钝或钝尖，基部楔形，全缘，边缘反卷，基生脉 3 条，侧脉 6~11 对，纤细；叶柄长 5~25mm；托叶三角形。隐头花序成对或单生于叶腋，球形，直径 10~15mm；雄花和瘿花同生于一隐头花序中；雌花生于另一隐头花序中；成熟隐花果红色。瘦果三角形。花果期 6~8 月。

见于乐清、瓯海、瑞安、文成、平阳、苍南、泰顺，生于山地灌丛疏林中。

本种为纤维植物；根可药用。

朱圣潮 摄

图 339　笔管榕

图 340　变叶榕

4. 葎草属 Humulus Linn.

蔓性草本。茎具棱及倒生小皮刺。叶对生，掌状 3~5 裂或不裂。花单性，雌雄异株；雄花排成圆锥花序，花被 5 裂，雄蕊 5，在花芽中直立；雌花成短穗状花序，雌花单生或成对着生于覆瓦状排列的宿存苞片内，花被膜质，杯状，包围子房，柱头 2，线形，早落。瘦果卵形略扁，为宿存而增大的苞片包围，成熟时球果状。

3 种，分布于北温带及亚热带。我国 3 种；浙江及温州 1 种。

■ 葎草 拉拉藤 图 341

Humulus scandens (Lour.) Merr.

多年生缠绕草本。茎、枝、叶柄均有倒钩刺。叶对生，有时上部互生；叶片纸质，肾状五角形，通常掌状 5~7 深裂，宽 3~11cm，基部心形，先端急尖或渐尖，边缘有粗锯齿，上面粗糙，疏生白色刺毛，掌状叶脉；叶柄长 5~15cm；托叶三角形。花单性，雌雄异株；雄花序圆锥状，长 6~25cm，花小；雌花集成短穗状花序，每一雌花着生于卵状披针形苞片的腋部。瘦果淡黄色，卵圆形。花期春夏季，果期秋季。

见于本市各地，生于山坡路边、沟边、田野荒地，常成片蔓生。

本种为纤维植物；全草药用。

朱圣潮 摄

朱圣潮 摄

朱圣潮 摄

图 341 葎草

5. 柘属 **Maclura** Nuttall

乔木或攀援状灌木。有乳汁，常有刺。叶互生，全缘或缺裂；托叶小，早落。花单性，雌雄异株，头状花序，腋生；雄花萼片3~5，覆瓦状排列，基部有苞片2~4，雄蕊4，花丝直立，多少与萼贴生，退化雌蕊锥形或无；雌花萼片4，胚珠下垂。聚花果球形，肉质；瘦果卵形，压扁，为肉质苞片和花萼所包围。

12种，分布于亚洲、非洲、美洲、大洋洲。我国5种；浙江2种，温州均产。

1. 构棘 葨芝 图342

Maclura cochinchinensis (Lour.) Corner[*Cudrania jayanica* Trec.; *Cudrania cochinchinensis* (Lour.) Kudo et Masam.]

常绿直立或攀援灌木。枝无毛，具粗壮、直立或略弯的枝刺。叶片革质，倒卵状椭圆形或椭圆形，长3~8cm，宽1~2.5cm，先端钝或渐尖或凹，基部楔形，全缘，两面无毛，侧脉6~10对。头状花序单生或成对腋生；雄花萼片3~5，楔形，不相等，被毛；雌花萼片4，顶端厚，有绒毛。聚花果球形，肉质，橙红色，有毛，直径3~5cm。花期4~5月，果期7~9月。

见于乐清、永嘉、洞头、瑞安、文成、平阳、苍南、泰顺，生于溪边灌丛或山谷林中。

果可食用；干燥的根可药用。

朱圣潮 摄

朱圣潮 摄

图342 构棘

2. 柘 图343

Maclura tricuspidata Carr.[*Cudrania tricuspidata* (Carr.) Bur. ex Lavall.]

落叶小乔木，常呈灌木状。树皮淡灰色，成不规则的薄片剥落。枝条细长密生，老枝叶痕常凸起

吴棣飞 摄

丁炳扬 摄

图343 柘

如枕，有枝刺。叶片卵形至倒卵形，长2.5~11cm，宽2~7cm，先端尖或钝，基部圆或楔形，全缘或有时3裂，幼时稍有毛；叶柄长5~20mm。花序成对或单生于叶腋；雄花萼片4，基部有苞片2或4，雄蕊4；雌花萼片4，花柱线形。聚花果球形，直径约2.5cm，橘红色或橙黄色。花期5~6月，果期6~7月。

本市各地有分布，多生于山坡、路边及溪谷边灌丛中。

本种为纤维植物。

本种与构棘 *Maclura cochinchinensis* (Lour.) Corner的区别在于：落叶；叶片有时3裂；聚花果直径约2.5cm。而构棘是常绿；单叶不裂；聚花果直径3~5cm。

6. 桑属 **Morus** Linn.

落叶乔木或灌木。叶互生，边缘有锯齿或有时有缺裂，掌状脉；托叶小，早落。花单性，雌雄同株或异株；柔荑花序；雄花花萼4，雄蕊4，在蕾中内折，退化雌蕊陀螺形；雌花花萼4，结果时增大而为肉质，子房1室，柱头2裂。聚花果的小果为瘦果，外包肉质花萼。种子小，近球形；种皮膜质；胚乳丰富；胚根向上弯曲。

16种，分布于北温带。我国11种；浙江3种，温州均产。

分种检索表

1. 叶上面近于无毛，下面叶脉上疏生柔毛。
    2. 叶通常不裂，稀有缺裂，下面脉腋有簇毛；雌蕊无花柱 ······ **1. 桑 M. alba**
    2. 叶3~5裂，稀不裂，下面脉腋无毛；雌蕊有显著的花柱 ······ **2. 鸡桑 M. australis**
1. 叶上面疏生糙伏毛，下面密生细柔毛；雌蕊有短花柱或无花柱 ······ **3. 华桑 M. cathayana**

■ 1. 桑 图344

Morus alba Linn.

乔木或因修剪而成灌木状。树皮灰白色，浅纵裂。叶片卵形或宽卵形，长5~20cm，宽4~8cm，先端急尖或钝，基部近心形，边缘有粗锯齿，有时有缺裂，上面无毛，有光泽，下面脉上有疏毛及脉腋有毛；叶柄长1~2.5cm；托叶披针形，早落。花单性，雌雄异株；雄花序长1~3.5cm；雌花序长

图344 桑

图 345　鸡桑

0.5~1.0cm。聚花果长 1~2.5cm；小果为瘦果，外被肉质花萼。花期 4~5 月，果期 5~6 月。

见于本市各地，栽培或逸生。

本种为食用植物、纤维植物和用材树种；叶可用来饲蚕；根、皮、枝、叶、果均可药用。

■ 2. 鸡桑　图 345

Morus australis Poir.

落叶灌木或小乔木。叶片卵圆形，长 6~15cm，宽 4~12.3cm，先端急尖或尾尖，基部截形或近心形，边缘有粗锯齿，有时 3~5 裂，上面有粗糙短毛；叶柄长 1. 5 ~ 4 cm；托叶早落。花单性，雌雄异株；雄花序长 1.5~3cm；雌花序较短，长 1~1.5cm。聚花果长 1~1.5cm，成熟时变暗紫色。花期 3~4 月，果期 4~5 月。

见于洞头、瑞安、泰顺，生于村旁、沟边。

本种为纤维植物和食用植物。

■ 3. 华桑　图 346

Morus cathayana Hemsl.

小乔木。树皮灰色平滑。小枝初有褐色绒色。叶片卵形至宽卵形，长 4~16cm，宽 5~15cm，先端短尖或长尖，基部截形或心形，边缘具粗钝锯齿，叶上面粗糙，疏生伏贴刚毛，下面密被柔毛；叶柄长 1.5~3.5cm，密被柔毛。雄花序长 2~5cm，萼片卵形，有灰色或黄褐色短毛；雌花序长 1.5~2.2cm，萼片近圆形或倒卵形，有短毛，雌蕊有短花柱，柱头及花柱有毛；花序梗有毛。聚花果熟时呈白色、红色或紫黑色。花期 4 月，果期 5~6 月。

见于文成、泰顺，多生于山地沟旁。

图 346　华桑

12. 荨麻科 Urticaceae

草本或灌木，稀为小乔木。通常具螫毛。单叶对生或互生；常有托叶；表皮细胞内常有显著的钟乳体。花小形，绿色；单性，雌雄同株或异株，稀为两性花；常排成聚伞花序、圆锥花序或由多数团伞花序组成穗状花序，或密集于膨大的花序托上；雄花花被片 2~5，雌花花被片 3~5。果为瘦果，多少包被于扩大、干燥或肉质的花被内。

47 属 1300 种，分布于热带和温带地区。我国 25 属 341 种，全国皆产；浙江 10 属 29 种 1 变种；温州 9 属 27 种 1 变种。

分属检索表

1. 植物体具螫毛；雌花花被片大多 4 片或 4 裂。
  2. 瘦果直立；柱头画笔头状 ………… **5. 花点草属 Nanocnide**
  2. 瘦果倾斜；柱头线形 ………… **4. 艾麻属 Laportea**
1. 植物体不具螫毛，雌花花被片大多 3 片或 3 裂。
  3. 子房无花柱；柱头画笔头状。
    4. 叶对生 ………… **8. 冷水花属 Pilea**
    4. 叶互生。
      5. 雄花和雌花皆排成聚伞状花序 ………… **7. 赤车属 Pellionia**
      5. 雄花和雌花皆生在肉质盘状或杯状的花序托上 ………… **2. 楼梯草属 Elatostema**
  3. 子房有花柱；柱头多样，但不为画笔头状。
    6. 雌花花被管状，基部被杯状肉质的苞片所包围 ………… **6. 紫麻属 Oreocnide**
    6. 雌花花被管状；果实干燥或膜质。
      7. 柱头宿存，线形 ………… **1. 苎麻属 Boehmeria**
      7. 柱头脱落，钻状。
        8. 两条侧脉上部分枝不达叶尖；雄花花被片背部拱起 ………… **9. 雾水葛属 Pouzolzia**
        8. 两条侧脉上部不分枝，直达叶尖；雄花花被片横折成环 ………… **3. 糯米团属 Gonostegia**

---

1. 苎麻属 Boehmeria Jacq.

草本、灌木或小乔木。有毛或具刺毛。叶片互生或对生，基三出脉，边缘有锯齿，有时 2~3 浅裂；托叶常离生，早落。花小，雌雄异株或同株；团伞花序或由团伞花序再聚成穗状或圆锥状花序。瘦果完全为花被管所包。种子具胚乳；子叶卵形。

65 种，分布于热带和亚热带地区。我国 25 种 15 变种，分布极广，在西南和中南最盛；浙江 7 种 5 变种；温州 6 种 1 变种。

分种检索表

1. 叶互生。
  2. 叶片宽卵形或卵形；花序主轴上无叶 ………… **4. 苎麻 B. nivea**
  2. 叶片卵形或卵状披针形；花序主轴上有叶着生 ………… **1. 白面苎麻 B. clidemioides**
1. 叶对生。

3. 叶片狭卵形或宽披针形至披针形 ………………………………………………………… 2. 海岛苎麻 B. formosana
3. 叶片卵形至近圆形。
4. 团伞花序排成分枝的圆锥花序 ……………………………………………………………… 3. 野线麻 B. japonica
4. 团伞花序排列成不分枝的穗状花序。
5. 多年生草本；叶片先端明显 3 裂，基部宽楔形或截形 ……………………………… 6. 悬铃木叶苎麻 B. tricuspis
5. 多年生草本或亚灌木；叶片先端不分裂 ………………………………………………………… 5. 小赤麻 B. spicata

1. 白面苎麻 序叶苎麻 图 347

Boehmeria clidemioides Miq.[*Boehmeria clidemioides* Miq. var. *diffusa* (Wedd.) Hand.-Mazz.]

多年生草本。高 50~100cm。茎直立，基部分枝，略带四棱形，伏生向上的短硬毛。叶互生或下部少数叶对生；叶片卵形或卵状披针形，长 2.5~10cm，宽 1.2~5.5cm，先端短至长渐尖，缘具粗齿，上面绿色，密生点状钟乳体和伏生短硬毛，下面沿叶脉伏生短硬毛，基三出脉；叶柄长达 7cm。瘦果卵球形，为宿存的花被所包。花果期 8~10 月。

见于平阳、泰顺，生于山谷林中、林边或沟边。

2. 海岛苎麻 图 348

Boehmeria formosana Hayata

半灌木。高可达 1m。茎近圆柱形，幼时明显四棱形，生白色短伏毛。叶对生；叶片狭卵形或宽披针形至披针形，纸质，长 8~16cm，宽 4~8cm，边缘生粗锯齿，上面散生短伏毛和密生点状钟乳体，下面仅在脉上生短伏毛，基三出脉；叶柄长 1.2~6cm；托叶披针形，长 5~7mm。花雌雄同株。瘦果倒卵形，为宿存的花被片所包。花果期 8~9 月。

见于瑞安、文成、平阳、泰顺，生于丘陵、低山或中山疏林下、灌丛中或沟边。

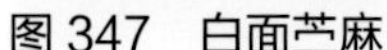
图 347 白面苎麻

图 348 海岛苎麻

图 349 野线麻

3. 野线麻 大叶苎麻 图 349

Boehmeria japonica（Linn.）Miq.[*Boehmeria longispica* Steud.]

多年生草本。高 60~150cm。茎幼时四棱形，密被白色短伏毛，老时变稀疏或近无毛。叶对生；叶片卵形至宽卵形，纸质，长 7~19cm，有时可达 2cm，宽 5~13cm，先端边缘具不明显的三骤尖，基部边缘具不整齐的锯齿，上面粗糙，疏生白色粗伏毛和密生细颗粒状钟乳体，下面疏生或密被短柔毛；叶柄长 2~8cm；托叶长三角形或三角状披针形，长约 6mm。瘦果狭倒卵形，具白色细毛，上部较密生。花期 5~8 月，果期 6~9 月。

见于洞头、瑞安、文成、平阳、泰顺，生于山坡、沟边或林缘。

本种为药用植物，可清热祛风、解毒杀虫、化瘀消肿。

4. 苎麻 图 350

Boehmeria nivea（Linn.）Gaud.

半灌木。高可达 1.5~2m。具横生的根状茎。茎直立，基部分枝。小枝、叶柄密生灰白色开展的长硬毛。叶互生；叶片宽卵形或卵形，长 5~16cm，宽 3.5~13cm，边缘具三角状的粗锯齿，上面粗糙，无毛或散生粗硬毛，下面密被交织的白色柔毛，基三出脉；托叶离生，早落。花单性同株，团伞花序圆锥状。瘦果椭圆形，完全为宿存的花被所包。花果期 7~10 月。

本市各地常见，有栽培或逸生，生于山区平地、缓坡地、丘陵地上。

本种为药用植物和重要的纤维植物。

4a. 青叶苎麻

Boehmeria nivea var. **tenacissima** (Gaud.) Miq. [*Boehmeria nivea* var. *candicans* Wedd.;*Boehmeria nivea* var. *nipononivea* (Koidz.) W. T. Wang]

与原种的区别在于：茎上只有短伏毛；叶下面微生短伏毛，有时有薄层白毡毛。

本市各地常见，有栽培或逸生，生于山区平地、缓坡地、丘陵地上。

本种为重要的纤维植物。

图 350 苎麻

■ 5. 小赤麻 细野麻 图 351

Boehmeria spicata (Thunb.) Thunb.[*Boehmeria gracilis* C. H. Wright]

多年生草本或亚灌木。高 60~90cm。茎自基部分枝，上部疏生白色短伏毛，下部近无毛。叶片对生，宽卵形或菱状卵形，长 2~7cm，宽 1.5~5cm，先端长尾尖，基部宽楔形，每侧边缘生 3~8 三角形粗锯齿，上面疏生短伏毛和密生点状钟乳体，下面仅脉上有毛，基三出脉；叶柄长 1~3cm，向上逐渐变短；托叶长圆状披针形，长约 3mm，早落。花雌雄同株，团伞花序聚成穗状，腋生，长可达 10cm。瘦果倒卵形或菱状倒卵形。花果期 7~9 月。

见于乐清、泰顺，生于沟边阴湿地。

图 351 小赤麻

■ 6. 悬铃木叶苎麻 图 352

Boehmeria tricuspis（Hance）Makino [*Boehmeria platanifolia* Franch. et Sav.]

多年生草本。高 1~1.5m。茎直立，丛生。幼枝略带四棱形，密生褐色或灰色细伏毛。叶片对生，

图 352　悬铃木叶苎麻

宽卵形或近圆形，长 6~14cm，宽 5~17cm，先端 3 裂，边缘具不整齐的粗锯齿或重锯齿，上面密被糙伏毛和细颗粒状的钟乳体，下面密生短柔毛，基三出脉；叶柄长 5~10cm；托叶卵状披针形。花雌雄同株；团伞花序组成腋生长穗状，长 10~20cm。瘦果倒卵形，包藏于宿存的花被内。花果期 7~9 月。

产于文成（石垟）、泰顺，生于山坡林缘、沟边湿润处。

茎皮纤维可作纺织和造纸的原料；根、叶药用，治跌打损伤及痔疮；种子可供榨油，用于制肥皂。

2. 楼梯草属 Elatostema Gaud.

草本，基部通常木质化。叶互生或对生，对生则两片叶大小极不相等，叶片偏斜，两侧不对称；托叶侧生或腋生，常不等大。花雌雄同株或异株；雌、雄花均生于肉质盘状或杯状的花序托上；具总苞。瘦果小，常有纵棱，基部有小形宿存花被。

约 300 种，分布于非洲、亚洲至大洋洲。我国约 146 种 33 变种，产于西南部至东部；浙江 3 种，温州均产。

分种检索表

1. 蔓生草本；叶片长 1~2.5cm，边缘上部有少数圆齿 ………… **2. 钝叶楼梯草 E. obtusum**
1. 直立或斜生草本；叶片长 3cm 以上，边缘有尖锯齿。
    2. 叶片斜倒披针状长圆形或斜长圆形，基部在宽侧圆形；雄花序梗长 6mm 以上 ………… **1. 楼梯草 E. involucratum**
    2. 叶片斜椭圆形或斜倒卵形，基部在宽侧耳形；雄花序梗长 3mm ………… **3. 庐山楼梯草 E. stewardii**

■ 1. 楼梯草　图 353

Elatostema involucratum Franch. et Sav.

多年生草本。高 25~60cm。茎细弱，多水汁。叶片斜倒披针状长圆形或斜长圆形，长 4~16cm，宽 2~6cm，上面贴生短硬毛，下面无毛或沿叶脉被短毛，两面均密生短棒状的钟乳体；叶柄短或近于无柄；

图 353　楼梯草

托叶侧生，线状披针形，早落。花单性，雌雄同株；雄花序头状，花序梗长 0.2~2cm；雌花序头状，无花序梗。瘦果卵形，长约 0.8mm。花果期 8~9 月。

见于乐清、文成、泰顺，生于林下阴湿地、水沟、溪流边。

本种为药用植物，有清热除湿、活血散瘀、解毒、利水消肿之功效。

图 354 钝叶楼梯草

■ 2. 钝叶楼梯草 图 354

Elatostema obtusum Wedd.

细弱丛生草本。高 10~20cm。茎圆柱形或稍四棱形，被反曲短糙毛。叶片长 1~2.5cm，宽 0.4~1.2cm，边缘中部以上具 1~2 对圆的粗锯齿，无毛或上面疏生短伏毛，密生短棒状钟乳体，基三出脉；无叶柄；托叶钻形，长约 2mm。瘦果狭卵形，长 2mm。花果期 7~8 月。

见于乐清、永嘉、苍南、泰顺，生于沟边、林缘荒地、山坡林中阴湿地。

■ 3. 庐山楼梯草 图 355

Elatostema stewardii Merr.

多年生草本。茎肉质，常不分枝，高 20~50cm，无毛或生短伏毛。叶片互生，斜椭圆形或斜倒卵形，长 5~14cm，宽 2~4cm，中部以上有粗锯齿，宽侧耳形，两面初疏生短柔毛，后变无毛，密生细线状钟乳体；无叶柄；托叶钻状三角形，宿存或早落。花单性，异株；雄花序近圆形；雌花序无花序梗。瘦果狭卵形。花果期 8~10 月。

见于永嘉、文成、泰顺，生于山野溪边或石缝阴湿处。

本种为药用植物。

图 355 庐山楼梯草

3. 糯米团属 Gonostegia Turcz.

草本或亚灌木。叶对生或 3 叶轮生，或上部的叶为互生，全缘；基三出或五出脉，侧脉不分枝，直达叶尖。花单性，雌雄同株，簇生成团伞花序；雄花花被片 4~5，背面中部有 1 横脊或横折而使整个花被成一环圈。瘦果小，包藏于有几条纵肋的花被内。

3 种，分布于亚洲热带和亚热带地区及澳大利亚。我国 3 种，自西南、华南至秦岭广布；浙江 1 种，温州也有。

胡仁勇 摄

■ 糯米团 图 356

Gonostegia hirta (Bl.) Miq.

多年生草本。茎匍匐或斜升，长可达 1m，通常具分枝，生白色短柔毛。叶片对生，卵形或卵状披针形，长 3~10cm，宽 1~4cm，先端渐尖，基部圆形或浅心形，全缘，表面密生点状钟乳体和散生细柔毛，下面沿叶脉生柔毛；基三出脉，侧生 2 脉不分枝，直达叶尖；叶柄短或近无柄。花淡绿色，单性同株。瘦果三角状卵形，黑色。花期 8~9 月，果期 9~10 月。

本市各地常见，生于稻田边、灌丛中、林中、山谷、山坡、水边及周边阴湿地。

朱圣潮 摄

图 356　糯米团

本种为药用植物，能抗菌消炎、消疾消肿、健脾胃、止血；茎皮纤维可供制人造棉；全草可作牧草。

4. 艾麻属 Laportea Gaud.

多年生草本、灌木或乔木，通常具螫毛。叶片互生，有锯齿或全缘，钟乳体点状，三出脉或羽状脉；托叶 2，分离或稍连合，早落。花单性同株或异株；团伞花序单生或再组成聚伞状、总状或圆锥花序；同株时雄花序生于茎上部的叶腋，雌花序则通常顶生。瘦果偏斜，两侧压扁。

28 种，分布于温带至热带地区。我国 7 种，主产于西南和中南，华南和华东较少；浙江 2 种，温州也有。

■ 1. 珠芽艾麻

Laportea bulbifera (Sieb. et Zucc.) Wedd.

多年生草本。高 40~80cm。具纺锤状根。茎直立，具条棱，有螫毛或近无毛。叶片宽卵形至卵状披针形，长 7~15cm，宽 4~9cm，先端渐尖，基部楔形至钝圆形，边缘有粗钝齿，两面脉上疏生螫毛和短伏毛，密生点状钟乳体；基生脉三出，侧脉 3~4 对；叶柄长 3~7cm。花雌雄同株或异株；雄花序生于茎上部的叶腋，开展；雌花序圆锥状，顶生；雌花花梗两侧有翅，花被片 4，内侧 2 花被片花后显著增大，长圆形或近圆形，外面散生长螫毛和短柔毛。瘦果扁卵形，花柱宿存。花期 7~10 月。

据《泰顺县维管束植物名录》记载产于泰顺，未见标本。

茎皮纤维坚韧，可供纺织用。

2. 艾麻

Laportea cuspidata (Wedd.) Friis[*Laportea macrostachya* (Maxim.) Ohwi]

多年生草本。高 50~100cm。具多数纺锤状肥厚的块根。茎直立，疏生螫毛和短柔毛或近无毛。叶片互生，宽卵形或卵圆形，长 6~20cm，宽 4~18cm，先端尾状骤尖，基部圆形或浅心形，边缘有三角状粗锯齿，两面疏生螫毛和短柔毛或近无毛。瘦果稍卵形，扁平。花果期 7~8 月。

见于泰顺，生于沟边，沟边阴湿地、灌丛中、林缘。

茎皮纤维可打绳索、造纸、织麻布及代麻类用。

本种与珠芽艾麻 *Laportea bulbifera* (Sieb. et Zucc.) Wedd. 的区别在于：雄花花丝下部与花被片合生；雌花花梗无翅；瘦果在果梗上无关节。

5. 花点草属 Nanocnide Bl.

多年生小草本。常疏生螫毛。茎纤细，从基部分枝，散生或匍匐状。叶互生，有柄，叶片边缘具粗圆齿，基出脉 3~5；托叶侧生，分离。花单性，雌雄同株；排成腋生的团聚伞花序；雄花花被片 4~5，背面先端有被毛的凸起，雄蕊与花被片同数而对生，花药肾形；雌花花被片 4，不等形。瘦果直立，包藏于宿存的花被片内。

2 种，分布于东亚。我国 2 种，产于西南至华东；浙江 2 种，温州也有。

1. 花点草 图 357

Nanocnide japonica Bl.

多年生小草本。高 10~30cm。根状茎短。茎由基部分枝，直立或斜升，常细弱，稍透明，生有向上生的短伏毛。叶片互生，近三角形或菱状卵形，长和宽相等，长约 1~2.5cm，先端钝，基部宽楔形至截形，边缘生粗钝的圆锯齿，表面疏生长柔毛和点状或线状的钟乳体，背面疏生毛，基生脉三出；叶柄长 0.5~2cm，生柔毛；托叶斜卵形，长 1~2mm。瘦果卵形，有点状凸起。花期 4 月，果期 5~6 月。

见于乐清，生于山谷林下、山坡及溪边阴湿地。

本种为药用植物。

图 357 花点草

图 358　毛花点草

■ **2. 毛花点草**　图 358

Nanocnide lobata Wedd. [*Nanocnide pilosa* Migo]

多年生丛生草本。高 15~30cm。有短的根状茎。茎由基部分枝，多水汁，生有向下弯曲的柔毛。叶片互生，卵形或三角状卵形，长和宽相等，长约 0.5~2cm，先端钝圆，基部宽楔形至浅心形，边缘生粗钝的齿牙，两面生点状或线状的钟乳体，并散生白色螯毛，基生三出脉；叶柄长 1~1.5cm。瘦果卵形，淡黄色，有点状凸起。花果期 4~6 月。

见于瑞安、平阳、苍南、泰顺，生于山野阴湿草丛中。

药用植物。

本种与花点草 *Nanocnide japonica* Bl. 的区别在于：茎上的毛向下弯曲；雄花序比叶短。

6. 紫麻属 **Oreocnide** Miq.

灌木或小乔木。叶互生，有柄，全缘或具波状齿；托叶早落。花单性，异株；排列头状的团伞花序，腋生或侧生，无总梗或成束生于一总梗上；雄花花被片 3~4 裂；雌花花被管状，先端 4~5 裂。瘦果小形，贴生于宿存的肉质花被内。种子具胚乳。

约 18 种，分布于斯里兰卡至日本。我国 10 种 2 变种，产于西南部至华东；浙江 1 种，温州也有。

图 359 紫麻

■ **紫麻** 图 359

Oreocnide frutescens (Thunb.) Miq.

小灌木。高 50~100cm。小枝幼时有短柔毛，后变无毛。叶互生，常聚生于茎或分枝的上部，叶片卵形至狭卵形，长 2.5~11.5cm，宽 1~5cm，先端渐尖或尾状尖，基部近圆形或宽楔形，边缘有锯齿，上面粗糙，具点状钟乳体，下面常有交织的白色柔毛或短茸毛，基生三出脉；叶柄长 0.5~7cm，上部叶柄较短；托叶钻形，离生，早落。瘦果扁卵形，棕褐色。花期 4~5 月，果期 7 月。

见于乐清、瓯海、洞头、瑞安、泰顺，生于沟边、沟边灌丛中、沟边湿地、河边石缝中。

茎皮纤维细长坚韧，可供制绳索、麻布和人造棉；茎皮经提取纤维后，还可供提取单宁；根、茎、叶入药，可行气活血。

7. 赤车属 Pellionia Gaud.

草本或亚灌木。叶互生，2 列，叶片两侧不对称，基部通常偏斜，全缘或有齿；三出脉、近离基三出脉或羽状脉；托叶 2。花单性，雌雄同株或异株；雄花序聚伞状，多少稀疏分枝，常具花梗；雌花序无梗或具短的花序梗，分枝密集而呈球状；有密集的苞片。瘦果卵形或椭圆形，稍扁，常有小瘤状凸起。

约 60 种，分布于热带亚洲和波利尼西亚。我国约 20 种 2 变种，产于长江以南各地区；浙江 4 种；温州 4 种。

分种检索表

1. 茎下部匍匐、上部渐升，无毛或被长约 0.1mm 的短毛。
   2. 叶片卵形，长 0.4~2cm，宽 1~2cm，先端钝圆 ………… **1. 短叶赤车 P. brevifolia**
   2. 叶片狭卵形或狭椭圆形，长 2.4~8cm，宽 2.4cm，先端渐尖至长渐尖 ………… **2. 赤车 P. radicans**
1. 茎斜升或直立，被长 0.3~1mm 的毛。
   3. 托叶三角形或狭三角形，宽 1~1.8mm；叶柄长 2.5~7mm；叶片先端急尖 ………… **4. 蔓赤车 P. scabra**
   3. 托叶钻形，宽 0.2~0.3mm；叶柄长 0.5~2mm；叶片先端渐尖或长渐尖 ………… **3. 曲毛赤车 P. retrohispida**

图 360 短叶赤车

■ 1. 短叶赤车 山椒草 图 360

Pellionia brevifolia Benth.[*Pellionia minima* Makino]

多年生草本。茎细长，长 10~30cm，下部匍匐生，上部斜升，具长仅约 0.1mm 的短毛。叶片互生，卵形，长 0.4~2cm，宽 1~2cm，边缘自基部以上有圆锯齿，下面脉上有柔毛，近离基三出脉，先端钝圆；叶柄短，被柔毛；托叶钻形。瘦果小，椭圆形。

见于文成、泰顺，生于林中湿地、溪边。

本种为药用植物，可消肿止痛。

■ 2. 赤车 图 361

Pellionia radicans (Sieb. et Zucc.) Wedd.

多年生肉质草本。茎长可达 25cm 以上，有分枝，下部匍匐，生不定根，上部渐升，无毛或疏生微柔毛。叶片互生，狭卵形或狭椭圆形偏斜，长 2.4~8cm，宽达 2.4cm，通常位于茎下部的叶较小，向上逐渐变大，干时上面变黑色，无毛；下面褐色或稍带黑色，无毛；侧脉 2~5 对，在边缘弯拱链接；叶柄长 1~4mm。瘦果卵形。花期 11 月至翌年 3 月，果期 5 月。

本市各地常见，生于溪边、溪边阴湿地。

本种为药用植物，具祛瘀、消肿、解毒、止痛之功效。

■ 3. 曲毛赤车

Pellionia retrohispida W. T. Wang

多年生草本。茎渐升，长约 70cm，下部在节上生根，贴生有向下的糙伏毛。叶片斜椭圆形，长 3.5~5cm，宽 1.1~3.3cm，先端急尖，基部偏斜，狭

图 361 赤车

侧钝，宽侧近圆形；托叶绿色，三角形或狭三角形；叶柄长2.5~7mm。雌花序腋生。瘦果狭卵球形，有小瘤状凸起。花期4~6月，果期6~8月。

见于文成，生于水沟、溪流边。

■ 4. 蔓赤车 图362

Pellionia scabra Benth.

多年生草本。高20~45cm。茎基部木质化，通常分枝，密生短糙毛。叶片狭卵形或狭椭圆形，不对称，长4~10cm，宽2~3cm，表面无毛或散生短糙毛，下面有毛，脉上较多，两面均密生线状细小钟乳体，先端渐尖或长渐尖；托叶钻形，宽0.2~0.3mm。花单性，雌雄同株或异株。瘦果椭圆形。花期5~7月。花期5~7月，果期6~8月。

见于永嘉、瑞安、苍南，生于沟边、溪边阴地。药用植物。

图362 蔓赤车

8. 冷水花属 Pilea Lindl.

一年生或多年生草本，稀为亚灌木。叶对生，有柄，同对叶片等大或稍不等大；钟乳体线性、纺锤形或点状，具三出基脉，稀为羽状脉；托叶2，合生，宿存或脱落。花单性，雌雄同株或异株；团伞花序单生或簇生，有时排列成聚伞状或圆锥状花序，腋生；雌花花被片3，稀为5，常不等大。瘦果卵形或椭圆形，稍压扁、平滑无毛或瘤状凸起。

约有400种，主要分布于热带、亚热带地区。我国约80种18变种，主要分布于长江以南地区；浙江8种；温州7种。

分种检索表

1. 雄花花被片与雄蕊2，稀3或4 ························ **5. 透茎冷水花 P. pumila**
1. 雄花花被片与雄蕊4。
    2. 叶片基脉三出。
        3. 叶片边缘有锯齿或波状齿。
            4. 草本；高25~70 cm；雌花花被片近等大。
                5. 植物具纤维状根；托叶常绿色，长过7 mm；钟乳体粗大，肉眼可见 ························ **3. 冷水花 P. notata**
                5. 植物具纺锤状根；托叶淡褐色，长不过3 mm，早落；钟乳体小，疏生，肉眼不可见 ························ **6. 粗齿冷水花 P. sinofasciata**
            4. 稍肉质小草本；高5~20 cm；雌花花被片不等大。
                6. 叶片菱形或菱状扇形，两面生横向排列的线状钟乳体，下面生暗紫色或褐色腺点 ························ **4. 矮冷水花 P. peploides**
                6. 叶片三角形或三角状卵形，钟乳体狭条形，在叶缘排成缝纫状，下面常有蜂窝状凹点 ························ **7. 三角叶冷水花 P. swinglei**
        3. 叶片全缘或微波状 ························ **1. 波缘冷水花 P. cavaleriei**
    2. 叶脉羽状 ························ **2. 小叶冷水花 P. microphylla**

■ 1. 波缘冷水花

Pilea cavaleriei Lévl.

肉质小草本。茎基部匍匐，有分枝，高8~15cm。叶片对生，长0.6~1.8cm，宽、长相等或宽略超过长，先端钝或圆形基部宽楔形或近圆形，全缘或微波状，上面干时褐色，密生线状钟乳体，下面绿色，钟乳体不显著，基脉三出，与网脉均不明显；叶柄长0.2~1.7cm。瘦果卵形，长0.8mm。花果期4月。

见于乐清、泰顺，生于山谷林下阴地、山谷阴湿地、山坡石上、阴湿石缝中。

全草入药，有解毒消肿之效。

■ 2. 小叶冷水花 图363

Pilea microphylla (Linn.) Liebm.

一年生铺散小草本。高约10cm。叶片肉质，椭圆形、倒卵形或匙形，长4~6mm，宽2~3mm，

康华靖 摄

丁炳扬 摄

图363 小叶冷水花

先端钝，基部楔形，全缘；钟乳体线形，在上面分布较密而成横向排列，在下面仅疏生于中脉两侧；叶脉羽状，侧脉和网脉均不明显；叶柄长1~3mm；托叶不明显。花单性，雌雄同株；聚伞花序小形，腋生，雄花序生于下部叶腋，雌花序生于上部叶腋；雄花花被4；雌花花被片3，大小悬殊。瘦果卵形，长约0.5mm。花果期夏秋季。

原产于南美洲，温州市鹿城、瓯海、龙湾、洞头、瑞安、平阳有归化，生于溪边阴湿地。

全草药用。

■ 3. 冷水花 图364

Pilea notata C. H.Wright

多年生含水汁草本。具横走的根茎。茎细弱，直立，少分枝，高25~65cm。叶对生，同对叶片稍不等大，叶长5~12cm，宽2.5~4cm，先端渐尖或尾状尖，边缘基部以上生浅锯齿，上面多少散生硬毛，钟乳体条形，于叶两面明显可见，基脉三出；叶柄长0.5~7cm；托叶长7~10mm。瘦果卵形，稍偏斜，淡黄褐色。花期6~9月，果期9~11月。

见于永嘉、瑞安、泰顺，生于山谷、溪旁或林下阴湿处。

■ 4. 矮冷水花 苔水花 图365

Pilea peploides (Gaud.) W. J. Hook. et Arn.[*Pilea peploides* var. *major* Wedd.]

稍肉质小草本。茎基部匍匐生，多分枝，高5~20cm。叶对生，干时纸质，叶片圆菱形或菱状扇

丁炳扬 摄

图364 冷水花

形，长 4~18mm，宽 5~22mm，边缘在基部或中部以上有浅钝的锯齿，两面生近横向排列的线状钟乳体，下面生有暗紫色或褐色腺点，基脉三出，网脉不明显；叶柄长 0.2~2mm；托叶不明显。瘦果宽卵形，压扁，长约 0.5mm，熟时褐色。花果期 4~6 月。

见于瓯海、瑞安、文成、平阳、苍南、泰顺，生于山坡路边湿处或林下阴湿处石上。

本种为药用植物。

图 365 矮冷水花

■ 5. 透茎冷水花 图 366

Pilea pumila (Linn.) A. Gray

一年生多水汁草本。茎微有棱，常分枝，高 20~50cm。叶片对生，菱状卵形或宽卵形，长 1~8.5cm，宽 0.8~5 cm，先端渐尖或微钝，基部宽楔形，边缘中部以上具钝圆的锯齿，两面均散生狭条形的钟乳体，基脉三出；叶柄长 0.5~5cm；托叶小，长 2~3mm。瘦果扁卵形，具锈色斑点，稍短于宿存的花被或近等长。花果期 7~9 月。

见于文成、平阳、泰顺，生于山谷、溪边或阴湿的石缝中。

根、茎药用，有利尿解热和安胎之效。

图 366 透茎冷水花

图 367 粗齿冷水花

■ 6. 粗齿冷水花 图 367

Pilea sinofasciata C. J. Chen

一年生多汁液草本。具多数纺锤状根。茎单一，不分枝，高 20~60cm。叶对生，同对叶片近等大，卵形、宽卵形或椭圆形，长 5~15cm，宽 2~7cm，边缘基部以上具粗锯齿；钟乳体狭条形，散生；基脉三出，侧脉于齿尖网结；叶柄长 0.5~6.5cm。瘦果卵形，偏斜。花果期 7~9 月。

见于文成、泰顺，生于常绿阔叶林中、沟边石缝草丛中、林中湿地。

■ 7. 三角叶冷水花 图 368

Pilea swinglei Merr.

稍肉质草本。茎基部匍匐，高 5~20cm，少分枝。叶对生，干时薄纸质，同对叶稍不等大，叶片三角形或三角状卵形，长 1~2.5cm，宽 1~2cm，先端钝或短渐尖，边缘疏生粗锯齿，有时波状或近全缘；钟乳体狭条形，在叶缘排列成缝纫状；基脉三出，网脉不明显；叶柄长 0.5~2cm。花单性，雌雄同株或异株，聚成腋生的团伞花序；雄花序单生，雌花序双生；总花梗长 4~15mm；雄花花被片 4；雌花花被片 3，不等大。瘦果卵形。

见于瑞安、平阳、苍南、泰顺，生于阴湿地、湿地、溪边。

全草药用。

图 368 三角叶冷水花

9. 雾水葛属 Pouzolzia Gaud.

草本或灌木。叶互生或茎下部的叶片对生，全缘或有锯齿；基脉三出，2 条侧生基脉不达叶尖；托叶 2，离生或基部合生。花单性同株，稀异株，排列成腋生的团伞花序；雄花花被片 4~5 裂；雌花花被管状，先端 2~4 齿裂。瘦果卵形，包藏于宿存的花被中。

约 37 种，分布于热带地区。我国 4 种 4 变种，产于西南部至东部；浙江 1 种，温州也有。

■ 雾水葛 图 369

Pouzolzia zeylanica (Linn.) Benn.

多年生草本。茎直立或斜升，高可达 40cm，不分枝或仅下部有 1~3 对分枝。叶片卵形或宽卵形，长 1~3.5cm，宽 0.8~2.2cm，先端短尖或钝，基部圆形，全缘，两面生粗伏毛，下面更密，上面生密点状钟乳体；基脉三出，网脉不明显；叶柄长 0.3~1cm；托叶卵状披针形，早落。花单性，团伞花序腋生，雌雄花生于同一花序上。瘦果卵形，黑色，有光泽。花果期 3~10 月。

见于永嘉、瑞安、泰顺，生于旷地、路旁、水沟边。

本种为药用植物，可清热解毒、健脾、止血。

图 369 雾水葛

存疑种

■ 洞头水苎麻

Boehmeria macrophylla Hornem. var. **dongtouensis** W. T. Wang

王文采 1996 年发表的新变种，产于洞头双朴；《Flora of China》将其归并于原种水苎麻 *Boehmeria macrophylla* Hornem.。因未见标本，其分类地位有待进一步研究。

13. 山龙眼科 Proteaceae

乔木或灌木，稀多年生草本。单叶互生，稀对生或轮生，常革质，全缘或分裂；无托叶。花单生或成对生于叶腋内，排列总状花序、头状花序、穗状花序或伞形花序；花两性，稀单性异株，常左右对称，稀辐射对称；花 4 基数。坚果、瘦果、蓇葖果、核果、蒴果。种子扁平，常有翅，无胚乳。

约 80 属 1700 种，大部分分布于大洋洲和南非，少数产于东亚和南美。我国 3 属 25 种，分布于西南部至台湾；浙江野生的 1 属 1 种，温州也有。

山龙眼属 Helicia Lour.

乔木或灌木。单叶，互生，稀近对生或轮生，全缘或具锯齿。总状花序腋生，稀近顶生；花两性，辐射对称；苞片小，常钻形，稀为叶状，宿存或早落；雄蕊 4，生于萼片扩大部，花药长圆形，药隔稍凸出，无花丝；腺体 4，离生或合生成杯状，或环状花盘；子房无柄，胚珠 2，花柱细长，顶部棒状。坚果长圆形或近球形，不开裂或有时呈不规则开裂。种子 1，近球形，或 2，呈半球形，无翅；种皮常粗糙。

约 97 种，分布于亚洲东南部和大洋洲。我国 20 种，产于西南部至中国台湾；浙江 1 种，温州也有。

丁炳扬 摄

丁炳扬 摄

图 370　小果山龙眼

■ 小果山龙眼　红叶树　图 370

Helicia cochinchinensis Lour.

乔木或灌木。树皮灰褐色或暗褐色。枝和叶均无毛。叶片狭椭圆形至倒卵状披针形，长 5~11cm，宽 1.5~4cm，先端渐尖，基部渐狭成楔形，中部以上有粗锐锯齿或近全缘，上面深绿色，有光泽，下面绿色，稍有光泽，两面无毛，叶脉均不明显；叶柄长 0.7~1.5cm。果椭圆状，果皮干后薄革质，蓝黑色或黑色。花期 6~10 月，果期 11 月至翌年 3 月。

见于乐清、永嘉、龙湾、文成、平阳、苍南、泰顺，生于丘陵或山地湿润常绿阔叶林中。

木材坚韧，灰白色，适宜做小农具；种子可供榨油，用于制肥皂等。

存疑种

■ 小叶网脉山龙眼

Helicia reticulata W. T. Wang var. **parvifolia** W. T. Wang[= **网脉山龙眼** *Helicia reticulata* W. T. Wang]

《Flora of China》将其归并于原种；《浙江植物志》和《Flora of China》均未记载浙江。楼炉焕（1988）报道泰顺有产，可能是误订。

14. 铁青树科 Olacaceae

乔木或灌木，稀藤本。单叶，互生；无托叶。花常为腋生聚伞花序或总状花序；花萼小，杯状，先端截平或4~6齿裂，花后增大或否；花瓣3~6，分离或合生成管状或钟状；雄蕊与花瓣同数而对生，或为花瓣的2~3倍，有时具退化雄蕊。核果，为花后增大的花萼所包围。种子具丰富的胚乳，胚直立。

23~27属180~250种，分布于两半球的热带、亚热带地区。我国5属10种，产于秦岭以南各地区；浙江1属1种，温州也有。

青皮木属 Schoepfia Schreb.

灌木或小乔木。叶互生；具柄。腋生聚伞花序或聚伞状总状花序，稀单生；花萼筒与子房贴生，无裂片，结果时增大；花冠管状，顶端4~6裂；雄蕊生于花冠筒上，与花冠裂片同数而对生，花药2室纵裂。核果状或坚果状，全部为增大的宿存花萼所包围。

约30种，分布于热带、亚热带地区。我国4种，主产于南方各地区，青皮木可分布到甘肃、陕西、河南三省的南部；浙江1种，温州也有。

■ 青皮木 图371

Schoepfia jasminodora Sieb. et Zucc.

乔木或灌木。树皮灰白色，不裂至细纵裂。叶片纸质，卵形至卵状披针形，长3.5~10cm，宽2~5cm，先端渐尖或近尾尖，基部圆形或近截形，全缘，两面光滑无毛，黄绿色，上面叶脉近基部常带紫褐色；叶柄长3~5mm，常带淡红色。聚伞状总状花序。核果，为花后增大的花萼所包围。花期2~4月，果期4~6月。

见于乐清、永嘉、瑞安、文成、泰顺，生于山地阔叶林中。

本种为药用植物，可清热利湿、消肿止痛。

丁炳扬 摄

图371 青皮木

15. 檀香科 Santalaceae

常绿或落叶乔木、灌木或草本，有时寄生于他种树上或根上。单叶，互生或对生，全缘或有时退化为鳞片状；无柄或有短柄；无托叶。花单生或排成多种花序；常具苞片及小苞片；花小，两性、单性或杂性，辐射对称；花萼常淡绿色，花冠状，基部合生成短管状；无花瓣；有花盘。坚果或核果，不开裂。种子圆形或卵形，胚乳丰富。

约36属500多种，产于热带和温带地区。我国7属约33种，南北各地均有分布；浙江2属2种；温州1属1种。

百蕊草属 Thesium Linn.

多年生纤细草本，稀为一年生草本或灌木状，常寄生于其他植物的根上。叶互生，线形或鳞片状。花单生于叶腋或排成二歧聚伞花序；两性，形小，绿色或淡绿色；花萼常钟状，先端5或4裂，萼筒与子房贴生；雄蕊与花萼裂片同数而对生，位于萼片基部。核果或小坚果，表面具棱或平滑。

约245种，分布于热带和温带地区。我国16种，各地均产；浙江1种，温州也有。

■ 百蕊草 图372

Thesium chinense Turcz.

多年生柔弱草本，高15~40cm。全株多少被白粉，无毛。茎细长，簇生，基部以上疏分枝，斜升，有纵沟。叶互生，线形，长10~30mm，宽1.5~3mm，先端尖，全缘，淡黄绿色，光滑无毛，仅具1条明显的中脉；近无柄。花单生于叶腋，两性，无梗，形小。坚果椭圆状或近球形，长或宽2~2.5mm，淡绿色，表面有明显、隆起的网脉，顶端的宿存花被近球形。花期4~5月，果期6~7月。

见于平阳、苍南，生于沙地草丛或路边石坎边。

药用植物，可清热解毒、解暑。

图372 百蕊草

16. 桑寄生科 Loranthaceae

多为半寄生性灌木，稀草本，寄生于木本植物的枝上，少数为寄生于根部的陆生小乔木或灌木。叶对生，稀互生或轮生，通常厚而革质，全缘，有的退化为鳞片叶；无托叶。花两性或单性；具苞片或小苞片；花被3~8，花瓣状或萼片状，镊合状排列，离生或不同程度合生成冠管；副萼短，全缘或具齿缺，或无副萼；雄蕊与花被片同数，对生且着生其上；子房下位，1室，稀3~4室，子房与花托合生，不形成胚珠，仅具胚囊细胞。果为浆果。

60~68属700~950种，主产于世界热带地区。我国8属51种，大多数分布于华南和西南各地区；浙江4属9种；温州4属7种。

分属检索表

1. 茎和小枝不具关节状的节；叶具羽状脉；花两性稀单性，花被双层。
  2. 穗状花序 ………………………………………… **2. 桑寄生属 Loranthus**
  2. 伞形花序 ………………………………………… **3. 钝果寄生属 Taxillus**
1. 茎和小枝具关节状的节；叶具直出脉或叶退化为鳞形；花单性。
  3. 矮小亚灌木，高20cm以下，相邻小枝常排列在同一平面上 ……………… **1. 栗寄生属 Korthalsella**
  3. 高20cm以上，相邻小枝互相垂直 ………………………………………… **4. 槲寄生属 Viscum**

1. 栗寄生属 **Korthalsella** Van Tiegh.

矮小亚灌木或有时草本。茎具明显的节，通常节间扁平。相邻的小枝常排列在同一平面上。叶对生，退化成鳞片状，基部合生成环。花小，单性，雌雄同株，数朵簇生于叶腋；无梗；无苞片，基部有毛围绕；无副萼；花被萼片状，在花蕾时圆球形。浆果椭圆形或梨形，具宿存花被；中果皮肉质黏液层位于维管束之内。种子1，扁平。

约25种，分布于非洲东部，亚洲南部、东南部，大洋洲热带地区。我国1种，东南至西南各地区均产；浙江1种，温州也有。

■ 栗寄生

Korthalsella japonica (Thunb.) Engl.

亚灌木。高5~15cm。小枝扁平，通常对生，节间狭倒卵形至倒卵形披针形，长7~17mm，宽3~6mm，干后中肋明显，近枝顶的节间渐趋狭小。叶退化成鳞形，生于节之两侧。花序生于鳞形叶腋内，初花数朵，后连续放出多花，雌雄混杂。果椭圆状，长约2mm，直径约1.5mm，淡黄色。果期11~12月。

见于永嘉、泰顺，寄生于壳斗科栎属、柯属或山茶科等植物上。

药用植物。

2. 桑寄生属 **Loranthus** Jacq.

寄生灌木。枝叶无毛。叶对生或近对生，全缘，羽状脉。穗状花序，腋生或顶生，花序轴在花着生处通常稍下陷；花辐射对称，两性或单性，雌雄异株；花托卵形；副萼环状，截形或具5~6齿；花冠在花蕾时棒状，长不及 1 cm，开花时花瓣离生。浆果卵形或近球形；外果皮平滑。种子 1。

约 10 种，分布于欧洲、亚洲的温带和亚热带地区。我国产 6 种，温暖地区和亚热带各地区均有；浙江 1 种，温州也有。

■ **椆树桑寄生** 图 373

Loranthus delavayi Van Tiegh.

小灌木。高达 1m。植物体无毛。小枝灰黑色，具黄褐色皮孔。花 2 并生再排成穗状花序，长约 1.5~2.5cm，1~3 花序腋生，每花序具 7~14 花；花黄绿色，单性，雌雄异株；雄蕊有可育和不育之分。果实椭圆形或卵形，长约 5~6mm，淡黄色；果皮光滑。花期 1~3 月，果期 9~10 月。

见于文成、泰顺，生于山谷、山地常绿阔叶林中，常寄生于壳斗科植物上。

药用植物。

图 373 椆树桑寄生

3. 钝果寄生属 **Taxillus** Van Tiegh.

寄生灌木。具走茎。枝叶被茸毛，稀无毛。叶对生或互生。伞形花序稀总状花序，具花 2~5，腋生或生于已落叶的叶痕腋部；花两性，4~5 基数，两侧对称；每花具苞片 1；花托长圆形或卵形，稀近球形；花冠在花蕾时管状，稍弯，下半部多少膨胀，顶部长圆形或圆球形，开花时顶部分裂。浆果椭圆形、卵圆形或近球形，基部不变狭；外果皮具颗粒状体或小瘤体，被毛，稀平滑；中果皮黏胶质。种子 1。

约 25 种，分布于亚洲和非洲的热带至温带地区。我国产 18 种 13 变种；浙江 4 种；温州 2 种。

■ **1. 锈毛钝果寄生** 图 374

Taxillus levinei (Merr.) H. S. Kiu

灌木。幼枝及叶密被锈褐色茸毛。叶对生或近对生，叶片椭圆形或长椭圆形，长 4~9cm，宽 1.5~3.5cm，两端钝，成长叶上面无毛，下面有锈色毛；叶柄长 0.8~1.5cm，有茸毛。伞形花序，腋生，通常具花 2~3；花序轴长 1~5mm，花梗长 1~3mm，有锈色毛；苞片近圆形。果椭圆形，橙黄色；果皮具颗粒状体，

图 374 锈毛钝果寄生

图 375 四川寄生

有疏毛。花期 10~12 月，果期翌年 5~6 月。

见于平阳、泰顺，生于山地或山谷常绿阔叶林中，常寄生于油茶、樟树、板栗或壳斗科植物上。

药用植物。

2. 四川寄生 图 375

Taxillus sutchuenensis (Lecomte) Danser

灌木。高 0.5~1m。幼嫩枝叶密被锈褐色或红褐色星状毛。叶近对生或互生，叶片卵形、长卵形或椭圆形，长 4~9cm，宽 3~5cm，先端钝，基部圆形，幼时上面有毛，成长后无毛，下面被红褐色茸毛；叶柄长 6~13mm。伞形花序，腋生，具花 3~5，密集，花序梗长 1~2mm，花梗长 2~3mm；苞片卵状三角形；花托椭圆形，长 2~3mm。果椭圆形，黄绿色，顶端钝，基部钝圆；果皮具颗粒状体，被疏毛。花期 7~8 月，果期 9~10 月。

见于文成、平阳、泰顺，生于阔叶林中，寄生于壳斗科植物上。

药用植物。

本种与锈毛钝果寄生 *Taxillus levinei* (Merr.) H. S. Kiu 的主要区别在于：花序具 3~5 花，花冠在花蕾时顶部狭长圆形，裂片披针形；而锈毛钝果寄生花序具 2~5 花，花冠在花蕾时顶部圆球形，裂片匙形。

4. 槲寄生属 Viscum Linn.

寄生灌木。茎呈二歧或三歧分枝，主茎和枝均具明显的节和节间，相邻的小枝相互垂直。叶对生，叶片长椭圆形，具直出脉，或退化为鳞形。花小，单性；聚伞花序，腋生或顶生，具花 3~5，或仅中央 1 花发育；基部具 2 苞片组成总苞；无副萼；花被萼片状；雄花花被通常 4，无花丝；雌花花托包围子房。浆果圆形或椭圆形；中果皮肉质，具黏液，黏液层位于维管束之内。种子 1。

约 70 种，分布于东半球热带至温带。我国 13 种；浙江 3 种，温州也有。

分种检索表

1. 叶片倒披针形或长椭圆形; 茎圆柱形 ········· **1. 槲寄生 V. coloratum**
1. 叶片鳞形；茎近圆形，有棱角。
    2. 小枝的节间扁平，干后有明显的纵肋 5~7；果椭圆形或卵圆形 ········· **3. 枫香槲寄生 V. liquidambaricola**
    2. 小枝的节间稍扁平，干后有 2~3 明显凸起的纵肋；果球形或卵形 ········· **2. 柿寄生 V. diospyrosicola**

■ 1. 槲寄生 图 376

Viscum coloratum（Kom.）Nakai

常绿半寄生小灌木。高 30~60cm。茎圆柱形，黄绿色，常成二至三回叉状分枝，节间长 1.3~13.5cm。叶对生于近枝顶，肥厚，叶片倒披针形或长椭圆形，长 2~6cm，宽 7~15mm，先端钝圆，基部窄楔形，全缘，无毛，通常具 3 脉；无柄。花单性，雌雄异株，生于枝顶或分叉处，绿黄色；无梗。浆果球形，熟时黄色或橙红色。花期 4~8 月，果期翌年 2 月。

见于永嘉、泰顺，生于大枫香树上。

药用植物。

丁炳扬 摄

■ 2. 柿寄生　棱枝槲寄生

Viscum diospyrosicola Hayata

半寄生藤本或灌木。高 30~100cm。茎二歧或三歧分枝，位于茎基部或中部的节间近圆形，淡绿色或黄绿色。小枝的节间稍扁平，通常长 1.2~3.4cm，宽 2~3mm，上半段稍宽，下半段稍狭，干后有明显

丁炳扬 摄

图 376　槲寄生

的2~3凸起纵肋。叶片薄革质，椭圆形或长卵形，长1~2.5cm，宽3.5~6mm，先端钝圆，基部急狭，直出脉3条；长大后植株仅具鳞片状叶。聚伞花序，1~3或多数腋生，通常每一花序仅1雄花或雌花发育。果球形或卵形，黄色或橙色；果皮平滑。花果期4~12月。

见于永嘉、泰顺，生于山地阔叶林，寄生于樟、柿或壳斗科植物上。

药用植物。

■ 3. 枫香槲寄生 图377

Viscum liquidambaricola Hayata

亚灌木。高约50cm。茎绿色，二歧或三歧分枝。小枝的节间扁平，通常长2~4cm，宽4~10cm，干后有明显的纵肋5~7。叶鳞形。聚伞花序，每花序具花1~3，雌花位于中央，两侧为雄花，通常仅1雄花或雌花发育；花序轴几无；总苞舟状，宽1.5~2mm；雄花近圆形，长约1mm；花被片4。果椭圆形或卵圆形，橙色或黄色；果皮平滑。花果期4~12月。

见于平阳、泰顺，生于枫香树上。

药用植物。

图377 枫香槲寄生

17. 马兜铃科 Aristolochiaceae

缠绕草本或草本。单叶，互生，具柄，叶片全缘或3~5裂，基部常心形；无托叶。花两性，有花梗，单生、簇生或排成总状、聚伞状或伞房花序，顶生、腋生或生于老茎上；花色通常艳丽而有腐肉臭味；花被辐射对称或两侧对称，花瓣状；中轴胎座或侧膜胎座内侵。蒴果蓇葖果状、长角果状或为浆果状。种子多数，常藏于内果皮中；种皮脆骨质或稍坚硬，平滑、具皱纹或疣状凸起；种脊海绵状增厚或翅状。

8属450~600种，主要分布于热带和亚热带地区。我国4属86种；浙江2属14种；温州2属8种。

1. 马兜铃属 Aristolochia Linn.

缠绕草本或木本。叶互生，叶片全缘，稀3~5浅裂。花两侧对称，单生或数朵生于叶腋，稀排列成短总状花序；花被管状，花被筒直或烟斗弯曲，檐部3浅裂，扩展成喇叭状，或中裂片向一侧延伸成舌状。蒴果室间开裂。种子扁平或背凸腹凹，周围有海绵质翅或无翅。

约400种，分布于热带和温带地区。我国45种，广布于南北各地区，西南和南部较盛；浙江6种；温州4种。

分种检索表

1. 花被筒烟斗状弯曲，檐部扩展成喇叭状，花柱先端3裂，每裂片下有2雄蕊；蒴果成熟时果梗不开裂……………………………………………………………………………………… **3. 木香马兜铃 A. moupinensis**
1. 花被筒直，基部膨大成圆球形，檐部中裂片向一侧延伸成舌状，花柱先端6裂，每裂片下有1雄蕊；蒴果成熟时连同果梗一起开裂呈提篮状。
    2. 叶片三角状卵形至卵状披针形，叶脉5~7条，基部两侧常突然外展成圆耳，两面无毛………… **1. 马兜铃 A. debilis**
    2. 叶片圆心形或卵状心形，叶脉7条，基部心形，具柔毛。
        3. 植株各部密被多节柔毛；花被檐部舌片先端具长1~2cm的线状尖头………………… **2. 福建马兜铃 A. fujianensis**
        3. 叶片下面被短柔毛或无毛；花被檐部舌片先端圆钝或浅凹………………………………… **4. 管花马兜铃 A. tubiflora**

■ 1. 马兜铃 图378

Aristolochia debilis Sied. et Zucc.

多年生缠绕草本。植物各部无毛。茎具纵沟。叶片纸质，三角状卵形至卵状披针形，长3~8cm，宽1~4.5cm，先端圆钝，具小尖头，基部心形，两侧常突然外展成圆耳；叶脉5~7条，基出；叶柄长0.5~3cm。蒴果近球形，直径3~4 cm，成熟时中部以下连同果梗一起开裂成提篮状。花期6~7月，果期9~10月。

本市各地常见，生于林地、荒地等。

药用植物。

图378 马兜铃

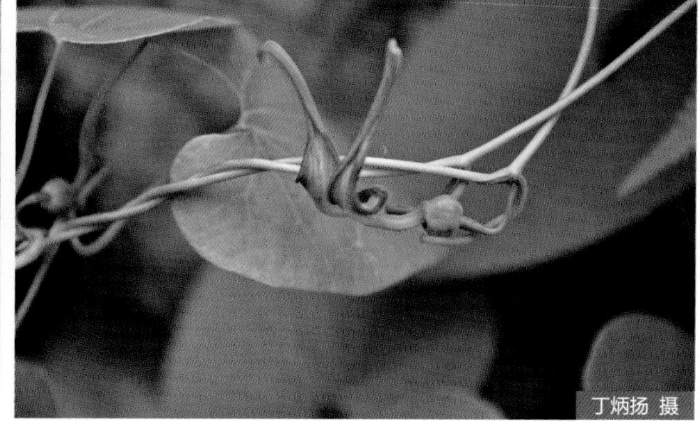

图 379 管花马兜铃

2. 福建马兜铃

Aristolochia fujianensis S. M. Huang

多年生缠绕草本。植株各部密被黄棕色多节柔毛、茎具纵沟。叶片厚纸质，圆心形或宽卵状心形，长、宽均 4~12cm，先端急尖，基部深心形；叶脉 7 条，基出，网脉明显；叶柄长 2~6cm。花单生或 3~4 朵排列成腋生总状花序，花梗中下部有 1 小的叶状苞片；花被筒长约 3cm，直或稍曲折；雄蕊 6；花柱先端 6 裂。蒴果圆柱形或倒卵形，长约 2cm。花期 5~6 月。

见于永嘉、瑞安、泰顺，生于山地沟边林下。

3. 木香马兜铃

Aristolochia moupinensis Franch

多年生缠绕草本。茎具纵沟，被开展的短柔毛。叶片纸质至厚纸质，卵状心形，长 6~17cm，宽 5~12cm，先端急尖至短渐尖，基部心形，两面被短柔毛，幼时较密，老时渐脱落；叶脉 5 条，基出，网脉明显；叶柄长 2~9cm，被短柔毛。蒴果圆柱形，长 6~7cm，有 6 翅状棱。种子多数，倒卵形。花期 5~6 月，果期 7~8 月。

见于永嘉、瑞安、苍南，生于山地林下、农田荒地。

4. 管花马兜铃 图 379

Aristolochia tubiflora Dunn

多年生缠绕草本。茎具纵沟。叶片纸质，三角状心形或圆心形，长 3.5~10cm，宽 3.5~9cm，先端钝或急尖，基部心形，上面无毛，下面被短柔毛或无毛，有时具白粉，油点明显；叶脉 7 条，基出，网脉不明显或稍明显；叶柄长 2~6cm。蒴果圆柱形或倒卵形，成熟时中部以下连同果梗一起开裂成提篮状。花期 4~8 月，果期 10~12 月。

见于乐清、瑞安、泰顺，生于林中灌丛、林中阴湿地、山谷灌丛中、山坡。

药用植物，有清热解毒、止痛之效。

2. 细辛属 Asarum Linn.

多年生草本。具斜升或横走的根状茎。根须状，常肉质，芳香而具辛辣味。叶 1 至数枚，近基生；叶片全缘，具长柄。花辐射对称，大多数紫色或带紫色；花被钟状，檐部 3 裂；雄蕊 12，排列成 2 轮。蒴果近球形，成熟时不规则开裂或不开裂。种子椭圆形，背凸腹平或微凹，具肉质附属物。与马兜铃属 *Aristolochia* Linn. 的主要区别为：茎不缠绕；花辐射对称，花被钟状；蒴果不规则开裂或不开裂。

约 90 种，分布于北温带。我国 40 种 4 变种，广布于长江以南各地区，中南和西南尤盛；浙江 8 种；温州 4 种。

本属与马兜铃属 *Aristolochia* Linn. 的主要区别在于：茎不缠绕，花辐射对称，花被钟状，蒴果不规则开裂或不开裂；而马兜铃属 *Aristolochia* Linn. 茎缠绕，花两侧对称，花被管状，蒴果室间开裂。

分种检索表

1. 植物体被多细胞长柔毛。
 2. 植株各部被暗褐色的多细胞长柔毛；叶片厚纸质，卵状心形；具粗短、斜生的根状茎 ………………………………………… **1. 尾花细辛 A. caudigerum**
 2. 植株各部被白色的多细胞长柔毛；叶片纸质，宽卵状心形；具细长、横走的根状茎 …… **4. 长毛细辛 A. pulchellum**
1. 植物体无毛或有毛，绝无多细胞长柔毛。
 3. 叶片纸质，圆心形或卵状心形，下面无毛 ……………… **3. 马蹄细辛 A. ichangense**
 3. 叶片近革质，长卵形，下面密被黄色短伏毛 ……………… **2. 福建细辛 A. fukienense**

1. 尾花细辛 图380

Asarum caudigerum Hance

多年生草本。植物各部被暗褐色的多细胞长柔毛。根状茎粗短，斜升，直径2~4mm；须根细长，几无辛辣味。叶2~4，叶片厚纸质，卵状心形，长3~10cm，宽2.5~7cm，先端急尖，基部心形；叶柄3~10cm；鳞片叶长圆形。蒴果近球形。花果期4~7月。

见于瑞安、文成、泰顺，生于海林缘石堆阴湿处、水沟边岩石缝隙。

药用植物。

2. 福建细辛 图381

Asarum fukienense C. Y. Cheng et C. S. Yang

多年生草本。根状茎短。须根肉质，微具辛辣味。叶2~4，叶片近革质，长卵形，长4.5~13cm，宽2.5~6cm，先端急尖，基部耳状心形，上面绿色，脉上被微毛，下面密被黄色短伏毛；叶柄长5~15cm，被黄色短柔毛；鳞片叶长圆形，被毛。蒴果卵球形。花果期4~10月。

见于永嘉、瑞安、文成、泰顺，生于林中阴湿地、路边岩石、溪沟边岩石缝隙。

胡仁勇 摄

胡仁勇 摄

图380 尾花细辛

丁炳扬 摄

丁炳扬 摄

图381 福建细辛

图 382　马蹄细辛

3. 马蹄细辛　小叶马蹄香　图 382

Asarum ichangense C.Y. Cheng et C. S. Yang

多年生草本。根状茎短。须根肉质，微具辛辣味。叶片纸质，圆心形或卵状心形，长 4~9cm，宽 3~8cm，先端圆钝或急尖，基部心形，上面有时具云斑，近边缘处微被毛，下面幼时带紫红色，无毛；叶柄长 3~15cm，无毛；鳞片叶椭圆形，边缘有纤毛。蒴果卵球形。花果期 5~7 月。

见于乐清、永嘉、瑞安、文成、泰顺，生于山野阴湿处。

药用植物。

4. 长毛细辛

Asarum pulchellum Hemsl.

多年生草本。植物各部密被白色、干后变黑棕色的多细胞长柔毛。根状茎细长，横走，长可达 50cm，直径 3~4mm。上部有短分枝，每分枝上有叶 2~4。须根细长，无辛辣味。叶片纸质，宽卵状心形，长 5~8cm，宽 4.5~7cm，先端急尖，基部心形；叶柄长 10~20cm；鳞片叶长圆状披针形。蒴果近球形。花期 4~5 月，果期 7~8 月。

见于永嘉、瑞安、苍南、泰顺，生于肥沃地、林中、路边阴湿地、山谷、山坡灌丛。

药用植物。

18. 蛇菰科 Balanophoraceae

肉质草本。无正常根，常寄生于其他植物根部，无叶绿素。茎直立。叶退化呈鳞片状。花单性，细小，密集成球形或圆柱形的肉穗花序；雄花通常稍大，无花被或有 2~8 裂的花被，裂片镊合状排列，在无被花中有雄蕊 1~2，在有被花中的雄蕊常与花被裂同数而对生，无花丝；雌花较小，无花被或有二唇形与子房合生的花被。坚果小。

18 属 50 余种，分布于热带和亚热带地区。我国 2 属 13 种；浙江 1 属 2 种，温州也有。

蛇菰属 Balanophora Forst.

根状茎块状。茎直立不分枝，有颜色。鳞片叶互生或轮生。花单性，集成肉穗花序，顶生，卵圆形或圆柱形；雄花花被裂片 3~6，镊合状排列，雄蕊 3 或更多，无花丝或花丝连合成短柱，花药 2 室；雌花无花被，子房椭圆形，压扁，1 室，具梗，花柱 1，胚珠 1。果细小。种子 1，与果皮黏合，不易分离。

19 种，分布于亚洲东南部及大洋洲。我国 12 种；浙江 2 种，温州均产。

■ 1. 短穗蛇菰 图 383

Balanophora abbreviata Bl.[*Balanophora subcupularis* auct. non Tam]

多年生肉质草本。高 4~9cm。根状茎杯状或不规则块茎状，淡黄褐色，粗糙，有纵纹和星芒状疣体。花茎圆柱形，直立，淡红色，长 1.5~3.5cm。鳞片叶 3~8，稍肉质，覆瓦状互生。雌、雄花生于同一个肉穗花序上，雄花少数，着生干花序基部；雌花多数，着生于花序基部以上；花序卵圆形，紫红色，长 l~1.5cm，顶端圆钝；雄花有短梗，长 0.8mm，花被 4 裂，裂片披针形，开展，雄蕊 6~8，聚生成雄蕊群；雌花密集。花期 9~ll 月。

见于洞头、文成、泰顺，生于海拔 900m 以下的常绿密林中。

丁炳扬 摄

丁炳扬 摄

图 383 短穗蛇菰

■ 2. 疏花蛇菰 图 384

Balanophora laxiflora Hemsl. [*Balanophora spicata* Hayata]

多年生肉质草本。高 8~18cm。根状茎倒卵形或近球形，棕红色，具颗粒状疣体。花茎直立，长 2~8cm。鳞片叶卵形或长圆状卵形，长 1.5~2.5cm，宽约 1cm，近交互对着生于茎之中下部。花雌雄异株（序）；雄花序穗状，略带红色，渐呈紫红色，长 4.5~12cm，雄花无梗，黄色，花被裂片 6，不等大，聚药雄蕊近圆盘状；雌花序红色，卵形，长 3~6.5cm。花期 8~12 月。

见于文成、苍南（天井）、泰顺，生于海拔 600~1300m 的林下阴湿处。

本种与短穗蛇菰 *Balanophora abbreviata* Bl. 的主要区别在于：花雌雄异株（序），花茎较粗壮；鳞片叶着生于花茎之中下部；雄花花被 6 裂。

图 384　疏花蛇菰

中文名称索引

K

L

M

T

拉丁学名索引

A

B

M

Q

R

S

温州市行政区划示意图

温州市行政区划表

全市共辖60个街道、65个镇、6个乡；322个社区、210个居民区、5405个行政村

			下辖街道、乡镇
鹿城区	街道	7	五马、松台、滨江、南汇、七都、双屿、仰义
	镇	1	藤桥镇
龙湾区	街道	11	蒲州、永中、海滨、海城、状元、瑶溪、沙城、天河、灵昆、永兴、星海
瓯海区	街道	12	景山、新桥、娄桥、梧田、三垟、南白象、茶山、潘桥、郭溪、瞿溪、丽岙、仙岩
	镇	1	泽雅镇
瑞安市	街道	10	安阳、玉海、锦湖、东山、上望、莘塍、汀田、飞云、仙降、南滨
	镇	5	塘下、陶山、湖岭、马屿、高楼
乐清市	街道	8	乐成、城东、城南、盐盆、翁垟、白石、石帆、天成
	镇	9	柳市镇、北白象镇、虹桥镇、淡溪镇、清江镇、芙蓉镇、大荆镇、仙溪镇、雁荡镇
洞头县	街道	4	北岙、东屏、元觉、霓屿
	镇	1	大门镇

			下辖街道、乡镇
洞头县	乡	1	鹿西乡
永嘉县	街道	8	东城、北城、南城、江北、东瓯、三江、黄田、乌牛
	镇	10	桥头镇、桥下镇、大若岩镇、碧莲镇、巽宅镇、岩头镇、枫林镇、岩坦镇、沙头镇、鹤盛镇
平阳县	镇	10	昆阳镇、鳌江镇、水头镇、萧江镇、万全镇、腾蛟镇、麻步镇、山门镇、顺溪镇、南雁镇
	乡	1	青街畲族乡
苍南县	镇	10	灵溪镇、龙港镇、金乡镇、钱库镇、宜山镇、马站镇、矾山镇、桥墩镇、藻溪镇、赤溪镇
	乡	2	凤阳畲族乡、岱岭畲族乡
文成县	镇	9	大峃镇、珊溪镇、玉壶镇、南田镇、黄坦镇、西坑畲族镇、百丈漈镇、峃口镇、巨屿镇
	乡	1	周山畲族乡
泰顺县	镇	9	罗阳镇、司前畲族镇、百丈镇、筱村镇、泗溪镇、彭溪镇、雅阳镇、仕阳镇、三魁镇
	乡	1	竹里畲族乡

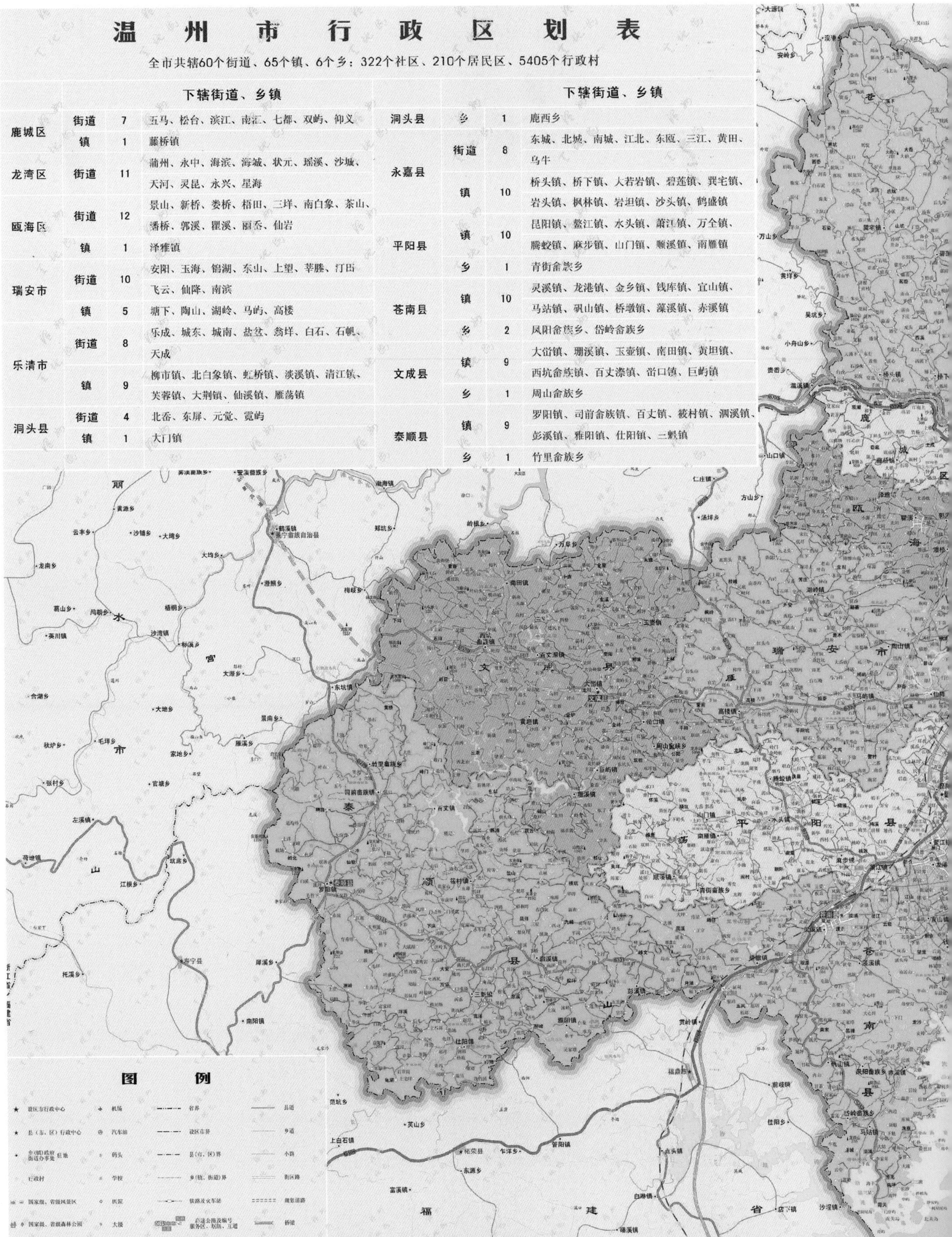

图例

设区市行政中心　机场　省界　县道
县（市、区）行政中心　汽车站　设区市界　乡道
乡（镇）政府 街道办事处 驻地　码头　县（市、区）界　小路
行政村　学校　乡（镇、街道）界　街区路
国家级、省级风景区　医院　铁路及火车站　规划道路
国家级、省级森林公园　大楼　高速公路及编号 服务区、收费站、互通　桥梁
国家级、省级自然保护区　市场　在建高速公路　隧道
国家级文保单位　寺庙　国道及编号　河流、水库
重要旅游景点　塔　省道及编号　渠道

注：本图界线不作划界依据

基础地理底图资料由浙江省测绘与地理信息局、温州市测绘与地理信息局 提供